铁路职业教育铁道部规划教材

（高 职）

电工与电子技术

张 红 主 编
陶乃彬 主 审

U0261070

中国铁道出版社有限公司

2019 年·北 京

内 容 简 介

本书作为“铁路职业教育铁道部规划教材”实践教学环节，把电工技术、模拟电子技术和数字电子技术有机地结合起来，全书共分三篇，其中第一篇电工技术部分包括电路的基本概念和基本定律、复杂电路的分析、单相交流电路的分析、三相交流电路、变压器、电工测量仪表；第二篇模拟电子技术部分包括半导体二极管及其应用、晶体三极管及其应用、集成运算放大器、直流稳压电源；第三篇数字电子技术部分包括数字电路基础、组合逻辑电路与时序逻辑电路、脉冲波形的产生与整形。

本书是高等职业教育教材，也适合于其他形式学历教育学生使用。

图书在版编目(CIP)数据

电工与电子技术 / 张红主编. -- 北京 : 中国铁道出版社，2007.08（2019.8重印）

铁路职业教育铁道部规划教材
ISBN 978-7-113-08236-9

Ⅰ. ①电… Ⅱ. ①张… Ⅲ. ①电工技术-高等学校：技术学校-教材②电子技术-高等学校：技术学校-教材
Ⅳ. ①TM②TN

中国版本图书馆 CIP 数据核字（2007）第 129928 号

书　　名：电工与电子技术
作　　者：张　红

责任编辑：阚济存　　电话：010-51873133　　电子信箱：td51873133@163.com
封面设计：陈东山
责任印制：金洪泽

出版发行：中国铁道出版社有限公司
地　　址：北京市西城区右安门西街 8 号　　邮政编码：100054
网　　址：www.tdpress.com　　电子信箱：发行部 ywk@tdpress.com
总编办 zbb@tdpress.com
印　　刷：北京鑫正大印刷有限公司
版　　次：2007 年 8 月第 1 版　　2019 年 8 月第 4 次印刷
开　　本：787 mm×1 092 mm　1/16　印张：16.75　字数：412 千
书　　号：ISBN 978-7-113-08236-9
定　　价：43.00 元

版权所有　侵权必究

凡购买铁道版的图书，如有缺页、倒页、脱页者，请与本社读者服务部调换。
电　　话：市电（010）51873170　　路电（021）73170（发行部）
打击盗版举报电话：市电（010）51873659　　路电（021）73659

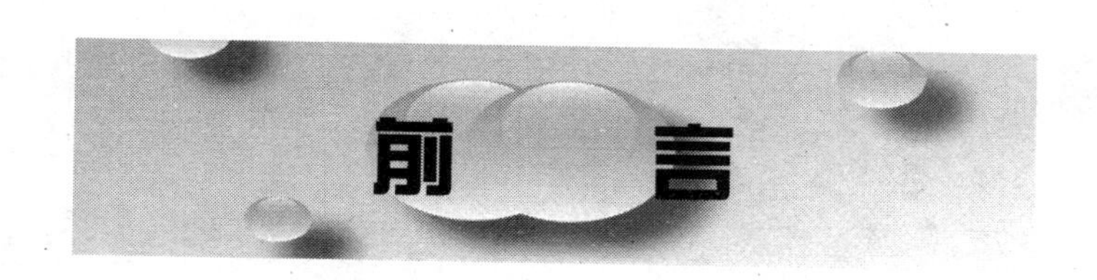

本书是由铁道部劳卫司组织编写的铁路职业教育铁道部规划教材应用基础课之一，主要面向高等职业教育供电、机车、车辆等方向，本着“必需、够用”的原则编写的一本通用专业基础课教材。

本教材在内容上把电工技术、数字电子技术和模拟电子技术三部分内容有机的结合起来。努力做到理论适度，保证基础；加强应用，技能突出；体现先进，易学易用。为了实现该目标，在编写的过程中，内容进行了较大的调整，主要在以下几个方面：

1.突出技能。本教材在每一章都安排了与本章内容相配套的技能训练，力求达到理论与实训相结合、理论与应用相结合。

2.突出应用。教材在编写的过程中，注重例题与实际应用相结合，力求达到每例必解决一个实际应用的问题。

3.突出先进。为了适应电子技术的发展，本教材适度地降低了分立元件的比重，加大了集成电路的比重。对于数字电路，只要求了解器件的主要参数和使用方法，重点掌握电路和器件的基本功能和典型应用，不注重电路内部的组成及结构分析和复杂的计算。

本教材由广州铁路职业技术学院张红主编。参编人员有：兰州交通大学王平清、周婷；广州铁路职业技术学院何李莉；宝鸡铁路司机学校杨春喜。本书由郑州铁路职业技术学院陶乃彬主审。本书由张红编写前言、第一、第二、第七、第八、第九、第十章；杨春喜编写第四、第五章；何李莉编写第六章；王平清编写第十一、第十二、第十三章；周婷编写第三章。全书由张红统稿。

由于本书编写时间仓促，在编写过程中难免有疏漏之处，请广大读者批评指正。

编　者

2007年8月

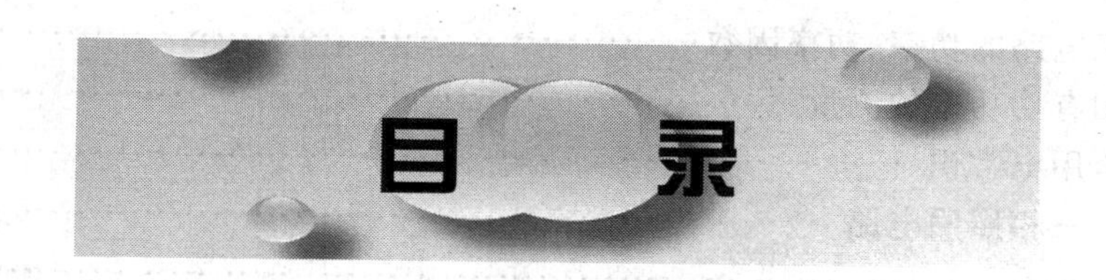

第一篇 电工技术

第二篇　模拟电子技术

第三篇　数字电子技术

第一篇 电工技术

第一章 电路的基本概念和基本定律

本章是电学的基础，部分内容虽然在物理学中已论述，但为了满足电工电子技术的需求，将作进一步的讨论。本章主要介绍电路的组成、电路的模型、电路的基本物理量、基本元件和基本定律。

第一节 电路的基本概念

一、电路的基本结构

1. 电路与电路图：电流所流经的路径称为电路。如图 1-1-1(a)所示为最简单的电路。用国家统一规定的符号来表示电路连接情况的图叫做电路图，如图 1-1-1(b)所示。表 1-1-1 为常用的元器件及仪表的图形符号。

表 1-1-1 常用的元器件及仪表的图形符号

名 称	符 号	名 称	符 号
直流电压源 电池	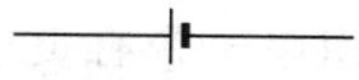	可变电容	
电压源	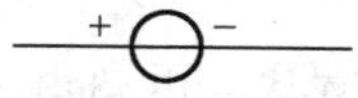 + −	理想导线	
电流源		互相连接导线	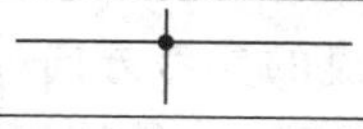
电阻元件	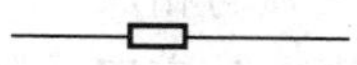	交叉但不相连的导线	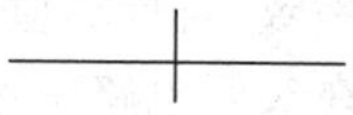
电位器	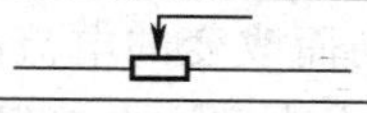	开 关	
可变电阻		熔断器	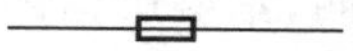
电 灯		电流表	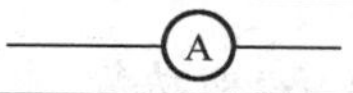 A
电感元件		电压表	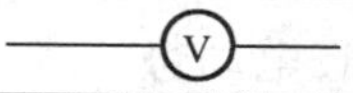 V
铁芯电感		功率表	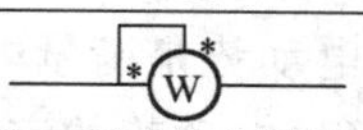 * * W
电容元件	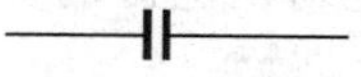	接 地	 ⊥

2. 电路的基本组成：由电路图可知，电路一般是由四部分组成：电源、负载、开关和导线。电源是将非电能转换成电能，并提供给负载的供电设备。常用的电源设备有电池、发电机。负载是将电能转换成非电能的用电设备。例如：电灯、电动机。开关是用来控制电路导通与否的器件，例如，闸刀开关、按钮。导线担负传输和分配电能的任务。

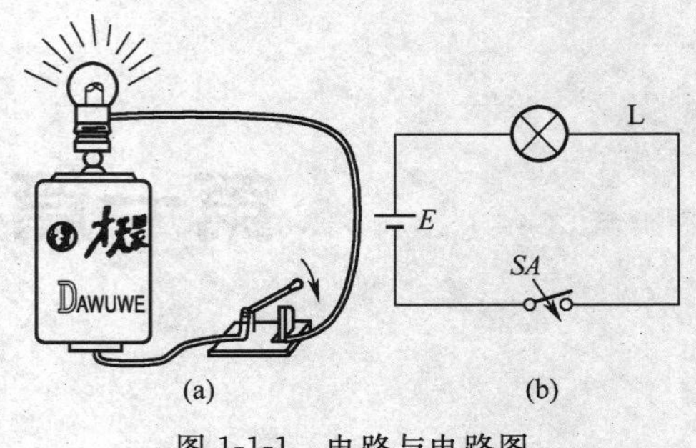

图 1-1-1　电路与电路图

在实际应用中，电路除了由上述四部分组成外，还有一些辅助设备，如用于安全用电的熔断器等。这些设备不仅保证了电路的安全、可靠地工作，而且使电路自动完成某些特定工作。

电路有内、外电路之分。我们把电源内部电路称为内电路，而电源外部电路称为外电路。

二、电路的基本物理量

(一)电流

1. 概念：带电粒子有规律的运动称为电流。正电荷和负电荷的有规则的运动都能形成电流。

2. 电流的大小：取决于单位时间内通过导体横截面的电荷量的多少，用电流强度来衡量。

电流强度在数值上等于单位时间内通过导体横截面的电量，用 i 表示电流强度，则

$$i=\frac{\mathrm{d}q}{\mathrm{d}t} \tag{1-1-1}$$

式中，$\mathrm{d}q$ 为 $\mathrm{d}t$ 内通过导体横截面的电量。国际单位制(SI)中：q 单位为库仑(C)，t 单位为秒(s)，i 单位为安(A)。

电流常用单位还有毫安(mA)，微安(μA)。

$$1\ \mathrm{A}=10^3\ \mathrm{mA} \qquad 1\ \mathrm{mA}=10^3\ \mu\mathrm{A}$$

3. 电流的方向：电流不仅有大小而且有方向。习惯上正电荷运动的方向规定为电流的方向。在金属导体中，电流是由自由电子形成的，而自由电子带有负电荷，因此金属导体的电流方向与规定的电流的方向相反。

值得特别注意的是，在实际电路分析时，并不知道某一电路电流的实际方向，此时可以假定电流的参考方向(即正方向)，然后再进行计算。若计算值为正，则说明实际电流方向与参考方向一致；若计算值为负，则说明实际电流方向与参考方向相反。

在实际电路中，常把电流分为两大类：直流和交流。凡方向不随时间改变而大小随时间改变的电流称为脉动的直流电；大小和方向都不随时间而改变的电流称为恒定的直流电(若无特殊说明，本书所论述的直流电皆为恒定的直流电)。大小和方向都随时间而改变的电流称为交流电。

(二)电动势、电压与电位

1. 电动势

电动势是衡量电源将非电能转换成电能本领大小的物理量。

(1)电动势的定义：在电源内部，外力将单位正电荷从电源的负极移到电源的正极所做的功，用 E 来表示。

(2)电动势的大小：若外力将正电荷 q 从负极 a 移到正极 b 所做的功为 W_{ab}，则电动势的表达式为：

$$E=\frac{W_{ab}}{q} \tag{1-1-2}$$

电动势的单位是：伏特，用 V 来表示。若 1 C 的正电荷在外力的作用下，从电源的负极移到正极所做的功为 1 J，则电动势为 1 V。

电动势常用的单位还有：千伏(kV)、毫伏(mV)和微伏(μV)，它们之间是 10^3 的进制关系。

$$1\ \text{kV}=10^3\ \text{V} \qquad 1\ \text{V}=10^3\ \text{mV} \qquad 1\ \text{mV}=10^3\ \mu\text{V}$$

(3)电动势的方向：规定为在电源的内部由负极指向正极。在电路中用带箭头的细实线表示电动势的正方向。

2. 电压

电压又称为电位差，它是衡量电场力做功本领大小的物理量。

(1)电压的定义：在电路中若电场力将单位正电荷 q 从 a 点移到 b 点所做的功为 W_{ab}，则 W_{ab} 与电量 q 的比值就称为该两点的电压。用 U_{ab} 表示。

其表达式为：

$$U_{ab}=\frac{W_{ab}}{q} \tag{1-1-3}$$

电压的单位与电动势的单位相同。若 1 C 的正电荷在电场力的作用下，从 a 点移到 b 点所做的功为 1 J，则电压的单位为 1 V。电压的单位还有：千伏(kV)、毫伏(mV)和微伏(μV)，它们之间是 10^3 的进制关系。

$$1\ \text{kV}=10^3\ \text{V} \qquad 1\ \text{V}=10^3\ \text{mV} \qquad 1\ \text{mV}=10^3\ \mu\text{V}$$

(2)电压的方向：电压与电流一样即有大小又有方向。对于负载来讲，规定电流流入端为电压的正端，流出端为电压的负端。电压方向由正指向负，即电压的方向与电流方向一致。

3. 电位

(1)电位的概念：电位是指电路中某点与参考点之间的电压。通常把参考点的电位规定为零电位。电位的符号常用带脚标的 φ 表示，如 φ_a 代表 a 点的电位。通常选择大地作为参考点，而在电子仪器和设备中一般把金属机壳或电路的公共接点作为参考点，用符号“⊥”来表示。

(2)电位差的概念：电路中任意两点的电位之差，称为电位差。电位差即为电压，电位的单位自然也是伏特。电位与电压之间的表达式的关系为：

$$U_{ab}=\varphi_a-\varphi_b \tag{1-1-4}$$

电动势、电压和电位之间的异同点：

①电动势、电压和电位的单位相同。

②电动势是对内电路而言，而电压是对外电路而言的；电动势的方向是由电源的负极指向正极，电压的方向是由正端指向负端(即由高电位指向低电位)。

③电位是某点对参考点的电压，电压是两点之间的电位之差。电位相同的各点，电位差为零，即电压为零；电位是相对值，电位差(电压)是绝对值。电位随着参考点的不同而不同，电位差(电压)的绝对值不随参考点的改变而改变。

【例 1-1-1】 如图 1-1-2 所示，已知 $U_1=1$ V，$U_2=3$ V，$U_3=0.5$ V，试求电压 U_{AB}、U_{AC} 和 U_{DB} 以及 A、B、D 各点的电位(分别选 C 点和 B 点为参考点)

解：设 C 点为参考点，则 $\varphi_C=0$

$$U_{BC}=U_2=\varphi_B-\varphi_C=3\ \text{V}$$

$$\varphi_B=3\ \text{V}$$

$$U_{AB}=U_1=\varphi_A-\varphi_B=1\ \text{V}$$

$$\varphi_A-3=1 \qquad \varphi_A=4\ \text{V}$$

$$U_{CD}=\varphi_C-\varphi_D=0-\varphi_D=U_3=0.5\ \text{V} \qquad \varphi_D=-0.5\ \text{V}$$

图 1-1-2 例 1-1-1 图

$$U_{AC}=\varphi_A-\varphi_C=4-0=4(\text{V}) \quad U_{DB}=\varphi_D-\varphi_B=-0.5-3=-3.5(\text{V})$$

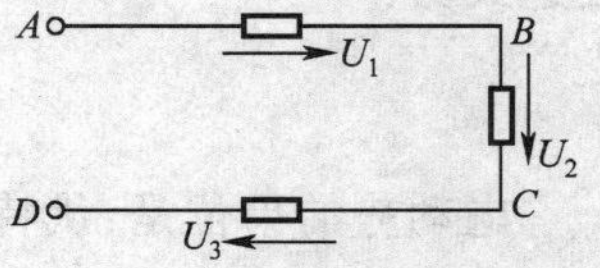

设 B 点为参考点，即 $\varphi_B=0$ 同上法可求得

$$\varphi_A=1\ \text{V} \qquad \varphi_C=-3\ \text{V} \qquad \varphi_D=-3.5\ \text{V}$$

$$U_{AB}=1\ \text{V} \qquad U_{AC}=4\ \text{V} \qquad U_{DB}=-3.5\ \text{V}$$

将上面的结果进行比较进一步证明：改变参考点，各点的电位会改变，而各点之间电压并没有改变。

(三)电能与电功率

1. 电能

导体中产生电流的原因是导体两端的电压在导体内部建立了电场，在电场力的作用下搬运电荷。电能的定义为：若导体两端的电压为 U，通过导体横截面积的电荷量为 Q，电场力所做的功就是电路所消耗的电能，用 W 来表示。其表达式为：

$$W=QU=UIt \tag{1-1-5}$$

电能的单位是焦耳(J)。常用的单位有：千瓦小时(俗称“度”)，

$$1\ \text{kWh}=1\ 000\ \text{W}\times 3\ 600\ \text{s}=3.6\times 10^6\ \text{J}$$

电流所做功的过程，实际上是电能转化成其他形式的能的过程。家庭测量电能和工业测量电能的设备是电表。图 1-1-3 为电表及接线图。

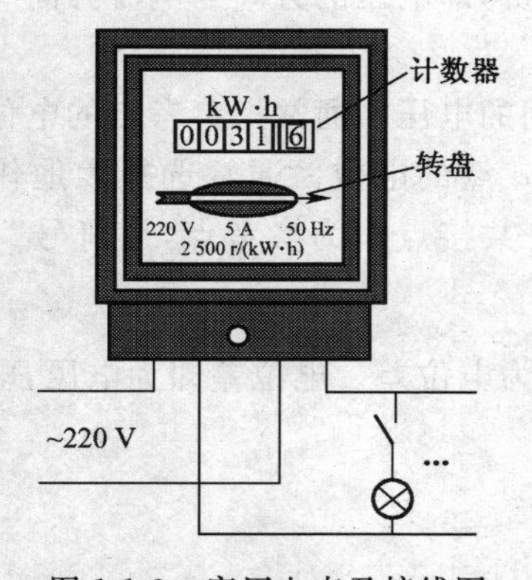

图 1-1-3 家用电表及接线图

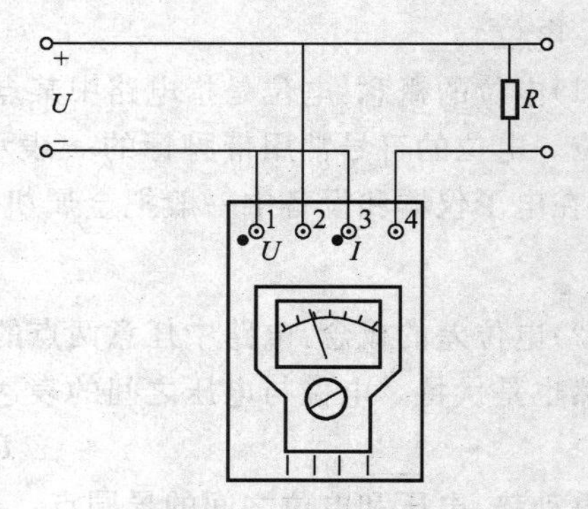

图 1-1-4 功率表测电功率

2. 电功率

用电设备单位时间所消耗的电能称为电功率，用 p 表示。其表达式为：

$$p=ui \tag{1-1-6}$$

电功率的单位是瓦特(W)。电路中的电压越高，电流越大，则电功率就越大。测量电功率的仪器是功率表，其测量线路如图 1-1-4 所示。在测量电功率时，应特别注意功率表的连接，因为功率表要同时测电压和电流，才能得出功率的值。所以在接线时，测电压的线圈应并联在电路上，测电流的线圈应串联在电路上。

第二节　电阻和欧姆定律

一、电阻元件

1. 电阻的基本知识

(1)电阻的概念:导体对电流的阻碍作用就称为电阻。任何导体对于电流都具有阻碍作用,因此都有电阻。

(2)电阻大小:电阻用 R 表示。其单位是欧姆,简称欧,用 Ω 表示。其符号如图 1-2-1 所示。

如果导体两端的电压为 1 V,流经导体的电流为 1 A,则该导体的电阻就是 1 Ω。电阻的单位还有:千欧(kΩ)、兆欧(MΩ),它们之间的进制关系为 10^3。即:

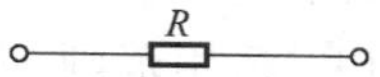

$$1\ \text{k}\Omega = 10^3\ \Omega \qquad 1\ \text{M}\Omega = 10^6\ \Omega$$

图 1-2-1　电阻的符号

2. 影响电阻的因素

值得特别注意的是导体的电阻是客观存在的,它不随导体两端的电压变化而变化,即使没有电压,电阻也是存在的。

(1)实验表明:在温度一定时,导体的电阻与导体的长度 L 成正比;与导体的横截面积 s 成反比;并与材料的性质有关。可用下式表示:

$$R = \rho \frac{l}{s} \tag{1-2-1}$$

上式 ρ 称为电阻率,是与材料性质有关的物理量,单位是欧·米(Ω·m)。电阻率的大小反映了物质导电能力的强弱,其值越小,该物质的导电能力越强。

(2)实验还证明,导体的电阻还与温度有关。金属的电阻随温度的升高而增大;半导体和电解液的电阻随温度的升高而减小。所以在电镀业中常用加热的方法来减小电镀液的电阻。在电子工业中常用半导体制造能够灵敏反映温度变化的热敏电阻。常用材料的电阻系数和温度系数表如表 1-2-1 所示。

表 1-2-1　常用导电材料的电阻率和电阻温度系数

材料名称	电阻率 ρ(Ω·mm²/m) 20℃	温度系数	材料名称	电阻率 ρ(Ω·mm²/m) 20℃	温度系数
银	0.0162	0.0038	康铜	0.49	0.000008
铜	0.0175	0.00393	锰铜	0.42	0.000005
铝	0.028	0.004	黄铜	0.07	0.002
钨	0.0548	0.0052	镍铬合金	1.1	0.00016
低碳钢	0.13	0.0057	铂	0.106	0.00389
铸铁	0.5	0.001	碳		−0.0005

3. 电导

电阻的倒数称为电导,用 G 表示,即:

$$G = \frac{1}{R} \tag{1-2-2}$$

电导的 SI 单位为西门子(S),1 S=1 Ω^{-1}。电导也是表征电阻元件特性的参数,它反映的是元件的导电能力。

二、欧姆定律

1. 欧姆定律的内容

通过一段电路的电流与电路两端的电压成正比，与该段电路的电阻成反比，如图 1-2-2 所示。

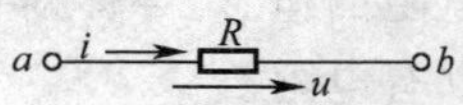

图 1-2-2 欧姆定律

2. 欧姆定律的表达式

在交流电路中：　　$u=iR$　　(1-2-3)

在直流电路中：　　$U=IR$　　(1-2-4)

3. 在电路分析中，使用欧姆定律要注意的问题

(1) 适用范围：欧姆定律只适用于线性电阻元件电路。所谓线性电阻元件是指其电流和电压的大小成正比的电阻元件，否则叫非线性电阻元件。本书主要介绍线性元件及含线性元件的电路，以后如果不加说明，电阻元件皆指线性而言。图 1-2-3 为线性电阻元件的伏安特性曲线。

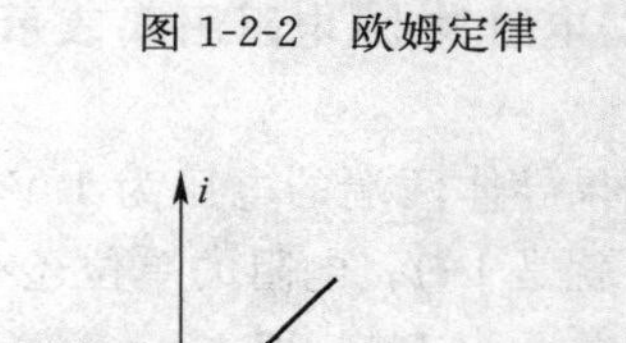

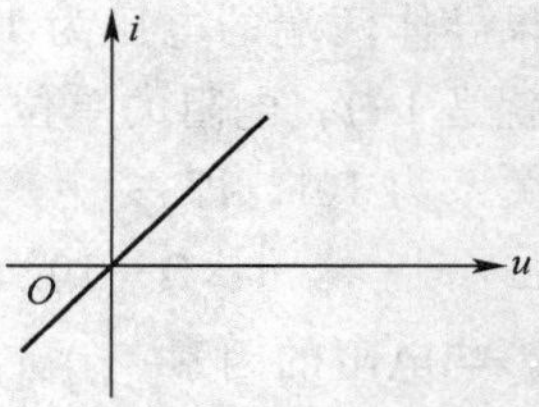

图 1-2-3 线性电阻的伏安特性曲线

(2) 内容：欧姆定律的内容指的就是线性电阻元件的伏安特性

$$R=\frac{u}{i} \tag{1-2-5}$$

电阻元件的电压与电流总是同时存在，即在任何时刻其电压(或电流)是由同一时刻的电流(或电压)所决定的。因此，电阻元件是一个“无记忆”元件。也就是过去电阻上的电压或电流对现在的电压或电流值没有任何影响。

三、电阻元件的功率

如图 1-2-4 所示，在直流电路中

$$P=UI=I^2R$$

(1) 对于电阻元件，在电路中都是消耗功率，所以电阻元件又称为耗能元件。

(2) $P=\frac{U^2}{R}=I^2R$　只适用于线性电阻，而 $P=UI$ 适用于任何一段电路(元件)。

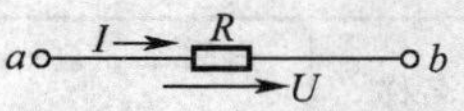

图 1-2-4 直流电路功率的消耗

当电阻元件通过电流时，由于电流的热效应，导体和周围空气的温度会升高。如用电阻绕成的电炉和电烙铁，其工作原理就是利用电流的这种热效应。但电流的热效应也有有害的一面。例如，电流通过输电线、电动机、变压器时，会使输电线、变压器的线圈发热。这不但使能量白白浪费，还可能造成温度过高而烧坏设备。

【例 1-2-1】 一个 220 V/100 W 的灯泡正常发光时通过灯丝的电流是多少？灯丝的电阻是多大？

解：$P=100$ W，$U=220$ V

$$I=\frac{P}{U}=\frac{100}{220}=0.454\,5(\text{A})$$

$$R=\frac{U}{I}=\frac{U^2}{P}=\frac{220^2}{100}=484(\Omega)$$

第三节　电　容　元　件

电容元件是实际电容器的理想化，简称为电容。电容是用来存储电荷的。任何两个互相靠近而又彼此绝缘的导体，都具有可以集聚电荷的功能，因此，都可以看成一个电容。这两个导体叫做电容的两个极或极板；它们之间的绝缘物质叫做电介质，如图 1-3-1 所示。

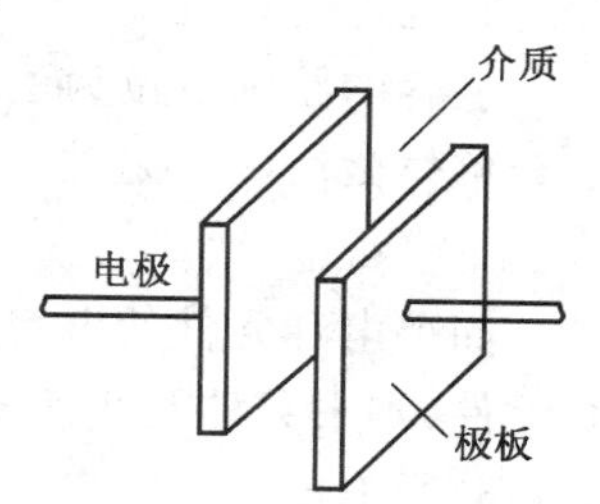

图 1-3-1　电容的构成

电容的种类繁多，按其结构，可分为固定电容、可变电容和微调电容三类。

电容量不可调节的电容叫做固定电容。其外形如图 1-3-2 所示，它是电力工业和电子工业不可缺少的元件。

电容量在较大范围内能随意调节的电容叫做可变电容。常用的有空气可变电容和聚苯乙烯薄膜可变电容。可变电容常用于电子电路作调谐元件，以改变谐振回路的频率。

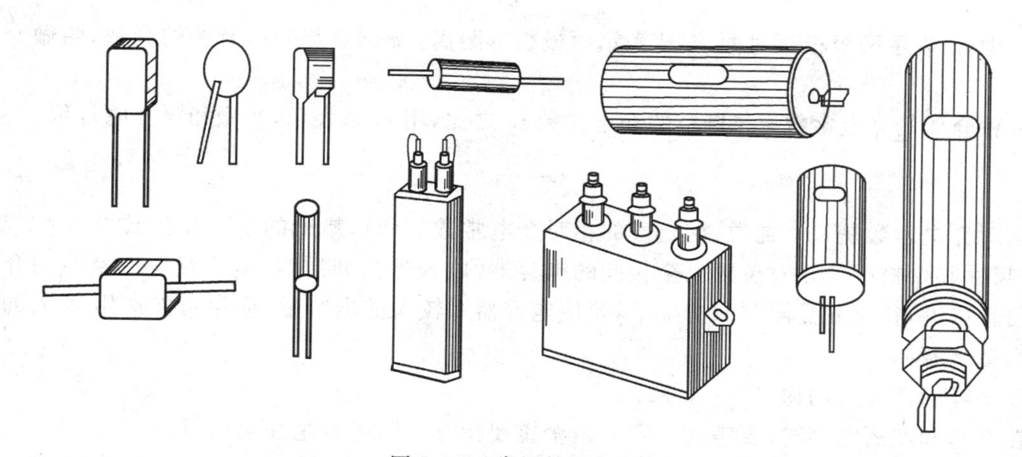

图 1-3-2　常用的固定电容

电容量在某一小范围内可能调整的电容叫微调电容。分为陶瓷微调、云母微调和拉线微调几种。它常在调谐回路中做微调频率之用。

值得注意的是自然形成的电容。两根架空输电线与其中间的空气即构成一个电容。线圈的各匝之间，晶体管的各个极之间，都存在这种自然形成的电容。这些自然形成的电容对电路的影响有时是不可忽略的。

一、电容元件

1. 电容的大小

电容元件用字母 C 表示，电路中的图形符号如图 1-3-3(a)所示，图(b) 和(c)是电路图中常出现的表示电解电容和可调电容的图形符号。

电容充电后，两极板间便产生电压。通过实验可以证明，电容极板上储存的电荷 q 与外加电压 u 成比：$q \propto u$，即令：

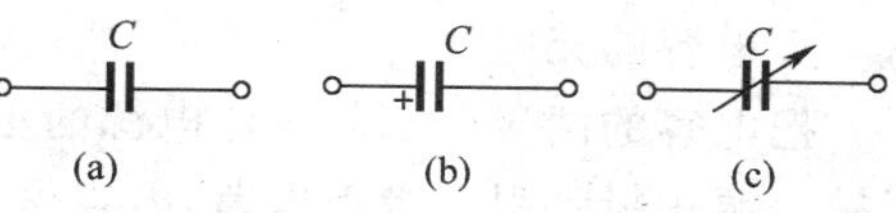

图 1-3-3　电容器的符号

$$C=\frac{q}{u} \tag{1-3-1}$$

C 为该电容的电容量，简称为电容。电容在数值上等于在单位电压作用下，电容器一极板上所储存的电荷量，它的大小反映了电容储存电荷的能力。

2. 电容的单位

电容的国际单位为法拉，简称法，符号为 F，1 F＝1 C/V。法这个单位太大，实际上常用的电容单位微法（μF）和皮法（pF），它们和法（F）的换算关系是：

$$1\ \mu\text{F}=10^{-6}\ \text{F} \qquad 1\ \text{pF}=10^{-12}\ \text{F}$$

如果电容元件的电容为常量，不随它所带电量的变化而变化，这样的电容元件即为线性电容元件，本书只涉及线性电容元件。

3. 影响电容的因素

对线性电容来说，其电容 C 的大小是一个与电量、电压无关的常量，客观存在且仅仅决定于电容极板的形状和相对位置以及极板间绝缘介质的性质。例如平板电容器的电容为：

$$C=\frac{\varepsilon S}{d} \tag{1-3-2}$$

式中，S 表示两极板正对面积，d 表示两极板的距离。ε 则是与介质有关的系数，叫做介电常数。

某种介质的介电常数 ε 与真空的介电常数 ε_0 之比，用 ε_r 来表示，叫做相对介电常数。

$$\varepsilon_r=\frac{\varepsilon}{\varepsilon_0} \tag{1-3-3}$$

相对介电常数是一个纯数，如空气的相对介电常数 $\varepsilon_r=1$，蜡纸的 $\varepsilon_r=4.3$，云母 $\varepsilon_r=7$ 等。形状、尺寸和两极板的相对位置完全相同的电容器，以云母为介质时，电容量是以空气为介质的 7 倍。可见，在尺寸受限制的情况下，要使电容器有较大的电容量，应尽可能选用 ε_r 大的介质来制造电容器。

4. 电容的选择及用途

在选择和使用电容时，要考虑电容的两个重要指标，即：电容量和耐压值。

额定工作电压又称耐压值，是指电容长期工作而不受损坏的最高直流电压。如“470 μF，60 V”，其中 470 μF 表示该电容的电容量，它反映电容储存电荷的本领；而 60 V 则是电容的耐压值，表示该电容承受电压的能力。表明加在电容极间的电压最大值如果超过 60 V，电容的绝缘介质将被击穿而损坏。除此之外，还应根据不同的用途和需要，适当考虑电容的绝缘电阻和介质的损耗等特性。例如，在电力系统中和高频无线电电路中，应考虑选用低介质损耗的电容。

电容在工程技术上应用很广，在电子线路中可以用来滤波、隔直、移相、选频和旁路；在电力系统中，可以用来改善系统的功率因数；在机械加工工艺中，可用于电火花加工。在不同的应用电路中，应选用不同类型的电容。

二、电容的充电和放电

1. 电容的充电

把电容的两极分别与直流电源的正、负极相接后，与电源正极相接的电容一个极板上的电子被电源正极吸引而带正电荷，电容另一个极板会从电源负极获得等量的负电荷，从而使电容储存了电荷。这种使电容储存电荷的过程叫充电。充电后，电容两极板总是带等量异种电荷。

我们把电容每个极板所带电量的绝对值，叫做电容所带电量。充电后，电容的两极板之间有电场，具有电场能，如图 1-3-4 所示。

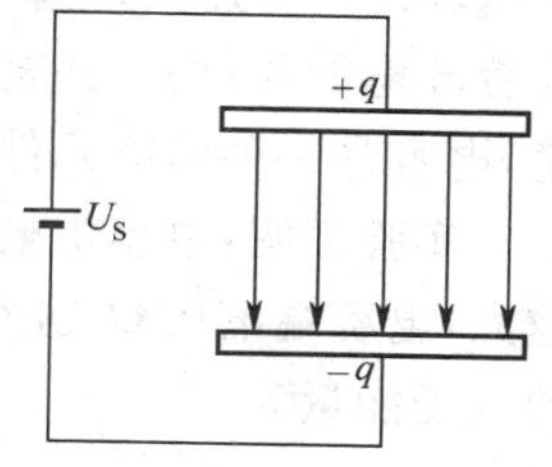

图 1-3-4　电容器的充电

2. 电容的放电

用一根导线把充电后的电容两极板短接，两极板上所带的正、负电荷互相中和，电容不再带电了。使充电后的电容失去电荷的过程叫做放电，放电后电容两极板间不再存在电场。

三、电容元件的伏安关系

图 1-3-5 所示电路为电容元件的伏安特性测试电路。

当电容在直流电压作用下，开关刚合上 1 的位置时，检流计指针由最大→减小→0；电压表指示的变化由 0→增大→电源电压(读数不变)；经过电容的电流与电容电压方向一致。

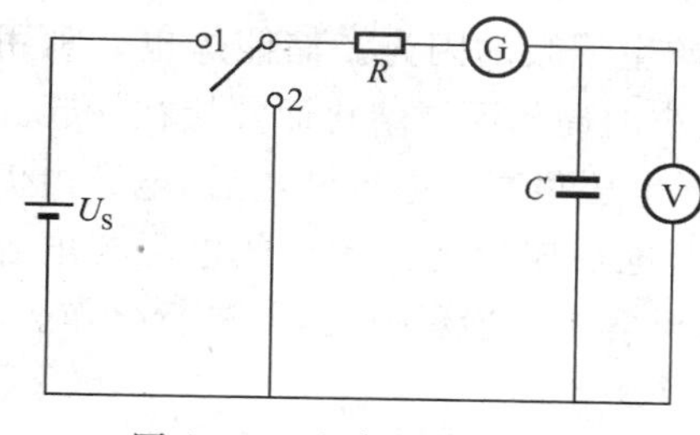

图 1-3-5　电容的伏安特性

当开关合在 2 的位置，刚接通时，检流计指针变化由最大减小到 0；电压表指示的变化由最大减小到 0；经过电容器的电流与电容电压方向相反。

当电容在交流电压作用下，开关合在 1 的位置时，检流计指针及电压表(交流电压表或用万用表的交流电压挡)指示稳定在某一数值。

由此可得出结论：

(1)电容是储存电荷和电场能的器件。

(2)电容电路电流的存在必须满足一定条件：电容两端的电压必须发生改变。

由上述实验可知：当电容极板上的电荷或加在电容两端的电压发生变化时，电路中就要出现电流，该电流与电容电压关系是：

设电容电压 u_C 与电流 i 的参考方向一致，在正极板上的电荷 q 为正值，根据电流的定义有：

$$i=\frac{dq}{dt}$$

将 $q=Cu_C$ 代入上式，得

$$i=\frac{d(Cu_C)}{dt}$$

对于线性电容，C 为常数，故有

$$i=C\frac{du_C}{dt} \tag{1-3-4}$$

上式表明：在任一瞬间，电容电流与电压的变化率成正比，而与该间电压的量值无直接关系。当电压升高时，$du_C/dt>0$，极板上的是电荷增加，电流为正值，是充电过程；电压下降时，$du_C/dt<0$，电荷减少，电流为负，是放电过程。对于直流电，充放电结束后，电源电压不再变化，$du_C/dt=0$，电流 $i=C\ du_C/dt$ 也为零，因此直流电路中的电容相当于开路。

四、电容的电场能

电容最基本的功能就是储存电荷。通过观察分析电容充、放电现象的实验，我们可以清楚地看到：电容充电时，两极板上电荷逐渐增多，端电压也成正比在逐渐增大，两极板上的正、负电荷就在电介质中建立电场，电场是具有能量的，所以，电容充电时从电源吸取电能，储存在电容的电场中。电容放电时，极板上电荷不断减少，电压不断降低，电场不断减弱，把充电时储存的电场能量释放出来，转化为电阻的热能。从能量转化的角度看，电容的充放电过程，就是电容吞吐电能的过程，是电容与外部能量的交换过程。在此过程中，电容本身不消耗能量，所以说，电容是一种储能元件。

实验证明：电容中电场能量的大小与电容 C 的大小、电容端电压 U 的大小有关。电容 C 越大，电容端电压 U 越大，则电容储存的电场能就越多。通过进一步理论分析，可得到电容中的电场能量为：

$$W_C = \frac{1}{2}CU^2 \tag{1-3-5}$$

上式说明，电容中的电场能量与电容成正比，与电容端电压的平方成正比。在一定电压下，电容 C 越大，储能越多，所以电容 C 又是电容储能本领的标志。

电容的储能功能在实际中得到广泛应用。例如照相机的闪光灯就是先让干电池给电容充电，再将其储存的电场能在按动快门瞬间一下子释放出来产生耀眼的闪光。储能焊也是利用电容储存的电能，在极短时间内释放出来，使被焊金属在极小的局部区域熔化而焊接在一起。

电容的储能功能有时也会给人造成伤害。例如，在工作电压很高的电容断电后，电容内仍储有大量电能，若用手去触摸电容，就有触电危险。所以，断电后应用适当大小的电阻与电容并联（电工实验时，也可用绝缘导线将电容两极板短接），将电容中电能释放后，再进行操作。

【例 1-3-1】 如图 1-3-6 所示电路中，直流电流源的电流 $I_S=2$ A 不变，$R_1=1\ \Omega$，$R_2=0.8\ \Omega$，$R_3=3\ \Omega$，$C=0.2$ F，电路已经稳定，试求电容的电压和电场储能。

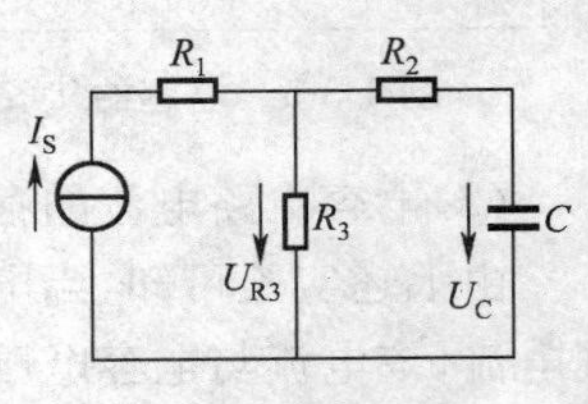

图 1-3-6　例 1-3-1 图

解：在直流稳态电路中，电容相当于开路，则

$$U_C = U_{R_3} = I_S \cdot R_3 = 2\times 3 = 6(\text{V})$$

$$W_C = \frac{1}{2}CU_C^2 = \frac{1}{2}\times 0.2\times 6 = 3.6(\text{J})$$

第四节　电　感　元　件

电感元件是实际电感线圈的理想化模型，简称电感。电感线圈是存储磁能的电器。

一、电感线圈与电感元件

（一）电感线圈

实际电感线圈是用导线绕制的。常见的电力变压器的线圈、日光灯镇流器的线圈都绕制在铁芯上，称为铁芯电感线圈。绕制在非铁磁材料上的线圈称为空心线圈。本节只介绍空心电感线圈。当电流通过电感器时，线圈内部及其周围会产生磁场，并储存磁场能。

（二）电感元件

1. 电感元件的大小

实际电感线圈总有一定的电阻。电感元件是忽略了电阻的实际电感线圈的理想化模型。图形符号如图 1-4-1 所示。

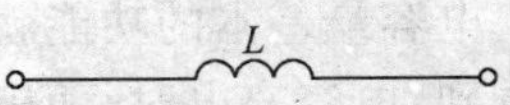

L

图 1-4-1　电感线圈的符号

如图 1-4-2 所示，当一个空心线圈通过电流 i 后，这个电流产生的磁场使每匝线圈具有了自感磁通 Φ_L（电流 i 的正方向与自感

电动势 e_L、自感磁通 Φ_L 的正方向由右螺旋法则确定，如图中所示)，使 N 匝线圈具有了自感磁链 Ψ_L，则 $\Psi_L = N\Phi_L$。实验证明，Ψ_L 与 i 成正比，这个比例系数就称为自感系数，简称自感或电感，用 L 表示，即

$$L = \frac{\Psi_L}{i} \tag{1-4-1}$$

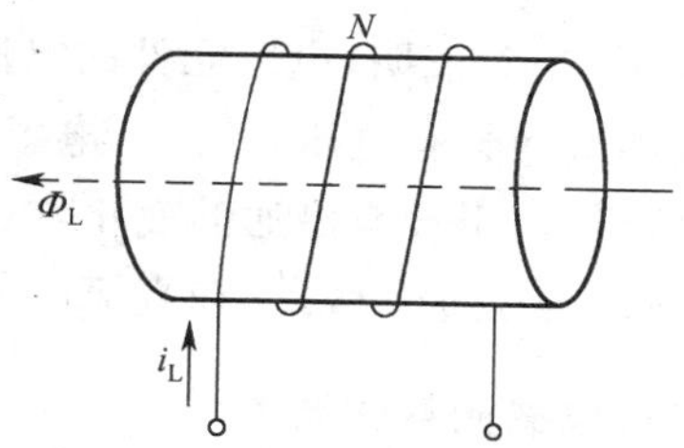

图 1-4-2　电感线圈的电与磁之间的关系

2. 电感元件的单位

在国际单位中，磁链单位是韦(Wb)，电流单位是安(A)，则电感 L 单位是亨利(H)，简称亨。电感的单位还有毫亨(mH)和微亨(μH)，它们的关系是：

$$1\ \text{H} = 10^3\ \text{mH} = 10^6\ \mu\text{H}$$

与电容一样，电感 L 也具有双重意义：既表示电感器这一电路元件，也表示电感系数这一电路中的参数。

3. 影响电感的因素

电感 L 是线圈的固有特性，其大小只由线圈本身因素决定，即与线圈匝数、几何尺寸、有无铁芯及铁芯的导磁性质等因素有关，而与线圈中有无电流或电流大小无关。理论和实践都证明：线圈截面积越大，长度越短，匝数越多，线圈的电感越大；有铁芯时的线圈(称为铁芯线圈)比空心时的线圈电感要大得多。

值得注意的是：只有空心线圈，且附近不存在铁磁材料时，其电感 L 才是一个常数，不随电流的大小而变化，我们称为线性电感。铁芯线圈的电感不是常数，其磁链 Ψ_L 与电流 i 不成正比关系，它的大小随电流变化而变化，我们称为非线性电感。为了增大电感，实际应用中常在线圈中放置铁芯或磁芯。例如收音机的中周、调谐电路中的线圈都是通过在线圈中放置磁芯来获得较大电感，减小元件体积的。

实际上，并不是只有线圈才有电感，任何电路、一段导线、一个电阻、一个大电容等都存在电感，但因其影响极小，一般可以忽略不计。

4. 电感线圈的用途和选用

电感线圈的用途很广，例如发电机、电动机、变压器、电抗器和继电器等电气设备中的绕组就是各种各样的电感线圈。

选用电感时，要注意额定值，即额定电感和额定电流。线圈中实际通过的电流不能大于其额定值，否则会使线圈过热或承受很大的电磁力，导致机械变形，甚至烧毁。

此外，在使用和安装电感线圈时，不能随意改变线圈的形状、大小和各个线圈之间的距离，以免影响工作。

二、电感元件的伏安关系

电感元件中的电流发生变化时，其自感磁链也随之变化，从而在元件两端产生自感电压。如图 1-4-3 所示。根据电磁感应定律得：

$$u_L = \frac{d\Psi_L}{dt} = \frac{d(Li_L)}{dt}$$

即：

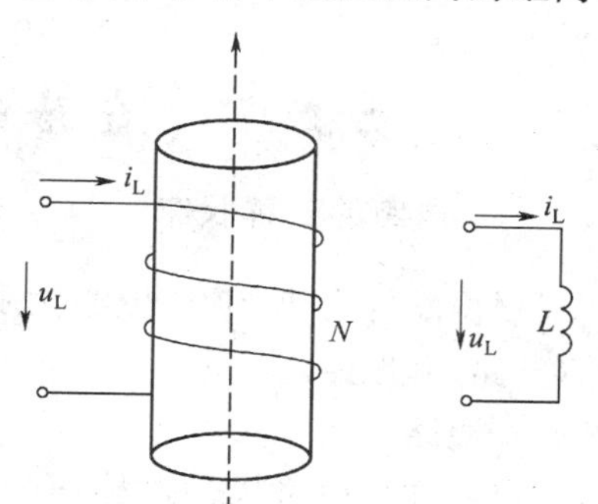

图 1-4-3　电感元件的伏安关系

$$u_{L}=L\frac{di_{L}}{dt} \tag{1-4-2}$$

式(1-4-2)表明，电感元件的电压与其电流的变化率成正比。只有当元件的电流发生变化时，其两端才会有电压。因此，电感元件也叫动态元件。如果元件的电流不随时间变化，比如为直流时，由于没有磁通的变化，电感元件两端不会有感应电压。这时，电感中虽有电流，其两端电压却等于零。因此，在直流电路中电感元件相当于短路。

三、电感元件的储能

磁场和电场一样具有能量。电感线圈和电容都是储能元件。当电流通过导体时就在导体周围建立磁场，将电能转化为磁场能，储存在电感元件内部；反之，变化的磁场通过电磁感应可以在导体中产生感应电流，将磁场能量释放出来，转化为电能。

磁场能量与电场能量有不少相似的特点，在电路中它们可以相互转化。磁场能量的计算公式，在形式上与电场能量的计算公式相似。理论和实践都可以证明：电感线圈的磁场能量与线圈所通过的电流的平方与线圈电感的乘积成正比，即

$$W_{L}=\frac{1}{2}Li_{L}^{2} \tag{1-4-3}$$

上式表明：当线圈中有电流时，线圈中就要储存磁场能，通过线圈的电流越大，线圈中储存的磁场能越多。在通有相同电流的线圈中，电感越大的线圈，储存的能量越多。从能量的角度看，线圈的电感 L 表征了它储存磁场能量的能力。

应当指出，公式 $W_{L}=\frac{1}{2}Li_{L}^{2}$ 只适用于计算空心线圈的磁场能量，对于铁芯线圈，由于电感 L 不是常数，该公式并不适用。

【例 1-4-1】 有一个电感 $L=5.6$ mH 的空心线圈，通过 10 A 电流时，线圈中储存的磁场能量是多少？当电流由 10 A 增加到 20 A 时，线圈中磁场能量增加了多少？

解：通过 10 A 电流时线圈中储存的磁场能量为

$$W_{L1}=\frac{1}{2}LI^{2}=\frac{1}{2}\times 5.6\times 10^{-3}\times 10^{2}=0.28(\text{J})$$

当电流由 10 A 增加到 20 A 时，线圈中磁场能量增加了

$$\begin{aligned}\Delta W_{L}&=W_{L2}-W_{L1}=\frac{1}{2}LI_{2}^{2}-\frac{1}{2}LI_{1}^{2}\\&=\frac{1}{2}\times 5.6\times 10^{-3}\times(20^{2}-10^{2})=0.84(\text{J})\end{aligned}$$

第五节　电路的三种状态及电器设备的额定值

一、电路的三种状态

根据欧姆定律，研究电路中的电压与电流之间的关系，从而推出电路的三种状态：通路、断路（开路）和短路。

1. 通路

电路处于通路状态如图 1-5-1 所示。电路中有电流及能量的转换和传出。电路处于通路状态时电路的特点是：电路中电流与电压之间的关系符合全电路的欧姆定律，即：

$$U=E-IR_0$$

其中 R_0 为电源的内阻，根据该式，可以得出电源外特性曲线，如图 1-5-2 所示。所谓电源的外特性是指：电源的输出电压（即外电路的电压）随电路电流变化的规律。由曲线可知：随着电流的增加，电源的输出电压不断下降；电源内阻越大，电源的输出电压下降的越多。当电源内阻为零时，其外特性为一平行于横轴的直线。

在实际应用中，我们希望电源能够有稳定的输出电压，这样就必须减小电源的内阻 R_0，以获得更加平直的电源的外特性。

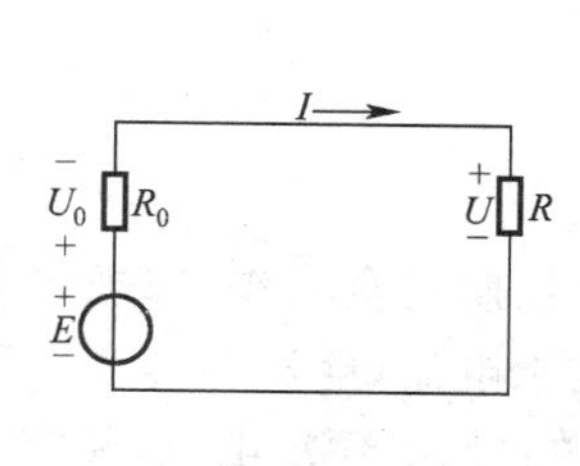

图 1-5-1 通路状态

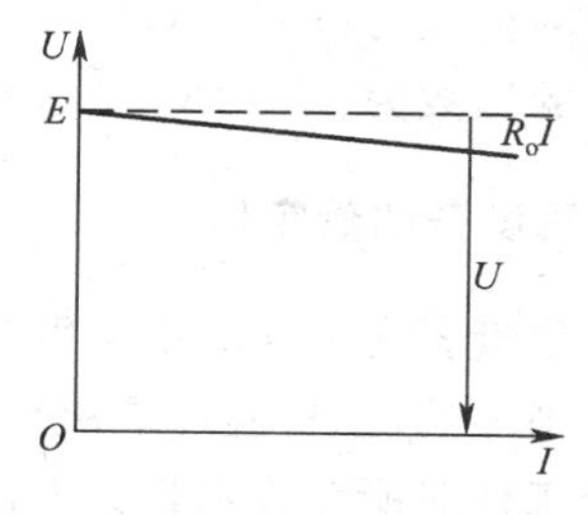

图 1-5-2 电源的外特性

2. 断路（开路）

电路处于断路状态如图 1-5-3 所示。此时负载与电源断开，电路中无电流、无能量的转换和传出。断路状态时电路的特点是：电阻可认为无穷大，电路中的电流 $I=0$，$U=E$，即：电源的开路电压等于电源的电动势。

3. 短路

电路处于短路状态如图 1-5-4 所示。此时负载两端被一条导线短接，电流不再流经负载。短路时电路的特点是：外电路的电阻可认为是零，电路中的电流：$I=E/R_0$，由于电源内阻 R_0 的值一般都很小，所以，电路的电流 I 很大，$U=0$。

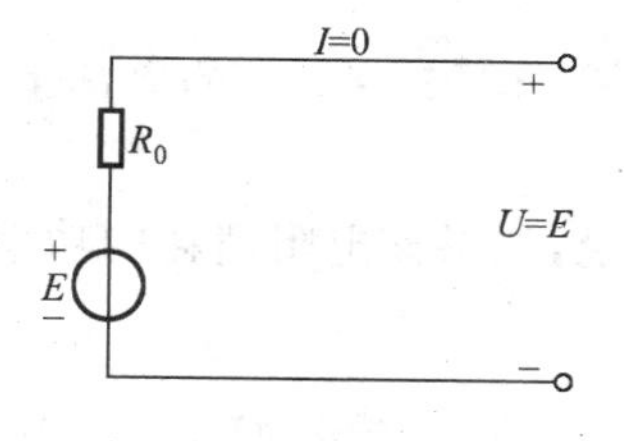

图 1-5-3 断路状态

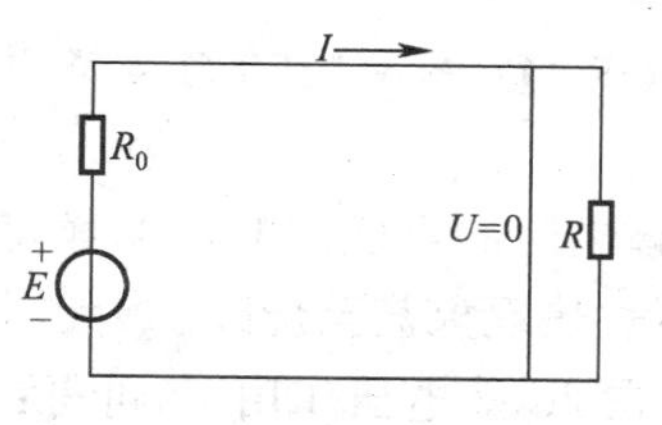

图 1-5-4 短路状态

值得特别注意的是：发生电源短路时，应及时切断电源，否则将会因剧烈发热而使电源、导线等烧坏。避免短路的解决方法是：可以在电路中接入过流保护装置。如在住房的电源进线处安装熔断器或断路器。

通常电源电动势和内阻都基本不变，且 R_0 很小，所以可以近似认为电源的端电压就等于电源电动势。今后若不特别指出电源内阻时，就表示内阻很小，可以忽略不计。但对于干电池来讲，其内阻往往是随着放电时间的增加而增大。当电池内阻增大到一定值时，负载就不能正常工作。如旧电池开路时，其两端的电压并不低，但不能使收音机正常发声，就是因为电池内阻增大的缘故。

【例 1-5-1】 如图 1-5-5 所示。不计电压表和电流表的内阻对电路的影响。求开关在不同位置时，电压表和电流表的读数各为多少？

解:(1)当开关接 1 时,电路处于短路状态。

电压表的读数为:$U=0$

电流表的读数为:$I=E/r=2/0.2=10(\text{A})$

(2)当开关接 2 时,电路处于开路状态。

电压表的读数为:$U=E=2\text{ V}$

电流表的读数为:$I=0$

(3) 当开关接 3 时,电路处于通路状态。

电流表的读数为:$I=E/(R+r)=2/(0.2+9.8)=0.2(\text{A})$

电压表的读数为:$U=IR=0.2\times 9.8=1.96(\text{V})$

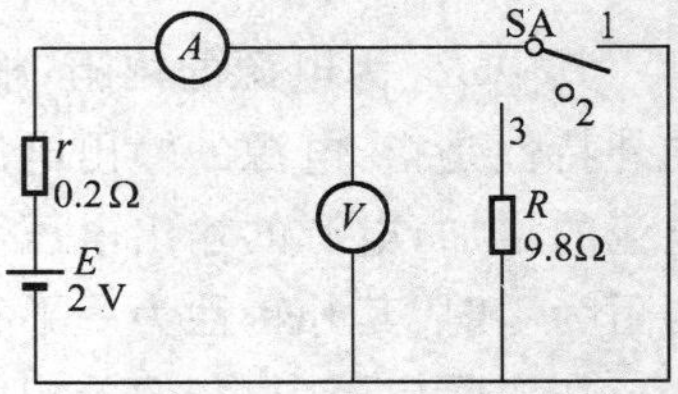

图 1-5-5　例 1-5-1 图

二、电气设备的额定值

任何电气设备在工作时都会发热。为保证电气设备能长期安全工作,都规定了一个最高工作温度。很显然,工作温度取决于发热量,发热量又取决于电流、电压和功率。我们把元件和设备安全工作时所允许的最大电流、电压和功率分别叫做它们的额定电流、额定电压和额定功率。额定值的表示方法很多,可以利用铭牌标出,也可以直接标在该产品上,还可以在产品目录中查到。

电气设备的额定值供使用者正确使用该产品,所以使用时必须遵守额定值的规定。应用中实际值等于额定值时,电气设备的工作状态称为额定状态;如果实际值超过额定值,就可能引起电气设备的损坏或降低使用寿命,即发生了过载情况;如果实际值低于额定值,某些电气设备也可能发生损坏,但多数是不能发挥正常的效能,这种情况称为欠载状态。

各种电气设备的使用场合不同,在电路中的连接方式不同,所标注的额定值也不同。例如,照明灯泡标有“220 V,40 W”,表明该灯泡在 220 V 额定电压作用下,消耗的功率是 40 W。如果灯泡两端的电压达不到 220 V,灯泡就会因为欠载使其消耗的功率小于 40 W,对应的亮度就会下降。

【例 1-5-2】 标有“100 Ω,4 W”的电阻,如果将它接在 20 V 或 40 V 的电源上,能否正常工作?

解:该电阻的阻值为 100 Ω,额定功率为 4 W,也就是说,如果该电阻消耗的功率超过4 W,就会产生过热现象甚至烧毁。

(1) 在 20 V 电压作用下,可得:

$$P=U^2/R=20\times 20/100=4(\text{W})$$

该值等于额定值,因此,在 20 V 的电源电压下可以正常工作。

(2)在 40 V 电压作用下,可得:

$$P=U^2/R=40\times 40/100=16(\text{W})$$

16 W>4 W,此时该电阻消耗的功率已经大大超过其额定值,这种过载情况极易烧毁电阻,使其不能正常工作,应更换阻值相同,额定功率大于或等于 16 W 的电阻。

【例 1-5-3】 阻值为 100 Ω,额定功率为 1 W 的电阻两端所允许加的最大直流电压为多大? 允许流过的直流电流又是多少?

解:因为　$P=U^2/R$

所以电阻两端允许加的最大直流电压为　$U=\sqrt{PR}=10(\text{V})$

电阻允许通过的最大直流电流为　$I=P/U=1/10=0.1(\text{A})$

第六节　基尔霍夫定律

对简单电路的分析计算，我们只要掌握了欧姆定律和电阻的串联、并联的特点及其计算就可以进行了。但对图 1-6-1 所示的电路，不能用电阻的串、并联化简，从而无法用欧姆定律进行分析，这样的电路称为复杂电路。计算和分析复杂电路的方法很多，但它们依据的是电路的两条基本定律——欧姆定律和基尔霍夫定律。基尔霍夫定律既适用于直流电路，也适用于交流电路，对于含有电子元件的非线性电路也适用。因此，它是分析计算电路的基本定律。

在讨论基尔霍夫定律之前，先介绍电路的几个最常用的概念。

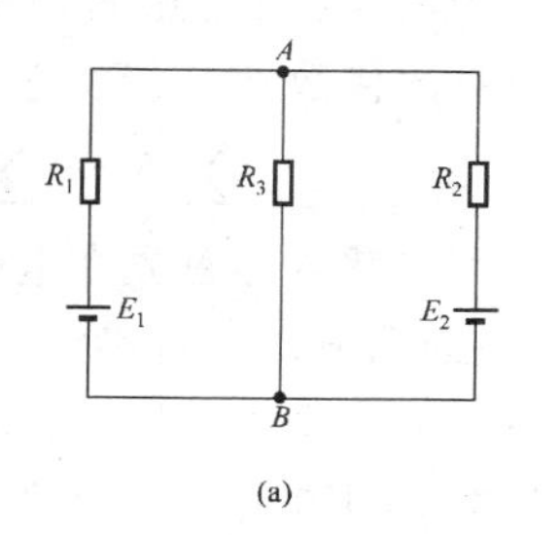

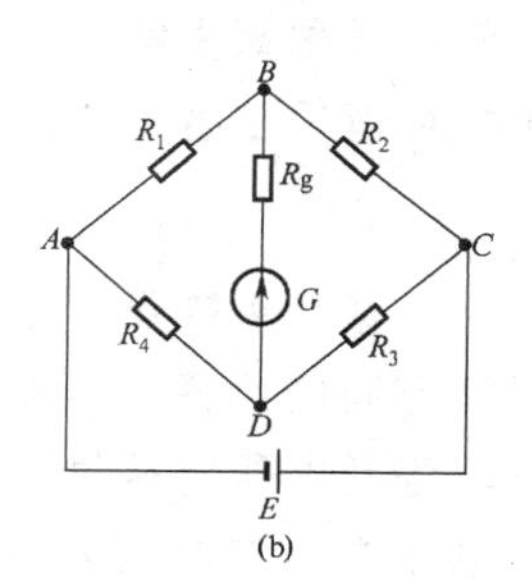

图 1-6-1　复杂电路图

支路：由一个或几个元件依次相接构成的无分支电路叫支路。在同一支路内，流过所有元件的电流都相等。如图 1-6-1(a)中的 R_1 和 E_1 构成一条支路；R_3 是一个元件构成的一条支路。R_2 和 E_2 构成一条支路。

节点：三条或三条以上支路的交汇点。图 1-6-1(b)中的 A、B、C、D 四个点都是节点。

回路：电路中任意一个闭合的路径都叫回路。一个回路可能只含有一条支路，也可能包含几条支路。如图 1-6-1(b)中的 A-R_1-B-R_g-D-R_4-A 和 A-R_1-B-R_2-C-E-A 都是回路。

网孔：回路平面内不含有其他支路的回路就叫做网孔。如图 1-6-1(a)有两个网孔，其一为：A-R_3-B-E_1-R_1-A；另一个为 A-R_2-E_2-B-R_3-A。

值得注意的是：网孔只有在平面电路中才有意义。

一、基尔霍夫第一定律——电流定律(KCL)

1. 基尔霍夫第一定律的内容是：流入某个节点的电流之和恒等于流出该节点的电流之和。或者说：流过任意一个节点电流的代数和为零。其表达式为：

$$\sum I_{入} = \sum I_{出} \quad 或 \quad \sum I = 0 \qquad (1\text{-}6\text{-}1)$$

2. 基尔霍夫第一定律运用步骤：(1)标出各支路的电流方向。原则是：对已知电流按实际方向在图中标定；对未知电流，方向可任意标定。(2)列节点电流方程，进行计算。(3)根据计算结果，确定未知电流的大小和方向。

【例 1-6-1】　列出图 1-6-2 所示电路中节点 A 的基尔霍夫第一定律表达式。

解：对于节点 A 的电流，假设流入节点的电流为正，流出节点的电流为负，那么该节点电流表达式为：

$$I_1 + I_2 + (-I_3) = 0$$

即：　$$I_1 + I_2 = I_3$$

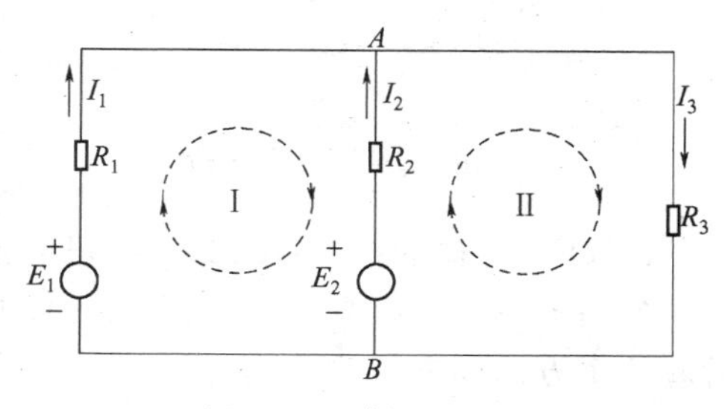

图 1-6-2　例 1-6-1 图

【例 1-6-2】　图 1-6-3 表示一晶体三极管的实验电路。如果已知两个支路中的电流分别是 $I_E =$

4.68 mA，I_C＝4.62 mA，问 I_B 应该是多少？

解：在本题中，我们可以假定一个封闭面 S 把晶体管包围起来，那么流进封闭面的电流应该等于从封闭面流出的电流。

根据图中所选定的电流正方向可得：

$$I_C + I_B - I_E = 0$$

因此 $I_B = I_E - I_C = 4.68 - 4.62 = 0.06$(mA)。

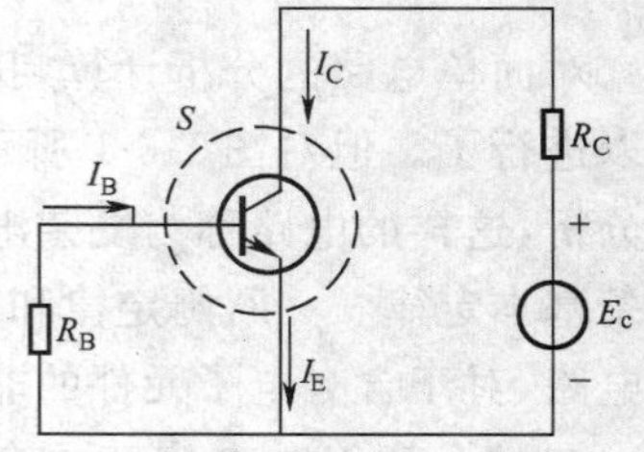

图 1-6-3　例 1-6-2 图

二、基尔霍夫第二定律——电压定律(KVL)

1. 基尔霍夫第二定律的内容是：在任意回路中，电动势的代数和恒等于各电阻上电压降的代数和。其表达式为：

$$\sum E = \sum IR \tag{1-6-2}$$

2. 基尔霍夫第二定律运用步骤：(1)首先在电路图中选择一个回路并确定回路绕行方向。回路方向的选择是任意，但是回路方向一旦确定，在解题过程中就不得改变。(2)确定回路中电动势及电压降极性的正负。原则是：电动势的方向与回路方向一致时为正，反之为负；当支路电流方向与回路方向一致时，电压降为正，反之为负。(3)列电压回路方程，进行计算。

【例 1-6-3】 列出图 1-6-2 电路中回路 1 的基尔霍夫第二定律的表达式。

解：设定回路 1 的绕行方向为顺时针方向，那么电动势的方向与绕行方向一致时为正，相反为负；电压降方向由电流方向决定，所以电流方向与绕行方向一致时为正，相反为负。因此：

$$E_1 - E_2 = R_1 I_1 - R_2 I_2$$

可见，基尔霍夫第二定律也可描述为沿绕行方向电位升高之和等于电位下降之和。

【例 1-6-4】 如图 1-6-4 所示，各支路的元件是任意的，但已知 U_{AB}＝5 V，U_{BC}＝－4 V，U_{DA}＝－3 V，试求 U_{CD}

解：对闭合回路 $ABCDA$ 回路，选绕行方向为顺时针，由符号法则，列出 KVL 定律方程。代入数据得

$$U_{AB} + U_{BC} + U_{CD} + U_{DA} = 0$$

$$5 + (-4) + U_{CD} + (-3) = 0$$

所以

$$U_{CD} = 2(\text{V})$$

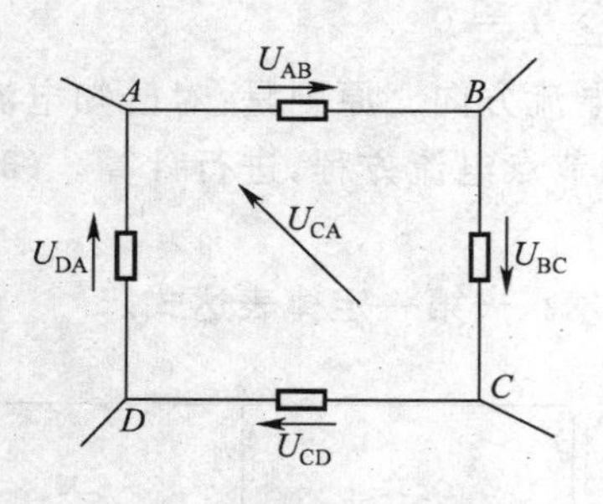

图 1-6-4　例 1-6-4 图

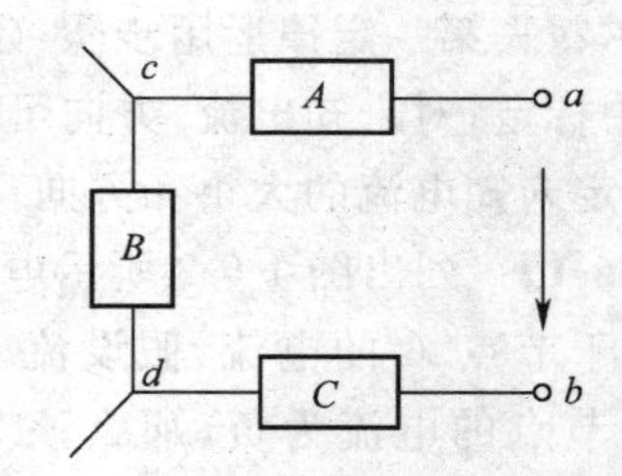

图 1-6-5　KVL 定律的推广电路

3. KVL 定律的推广：KVL 定律可以推广到任意一假想的闭合回路。

如图 1-6-5 所示，图中 A、B、C 三元件并未构成回路，但可假想电路中存在一个回路 $acdba$，沿着这个方向列方程式：

$$U_{ac} + U_{cd} + U_{db} + U_{ba} = 0$$

或写成

$$U_{ab}=U_{ac}+U_{cd}+U_{db}$$

由此可得出求电路中任意两点电压的公式：

$$u_{ab}=\sum_{a\to b}u \quad 或 \quad U_{ab}=\sum_{a\to b}U \quad （直流） \tag{1-6-3}$$

即电路中任意两点电压，等于从 a 到 b 所经过电路路径上所有支路电压的代数和，与路径 ab 行进方向一致的电压为正；反之，电压为负。

第七节　电压源与电流源

与负载元件不同，电源是将其他形式的能转换成电能的装置。根据电源的外特性可分为电压源和电流源。

一、电 压 源

1. 电压源的定义：若能输出恒定不变的电压并与通过其中的电流无关，则称为理想电压源。理想电压源的电流由与之相连的外电路决定。性能良好的干电池和发电机都可以看作是理想的电压源。

2. 符号：一般电压源的符号如 1-7-1(a)所示，电压源的电压用 U_S 表示；图(b)是干电池的符号，长线表示参考正极性，短线表示参考负极性。

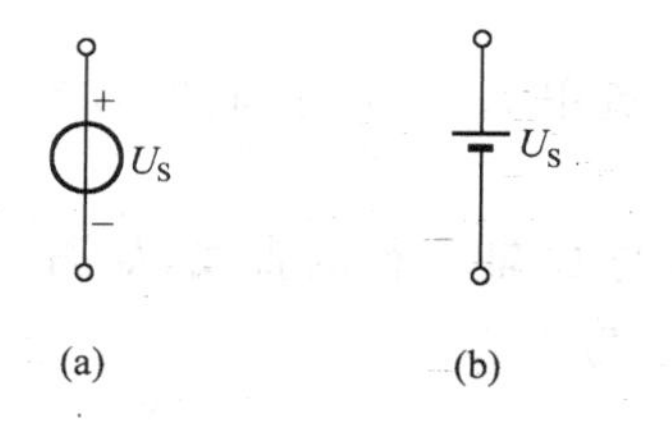

图 1-7-1　电压源符号

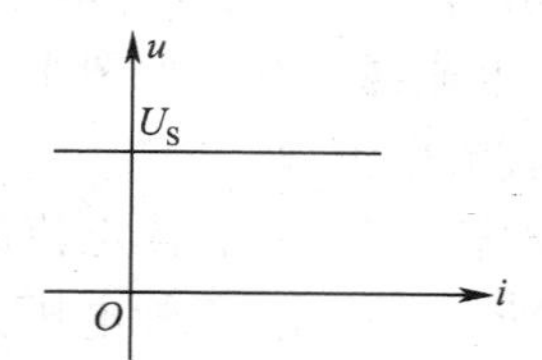

图 1-7-2　电压源外特性

3. 电压源外特性：图 1-7-2 所示为直流电压源的伏安特性，说明电压源的电压为恒定值，与电流无关，而电流可以是任何值。

4. 电压源的功率：如图 1-7-3 所示，

$$P=U_S I$$

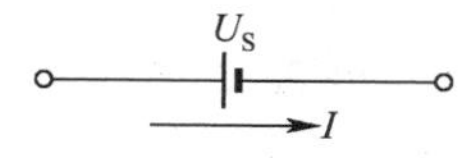

图 1-7-3　电压源功率

若计算结果：$P>0$，电压源吸收功率，起负载作用；$P<0$，电压源产生功率，起电源作用。

5. 实际电压源：理想的电压源是不存在的。因为任何电源总是存在电阻。以干电池为例，当电流通过时，干电池也会发热，其端电压也将下降。实验证明，通过电池的电流越大，发热越严重，其端电压越低。为了表征这种特性，用理想电压源与电阻的串连组合作为实际电压源的电路模型，如图1-7-4所示。

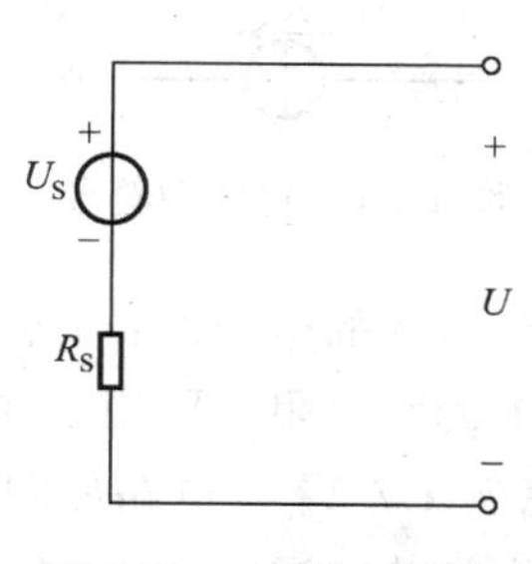

图 1-7-4　实际电压源

【例 1-7-1】　图 1-7-5 所示电路中，电阻为可调电阻，设其阻值调节范围为 0～∞，$U_S=5$ V，试分别计算(1)$R\to\infty$；

(2)$R=0$ 两种情况下电路中的电流 I。

解:(1)$R\to\infty$时

根据欧姆定律,电路中的电流为:

$$I=\frac{U_S}{R}=\frac{5}{R}=0$$

(2)$R=0$ 时

因为电压源的电压与外电路无关,此时电压仍应为 5 V。根据欧姆定律,电路中的电流为

$$I=\frac{U_S}{R}=\frac{5}{R}\to\infty$$

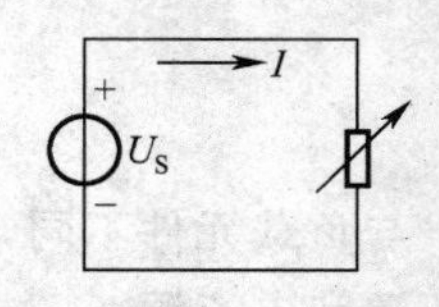

图 1-7-5　例 1-7-1 图

这个例子使我们对电压源这一理想电路元件有了进一步理解。实际电路中当然不会出现无穷大的电流,因为任何实际设备或器件都不可能具有电压源的伏安特性。电压源这种理想电路元件实际上是不存在的。不过,当实际电源的伏安特性与电压源比较接近时,一旦发生短路,即外电路的电阻 $R\to 0$ 时,将会有很大电流通过电源,造成电源设备的烧毁。因此,电压源短路是必须防止的,即电压源不能在短路状态下工作。

二、电流源

1. 电流源的定义:当负载电阻在一定范围内变化时,它的端电压随之变化,而输出电流恒定不变,这类电源称为理想的电流源。理想电流源的电流与本身的电压无关;电流源的电压(以及功率)由与之相连的外部电路决定。

2. 符号:电流源的符号如图 1-7-6 所示,电流源的电流用 I_S 表示时,此即为电流大小和方向都不变的直流电流源。

3. 电流源伏安特性:直流电流源的伏安特性是一条与 U 轴平行的直线,如图 1-7-7 所示,电压由其外部电路决定,不管电压为什么值,它的电流总为 I_S。

4. 电流源的功率:如图 1-7-8 所示

$$P=UI_S$$

同电压源一样,若计算出 $P>0$,电流源吸收功率,起负载作用;$P<0$,电流源产生功率,起电源作用。

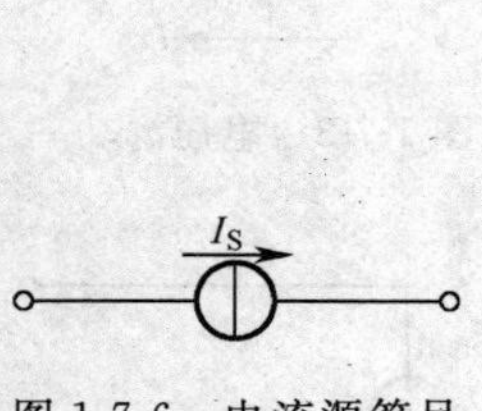

图 1-7-6　电流源符号

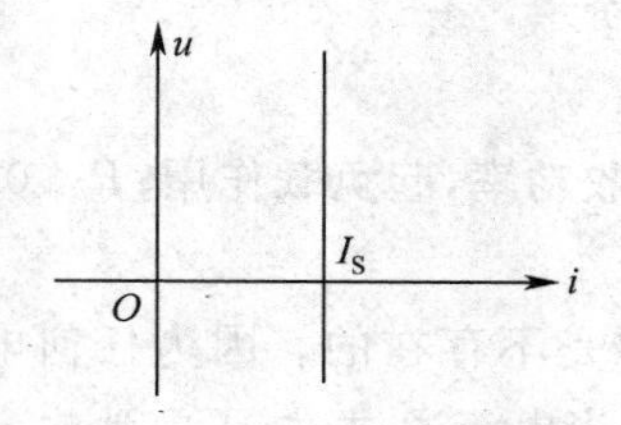

图 1-7-7　电流源的伏安特性

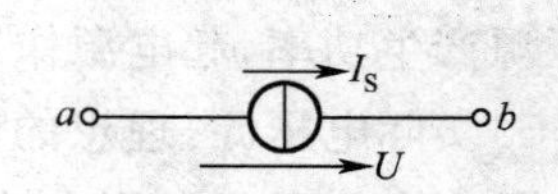

图 1-7-8　电流源的功率

5. 实际的电流源:理想的电流源是不存在的,实际的电流源总有电阻。为此,可以用理想的电流源和电阻并联组合作为它的电路模型,如图 1-7-9 所示。

【例 1-7-2】　电路如图 1-7-10 所示,R 为可调电阻,设其阻值调节范围为 $0\sim\infty$,$I_S=2$ A,试分别计算(1)$R=0$;(2)$R\to\infty$两种情况下电流源两端的电压 U。

解:(1)$R=0$ 时根据欧姆定律,电流源两端的电压为

$$U=RI_S=2R=0$$

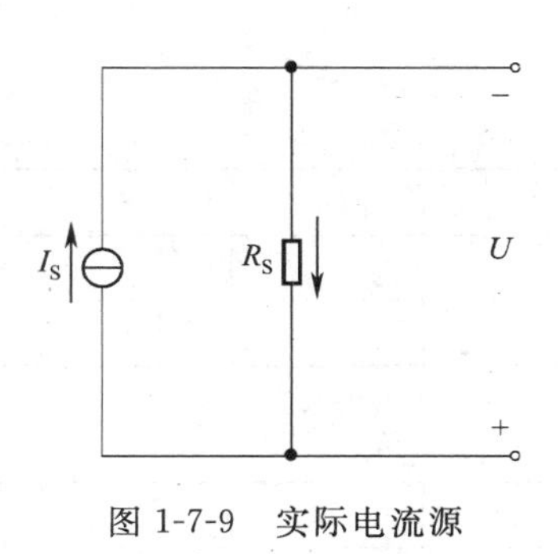

图 1-7-9　实际电流源

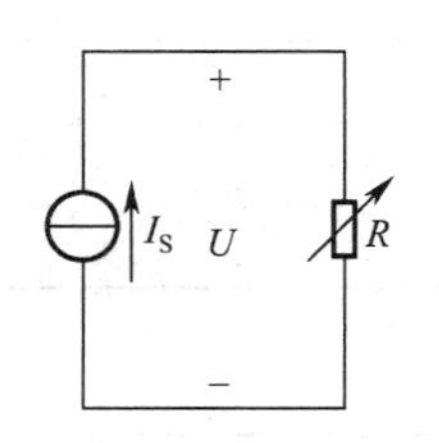

图 1-7-10　例 1-7-2 图

(2)$R\to\infty$时,因为电流源的电流与外电路无关,所以,即使 $R\to\infty$,电流源的电流仍然是 $I_S=2$ A。根据欧姆定律,此时电流源两端的电压为

$$U=RI_S=2R\to\infty$$

这个例子可以加深我们对电流源这一理想电路元件的理解。实际电路中当然不会出现无穷大的电压,因为任何实际设备或器件都不可能具有电流源的伏安特性。电流源实际上也是不存在的。

当实际电流源开路时,输出电流为零,理想电流全部通过内阻。在这种情况下,内阻损耗较大,电流源也会因为过热而损坏。因此,实际电流源不能处于开路状态。

技能训练一　直流电流、直流电压和电位的测量

一、实训目的

学会使用万用表直流电压挡和直流电流挡测量实际电路中各点电流和电压的数值。学会使用万用表的电阻挡测量电阻阻值。

二、实训仪器设备

万用表 1 块,收音机 1 台,不同阻值的电阻 8 只。

三、实训内容

1. 检查万用表的指针是否处于刻度线的“零”刻度上,将红、黑两只表笔分别插入红、黑表笔插孔中。

2. 将量程开关置于直流电压挡,将黑表笔接于收音机电源的负极一端,选择若干个合适的测试点,红表笔分别接在这些点上,并从万用表上读取数据。将读取数据记录在技表 1-1 中。

3. 将量程开关置于直流电流挡,将收音机线路板上的适当位置断开,将万用表串联在断点上,并从万用表上读取数据。将读取数据记录在技表 1-2 中。

4. 将量程开关置于电阻挡,将万用表的两只表笔短路,调节欧姆调零旋钮,使万用表指针指示在“零欧姆”位置上。测量电阻要测量两次,第一次为估测,根据估测的数值选择合适的量程后,再进行第二次测量,并将两次测量的结果记录在技表 1-3 中。在第二次测量时,注意还要进行欧姆表的调零操作。

四、实训记录

技表 1-1

测量点	U_1	U_2	U_3	U_4	U_5	U_6	U_7	U_8
挡　位								
测量值								

技表 1-2

测量点	I_1	I_2	I_3	I_4	I_5	I_6	I_7	I_8
挡　位								
测量值								

技表 1-3

被测电阻		R_1	R_2	R_3	R_4	R_5	R_6	R_7	R_8
估测	挡位								
	测量值								
实测	挡位								
	测量值								

五、分析与思考

(1)用测量数据说明电路中各点电位与参考点的选择是否有关，电压与参考点的选择是否有关。

(2)如何用万用表测量直流电流、直流电压。

(3)如何用万用表测量电阻。

小　结

1. 电流所流经的路径叫电路。电路由电源、负载、开关和连接导线组成。如果不特别指出。连接导线的电阻可忽略不计。

2. 电路的几个基本物理量是电流强度(简称电流)、电压(即电位差)、电位、电动势、电能和电功率。它们不仅有大小而且有方向。

电路中某点的电位是该点对参考点的电压，电位的数值随参考点的改变而变，是相对值。而电路中任意两点间的电压是绝对值，与参考点无关。

3. 电阻是表示物体对电流阻碍作用大小的物理量，是客观存在的，不会因外加电压的大小而变化。其阻值与导体的几何尺寸和材料有关。

一段电阻电路中，电流、电压和电阻的关系可以由欧姆定律来描述。其关系式为：$I=U/R$。实际应用欧姆定律时应注意电量的参考方向和实际方向之间的关系。

4. 电容和电感都是储能元件。但电容存储的是电能；电感存储的是磁能。电容具有充电和放电的作用；电感具有通直流的作用。

5. 电路存在着三种状态：通路、开路和短路。每种电路各有特点，但电路不能工作在短路状态。

6. 基尔霍夫定律是电路计算的基本定律。它分为第一定律（电流定律）和第二定律（电压定律）。

7. 电源分为两种形式：电压源和电流源。电压源是输出恒定的电压；电流源是输出恒定的电流。电压源不能短路使用，电流源不能开路使用。

一、是 非 题

1. 电路由电源、负载、开关和导线组成。（　　）
2. 蓄电池在电路中必是电源，总是把化学能转换成电能。（　　）
3. 额定电压为 220 V，额定功率为 100 W 的用电设备，当实际电压为 110 V 时，负载实际功率为 50 W。（　　）
4. 电路中某一点的电位具有相对性，只有参考点确定后，该点的电位值才能确定。（　　）
5. 电路中两点间的电压具有相对性，当参考点变化时，两点间的电压将随之变化。（　　）
6. 如果电路中某两点的电位都很高，则该两点间的电压也很高。（　　）
7. 电流的参考方向，可能与实际方向相同，也可能与实际方向相反。（　　）
8. 利用基尔霍夫第一定律列节点电流方程时，必须知道支路电流的实际方向。（　　）
9. 利用基尔霍夫第二定律列回路电压方程时，所设的回路绕行方向不同会影响计算结果的大小。（　　）

二、思 考 题

1. 什么是电路？什么是电路图？电路由哪几个基本部分组成？试画出一个简单的电路图。
2. 电流，电压的方向是怎样规定的？什么是它们的正方向？
3. 电压、电位、电动势有什么关系？
4. 金属导体的电阻与什么因素有关？温度升高时，为什么许多金属导体的电阻会增大？
5. 有人试图把电流表接到电源两端测量电源的电流，这种想法对吗？若电流表内阻是 0.5 Ω，量程是 1 A，将电流表接到 10 V 的电源上，问电流表上流过多大的电流？将会发生什么后果？
6. 额定电压相同，而额定功率不同的两只电阻器通过相同的电流时，哪一个消耗的实际功率较大？
7. 基尔霍夫定律的内容和表达式是什么？
8. 什么叫理想电压源、电流源？它们的伏安特性有什么特点？

三、分析计算题

1. 如果在 5 s 内通过横截面为 4 mm^2 的导线的电量是 10 C，试求电线中的电流。
2. 试在题图 1-1 中标出元件 1、2、3、4 的电压实际方向及 5、6 电流实际方向。

3. 判断题图 1-2 所示(a)(b)各网络是发出功率还是吸收功率？

4. 求题图 1-3 所示电路中的未知量，并求各电阻的功率。

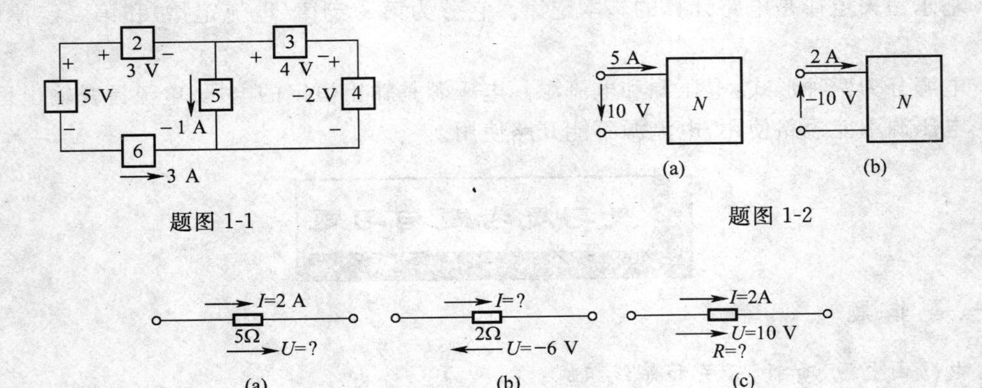

题图 1-1

题图 1-2

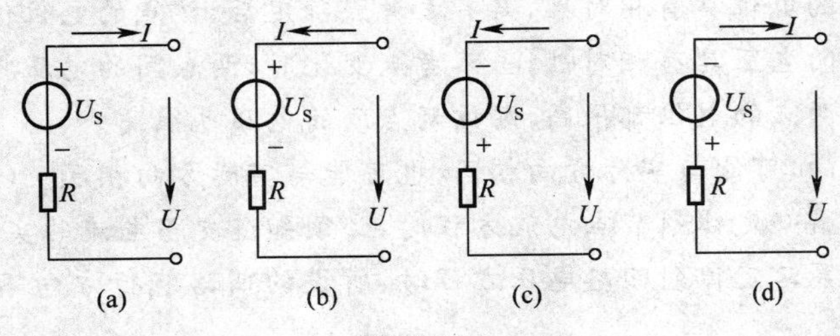

题图 1-3

5. 试写出题图 1-4 各电路中的 U 和 I 的关系式。

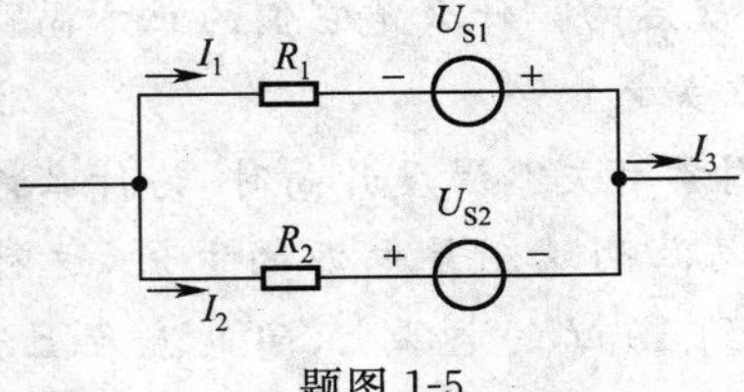

题图 1-4

6. 某蓄电池组的 $E=12$ V，内阻 $r=0.1\ \Omega$。满载时的负载电阻 $R=1.9\ \Omega$，求额定工作电流及短路电流。

7. 如题图 1-5 所示，已知 $U_{S1}=10$ V，$U_{S2}=5$ V，$R_1=6\ \Omega$，$I_3=4$ A，$R_2=3\ \Omega$，求电流 I_1、I_2。

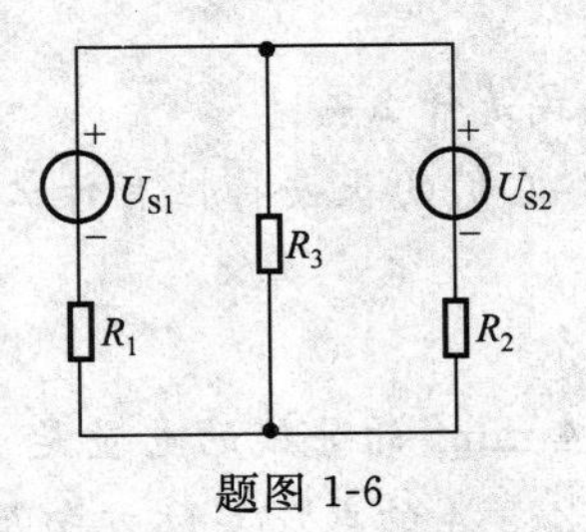

题图 1-5

8. 试列出题图 1-6 所示电路的节点电流方程。

题图 1-6

9. 电路如题图 1-7 所示，试求电流 I。

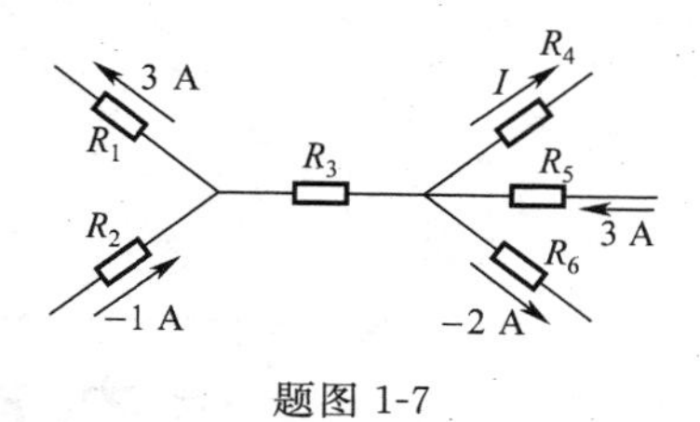

题图 1-7

10. 试求题图 1-8 所示电路中 U。

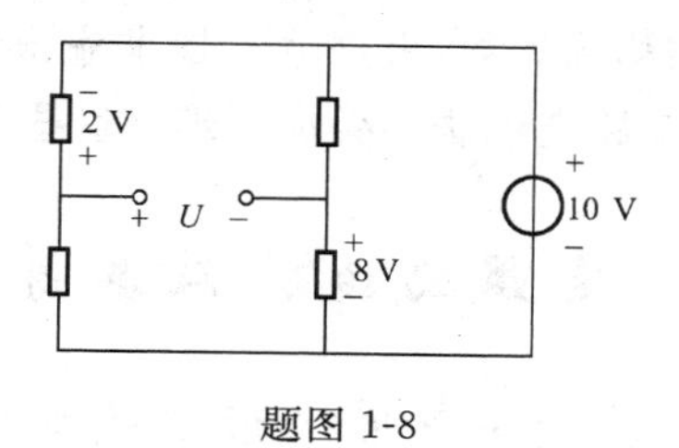

题图 1-8

11. 电路如题图 1-9 所示，根据所标出的电流的参考方向，用 KVL 定律列出回路电压方程。

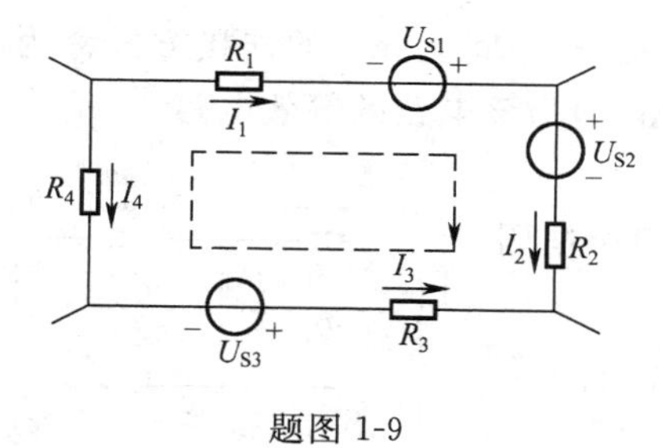

题图 1-9

第二章

复杂直流电路的分析

电路分析是指已知电路的结构和参数，根据输入量求输出量。本章研究复杂直流电路分析方法，主要包括：等效变换法、支路电流法和叠加原理。这些分析方法同样适用于交流电路。

第一节　电阻的连接及其等效变换

电阻的连接主要有：串联、并联、混联、Y形(星形)连接和Δ形(三角形)连接。

一、电阻的串联

1. 电阻串联的概念

两个或两个以上电阻依次相连，中间无分支的连接方式称为电阻的串联。图 2-1-1(a)所示为两个电阻串联的电路图，图(b)为该电路的等效电路。

2. 电阻串联电路的特点

(1)电阻串联电路中流经每个电阻的电流都相等。

(2)电阻串联电路两端的总电压等于各电阻两端电压之和。

(3)电阻串联电路的等效电阻(即总电阻)等于各串联电阻之和。

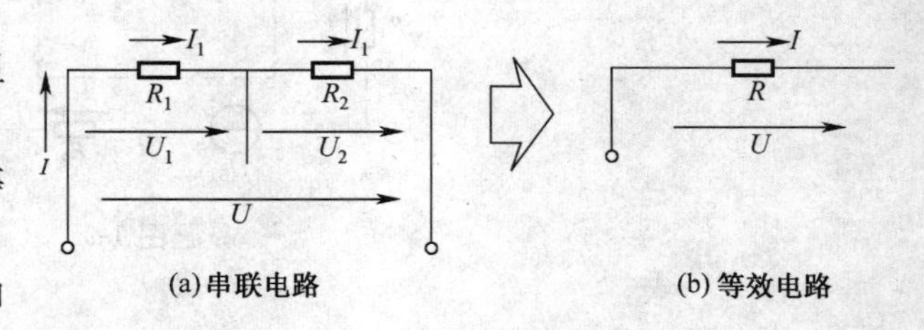

图 2-1-1　电阻的串联

3. 电阻串联电路的分压定律

由电阻串联电路的特点可推出串联电路的最重要的应用——串联电路具有分压的作用。

以两个电阻串联为例，推导如下：

如图 2-1-1 所示。

因为根据电阻串联电路的特点(2)　　$U=U_1+U_2$

根据电阻串联电路的特点(1)　　$I=I_1=I_2$

因为　　$U=IR$

$U_1=I_1R_1$

$U_2=I_2R_2$

所以　　$U_1/U=R_1/R$

$U_2/U=R_2/R$

每个电阻分得的电压为：　　$U_1=R_1U/(R_1+R_2)$

$$U_2=R_2U/(R_1+R_2) \tag{2-1-1}$$

由以上推导可得：在串联电路里，电压的分配与电阻成正比，即，阻值越大分得的电压就越高。

4. 电阻串联的应用

电阻的串联在实际应用中非常广泛，常用的有：

(1)用几个电阻串联来获得较大的电阻。

(2)采用几个电阻构成分压器，使同一电源能提供几种不同的电压。如图 2-1-2 所示，由 $R_1 \sim R_4$ 构成的分压器，可使电源输出四种不同数值的电压。

(3)当负载的额定电压低于电源电压时，可用串联的方法来满足负载接入电源使用的需要。例如可将两个相同功率的 8 V 指示灯串联后接入 16 V 的电源中使用。

(4)利用串电阻的方法来限制和调节电路中电流的大小。

(5)在电工测量中广泛应用串联电阻的方法来扩大电表测量电压的量程，如图 2-1-2 所示。

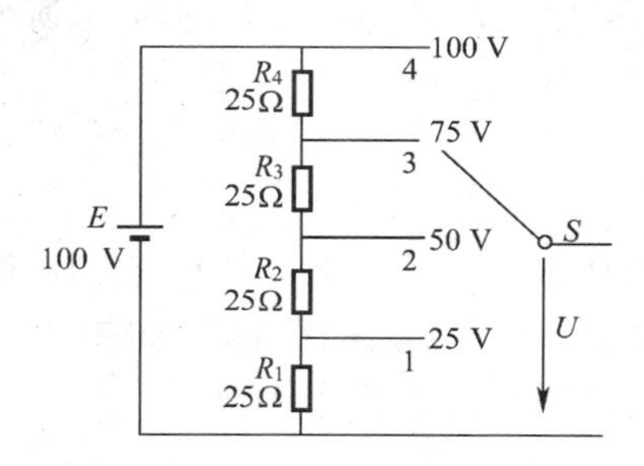

图 2-1-2　电阻分压器

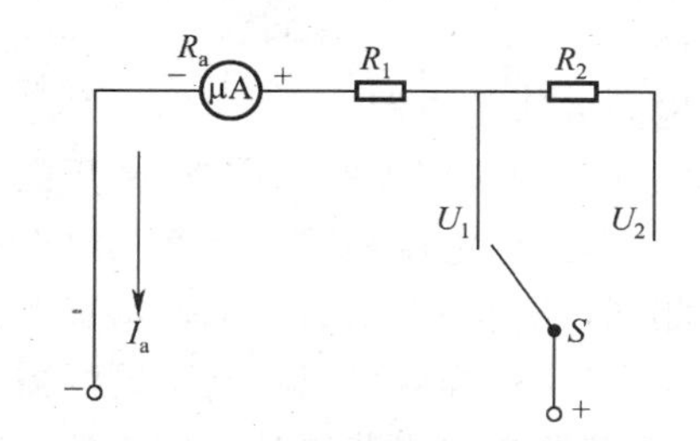

图 2-1-3　串联电阻扩大电压表的量程

【例 2-1-1】　图 2-1-3 是万用表测量直流电压的部分电路，已知：$U_1 = 10$ V，$U_2 = 250$ V。表头的等效内阻 $R_a = 3$ kΩ，准许流过的最大电流为 $I_a = 50$ μA，求各串联电阻的阻值。

解：因为　$U_a = I_a R_a = 50 \times 10^{-6} \times 3 \times 10^3 = 0.15(\text{V})$

又因为　$U_1 = U_a + U_{R1}$

所以　$R_1 = (U_1 - I_a R_a)/I_a = (10 - 3 \times 10^3 \times 50 \times 10^{-6})/50 \times 10^{-6} = 197(\text{k}\Omega)$

同理　$R_2 = (U_2 - U_1)/I_a = (250 - 10)/50 \times 10^{-6} = 4.8(\text{k}\Omega)$

二、电阻的并联

1. 概念：两个或两个以上的电阻接在电路中相同两点之间的连接方式称为电阻的并联，如图(a)所示，图(b)为等效电路图。

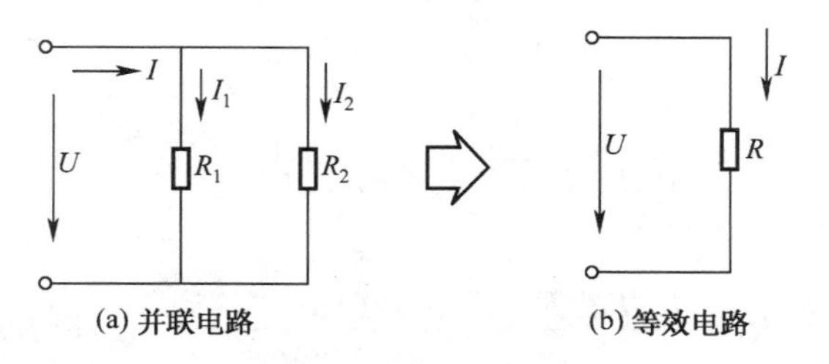

图 2-1-4　电阻的并联

2. 电阻并联电路的特点

(1)电阻并联电路中各电阻两端的电压相等,且等于电路两端的电压。

(2)电阻并联电路的总电流等于流经各电阻的电流之和。

(3)电阻并联电路的等效电阻的倒数等于各并联电阻的倒数之和。

3. 电阻并联电路的分流定律

由并联电路的特点可推导出并联电路的重要应用——并联电路具有分流的作用。

以两个电阻并联为例,如图 2-1-4 所示,推导如下:

由并联电路的特点(3)得 $R=R_1R_2/(R_1+R_2)$

由并联电路的特点(2)得 $I_1/I=R/R_1$

$I_2/I=R/R_2$

每个电阻分得的电流为 $I_1=R_2I/(R_1+R_2)$

$$I_2=R_1I/(R_1+R_2) \qquad (2\text{-}1\text{-}2)$$

由推导结果可得:在并联电路中,电流的分配与电阻成反比,即,阻值越大的电阻所分配的电流越小。

4. 电阻并联的应用

电阻并联的应用也非常广泛,常用的有:

(1)凡是工作电压相同的负载几乎全是并联。因为负载在并联工作状态下,它们两端的电压完全相同,任何一个负载的工作情况都不影响其他负载,也不受其他负载的影响(指电源的容量足够大)。这样就可以根据不同的需要起动或停止并联使用的各个负载。

(2)用并联电阻来获得某一较小的电阻。

(3)在电工测量中,广泛应用并联电阻的方法来扩大电表测量电流的量程。

【例 2-1-2】 图 2-1-5 所示为 500 型万用表的直流电流表部分。其中表头满偏电流 $I_g=40\ \mu A$,表头内阻 $R_g=3.75\ k\Omega$。各挡量程为 $I_1=500$ mA,$I_2=100$ mA,$I_3=10$ mA,$I_4=1$ mA,$I_5=250\ \mu A$,$I_6=50\ \mu A$。求各分流电阻值。

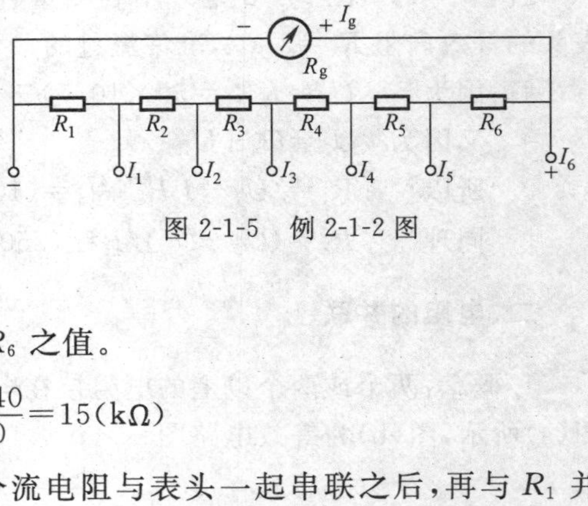

图 2-1-5 例 2-1-2 图

解:从图中可看出,当使用最小量程 $I_6=50\ \mu A$ 时,全部分流电阻串联起来与表头并联,可首先算出串联支路的总电阻 $R=R_1+R_2+R_3+R_4+R_5+R_6$ 之值。

$$R=\frac{R_gI_g}{I_6-I_g}=\frac{3.75\times40}{50-40}=15(k\Omega)$$

当使用量程 $I_1=500$ mA 挡时,除 R_1 以外的分流电阻与表头一起串联之后,再与 R_1 并联,由分流公式

$$I_g=\frac{R_1}{[(R-R_1)+R_g]+R_1}I=I_1\cdot\frac{R_1}{R+R_g}$$

可得

$$R_1=\frac{I_g(R+R_g)}{I_1}=\frac{40\times(15+3.75)}{500}=1.5(\Omega)$$

当使用量程 $I_2=100$ mA 时,除 R_1+R_2 以外的分流电阻与表头串联之后,再与 R_1+R_2 并联,可得出

$$R_2=\frac{I_g(R+R_g)}{I_2}-R_1=\frac{40\times(15+3.75)}{100}-1.5=6(\Omega)$$

同理可求出
$$R_3=\frac{I_g(R+R_g)}{I_3}-(R_1+R_2)=\frac{40\times(15+3.75)}{10}-7.5=67.5(\Omega)$$

$$R_4=\frac{I_g(R+R_g)}{I_4}-(R_1+R_2+R_3)=\frac{40\times(15+3.75)}{1}-75=675(\Omega)$$

$$R_5=\frac{I_g(R+R_g)}{I_5}-(R_1+R_2+R_3+R_4)$$

$$=\frac{40\times(15+3.75)}{0.25}-750=2\ 250(\Omega)$$

最后得出

$$R_6=R-(R_1+R_2+R_3+R_4+R_5)=12(\text{k}\Omega)$$

三、电阻的混联

1. 概念

既有串联又有并联的电阻电路称为电阻混联电路。

2. 电阻混联电路的分析

求解混联电路时，应根据具体情况，应用电阻串联和并联的原理逐步化简，求出总等效电阻，再利用电路基本定律求解。

【例 2-1-3】 如图 2-1-6 所示是直流单臂电桥的工作原理电路图。试推导电桥平衡条件（即检流计电流为零时，R_1、R_2、R_3、R_4 四个电阻关系）。

解：$I_g=0$ 时，可得

$$\begin{cases}I_1=I_3\\I_2=I_4\end{cases}\quad 及\ U_{cd}=0\ 即\ U_{ac}=U_{ad}（或\ U_{cb}=U_{db}）则$$

$$I_1R_1=I_2R_2\qquad \frac{U_S}{R_1+R_3}R_1=\frac{U_S}{R_2+R_4}R_2$$

整理得

$$R_1R_4=R_3R_2$$

即

$$R_1=\frac{R_3}{R_4}R_2$$

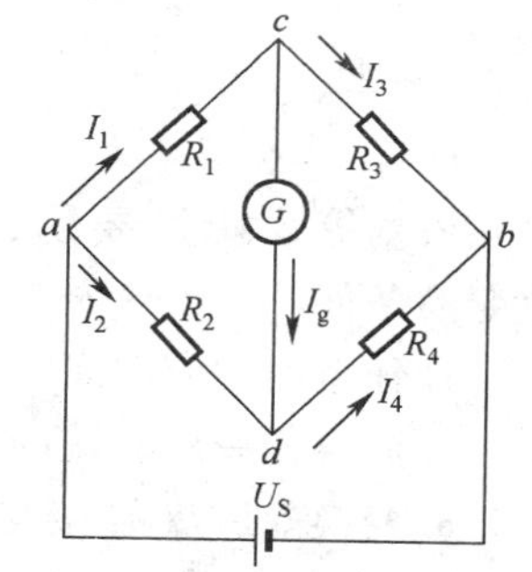

图 2-1-6 例 2-1-3 电路图

有时电阻混联电路中，电阻串、并联的关系不易看出时，尤其是需要求某两点的等效电阻时，往往需要将电路进行整理，其方法见例 2-1-4。

【例 2-1-4】 如图 2-1-7 所示，求 ab 间的等效电阻。

解： 此类题按以下几步做，一般可顺利完成。

（1）找节点：找出电路 ab 间所有节点，图示中有四个节点。

（2）标字母：给各节点标字母，等位点用同一字母表示，不同电位点用不同字母表示。图示中由于导线连通，在 ab 间实际只需标一个字母 c。

（3）"顺连"电路：在 ab 间按字母顺序将有效电阻（被短路的电阻对待求部分的等效电阻无作用），如图 2-1-8 所示。

（4）按电阻的串并联求 R_{ab}：显然 R_1 与 R_2 并联，再与 R_5 串联，最后与 R_6 并联即

$R_{ab}=(R_1 // R_2+R_5)//R_6$（本书中"//"表示电阻并联），代入化简略。

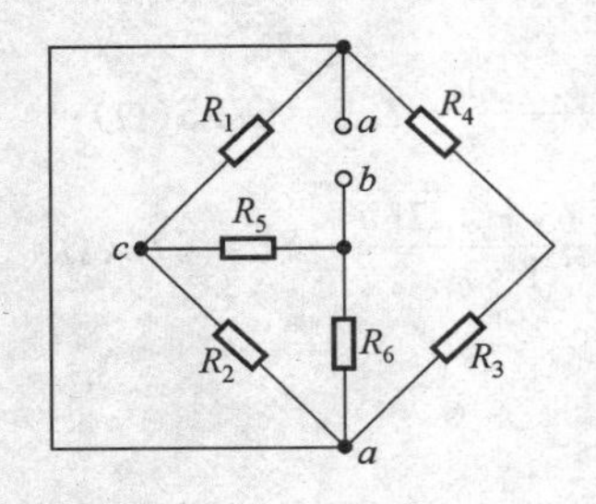

图 2-1-7　例 2-1-4 图

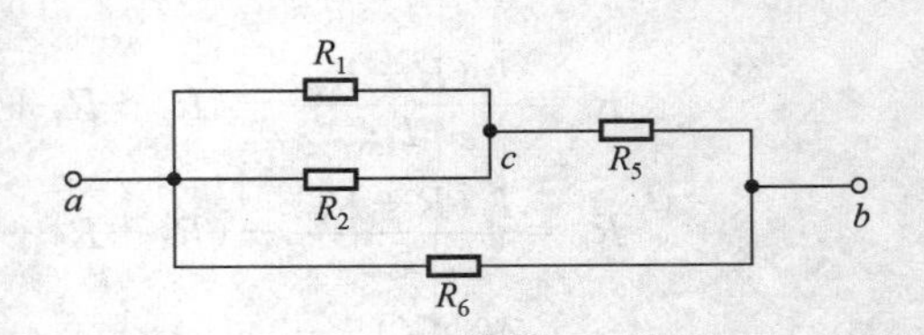

图 2-1-8　例 2-1-4 简化电路

四、电阻的 Y 形（星形）和 Δ 形（三角形）连接

（一）电阻 Y 连接与 Δ 连接及等效变换条件

如图 2-1-9 所示，即为电阻的 Y 连接与 Δ 连接电路图。

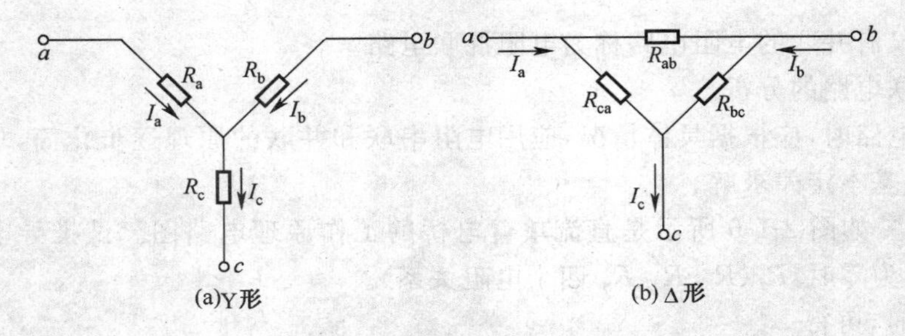

图 2-1-9　电阻 Y 连接与 Δ 连接电路

根据等效概念，要使 Δ 连接与 Y 连接等效，必须使它们的外特性一致，即必须满足下列等效变换条件。

1. 任意两对应端间的电压大小相等，方向相同。
2. 流经任一对应端的电流大小相等，方向相同。
3. 变换前后 Y 连接与 Δ 连接的网络所消耗的功率相同。

（二）Y－Δ 等效变换电阻间的关系。

根据等效条件及基本定律分析可得，Δ 连接变换为 Y 连接电路和公式为：

$$
\begin{aligned}
R_a&=\frac{R_{ab}\cdot R_{ca}}{R_{ab}+R_{bc}+R_{ca}}\\
R_b&=\frac{R_{bc}\cdot \mathrm{R}_{ab}}{R_{ab}+R_{bc}+R_{ca}}\\
R_c&=\frac{R_{ca}\cdot R_{bc}}{R_{ab}+R_{bc}+R_{ca}}
\end{aligned}
\tag{2-1-3}
$$

即星形连接电阻$(R_Y)=\dfrac{\text{三角形相邻两电阻之积}}{\text{三角形中各电阻之和}}$

若 $R_{ab}=R_{ca}=R_{bc}=R_{\Delta}$，则 $R_Y=\dfrac{1}{3}R_{\Delta}$。

如果已知 Y 连接电路各电阻，则等效 Δ 连接电路各电阻为：

$$R_{ab}=R_a+R_b+\frac{R_a\cdot R_b}{R_c}=\frac{R_a\cdot R_c+R_b\cdot R_c+R_a\cdot R_b}{R_c}$$

$$R_{bc}=R_b+R_c+\frac{R_b \cdot R_c}{R_a}=\frac{R_a \cdot R_b+R_a \cdot R_c+R_b \cdot R_c}{R_a} \tag{2-1-4}$$

$$R_{ca}=R_c+R_a+\frac{R_c \cdot R_a}{R_b}=\frac{R_a \cdot R_b+R_b \cdot R_c+R_c \cdot R_a}{R_b}$$

即三角形连接电阻$(R_\Delta)=\frac{\text{星形中各电阻两两乘积之和}}{\text{星形中对面的一个电阻}}$。

若 $R_a=R_b=R_c=R_Y$，则 $R_\Delta=3R_Y$。

【例 2-1-4】 求如图 2-1-10 所示等效电阻 R_{ab}。

解：在图示 2-1-10 电路中，电阻既有 Y 连接，也有 Δ 连接。此题既可将 Y⇒Δ，也可将 Δ⇒Y。现将 Δ 连接 R_1、R_3、R_5 用 Y 连接代替，如图 2-1-11 所示，其中

$$R_a=\frac{R_1 \cdot R_3}{R_1+R_3+R_5}$$

$$R_c=\frac{R_1 \cdot R_5}{R_1+R_3+R_5}$$

$$R_d=\frac{R_3 \cdot R_5}{R_1+R_3+R_5}$$

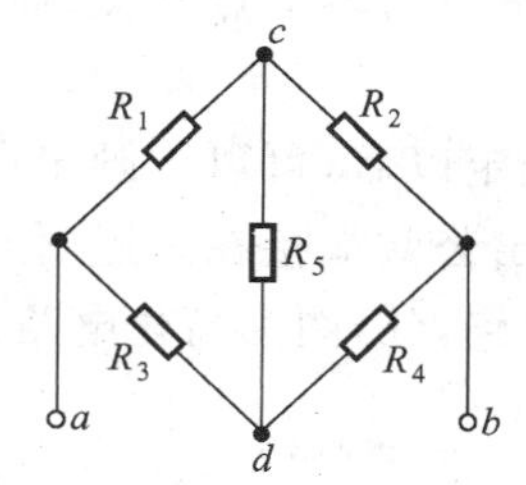

图 2-1-10　例 2-1-4 图

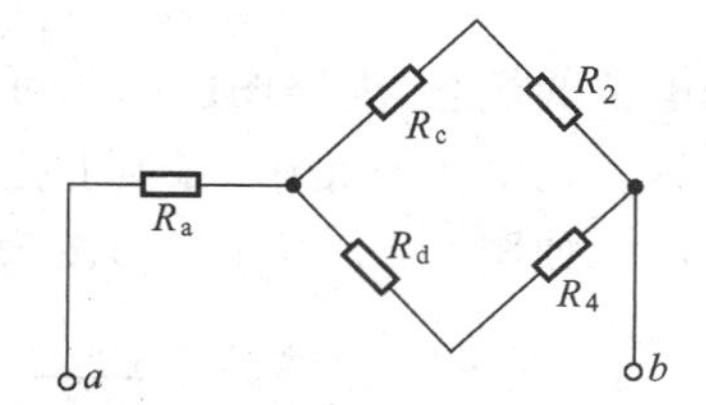

图 2-1-11　例 2-1-4 简化图

然后用电阻串并联方法得出 R_{ab}（略）。

利用线性电阻 Y⇔Δ 等效变换，常常可以使电路简化，使之可以利用电阻串、并联的方法化简，至于是采用 Y⇒Δ 还是 Δ⇒Y 变换，则应根据具体电路选择。

第二节　电路中各点电位的计算

在分析电子电路时，常用到电位的概念。在讲述电学的基本物理量时，我们知道要计算某点的电位，必须先设定参考点。参考点原则上可以任意选择，但一经选定，在分析和计算过程中就不能改动。

【例 2-2-1】 在图 2-2-1 所示电路中，已知：$E=10$ V，$R_1=1$ Ω，$R_2=9$ Ω，$I=1$ A，分别以 C，A 为参考点，求 A，B，C 各点的电位值及 BA 两点之间的电压。

解题思路：电位的计算是从电路中某点到公共点（路径任意）沿途电压升高和降低的代数和，电动势 E 由低电位指向高电位；对于电阻压降，电流从高电位端流入，低电位端流出。

解：(1)以 C 点为参考点($\varphi_C=0$)，A、B、C 点的电位值为：

$$\varphi_C=0$$

$$\varphi_A=R_2 I=9\times 1=9(\text{V})$$

$$\varphi_B=E=10(\text{V})$$

$$U_{BA}=\varphi_B-\varphi_A=10-9=1(\text{V})$$

(2) 以 A 点为参考点($\varphi_A=0$),A、B、C 点的电位值为

$$\varphi_A=0$$
$$\varphi_B=R_1I=1\times1=1(\text{V})$$
$$\varphi_C=-R_2I=-9\times1=-9(\text{V})$$
$$U_{BA}=\varphi_B-\varphi_A=1-0=1(\text{V})$$

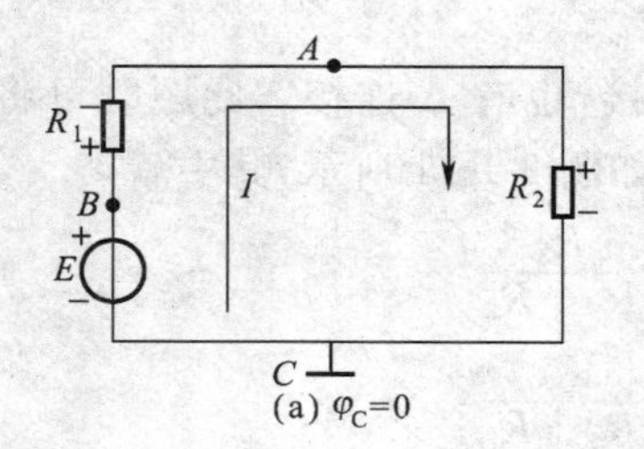

(a) $\varphi_C=0$

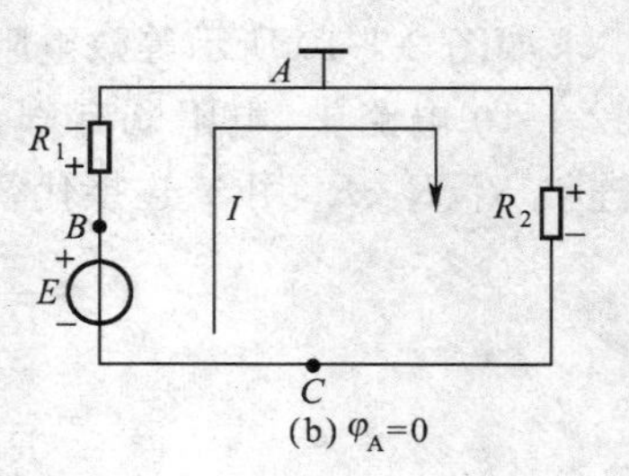

(b) $\varphi_A=0$

图 2-2-1 例 2-2-1 图

可见,参考点选择不同,电位也就不同,但电压不变,即电位与参考点有关,而电压与参考点无关。

运用电位的概念,电路图的画法可以简化。当参考点选定以后,可以不画出电源,各端以电位来表示。在电子电路中,习惯上把电源、信号输入和输出公共端接在一起,作为零电位点(即参考点)。如图 2-2-2 所示,(a)图为简单的晶体管放大电路,(b)图为简化电路。

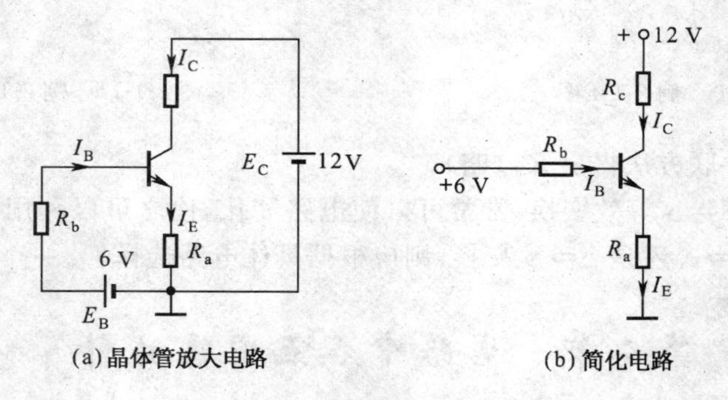

(a) 晶体管放大电路　　(b) 简化电路

图 2-2-2 电子电路简化电路图

第三节 电压源与电流源的等效变换

在第一章第七节介绍了实际电源的两种电路模型,即:理想的电压源与电阻串联的组合模型以及理想的电流源与电阻并联的组合模型。实际上,同一电源可以用不同的方式表达,也就是说:两种模型之间可以相互转换。在解题过程中,通过两种模型的相互转换,可以实现复杂电路的简单化。

一、电压源与电流源的相互转换

对于同一个实际电源可以有两种不同形式的电路模型,要使它们彼此等效,它们的伏安特

性应该相同。由图 2-3-1(a)与(b)可得它们的伏安特性分别为：

$$U=U_S-IR_S \tag{2-3-1}$$

$$U=I_SR'_S-IR'_S \tag{2-3-2}$$

比较(2-3-1)及(2-3-2)式，根据等效定义，得到等效条件：

$$U_S=I_SR'_S \quad \text{或}\ I_S=\frac{U_S}{R_S} \tag{2-3-3}$$

且

$$R_S=R'_S \tag{2-3-4}$$

应用电源的等效变换条件时应注意以下几点：

(1)电压源和电流源的参考方向要一致。

(2)所谓“等效”是指它们对外电路等效，对内电路不等效。

(3)理想电压源与理想电流源之间不能等效变换，因为它们的伏安特性是不一样的。

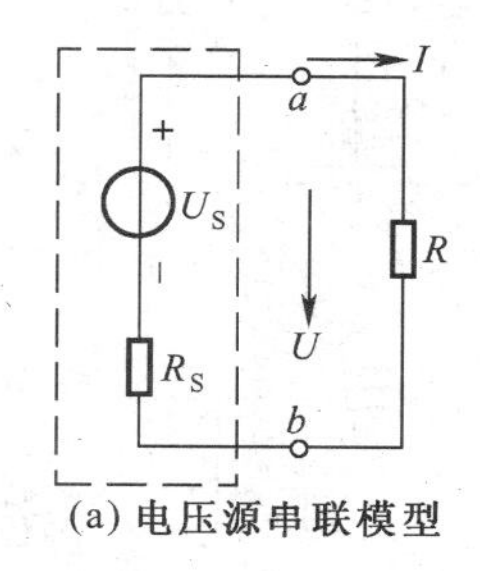

(a) 电压源串联模型

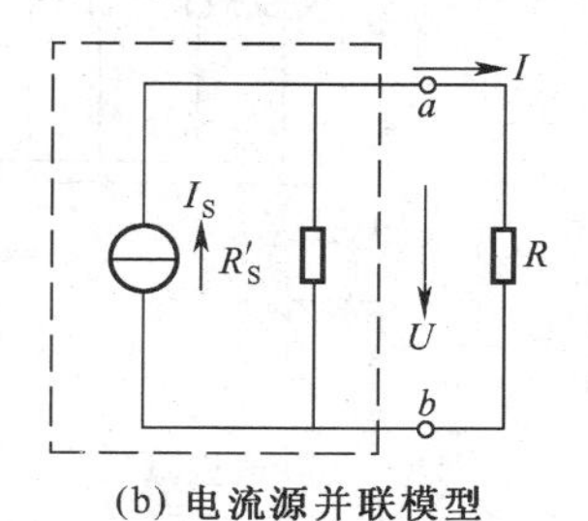

(b) 电流源并联模型

图 2-3-1　电压源和电流源模型

二、电源等效变换法

1. 电源等效变换法的概念

电源等效变换法是根据电源的等效变换条件，将电压源与电流源等效变换，使复杂电路简化并进而求解电路的一种方法。

2. 电源等效变换法的运用步骤

(1)将待求电路作为外电路，其余电路作为内电路。

(2)保留外电路不变，将内电路利用电源等效变换，尽量化简，直至最简。

(3)对最简电路进行求解。

【例 2-3-1】 如图 2-3-2(a)所示，试用电源等效变换法求电流 I。

解： 本题分析与化简过程如图 2-3-2 所示：

由全电路欧姆定律得　　$I=\frac{11}{5.51}=2(\text{A})$

3. 使用电源等效变换法注意事项

(1)多个电压源的串联

多个电压源串联其等效电路为一新的电压源。以两个电压源串联为例，如图 2-3-3 所示，等效电压源的参数为(设 $U_{S1}>U_{S2}$)：$U_S=U_{S1}-U_{S2}$ 及 $R_S=R_{S1}+R_{S2}$。

(2)多个电流源并联

多个电流源并联其等效电路为一新的电流源。以两个电流源并联为例，如图 2-3-4 所示等效电流源的参数为(设 $I_{S1}>I_{S2}$):$I_S=I_{S1}-I_{S2}$ 及 $R_S=R_1/\!/R_2$

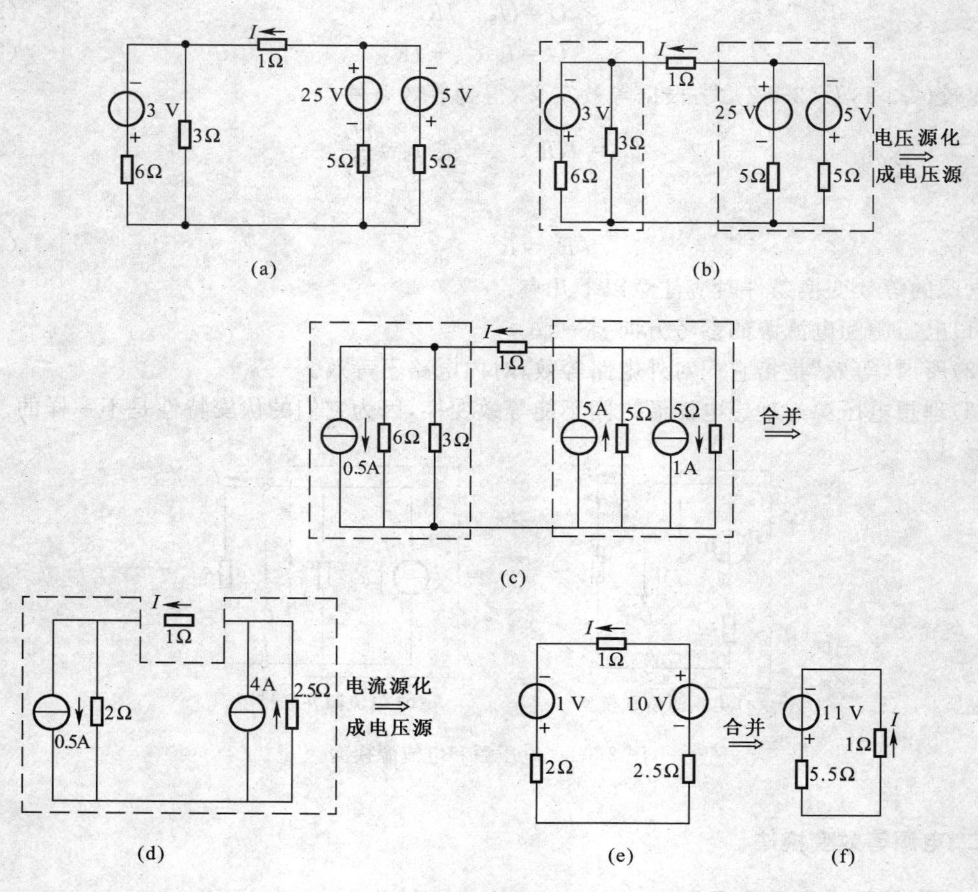

图 2-3-2　例 2-3-1 图

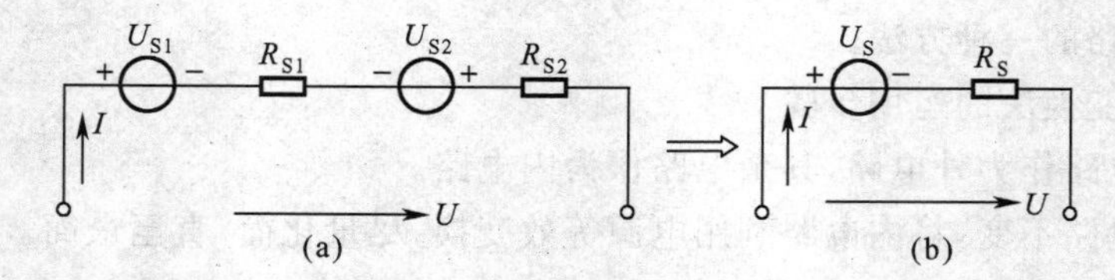

图 2-3-3　多个电压源串联等效电路

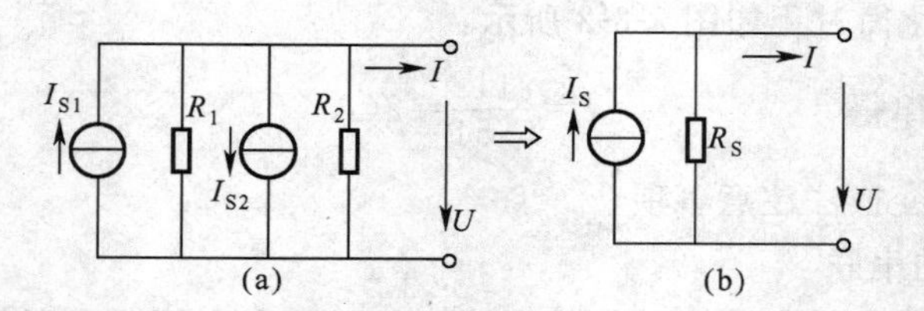

图 2-3-4　多个电流源并联等效电路

(3)多个电压源并联

多个电压源并联,先将电压源化成电流源,变为多个电流源并联,按(2)化简。

(4)多个电流源串联

多个电流源串联,先将电流源化成电压源,变为多个电压源串联,按(1)化简。

在实际化简电路时,当要化简的电路部分具有串连接构,一般往电压源化简;若具有并连接构,则往电流源化简。

第四节　支路电流法

支路电流法是利用基尔霍夫第一、第二定律求解复杂电路的最基本的方法。所谓支路电流法是以各支路电流为求解对象,应用基尔霍夫第一、第二定律对节点和回路列出所需的方程组,然后求解各支路电流的方法。

其步骤为:

(1)先标出各支路电流方向和回路方向。

(2)用基尔霍夫第一定律列出节点电流方程。值得注意的是:一个具有 n 条支路,m 个节点($n>m$)的复杂电路,需列出 n 个方程式来联立求解。由于 m 个节点只能列出 $m-1$ 个独立方程式,这样还缺 $n-(m-1)$ 个方程式,可由基尔霍夫第二定律补足。

(3)用基尔霍夫第二定律列出回路电压方程。为保证独立方程式,要求每列一个回路方程都要包含一条新支路。

(4)代入已知数,解联立方程式,求各支路的电流,并确定各支路电流的实际方向。

【例 2-4-1】 图 2-4-1 所示是两个电源并联对负载供电的电路。已知:$E_1=18$ V,$E_2=9$ V,$R_1=R_2=1$ Ω,$R_3=4$ Ω,求各支路的电流。

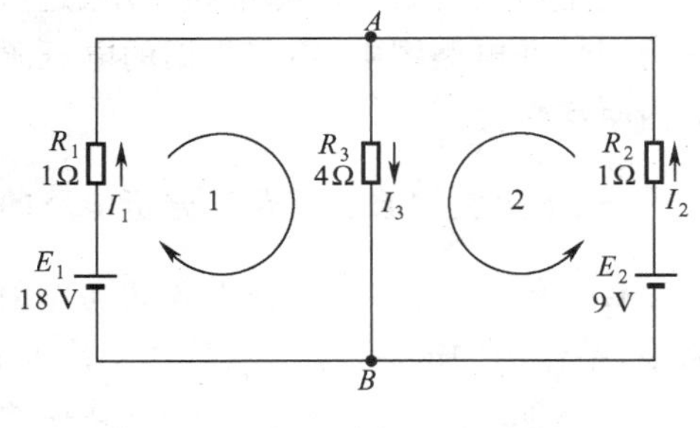

图 2-4-1　例 2-4-1 图

解:(1)假设各支路电流方向和回路方向如图 2-4-1所示。

(2)电路中只有两个节点,所以只能列出一个独立的节点电流方程式。

对节点 A 有:

$$I_1+I_2=I_3$$

(3)电路中有三条支路,需列三个方程式,现已有一个,另外两个方程由基尔霍夫第二定律列出。对于回路 1 和回路 2 分别列出方程

$$R_1I_1+R_3I_3=E_1$$

$$R_2I_2+R_3I_3=E_2$$

代入已知数解联立方程式

$$I_1+I_2-I_3=0$$

$$I_1+4I_3=18$$

$$I_2+4I_3=9$$

结果为　$I_1=6$ A　(电路中电流的实际方向与假定的方向相同)

　　　　$I_2=-3$ A　(电路中电流的实际方向与假定的方向相反)

　　　　$I_3=3$ A　(电路中电流的实际方向与假定的方向相同)

【例 2-4-2】 如图 2-4-2 所示,已知各元件的参数,求各支路的电流。

解:(1)假设各支路电流方向和回路方向如图 2-4-2 所示。

(2)电路中有四个节点，所以能列出三个独立的节点电流方程式。

节点 a：　$I_S - I_1 - I_3 = 0$

节点 b：　$I_1 - I_2 - I_4 = 0$

节点 c：　$I_2 + I_3 - I_5 = 0$

(3)电路中有六条支路，需列六个方程式，现已有三个，另外三个方程由基尔霍夫第二定律列出。

网孔Ⅰ：　$R_3 I_3 - R_2 I_2 - R_1 I_1 = 0$

网孔Ⅱ：　$R_1 I_1 + R_4 I_4 = U_S$

网孔Ⅲ：　$R_2 I_2 + R_5 I_5 - R_4 I_4 = 0$

(4)联立以上 6 个方程，解出各支路电流。

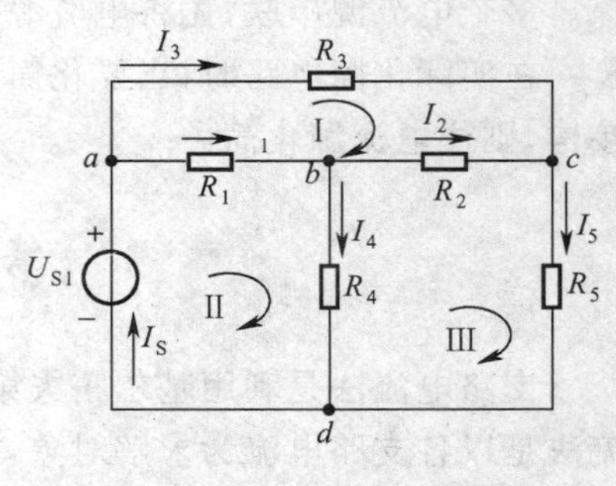

图 2-4-2　例 2-4-2 图

从支路电流法的分析及应用支路电流法解题，可以看出，若电路中支路数比较多，列出的方程式也较多，手工求解计算很麻烦，所以一般不用支路电流法求解电路。

第五节　叠加原理

叠加原理又叫叠加定理，是反映线性电路(由线性元件及独立源组成的电路)基本性质的一个重要定理。其内容为：当线性电路中有多个电源共同作用时，任一支路的电流(或电压)等于各个电源单独作用时在该支路产生的电流(或电压)的代数和。

这里所说的某个电源单独作用，是指其余电源不作用，也即电压源的输出和电流源的输出均为零。在电路图中，不起作用的电压源用短接线代替，不起作用的电流源用开路代替，它们的内阻均保留。

一、运用叠加原理解题和分析电路的基本步骤

1. 分解电路：将多个独立源共同作用的电路分解成几个独立源作用的分电路，每一个分电路中，不作用的电源“零”处理，并将待求的电压、电流的正方向在原、分电路中标出。

2. 单独求解每一分电路：分电路往往是比较简单的电路，有时可由电阻的连接及基本定律直接进行求解。

3. 叠加：原电路中待求的电压、电流等于分电路中对应求出量的代数和。

【例 2-5-1】　如图 2-5-1 所示，应用叠加定理求通过各支路的电流及 U_{ab}。已知：$U_{S1} = 3\ \text{V}, I_S = 1\ \text{A}, R_1 = R_2 = 1\ \Omega$。

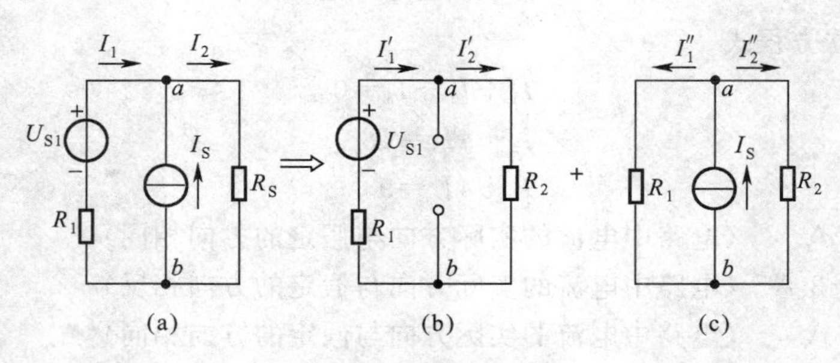

图 2-5-1　例 2-5-1 图

解：(1)将(a)图分解成(b)和(c)两个分电路，各支路电流参考方向如图中所示。

(2)求分电路作用结果

(b)图作用结果
$$I_1'=I_2'=\frac{U_{S1}}{R_1+R_2}=\frac{3}{2}=1.5(\text{A})$$
$$U_{ab}'=I_2'R_2=1.5\times1=1.5(\text{V})$$

(c)图作用结果
$$I_1''=\frac{R_2}{R_1+R_2}\cdot I_S=\frac{1}{1+1}\times1=0.5(\text{A})$$
$$I_2''=\frac{R_1}{R_1+R_2}\cdot I_S=\frac{1}{1+1}\times1=0.5(\text{A})$$
$$U_{ab}''=I_2''R_2=0.5\times1=0.5(\text{V})$$

(3)叠加

(a)图作用结果
$$I_1=I_1'-I'_1{}''=1.5-0.5=1(\text{A})$$
$$I_2=I_2'+I_2''=1.5+0.5=2(\text{A})$$
$$U_{ab}=U_{ab}'+U_{ab}''=1.5+0.5=2(\text{V})$$

二、应用叠加原理时应注意的几个问题

(1)叠加原理只适用于线性电路。

(2)电路中的电压和电流可以进行叠加，电路中的功率不能叠加。因为 功率是电流和电压的二次函数，它们之间不存在线性关系。

(3)分解电路时不作用的电源“零”处理，即电压源短路，电流源开路，保留内阻不变。

(4)待求某一支路的电压、电流叠加合成时，应注意各个电源对该支路作用时的分量的正方向，当电路分量的正方向与原支路电压、电流的正方向相同时取正，反之取负。

由叠加定理不难推出，在线性电路中，当所有的独立电压源或独立电流源都增大 K 倍(或减小为原来的 $1/K$)时(K 为常数)，输出也将同样地增大 K 倍(或减小为原来的 $1/K$)。这也可称作齐性定理。

技能训练二　电阻的测量

一、实训目的

1. 掌握用万用表的欧姆挡测电阻的方法。
2. 掌握用兆欧表测量电气设备绝缘电阻的方法。

二、实训设备

万用表 1 块；兆欧表 1 块；金属膜电阻若干个；三相异步电动机 1 台。

三、实训内容

1. 用万用表的欧姆挡测量金属膜电阻的阻值，并将结果计入技表 2-1 中。
2. 用兆欧表测量三相异步电动机的绝缘电阻。

(1)把兆欧表的两端分别接到待测绕组的接线柱上，测量绕组之间的绝缘电阻，将测量结果填入技表 2-2 中。

技表 2-1

被测标称电阻(Ω)	测　量　数　据		
	选用量程	仪表读数	R/Ω

(2)把兆欧表的两端分别接到待测绕组的接线柱和机壳的接地螺栓,测量绕组与机壳之间的绝缘电阻,将结果填入技表 2-2 中。

技表 2-2

测　量　内　容	测量数据 MΩ
绕组间的绝缘电阻	
绕组与绝缘机壳之间的绝缘电阻	

四、分析与思考

1.测量电阻时,应怎样选择合适的测量仪表?

2.用万用表欧姆挡测量电阻时,应怎样选择万用表的量程?

3.如何使用兆欧表?

小　　结

1.电阻的连接有五种形式:串联、并联、混联、星形连接和三角形连接。对于电阻的串联电路存在分压定律,应用电阻的串联可实现万用表的电压挡;对于电阻的并联电路存在分流定律,应用电阻的并联可实现万用表的电流挡。混联、星形连接和三角形连接在电路中进行等效变换可实现电路的简化,从而对复杂电路进行分析与计算。

2.借助欧姆定律和电阻串、并联的知识,就可以计算简单电路。但对于不能用串、并联化简的复杂电路来说,还要借助基尔霍夫定律才能进行计算。运用基尔霍夫定律对复杂电路进行分析与计算的方法叫做支路电流法。所谓支路电流法是首先假定各支路电流方向和回路方向,运用基尔霍夫定律列方程,再求解方程的方法。

3.求解复杂电路的方法还有:等效变换法和叠加原理。等效变换法是将复杂电路中的电压源与电流源进行等效变换,达到将电路简化的目的,从而方便的分析和计算复杂电路。叠加原理适用于线性电路,该原理是:当线性电路中有多个电源共同作用时,任一支路的电流(或电压)等于各个电源单独作用时在该支路产生的电流(或电压)的代数和。

4.在电子学中,常常需要分析某点的电位。所谓电位计算就是运用电学中的定律和原理来求电路中某点的电位。

复习思考题与习题

一、是 非 题

1. 电阻串联时，阻值大的电阻分得的电压大，阻值小的电阻分得的电压小，但通过的电流是一样的。(　　)

2. 要扩大电流表的量程，应串联一个适当阻值的电阻。(　　)

3. 通过电阻的并联可以达到分流的目的，电阻越大，分流的作用越显著。(　　)

4. 无法用串、并联化简及欧姆定律求解的电路称为复杂电路。(　　)

二、思 考 题

1. 电阻串联电路有什么特点？串联电阻上的电压是如何分配的？

2. 电阻并联电路有什么特点？并联电阻上的电流是如何分配的？

3. 如何利用电阻的串、并联来扩大电压表或电流表的量程？

4. 叙述支路电流法的解题步骤。

5. 叙述电压源与电流源相互转换时的注意事项。

6. 什么是叠加定理？请叙述应用叠加定理求电路中各支路电流的步骤。

三、分析计算题

1. 有一只内阻 $r=1\ \text{k}\Omega$，量程为 $U=5\ \text{V}$ 的电压表，现要求能测量 100 V 的电压，应串联多大的电阻？

2. 有一内阻 $r=1\ \text{k}\Omega$，量程为 $I=100\ \mu\text{A}$ 的电流表，欲改装成可测 10 mA 的电流表，求应并联多大的电阻。

3. 试求题图 2-1 电路的等效电阻 R_{ab}。

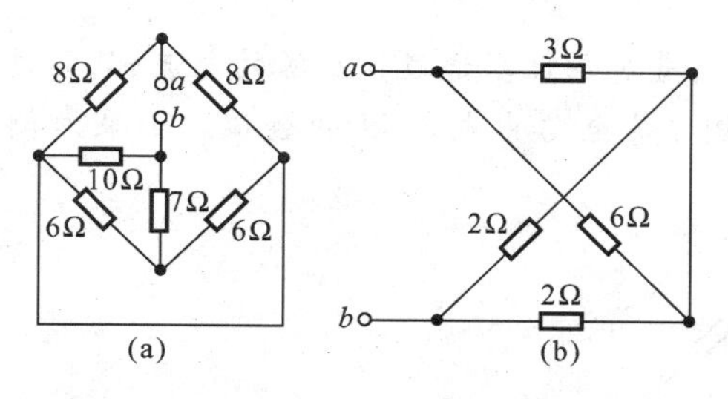

题图 2-1

4. 试求题图 2-2 电路中的 φ_a。

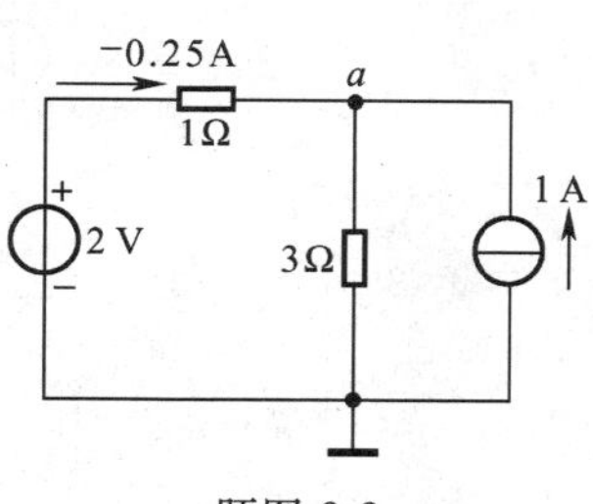

题图 2-2

5. 试求题图 2-3 电路中 U_{ab}。

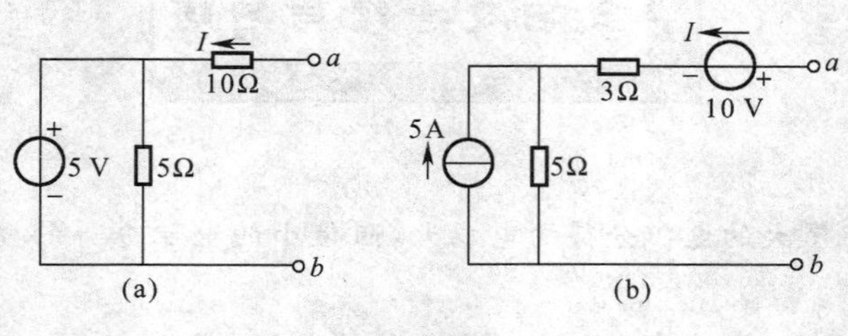

题图 2-3

6. 已知 $U_{S2}=U_{S4}=1$ V，$I_{S1}=1$ A，$R_1=R_2=R_3=R_4=1$ Ω，试运用电源的等效变换法求题图 2-4 中的电流 I。

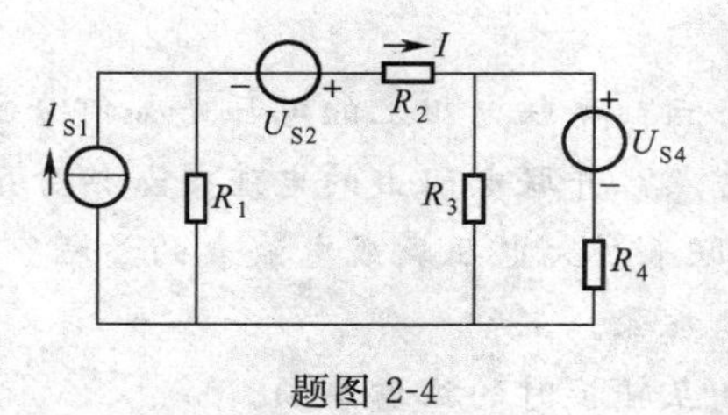

题图 2-4

7. 电路如题图 2-5 所示，已知 $R_1=R_2=1$ Ω，$U_{S1}=2$ V，$U_{S2}=4$ V 试用支路电流法求支路电流 I_1、I_2、I_3。

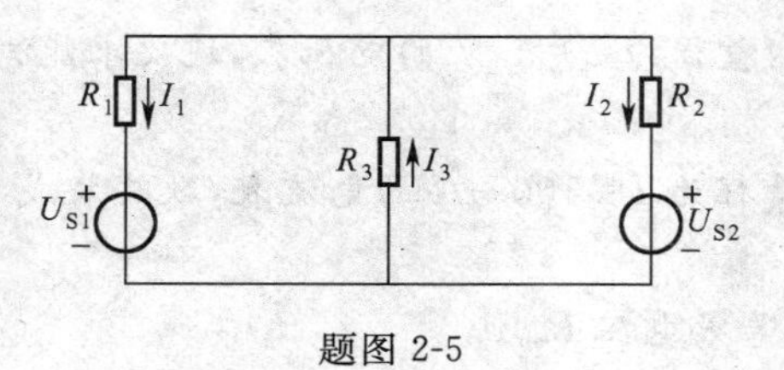

题图 2-5

8. 如题图 2-6 所示，使用叠加原理求通过恒压源的电流(只写过程列方程)。

9. 用叠加原理计算题图 2-7 电路中电压 U 的数值。如果右侧电源反接，电压 U 变化多大?

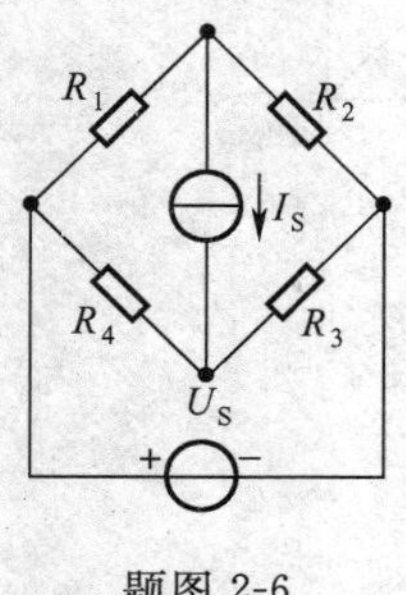

题图 2-6

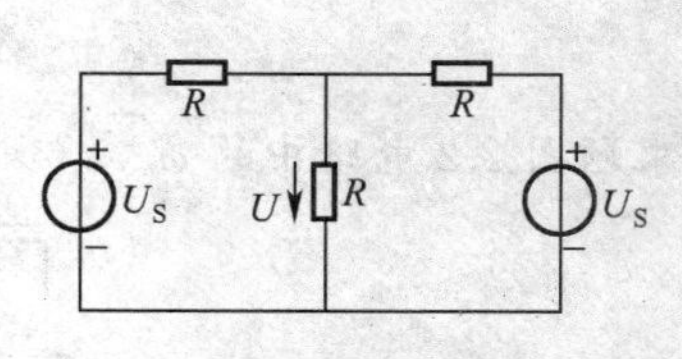

题图 2-7

第三章

单相正弦交流电路的分析

本章是交流电路的基础，主要介绍的内容有：交流电路的基本知识，单相交流电通过纯电路的分析，单相交流电通过混联电路的分析及提高功率因素的意义。

第一节 交流电路的引言

交流电是指大小和方向随时间而改变的电信号。若电信号的大小和方向随时间作周期性变化且平均值为零的电动势、电压和电流统称为周期性交流电。如图 3-1-1 所示。交流电的变化规律可以多种多样，但最广泛应用的是作正弦变化的周期性交流电。交流电作用的电路称为交流电路。本章所讨论的是作正弦变化的周期性交流电及电路（若无特殊说明，本书所指交流电为正弦变化的周期性交流电）。交流电路又可分为单相交流电路和三相交流电路。若电源中只有一个交变电动势，则称单相交流电路；若电源中有三个交变的电动势，则称三相交流电路。

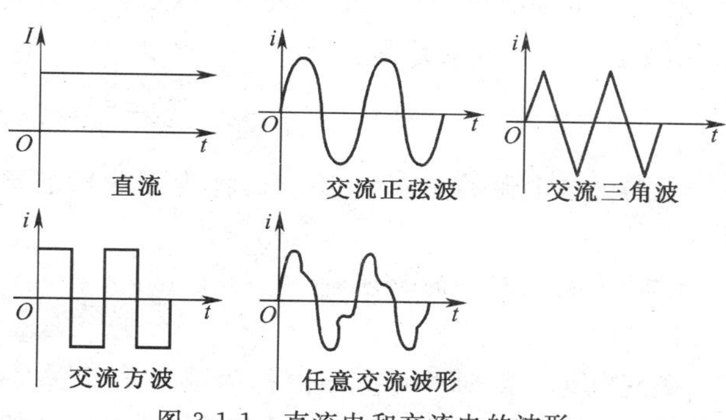

图 3-1-1 直流电和交流电的波形

直流电路所学的基本原理、定理和定律，在交流电路同样适用；单相交流电路的一些基本概念、基本规律和基本分析方法，也适用于三相交流电路。但是，在交流电路中，由于电动势、电压及电流等均为随时间变化的电量，所以交流电路的分析方法与直流电路相比，还有概念上的差别。在交流电路中还存在直流电路未曾讨论的一些物理现象，特别是必须建立相位的概念，否则容易引起概念上的错误。

在讨论交流电路时，由于交流电路中的电压和电流都是交变的，因而有两个作用方向，为了分析电路方便，常把其中一个方向规定为正方向，且同一电路中，电压、电流及电动势的正方向完全一致。当实际方向与正方向相同时，其值为正，反之为负。

第二节 交流电路的基本知识

交流电的概念在第一节中已介绍。在现实生活中，交流电的应用范围非常广泛，这不仅是因为交流电机比直流电机结构简单、成本低和工作可靠，更主要是可用变压器来改变交流电的大小，便于远距离输电和向用户提供各种不同等级的电压（关于变压器的知识详见第五章）。

在交流电路中提供交流电源的是交流发电机。本节简单介绍交流电路的一些基本知识。

一、正弦交流电的基本物理量

正弦交流电(简称为交流电),是指其电学量的变化随时间按正弦规律进行,为了准确描述交流电,引入以下几个物理量。

(一)与时间有关的物理量

1. 周期(***T***)

交流电学量变化一个完整的循环所需要的时间称为周期,用 T 表示。单位是秒(s),比秒小的单位有:毫秒(ms)、微妙(μs)。如图 3-2-1 所示为正弦交流电的电流的波形。

2. 频率(***f***)

单位时间内完成的周期数称为频率,用 f 表示。单位是赫兹(Hz),比赫兹大的单位有千赫兹(kHz)、兆赫兹(MHz)。频率和周期互为倒数,即:

$$f=\frac{1}{T} \qquad 或 \qquad T=\frac{1}{f} \tag{3-2-1}$$

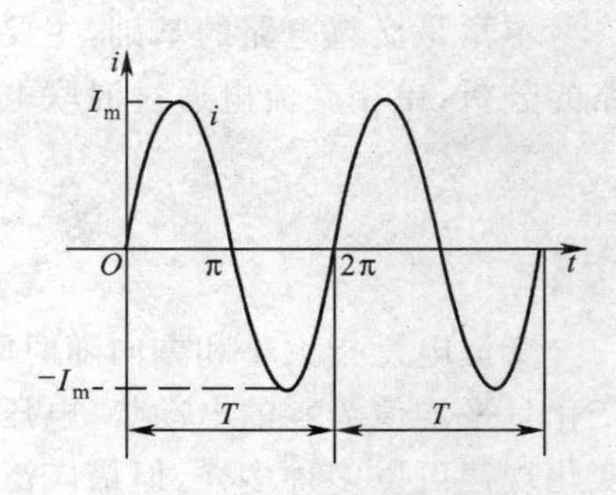

图 3-2-1 正弦交流电波形

3. 角频率(***ω***)

单位时间内变化的角度(以弧度为单位)叫做角频率,用 ω 表示。单位是弧度/秒(rad/s)或 1/秒(1/s)。角频率与周期 T、频率 f 之间的关系是:

$$\omega=\frac{2\pi}{T}=2\pi f \tag{3-2-2}$$

我国供电电源的频率为 50 Hz,称为工业标准频率,简称工频。领域不同,所需的频率不同。

(二)与数值有关的物理量

1. 瞬时值

交流电每一瞬时所对应的值称为瞬时值。瞬时值用小写字母表示,如 e、u、i 等。由于交流电是随时间变化的,所以各不同瞬时的瞬时值一般大小和方向都不同。

2. 最大值

交流电在一个周期内数值最大的瞬时值称为最大值或幅值。最大值用大写字母加下标 m 表示。如 E_m、U_m、I_m 等。

3. 有效值

规定用来计量交流电大小的物理量称为交流电的有效值。它是这样定义的:如果交流电通过一个电阻时,在一个周期内所产生的热量与某一直流电通过同一电阻在同样长的时间内产生的热量相等,就将这一直流电的数值定义为交流电的有效值。有效值用大写的字母表示。根据定义,可以求得正弦交流电的有效值和最大值之间的关系为:

$$E=E_m/\sqrt{2}=0.707\ E_m \tag{3-2-3}$$

$$U=U_m/\sqrt{2}=0.707\ U_m \tag{3-2-4}$$

$$I=I_m/\sqrt{2}=0.707\ I_m \tag{3-2-5}$$

一般情况下,我们所说的交流电流和交流电压的大小,以及测量仪表所指示的交流电流和电压值都是指有效值。

（三）与角度有关的物理量

1. 相位与初相位

如图 3-2-2 所示正弦交流电流在每一时刻都是变化的，$(\omega t+\varphi_0)$是该正弦交流电流在 t 时刻所对应的角度称为相位角，简称相位。对于某一给定的时间 t 就有对应的相位角。我们把 $t=0$ 时所对应的角度 φ_0 称为初相角，简称初相。

从物理意义上来说，相位是反映正弦交流电变化进程的，例如，在相位$(\omega t+\varphi_0)=\pi/2$ 时，正弦交流电的值为最大；当相位$(\omega t+\varphi_0)=\pi$ 时，正弦交流电的值为零。显然，有了相位这个物理量以后，就可以比较两个同频率的正弦交流电谁先到达最大值。相位和初相位的单位都是弧度(rad)。

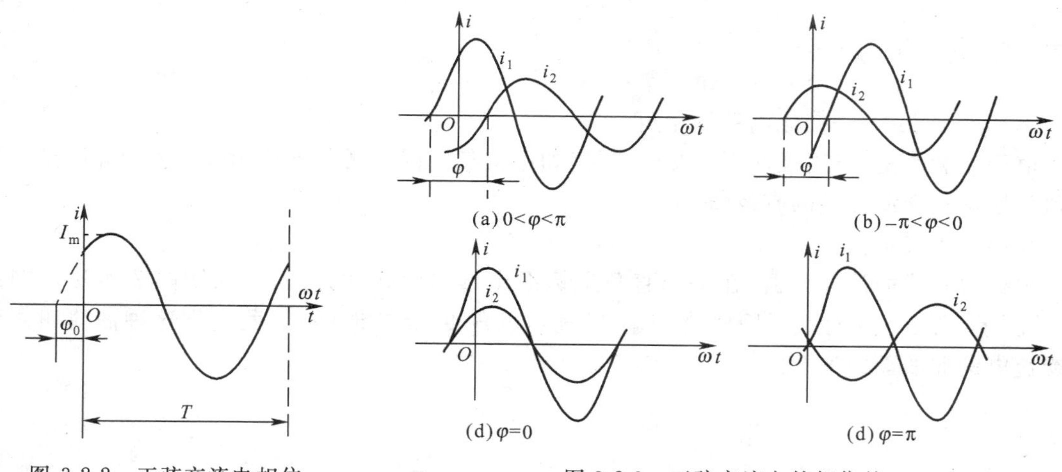

图 3-2-2　正弦交流电相位

图 3-2-3　正弦交流电的相位差

2. 相位差

相位差是指同频率的两个正弦交流电的相位之差。如图 3-2-3 所示电路波形，i_1 的相位为$(\omega t+\varphi_{01})$，i_2 的相位为$(\omega t+\varphi_{02})$，二者的初相位分别为 φ_{01}、φ_{02}。其相位差用 φ 来表示为：

$$\varphi=(\omega t+\varphi_{01})-(\omega t+\varphi_{02})=\varphi_{01}-\varphi_{02} \tag{3-2-6}$$

即：由于 i_1、i_2 的角频率相等，所以二者的相位差就等于初相之差。初相位不同，说明它们随时间变化的步调不一致。

当 $0<\varphi<\pi$ 时，如图 3-2-3(a)所示。i_1 总是比 i_2 先经过对应的最大值和零点，这时就称 i_1 超前 i_2，超前的角度为 φ 角。

当 $-\pi<\varphi<0$ 时，如图 3-2-3(b)所示。i_2 总是比 i_1 先经过对应的最大值和零点，称为 i_1 滞后 i_2。

当 $\varphi=0$ 时，如图 3-2-3(c)所示。i_1 与 i_2 一同到达对应的最大值和零点，称为 i_1 与 i_2 同相位，简称同相。

当 $\varphi=\pi$ 时，如图 3-2-3(d)所示，i_1 为最大值时，i_2 则为最小值；而 i_1 为最小值时，i_2 则为最大值。称为 i_1 与 i_2 相位相反，简称反相。

二、正弦交流电的表示方法

正弦交流电一般有四种表示方法：解析法、曲线法、旋转矢量法及符号法。本节只讨论前三种表示方法。对于某一确定的正弦交流电，就其特征而言，只要具有最大值(有效值)、角频率(周期，频率)和初相这三个要素，就可以准确描述该正弦交流电。因此，称这三个物理量为正弦交流电的三要素。所以，在介绍任何一种正弦交流电的表示方法时，必须将三要素准确地表示出来。

1. 解析式表示法

用三角函数式表示正弦交流电随时间变化的关系方法叫解析式表示法，简称解析法。根据前面所学：正弦交流电动势、电压和电流的解析式分别为：

$$e=E_m\sin(\omega t+\varphi_e)$$
$$u=U_m\sin(\omega t+\varphi_u)$$
$$i=I_m(\omega t+\varphi_i)$$

式中 E_m、U_m、I_m——交流电的最大值；

ω——交流电的角频率；

φ_e、φ_u、φ_i——交流电的初相角。

值得注意的是：若用仪器测量交流信号(如用交流电压表测电压)数值，仪表指针所指示的数值为该正弦交流信号的有效值。

2. 曲线图表示法

根据解析式的计算数据，在平面直角坐标系中做出曲线的方法，叫曲线图表示法。如图3-2-4所示，图中纵坐标表示瞬时值，横坐标表示电角度 ωt 或时间 t。我们把这种曲线叫做正弦交流电的曲线图或波形图。

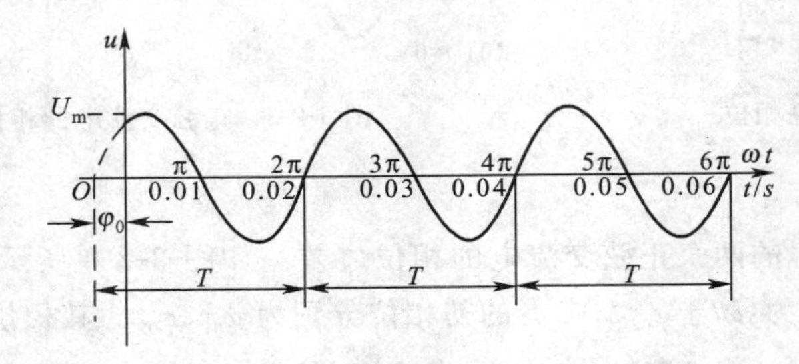

图 3-2-4 正弦交流电的曲线表示法

3. 旋转矢量表示法

用旋转矢量表示正弦交流电的方法叫作旋转矢量表示法，简称旋转矢量法，如图3-2-5所示。图中用带箭头的直线表示正弦函数，其中该直线的长度表示正弦交流电的最大值(也可以是有效值)；矢量与横轴的夹角表示初相角，$\varphi_0>0$ 在横轴的上方，$\varphi_0<0$ 在横轴的下方；该直线以角速度 ω 逆时针旋转。由于该直线即有大小又有方向，则该直线为矢量，用大写字母加点表示，如 $\dot{I}$。

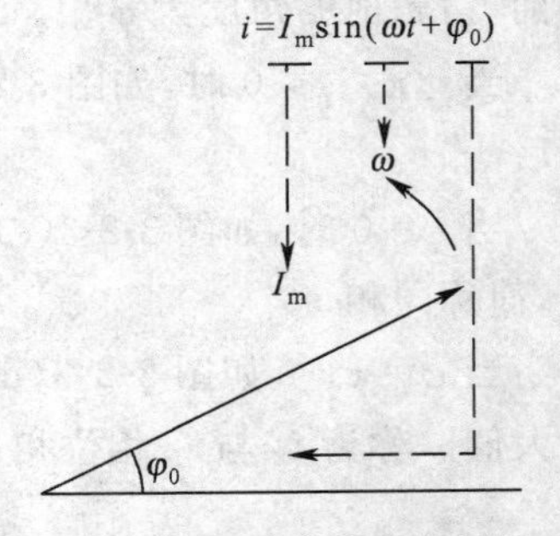

图 3-2-5 正弦交流的矢量图

【例 3-2-1】 将正弦交流电流 $i=10\sqrt{2}\sin(314t+\pi/3)$ A 用旋转矢量表示。

解：选定矢量长度为 $10\sqrt{2}$，与横轴的夹角为 $\pi/3$，以 314 rad/s 的角速度逆时针旋转，可得旋转矢量，如3-2-6所示。

【例 3-2-2】 某两个正弦交流电流，其最大值为 $2\sqrt{2}$ A 和

$3\sqrt{2}$ A，初相角为 $\pi/3$ 和 $-\pi/6$，角频率为 ω，做出它们的旋转矢量，写出其对应的解析式。

解：分别选定 $2\sqrt{2}$ 和 $3\sqrt{2}$ 为矢量的长度，在横轴的上方 $\pi/3$ 和横轴的下方 $\pi/6$ 角度作矢量图，它们都以同样的角速度逆时针旋转，如图 3-2-7 所示。它们所对应的解析式为：

$$i_1 = 2\sqrt{2}\sin(\omega t + \pi/3)\text{A}$$

$$i_2 = 3\sqrt{2}\sin(\omega t - \pi/6)\text{A}$$

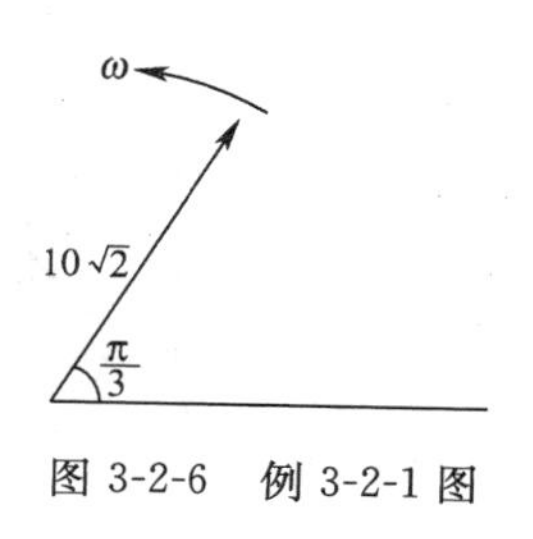

图 3-2-6　例 3-2-1 图

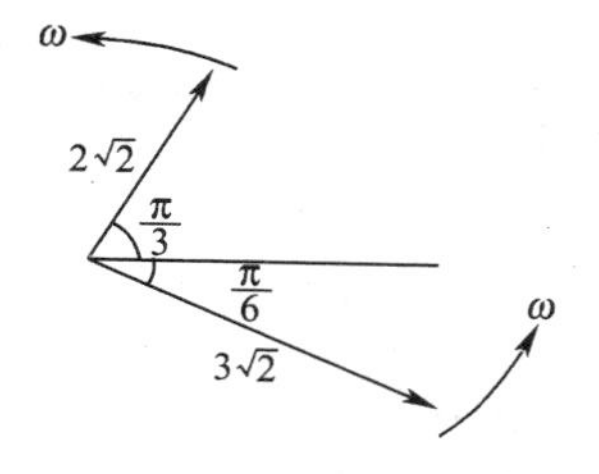

图 3-2-7　例 3-2-2 图

在运用旋转矢量法表示正弦交流电时，应注意如下问题：(1)同一频率的多个正弦交流电的旋转矢量可以在同一个图中描述；不同频率的正弦交流电的旋转矢量不能画在同一个图上。(2)矢量的长度既可以用最大值也可以用有效值度量。

三、正弦交流电相加与相减

正弦交流电的相加与相减，可以用波形合成法，即做出曲线图，各点叠加(或相减)；也可以用解析式合成法，即根据解析式，运用数学的方法求和(或求差)。以上两种方法非常复杂，常用的方法是旋转矢量法。

图 3-2-8 所示的方法是两个同频率的正弦交流电相加(或相减)的旋转矢量法。该方法是：将已知的两个正弦交流电的矢量图做在同一个坐标中，利用平行四边形法则求得其矢量和(或差)，然后再运用数学的知识分别计算出该矢量的最大值(或有效值)和初相角，就可以得到合成后的和(差)的矢量。

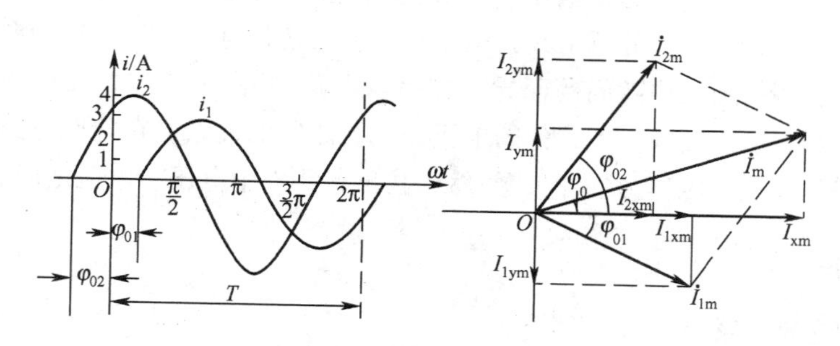

图 3-2-8　正弦交流电的矢量运算法

步骤为：(1)根据正弦交流电波形(或解析式)，画出矢量图，如图 3-2-8 所示。

(2)根据矢量图，运用平行四边形法则求和(或差)的矢量(由两个矢量的连接点出发的平行四边形的对角线为和的矢量；另外一条平行四边形对角线为差的矢量)。

(3)运用数学的平面几何、三角函数和勾股定理求合成矢量的初相角及最大值。由图可知：

$$I_{xm} = I_{1xm} + I_{2xm} = I_{1m}\cos\varphi_{01} + I_{2m}\cos\varphi_{02}$$

$$I_{ym}=I_{1ym}+I_{2ym}=I_{1m}\sin\varphi_{01}+I_{2m}\sin\varphi_{02}$$

$$I_m^2=I_{xm}^2+I_{ym}^2$$

初相角 φ_0 为：
$$\varphi_0=\arctan I_{ym}/I_{xm}$$

i_1 和 i_2 的角频率 ω 相同，即它们是同频率的正弦量。i_1 和 i_2 之和为：

$$i=I_m\sin(\omega t+\varphi_0)$$

【例 3-2-3】 已知：$u_1=3\sqrt{2}\sin 314t$ V，$u_2=4\sqrt{2}\sin(314t+\pi/2)$V。求 $u=u_1+u_2$ 的瞬时值表达式。

解：两个同频率的正弦交流电的矢量图如图 3-2-9 所示。

因为：
$$U^2=U_1^2+U_2^2=3^2+4^2 \quad U=5\ \text{V}$$

$$\varphi=\arctan(U_2/U_1)=53.8°$$

所以和的瞬时表达式为：
$$u=5\sqrt{2}\sin(314t+53.8°)\text{V}$$

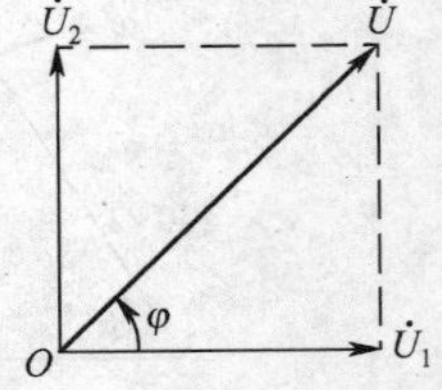

图 3-2-9 例 3-2-3 图

上例中，若要求 u_1-u_2，可以将该式改写为 $u_1+(-u_2)$，在作矢量图时，将 u_2 的矢量倒相后再与 u_1 的矢量相加，即将减法转化成加法处理。

第三节 正弦交流电通过纯电路的分析

交流电路的负载一般是电阻、电感、电容或它们的不同组合。我们把负载中只存在单一参数的电路称为纯电路。如负载中只有电阻，就称为纯电阻电路。严格来讲，几乎没有单一参数的电路。负载中存在两个以上参数的电路称为混联电路。为了更好的讨论混联电路，本节先讨论纯电路。

值得注意，分析交流电路时，我们着重解决的问题是：

(1)电压与电流的数值关系及相位关系。

(2)元件与电源之间的能量转换关系，即：电路中的功率问题。

在电路分析中，我们感兴趣的是电压、电流的有效值以及两者之间的相位差。所以，用有效值表示的矢量图，往往是主要的分析工具。至于采用电压还是电流作为分析问题的参考矢量，并把该矢量的初相定为零，则往往随问题而异。在串联电路中，由于通过各元件的电流相等，所以常把电流作为参考矢量，然后找出各元件的电压与电流之间的关系。在并联电路中，由于加在各元件上的电压相等，故把电压作为参考矢量，然后找出各元件中电压与电流之间的关系。

一、纯电阻电路

1. 电压与电流的关系

只有电阻元件的电路称为纯电阻电路。电炉、电烙铁等电路元件接在交流电源上，都可以看成是纯电阻电路，如图 3-3-1(a)所示，设图示电流方向为参考方向，电流的初相角为零，即：

$$i=I_m\sin\omega t \tag{3-3-1}$$

根据欧姆定律：
$$u=iR=RI_m\sin\omega t=U_m\sin\omega t \tag{3-3-2}$$

可见，纯电阻电路在正弦交流电流的作用下，电阻中的电压也是正弦形式，比较式(3-3-1)、(3-3-2)，可得纯电阻电路的电压与电流之间的关系为：(1)电压与电流的频率相同。(2)电压与电流的相位相同，如图 3-3-1(b)所示。(3)电压与电流的最大值、有效值之间的关系仍然遵循欧姆定律，分别是：

$$I_m = U_m / R \tag{3-3-3}$$

$$I = U / R \tag{3-3-4}$$

其矢量关系如图 3-3-1(c)所示。

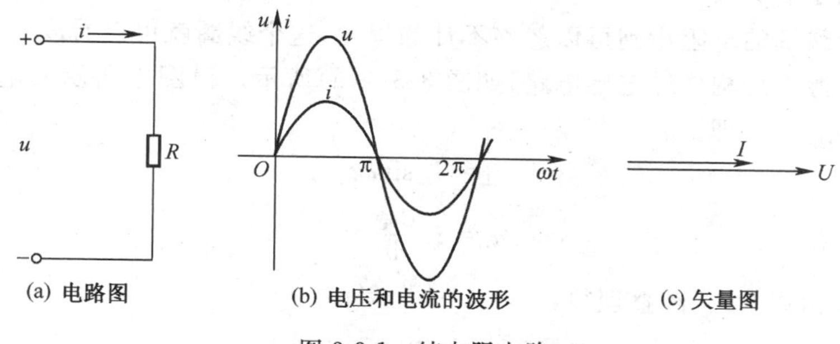

(a) 电路图　　(b) 电压和电流的波形　　(c) 矢量图

图 3-3-1　纯电阻电路

2. 功率

(1)瞬时功率

电路的瞬时功率是指电路每个瞬间电流与电压的乘积，可用电压和电流的瞬时表达式的乘积表示：

$$\begin{aligned} p = ui &= U_m \sin\omega t I_m \sin\omega t \\ &= U_m I_m \sin^2 \omega t \\ &= 2UI \sin^2 \omega t \end{aligned} \tag{3-3-5}$$

纯电阻电路瞬时功率的变化曲线如图 3-3-2 所示。瞬时功率虽然随时间变化，但它始终在横轴的上方，总为正值，说明它总是从电源吸收能量，是耗能元件。

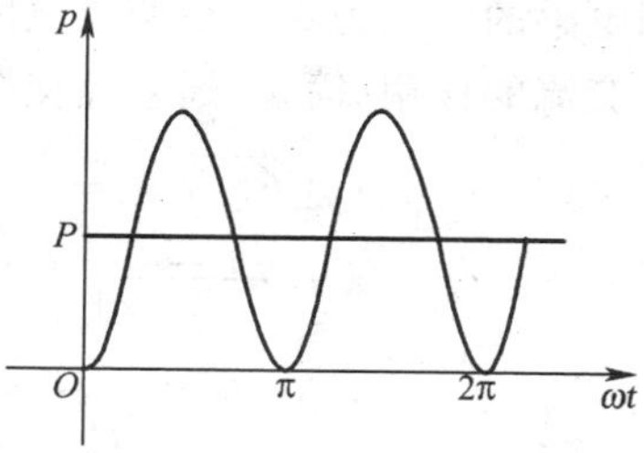

图 3-3-2　纯电阻电路的瞬时功率

(2) 有功功率(平均功率)

工程上常取瞬时功率在一个周期内的平均值来表示电路损耗的功率，称为有功功率，也称为平均功率，用 P 表示。其表达式为：

$$\begin{aligned} P_R = \frac{1}{T}\int_0^T p_R \mathrm{d}t &= \frac{1}{T}\int_0^T U_R I_R (1 - \cos 2\omega t)\, \mathrm{d}t \\ &= \frac{1}{T} U_R I_R \left[t - \frac{\sin 2\omega t}{2\omega} \right]_0^T = U_R I_R \end{aligned}$$

因为

$$U_R = I_R R$$

所以

$$P_R = U_R I_R = I_R^2 R = \frac{U_R^2}{R} \tag{3-3-6}$$

【例 3-3-1】　一个 $R = 10\ \Omega$ 的电阻接在 $u = 220\sqrt{2}\sin(314t + 30°)$ V 的电源上，(1)试写出电流的瞬时值表达式；(2)画出电压、电流的矢量图；(3)求电阻消耗的功率。

解：(1) $I = \dfrac{U}{R} = \dfrac{220}{10} = 22$(A)

$$i = 22\sqrt{2}\sin(314t + 30°)\ \text{A}$$

(2)矢量图如图 3-3-3 所示。

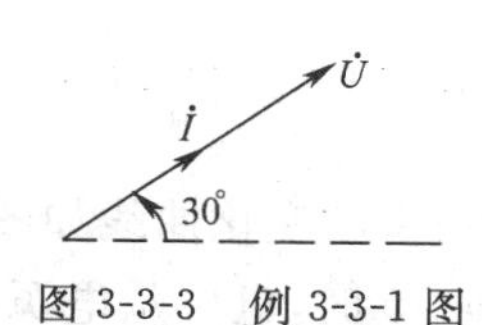

图 3-3-3　例 3-3-1 图

(3) $P=\frac{U_R^2}{R}=\frac{220^2}{10}=4\ 840(\text{W})$

二、纯电感电路

1. 电流与电压的关系

通常当一个线圈的电阻小到可以忽略不计的程度，这个线圈就可以看成一个纯电感线圈，将它接在交流电源上就构成纯电感电路，如图 3-3-4(a)所示。设图中所示的电流方向为参考方向，电流的初相为零，即：

$$i_L=I_m\sin\omega t \tag{3-3-7}$$

根据电磁感应定律：

$$u_L=L\frac{di_L}{dt}$$

将电流的瞬时表达式带入，经整理得：

$$u_L=\omega LI_m\sin(\omega t+\pi/2)$$

$$u_L=U_m\sin(\omega t+\pi/2) \tag{3-3-8}$$

可见，纯电感电路在正弦电压的作用下，电感中的电流也是正弦形式。比较(3-3-7)、(3-3-8)可得电压与电流的关系为：(1)电压与电流的频率相同。(2)电压与电流的相位差为 $\pi/2$，电压在相位上超前电流 $\pi/2$。(3)电压、电流的最大值之间和有效值之间的关系分别为：

$$U_m=\omega LI_m$$

$$U_m=X_LI_m \tag{3-3-9}$$

$$U=X_LI \tag{3-3-10}$$

式中，$X_L=\omega L=2\pi fL$ 称为电感的电抗，简称为感抗。它表征的是电感元件对流经电流的阻碍作用。感抗除了与自感系数有关外，还与电源的频率成正比。在直流电路中，其频率为零，则电感的感抗为零。在交流电路中，随着频率的增大，感抗值也增加，因此电感具有通直流阻碍交流的作用(简称"通直隔交")。感抗的单位为 Ω。

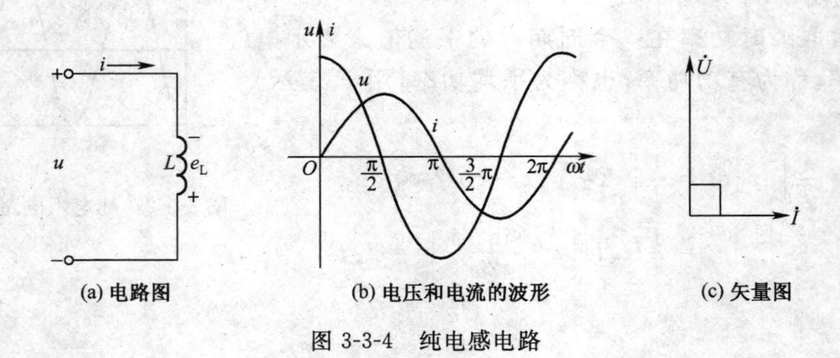

图 3-3-4　纯电感电路

2. 功率

(1)瞬时功率

电感的瞬时功率为：

$$p=ui=U_m\sin(\omega t+\pi/2)I_m\sin\omega t$$

$$p=UI\sin2\omega t \tag{3-3-11}$$

瞬时功率的变化曲线如图 3-3-5 所示。瞬时功率以电流或电压 2 倍频率变化，其物理过程是：当 $p>0$ 时，电感从电源吸收电能转换成磁能储存在电感中；当 $p<0$ 时，电感中储存的

磁能转换成电能送回电源。因为瞬时功率 p 的波形在横轴的上、下的面积是相等的，所以电感不消耗能量。

(2)有功功率(平均功率)

根据理论计算和波形分析可得电感的有功功率：

$$P=0 \tag{3-3-12}$$

有功功率为零，说明电感并不消耗能量，只是将能量不停地吸收和释放。

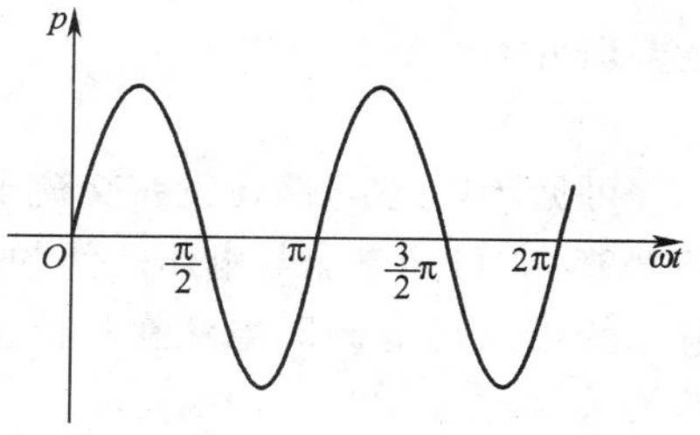

(3)无功功率

电感的瞬时功率波形的正、负面积相等，说明电感与电源之间能量的互换相等。互换功率的大小通常用瞬时功率的最大值来衡量。由于这部分功率没有消耗掉，所以称为无功功率。定义为：

图 3-3-5　纯电感电路的瞬时功率

$$Q=UI \tag{3-3-13}$$

为了和有功功率区别，无功功率的单位用乏(var)表示。在电力工程中常用的单位为千乏(kvar)，1 kvar＝1 000 var。

【例 3-3-2】 某电阻可以忽略的电感线圈，电感 $L=300$ mH，接至 $u=220\sqrt{2}\sin\omega t$ V 的工频交流电源上，求电感线圈的电流有效值和无功功率。若把它改接到有效值为 100 V 的另一交流电源上，测得其电流为 0.4 A，求该电源的频率是多少？

解：(1)电压 $u=220\sqrt{2}\sin\omega t$ V 的工频交流电压的有效值为 220 V，频率 f 为 50 Hz。电感感抗为：

$$X_L=\omega L=2\pi fL=2\times3.14\times50\times300\times10^{-3}=94.2(\Omega)$$

由式(3-3-10)可求电感线圈的电流为：

$$I=U/X_L=\frac{220}{94.2}=2.34(\text{A})$$

无功功率为：
$$Q=UI=220\times2.34=514.8(\text{var})$$

(2)接 100 V 交流电源时

电感电抗为：
$$X_L=U/I=\frac{220}{2.34}=250(\Omega)$$

电源频率为：
$$f=X_L/2\pi L=\frac{250}{2\times3.14\times300\times10^{-3}}=133(\text{Hz})$$

应当指出，无功功率“无功是相对于“有功”而言的，其含义是“交换”而不是“消耗”。绝对不可把“无功”理解为“无用”。无功功率的实质，是表征储能元件在电路中能量交换的最大速率，具有重要的现实意义。变压器、电机等电感性设备都是依靠电能与磁能相互转换而工作的。无功功率正是表征这种能量转换最大速率的重要的物理量。

三、纯电容电路

1. 电压与电流的关系

因为电容器的损耗很小，所以一般情况下可以将电容器看成是一个纯电容，它接在交流电路上就构成纯电容电路，如图 3-3-6(a)所示。

设图 3-3-6(a)所示方向为参考方向，电压的初相角为零，即：

$$u=U_m\sin\omega t \tag{3-3-14}$$

根据 $$i_C = C\frac{du_C}{dt}$$

经整理可得电流的表达式 $$i = \omega C U_m \cos\omega t$$

$$i = I_m \sin(\omega t + \pi/2) \tag{3-3-15}$$

可见,纯电容电路在正弦交流电压作用下,流经电容的电流也是正弦形式。比较(3-3-14)、(3-3-15)式可知电流与电压之间的关系为:(1)电流与电压的频率相同,即同频率。(2)电流与电压的相位互差 $\pi/2$,电流在相位上超前电压 $\pi/2$。(3)电流与电压的最大值之间、有效值之间的关系为:

$$I_m = \omega C U_m$$

$$I_m = U_m / X_C \tag{3-3-16}$$

$$I = U / X_C \tag{3-3-17}$$

式中 $X_C = 1/\omega C = 1/2\pi f C$ 称为电容的电抗,简称为容抗。容抗表征了电容对流经电流的阻碍作用。容抗除了与电容量有关外,还与电源的频率成反比。在直流电路中,其频率为零,则电容的容抗为无穷大;在交流电路中,随着频率的增大,容抗值却减小,因此电容具有通交流阻碍直流的作用(简称"通交隔直")。容抗的单位是 Ω。

电压与电流的矢量关系如图 3-3-6(c)所示。

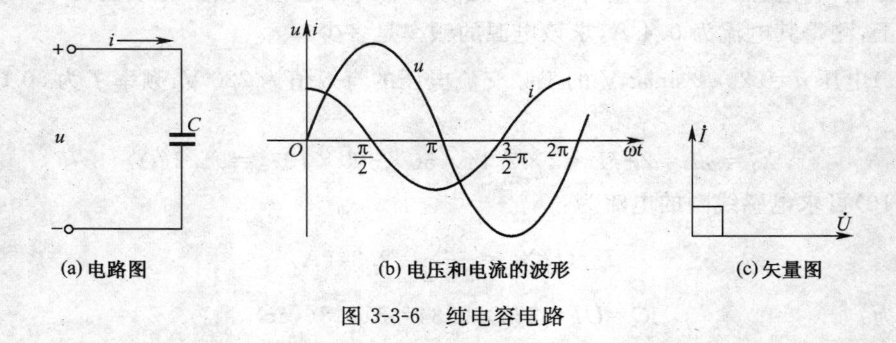

(a) 电路图 (b) 电压和电流的波形 (c) 矢量图

图 3-3-6 纯电容电路

2. 功率

(1)瞬时功率

电容的瞬时功率为:

$$p = ui = U_m \sin\omega t I_m \sin(\omega t + \pi/2)$$

$$= U_m I_m \sin\omega t \cos\omega t$$

$$p = UI\sin 2\omega t \tag{3-3-18}$$

瞬时功率的变化曲线如图 3-3-7 所示,和纯电感电路一样。瞬时功率以电压或电流的 2 倍频率变化。当 $p>0$ 时,电容从电源中吸收电能转换成电场能储存在电容中;当 $p<0$ 时,电容中储存的电场能转换成电能送回电源。可见电容不消耗能量,是储能元件。

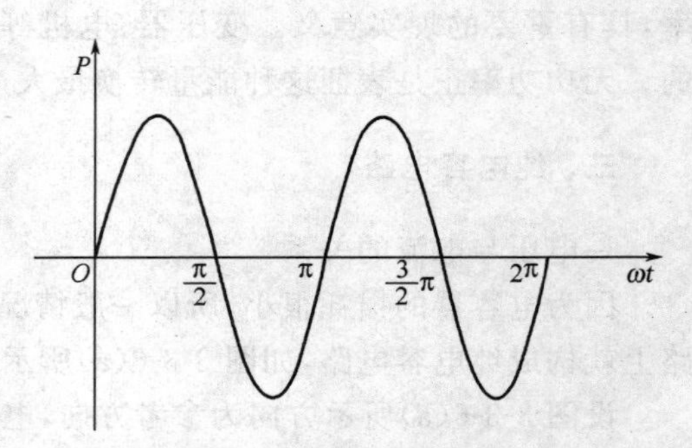

图 3-3-7 纯电容电路的瞬时功率

(2)有功功率

电容的有功功率与电感的有功功率一样都为零。

$$P = 0 \tag{3-3-19}$$

电容的有功功率为零，说明它并不耗能，只是将能量不停的吸收和释放。

(3)无功功率

电容的无功功率与电感的无功功率一样为：

$$Q=UI \tag{3-3-20}$$

其单位为乏(var)。

【例 3-3-3】 有一个 50 μF 的电容器，接到 $u=220\sqrt{2}\sin\omega t$ V 工频交流电源上，求流经电容的电流的有效值和无功功率。若将交流电压的频率改为 500 Hz 时，求通过电容器的电流为多少？

解：电压 $u=220\sqrt{2}\sin\omega t$ V，工频交流电压的有效值为 220 V，电容的容抗为

$$X_C=1/\omega C=1/2\pi fC=1/(2\times3.14\times50\times50\times10^{-6})=64(\Omega)$$

流经电容的电流由式(3-3-17)求得

$$I=U/X_C=220/64=3.4(\text{A})$$

无功功率为

$$Q=UI=220\times3.4=748(\text{var})$$

当 $f=500$ Hz 时，电容的容抗为

$$\begin{aligned}X_C&=1/\omega C=1/2\pi fC=1/(2\times3.14\times500\times50\times10^{-6})\\&=6.4(\Omega)\end{aligned}$$

电容的电流为

$$I=U/X_C=220/6.4=34.4(\text{A})$$

在电子技术中，从某一装置输出的电流常常既有交流成分，又有直流成分。如果只要把交流成分输送到下一级装置，只要在两级电路之间串联一个电容器，就可以使交流成分通过，而阻止直流成分通过。作这种用途的电容叫做隔直电容。隔直电容一般较大。如果只需要把低频成分输送到下一级装置，只要在下一级电路的输入端并联一个电容，就可以达到目的。电容对高频成分的容抗小，对低频成分的容抗大，高频成分就通过电容，而使低频成分输入到下一级。作这种用途的电容器叫做高频旁路电容。高频旁路电容的电容一般较小。

第四节　正弦交流电通过混联电路的分析

以上讨论的都是一些由理想元件构成的电路，但实际上并不都是那样。一个真实的线圈，是既有电阻又有电感的，而且电阻是均匀分布于整个线圈内。对于这样的线圈，为了分析问题方便起见，可以等效为一个集中的纯电阻与纯电感的串联的电路。对于一个实际的电容，也可以采用类似的方法。于是就可以运用分析单一参数电路的方法，对电路进行分析计算。

一、电阻与电感串联电路

1. 电流与电压的关系

在含有线圈的交流电路中，当线圈中的电阻不能忽略时，就构成了由电阻 R 和电感 L 串联组成的交流电路，简称 RL 串联电路。工厂里常见的电动机、变压器所组成的交流电路都可以看成是 RL 串联电路。RL 串联电路如图 3-4-1 所示。由于是串联电路，设电路中的电流为：

$$i=I_m\sin\omega t \tag{3-4-1}$$

那么，对于电阻与电感来说，其两端的电压为：

$$u_R = U_{Rm}\sin\omega t \tag{3-4-2}$$

$$u_L = U_{Lm}\sin(\omega t + \pi/2) \tag{3-4-3}$$

而且

$$u = u_R + u_L = U_m\sin(\omega t + \varphi) \tag{3-4-4}$$

根据(3-4-2)、(3-4-3)、(3-4-4)作矢量图，如图 3-4-2 所示。

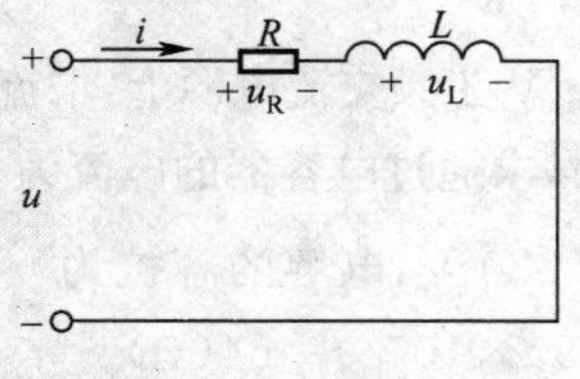

图 3-4-1 RL 串联电路

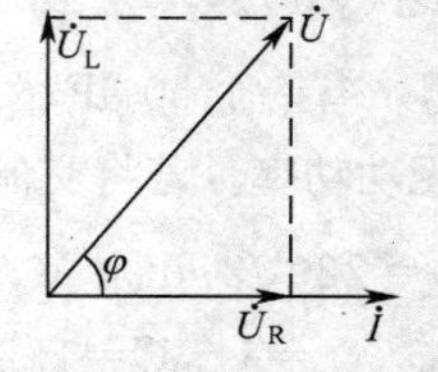

图 3-4-2 RL 串联电路的矢量图

由矢量图可得出以下结论：

(1)电源电压矢量为电阻电压与电感电压矢量之和。根据矢量图可得电压三角形，如图 3-4-3(a)所示。

$$U = \sqrt{U_R^2 + U_L^2} \tag{3-4-5}$$

$$\varphi = \arctan U_L/U_R \tag{3-4-6}$$

(2)根据电压三角形可以推导出阻抗三角形

$$U = \sqrt{{U_R}^2 + {U_L}^2} = I\sqrt{R^2 + {X_L}^2}$$

$$U = ZI \tag{3-4-7}$$

式中 $Z = \sqrt{R^2 + X_L^2}$ 称为电阻和电感串联电路的阻抗，单位是欧姆(Ω)。阻抗与电阻和电感之间形成的三角形，称为阻抗三角形，如图 3-4-3(b)所示。阻抗三角形不是矢量。由图 3-4-3(b)可见

$$\varphi = \arctan X_L/R \tag{3-4-8}$$

即：

$$\varphi_{ui} = \varphi = \arctan\frac{X_L}{R} = \arctan\frac{U_L}{U_R}$$

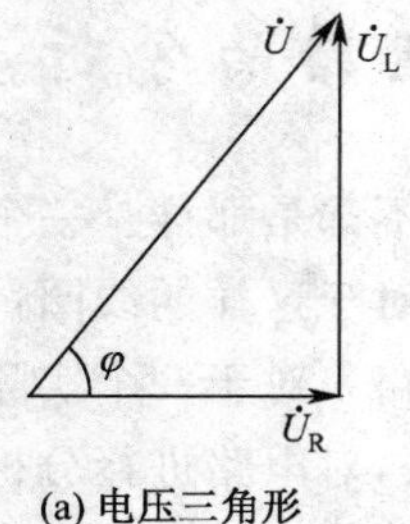

(a) 电压三角形

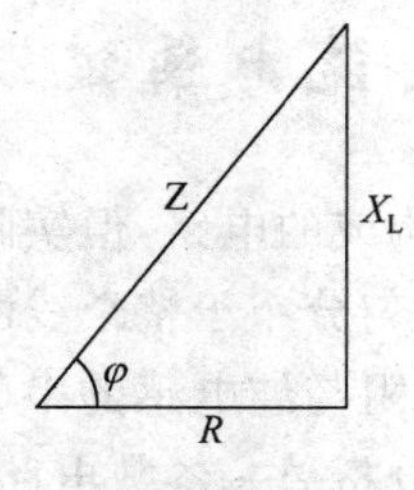

(b) 阻抗三角形

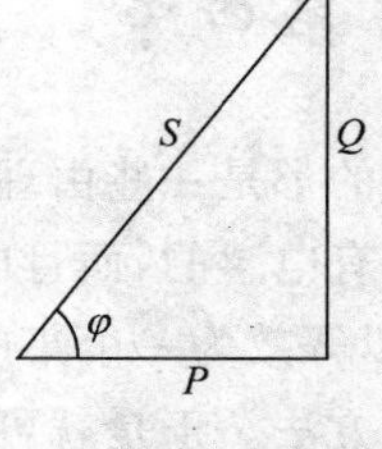

(c) 功率三角形

图 3-4-3 RL 串联电路三角形

2. 功率

(1)有功功率：在电阻与电感串联电路中，只有电阻是耗能元件，即电阻消耗的功率就是该电路的有功功率。

$$P = U_R I = UI\cos\varphi \tag{3-4-9}$$

式中 $U_R = U\cos\varphi$ 可以看成是总电压 U 的有功分量。$\cos\varphi$ 称为功率因数，用字母 λ 表示，即 $\lambda = \cos\varphi$。φ 称为功率因数角，既可用式(3-4-7)求，也可用式(3-4-8)求。

(2)无功功率：在电阻与电感串联的电路中，只有电感才和电源进行能量交换，所以无功功率为：

$$Q=U_L I=UI\sin\varphi \tag{3-4-10}$$

式中 $U_L=U\sin\varphi$ 可看成是总电压 U 的无功分量。

(3)视在功率：电路中电流与总电压的乘积定义为视在功率。即：

$$S=UI \tag{3-4-11}$$

视在功率的单位是伏安(V·A)。

由式(3-4-9)(3-4-10)(3-4-11)可得：

$$S^2=P^2+Q^2 \tag{3-4-12}$$

由式(3-4-12)可见，S、P、Q 可构成功率三角形，如图 3-4-3(c)所示。由图 3-4-3(c)可见，功率三角形也不是矢量，但与电压、阻抗三角形相似。

视在功率表征的是电源设备的容量，电路实际消耗的功率(有功功率)一般小于视在功率，并且由实际运行中负载的性质和大小来决定。

【例 3-4-1】 对于实际的电感线圈可以通过测量电压和电流，进而求得线圈的电阻 R 和电感 L。其方法是：给线圈加 12 V 的直流电，测得流过线圈的直流电流 $I=2$ A；给线圈加工频交流 220 V 电压，测得电流的有效值 $I=22$ A，据此写出求解电阻 R 和电感 L 的步骤。

解：(1)求电阻 R

因为对于直流电而言，电感线圈中的电感相当于短路，所以可根据欧姆定律求出电感线圈的电阻值：　$R=U/I=12/2=6(\Omega)$

(2)求电感 L

根据式(3-4-7)　$Z=U/I=220/22=10(\Omega)$

再根据阻抗三角形　$X_L^2=Z^2-R^2$　$X_L=8(\Omega)$

电感　$L=X_L/\omega=8/(2\times3.14\times50)=0.025(\text{H})$

【例 3-4-2】 某电动机接在 220 V 工频交流电源上可获得 14 A 电流，连接在电动机线路中的功率表显示的功率为 2.5 W，试求该电动机的视在功率 S、无功功率 Q 和功率因数角 φ。

解：视在功率 S

$$S=UI=220\times14=3.08(\text{kV}\cdot\text{A})$$

功率因数角

$$P=UI\cos\varphi=S\cos\varphi$$

$$\cos\varphi=P/S=2.5/3.08=0.812$$

$$\varphi=35.7^\circ$$

无功功率 Q

$$Q=UI\sin\varphi=S\sin\varphi=1.8(\text{kvar})$$

值得注意的是：功率表所显示的功率为有功功率。

由 RL 串联电路的分析，可以引出 RLC 串联电路所呈现的三种性质。

(1)电感性：当 $X_L>X_C$ 时，则 $U_L>U_C$，$Q_L>Q_C$ 电路呈感性，电路中的电压超前电流 φ 角，其矢量图如图 3-4-4(a)所示。

(2)电容性：当 $X_L<X_C$ 时，则 $U_L<U_C$，$Q_L<Q_C$ 电路呈容性，电路中的电流超前电压 φ 角，其矢量如图 3-4-4(b)所示。

(3)电阻性：当 $X_L=X_C$ 时，则 $U_L=U_C$，$Q_L=Q_C$ 电路呈电阻性，电路中的电压与电流同相位次，其矢量如图 3-4-4(c)所示。此时的状态也称为谐振。

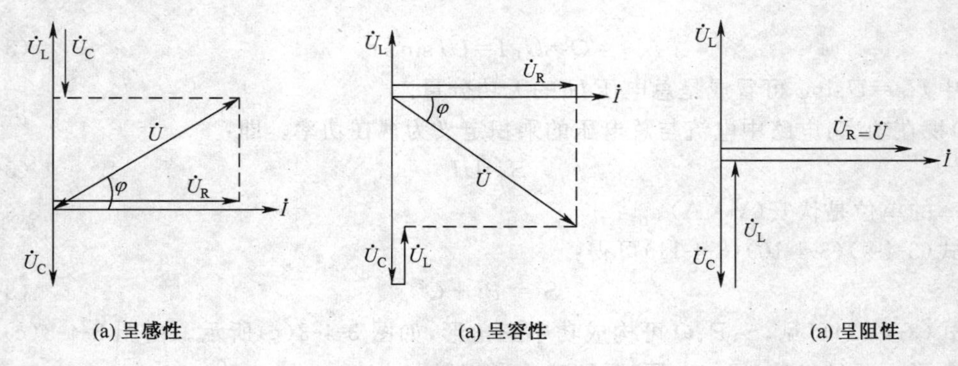

(a) 呈感性　　(a) 呈容性　　(a) 呈阻性

图 3-4-4　RLC 串联电路性质

二、串联谐振电路

谐振电路在电子技术中应用很广。所谓串联谐振，是指在 RLC 串联电路中，当输入某一频率的交流信号时，电路中的电源电压与电流同相位，即电路处于纯电阻状态。谐振现象广泛应用于无线电技术和有线通讯方面，在某些场合又必须防止发生谐振。

1. 串联谐振的条件

对于图 3-4-5 所示电路，根据谐振的概念可得串联电路的谐振条件为：

$$X_L = X_C$$

也就是

$$\omega L=\frac{1}{\omega C} \tag{3-4-13}$$

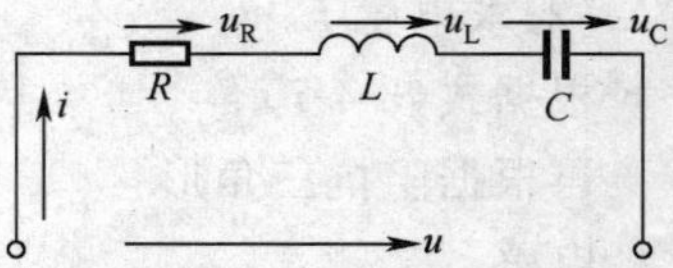

图 3-4-5　RLC 串联谐振电路

显然，电源的角频率 ω、电感 L、电容 C 三者之间任意调节一个，都可能使它们的关系满足式(3-4-13)，从而使电路达到谐振。我们通常把调节有关参数使电路达到谐振的过程叫做调谐。

当电路的参数 L、C 一定，改变电源频率调谐时，达到谐振所需的电源角频率为：

$$\omega_0=\frac{1}{\sqrt{LC}}$$

所需电源的频率为：

$$f_0=\frac{1}{2\pi\sqrt{LC}} \tag{3-4-14}$$

ω_0 叫做电路的谐振角频率，f_0 叫做谐振频率。由式(3-4-14)可知，f_0 只与串联电路的 L、C 有关，而与电阻 R 无关，它反映了 RLC 串联电路的一种固有性质。对于一个具体的 RLC 串联电路而言，L、C 一定时，其谐振频率 f_0 也就是一个固定不变的常数，因此谐振频率又叫做电路的固有振荡频率。

如果不希望电路发生谐振，只要选择电路的参数 L、C 与电源的频率 f 之间不满足式(3-4-14)，就可达到消除谐振的目的。

2. 串联谐振电路的特点

(1)阻抗最小

不论调节何种参数使电路达到谐振，总有电路的阻抗最小，即

$$Z_0=\sqrt{R^2+(X_L-X_C)^2}=R=Z_{min} \tag{3-4-15}$$

另外，谐振时的感抗和容抗相等，且只与 L 和 C 有关，常把它们称为电路的特征阻抗，用 ρ 表示为

$$\rho=\omega_0 L=\frac{1}{\omega_0 C}=\sqrt{\frac{L}{C}} \tag{3-4-16}$$

ρ 的单位也为 Ω。

(2)电流最大

谐振时，电路中的电流最大并与电压同相位。这一电流叫做谐振电流，用公式表示为

$$I_0=\frac{U}{Z_0}=\frac{U}{R} \tag{3-4-17}$$

(3)电压

谐振时电感电压与电容电压大小相等、相位相反，其数值表示为

$$U_{L0}=U_{C0}=I_0\rho=\frac{\rho}{R}U=QU \tag{3-4-18}$$

式(3-4-18)中 $Q=\frac{\rho}{R}$ 叫做谐振电路的品质因数，一般 $Q=200\sim500$，所以电感电压和电容电压有时比电流电压要大得多，即揩振时 L 和 C 上可能产生过电压。因此，串联谐振又叫电压谐振。

在无线电技术中，有些信号源的电压十分微弱，常利用串联谐振来获得一个较大的电压。例如，收音机就是利用串联揩振来选择广播电台的，如果被天线接收的某一电台的电磁波信号频率与调谐电路的某一谐振频率相同，就有较大的电容电压输出，经检波、放大而被接收。非谐振频率的电磁波信号，则不能产生足够的电容电压，就不能被接收。而在电力系统中则相反，一般应避免发生串联谐振。因为，电力系统中电源本身的电压较高，谐振时产生的过电压，可能击穿电气设备的绝缘或造成人身伤亡事故等。

【例 3-4-3】 某收音机的输入回路可简化为一个 RLC 串联电路，已知 $R=160\ \Omega$，$L=0.3$ mH，$c=204$ pF，试求此回路的谐振频率。如果某电台在此频率下的信号电压为 2 μV，问该信号在回路中产后的电流有多大？

解：(1)求谐振频率

$$f_0=\frac{1}{2\pi\sqrt{LC}}=\frac{1}{2\pi\sqrt{0.3\times10^{-3}\times204\times10^{-12}}}=640\ \text{kHz}$$

(2)求电流

由题意可知电路中电流为

$$I_0=\frac{U}{R}=\frac{2\times10^{-6}}{16}\text{A}=0.125(\mu\text{A})$$

三、电感线圈与电容并联电路

1. 电流与电压的关系

实际的电感线圈可等效成电阻与电感的串联电路，电感线圈与电容并联后的等效电路如图 3-4-6 所示。由于是并联电路，所以设电路的外加正弦电压初相角为零。即：

$$u=U_m\sin\omega t \tag{3-4-19}$$

那么通过电容的电流的表达式为：

$$i_C = I_{cm}\sin(\omega t+\pi/2)$$
$$=U_m\sin(\omega t+\pi/2)/X_C \quad (3\text{-}4\text{-}20)$$

电感线圈中的电流滞后电压 φ_{RL} 角，因此其电流表达式为：

$$i_{RL}=I_{RLm}\sin(\omega t-\varphi_{RL}) \quad (3\text{-}4\text{-}21)$$

其中

$$I_{RLm}=U_m/\sqrt{R^2+X_L^2}=U_m/Z \qquad \varphi_{RL}=\arctan X_L/R$$

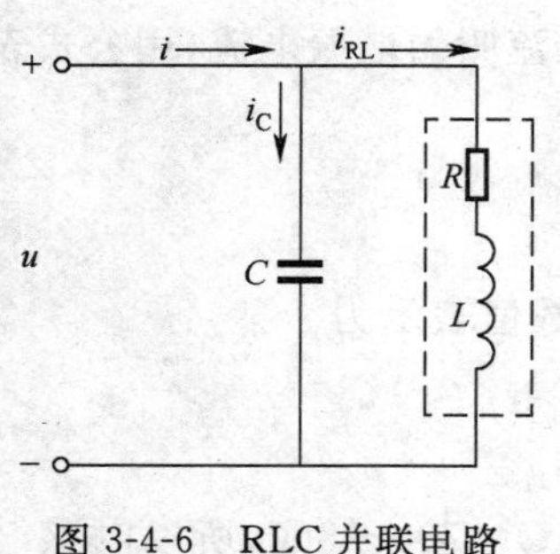

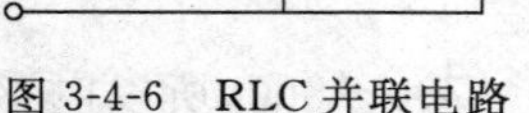
图 3-4-6 RLC 并联电路

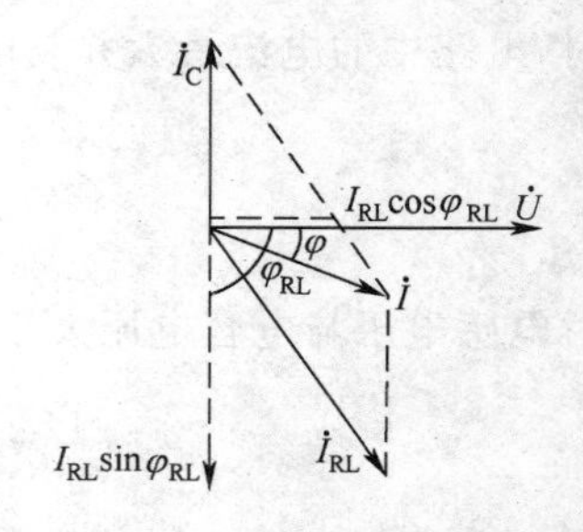

图 3-4-7 并联电路的矢量图

根据式(3-4-19)、式(3-4-20)、式(3-4-21)作矢量图，如图 3-4-7 所示(设 $I_C<I_{RL}$)。

由矢量图可见，电路的总电流矢量和为电容电流矢量与电感电流矢量之和，运用前面所描述的平行四边形法则，可以求出总电流的最大值(有效值)以及初相角。

2. 功率

(1)有功功率：在电感线圈与电容并联电路中，只有电阻消耗有功功率。即：电阻消耗的有功功率就是电路的有功功率。在电感线圈流过的电流 I_{RL} 中，与电压矢量平行的分量是其有功分量，为

$$P=UI_{RL}\cos\varphi_{RL}=UI\cos\varphi \quad (3\text{-}4\text{-}22)$$

(2)无功功率：电感线圈与电容并联的电路中，电感和电容的无功功率互补，即：

$$Q=Q_L-Q_C$$

推导得

$$Q=UI\sin\varphi \quad (3\text{-}4\text{-}23)$$

式中，功率因数角 φ 越小，电容电流 I_C 的数值越接近电感电流的无功分量，整个电路向电源要求的无功功率越小，利用这种方法可以有效的减小系统的无功功率，达到提高设备利用率的目的。

以上分析是在假定 $I_C<I_{RL}$ 情况下得出的结论，实际电路中由于 R、L、C 及 f 等参数的不同，电路对外会呈现不同的性质。

(1)电感性：当 $I_{RL}\sin\varphi_{RL}>I_C$ 时，电路呈电感性，总电流滞后于电压 φ 角，其矢量图如图 3-4-8(a)所示。

(2)电容性：当 $I_{RL}\sin\varphi_{RL}<I_C$ 时，电路呈电容性，总电流超前于电压 φ 角，其矢量图如图 3-4-8(b)所示。

(3)电阻性：当 $I_{RL}\sin\varphi_{RL}=I_C$ 时，电路呈电阻性，总电流与电压同相位。其矢量图如图 3-4-8(c)所示。

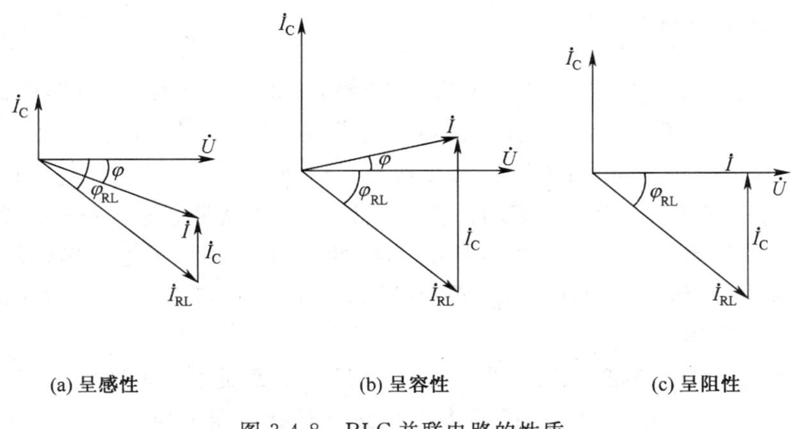

图 3-4-8　RLC 并联电路的性质

四、并联谐振

在图 3-4-9 所示电路中，如果电容支路的无功功率和电感支路的无功功率相等，电源和负载之间不存在能量的交换，电路便处于并联谐振状态。

1. 并联谐振的条件

如图 3-4-9 所示 RL 串联支路与 C 支路并联。

$$I_{RL}\sin\varphi_{RL}=I_C$$

电路呈电阻性，总电流与电压同相位，电路处于谐振状态。当电路处于谐振时，其谐振频率为：

$$\omega_0=\frac{1}{\sqrt{LC}} \tag{3-4-24}$$

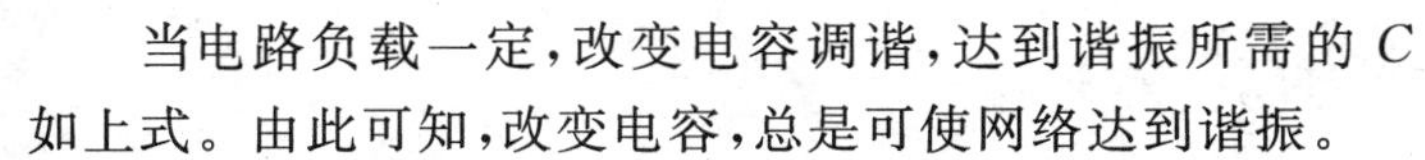

当电路负载一定，改变电容调谐，达到谐振所需的 C 如上式。由此可知，改变电容，总是可使网络达到谐振。

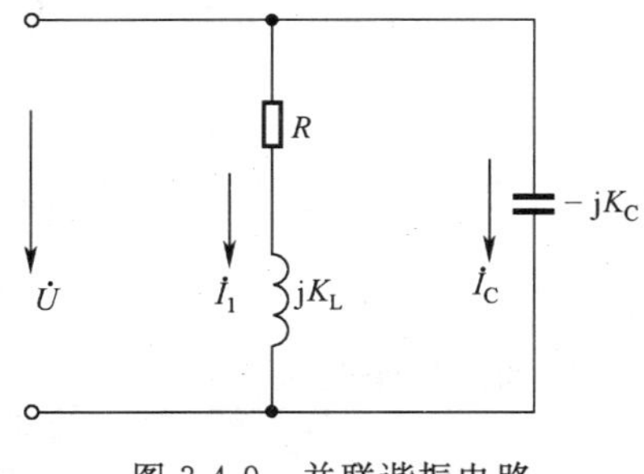

图 3-4-9　并联谐振电路

2. 并联谐振特点

(1)谐振阻抗

根据推导可知：当 ω、R、L 一定，通过改变电容调谐时，并不会影响电路总阻抗的大小，它仍为定值。并且可以通过数学证明，这一定值为极大值。即改变电容调谐时，电路的最大阻抗只由电路参数决定，而与外加电源频率无关。

(2)谐振时各支路电流

由于改变电容调谐时电路的阻抗最大，因此电路的总电流有最小值，其大小为

$$I_0=\frac{U}{Z_0}$$

第五节　功率因数的提高

通过感性负载与电容的并联电路的分析可知，并联适当的电容以后，可以提高电路的功率因数。

一、提高功率因数的意义

我们知道，对于每个供电设备（如发电机、变压器）来说都有额定容量，即视在功率。在正常工作时是不允许超过额定值，否则极易损坏供电设备。我们又知道，在有感性负载时，供电设备输出的总功率中既有有功功率又有无功功率。由 $P=S\cos\varphi$ 知，当 S 一定时，功率因数 $\cos\varphi$ 越低，有功功率就越小，无功功率的比重自然就大。这说明电源提供的总功率被负载利用的部分就越少。如当 $\cos\varphi=0.5$ 时，$P=S/2$，这说明负载只利用了电源提供能量的一半，从供电的角度来看，显然是很不合算的。但若功率因数能够提高到 1，则 $P=S$，这说明电源提供的能量全部被负载利用了。

另外，由 $P=UI\cos\varphi$ 还可以看出，当电源电压 U 和负载的有功功率 P 一定时，功率因数 $\cos\varphi$ 越低，电源提供的电流越大。又由于供电线路总具有一定的电阻，当电流越大时线路上的电压降就越大。这不仅会使电能白白地消耗在线路上，而且还会使负载两端的电压降低，影响负载的正常工作。

【例 3-5-1】 某变电所输出的电压为 220 V，其视在功率为 220 kV · A。如向电压为 220 V、功率因数为 0.8、额定功率为 44 kW 的工厂供电，试问能供几个这样的工厂用电？若用户把功率因数提高到 1，该变电所又能供给几个同样的工厂用电？

解：变电所输出的额定电流为

$$I_e=\frac{S}{U}=\frac{220\times10^3}{220}=1\ 000(\mathrm{A})$$

当 $\lambda=0.8$ 时，每个工厂所取的电流应为

$$I=\frac{P}{U\lambda}=\frac{44\times10^3}{220\times0.8}=250(\mathrm{A})$$

故供给的工厂个数为

$$n=\frac{I_e}{I}=\frac{1\ 000}{250}=4$$

而当 $\lambda=1$ 时，每个工厂所取的电流变为

$$I'=\frac{P}{U\lambda'}=\frac{44\times10^3}{220\times1}=200(\mathrm{A})$$

这时供给工厂的个数为

$$n'=\frac{I_e}{I'}=\frac{1\ 000}{200}=5$$

【例 3-5-2】 如果某水电厂以 $U=220$ kV 的高压向某地输送 $P=240\ 000$ kW 的电力，若输电线的总电阻为 10 Ω，试计算当功率因数由 0.6 提高到 0.9 时，输电线在一年中电能损失会减少多少？

解：当 $\lambda_1=0.6$ 时，用户要从电厂取用的电流为

$$I_1=\frac{P}{U\lambda_1}=\frac{24\times10^7}{22\times10^4\times0.6}\approx1\ 818(\mathrm{A})$$

而当 $\lambda_2=0.9$ 时，用户所取用的电流为

$$I_2=\frac{P}{U\lambda_2}=\frac{24\times10^7}{22\times10^4\times0.9}\approx1\ 212(\mathrm{A})$$

因此在一年内输电线上可以少损耗的电能为

$$W=I_1^2Rt-I_2^2Rt=(I_1^2-I_2^2)Rt$$
$$=(1\ 818^2-1\ 212^2)\times10\times365\times24$$
$$=1.6\times10^9(\mathrm{kWh})$$

从以上例题可以明显看出，提高功率因数是必要的。其意义在于：(1)提高供电设备的利用率；(2)减小输电线路上的损耗。

二、提高功率因数的方法

由于交流用电器多为由电阻和电感串联组成的感性负载，为了既提高功率因数又不改变负载两端的工作电压，通常都采用下面两种方法。

(1)并联补偿法：在感性电路两端并联一个适当的电容器。若已知有功功率为 P、电源电压为 U、电源频率为 f 及感性负载两端并联电容前后的功率因数为 $\cos\varphi_1$ 和 $\cos\varphi_2$，则并联电容的大小可以用下式求出

$$C=P(\tan\varphi_1-\tan\varphi_2)/2\pi fU^2 \tag{3-5-1}$$

(2)提高自然功率因数：在机械工业中，提高自然功率因数主要是指合理选用电动机，即：不用大容量的电动机来带动小功率的负载。另外，应尽量不让电动机空载。

【例 3-5-3】　标有“220 V，40 W”的日光灯接于 20 V 的工频交流电源上。现要使其功率因数由 0.5 提高到 0.9，试问应并联多大的电容 C？

解：由 $\cos\varphi_1=0.5$，得 $\tan\varphi_1=1.732$

由 $\cos\varphi_2=0.9$，得 $\tan\varphi_2=0.484$

代入公式 $C=\dfrac{P}{\omega U^2}(\tan\varphi_1-\tan\varphi_2)=\dfrac{40}{314\times220^2}(1.732-0.484)=3.28(\mu\mathrm{F})$

技能训练三　日光灯电路

一、实训目的

1. 掌握交流电流表、万用表和功率表的使用方法。
2. 掌握日光灯电路的工作原理及接线方法。
3. 理解并联电容提高感性负载功率因数的原理。

二、实训设备

交流电流表一块、万用表一块、单相功率表一块、日光灯装置一个(包含：电容、灯管、镇流器、启辉器、灯座)。

三、实训内容

1. 正弦交流电量的测量及交流仪表的使用

(1)交流电流的测量

测量交流电流应采用交流电流表。测量时，将交流电流表与被测电路串联。交流电流表的端纽无“正、负”之分，接线时无需考虑被测电流的实际方向，交流电流表的指示值为被测电流的有效值。

(2)交流电压的测量

测量交流电压应采用交流电压表(或万用表的交流电压挡)。测量时,将交流电压表与被测电路并联,交流电压表的端钮也无"正、负"之分,接线时无需考虑被测电压的极性,交流电压表的指示值为被测电压的有效值。

(3)有功功率的测量

测量有功功率应采用功率表。功率表的外形如技图3-1所示,测量时,将电流线圈与被测负载串联,电压线圈与被测负载并联。与交流电流表和交流电压表不同的是,功率表的电流线圈与电压线圈都有"正、负"之分,接线时必需考虑被测电流和电压的实际方向。为防止接线错误,功率表的电流线圈和电压线圈各有一个端纽标有"*",称为同名端或同极性端;不标记号的端钮为非同名端或异名端。接线时电流线圈的同名端必须接在电源侧,异名端接在负载侧;电压线圈的同名端可以接在电流线圈的任意端钮。

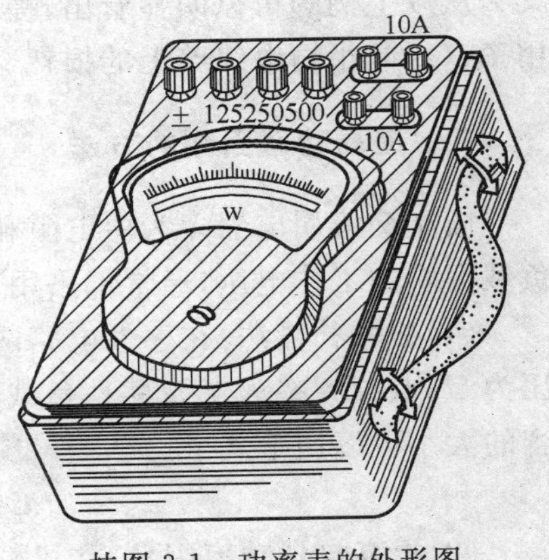

技图 3-1　功率表的外形图

2. 日光灯电路及其功率因数的提高

(1)按照图技 3-2 所示电路接通日光灯电路。

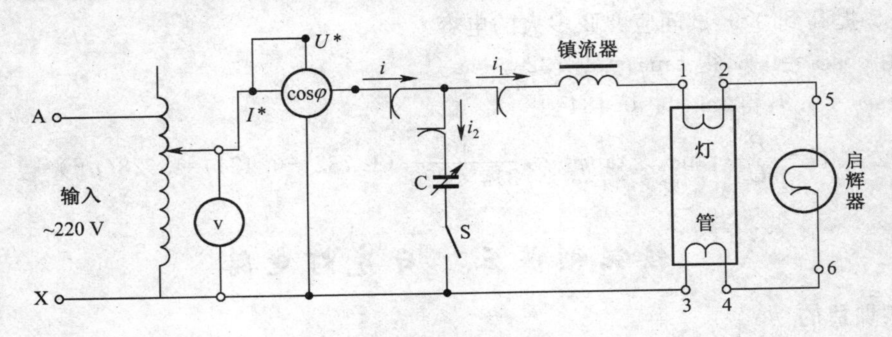

技图 3-2　日光灯电路接线图

(2)断开开关 S,电路处于无并联电容状态。将调压器输出电压从零逐渐调高,观察日光灯刚点燃时的电源电压。继续调至 220 V(日光灯的额定电压),测量并记录下列数据:电路电流 I,日光灯电路电压 U,镇流器端电压 U_L,灯管两端电压 U_R,流过灯管及镇流器的电流 i_1,日光灯的功率 P。

(3)取 $C=3.75\ \mu F$,合上电容支路开关 S,并入电容,接通电源并使电源电压为日光灯的额定值,重新测量电路电流 I,镇流器端电压 U_L,灯管两端电压 U_R,流过灯管及镇流器的电流 i_1,日光灯的功率 P,电容支路电流 i_2。

(4)将所测数据填入技表 3-1 中。

技表 3-1

项目 \ 条件	电压 V			电流 A			功率 W
	U	U_L	U_R	I	I_{RL}	I_C	P
无电容							
有电容							

四、分析与思考

(1)比较实验结果,并接电容后,其功率因数比并联电容前增大还是减小?为什么?

(2)改变电容值,灯管和镇流器的电压是否改变?功率表的读数是否改变?日光灯支路的电流是否改变?为什么?

(3)当日光灯正常工作后,去掉启辉器,日光灯能否正常工作?

小　　结

1. 交流电是交变电动势、电压和电流的总称。按正弦规律变化的交流电叫正弦交流电。正弦交流电动势、电压和电流的瞬时值分别用 e、u、i 来表示;最大值分别用 E_m、U_m、I_m 表示;有效值分别用 E、U、I 表示。各种交流电气设备的铭牌数据及交流测量仪表所测得的电压、电流,都是有效值。

2. 正弦交流电的三要素是:最大值、角频率和初相角。最大值反映正弦交流电的变化范围;频率反映正弦交流电变化的快慢;初相角反映正弦交流电的初始状态。

3. 如果几个同频率的正弦交流电的初相角相同,就叫它们同相;若初相角相差 180°,就叫它们反相;若初相角在大于 0 小于 180°,则初相角大的正弦交流电为超前量,反之为滞后量。

4. 交流电路与直流电路的主要不同在于:直流电路只需研究各量的数量关系,而交流电路除了研究各量的数量关系,还要研究各有关量的相位关系。而且只有首先研究相位关系才能得出各有关量的正确数量关系。所以在交流电路中要特别注意相位的概念。

5. 正弦交流电常见的表示方法有三种:解析法、曲线法和旋转矢量法。只有频率相同的正弦交流电才能用矢量法进行加减。

6. 电阻、电感和电容是电路中的三种基本元件。它们在交流电路中的特点不尽相同。在直流电路中,电感相当于短路,电容相当于断路;在交流电路中则不然。

7. 纯电路的分析是混联电路分析基础,在交流电路中基尔霍夫定律仍然适用。

8. 功率因数是指负载的有功功率与视在功率之比。它首先表征了电源功率被利用的程度。功率因数过低,电源的容量得不到充分利用,另一个负面影响是线路损耗大。并联合适的电容是提高功率因数的有效的方法之一。

一、是 非 题

1. 大小和方向都随时间变化的电流叫做交流电流。(　　)

2. 正弦交流电的三要素是周期、频率和初相角。(　　)

3. 对于同一正弦交流量来说,周期、频率和角频率是三个互不相干,各自独立的物理量,(　　)

4. 交流电的最大值是有效值的二分之一。(　　)

5. 用交流电压表测得某元件两端的电压是 6 V,则该电压的最大值是 6 V。(　　)

6. 电器铭牌标示的参数、交流仪表的指示值,一般是指正弦交流电的最大值。(　　)

7. 10 A 的直流电流和最大值为 12 A 的正弦交流电流，分别通过阻值相等的两个电阻，在相同的时间内，通以 12 A 最大值的交流电流的电阻上产生的热量较多。(　　)

8. 若电压超前电流 $\pi/3$，则电流滞后电压 $\pi/3$。(　　)

9. 电阻元件上的电压和电流的初相一定都是为零，所以它们是同相的。(　　)

10. 电感线圈在直流电路中不呈现感抗，因此，此时的电感量为零。(　　)

11. 电感元件电压的相位总是超前电流 $\pi/2$，所以电路中总是先有电压后有电流。(　　)

12. 电感元件在交流电路中不消耗有功功率，它是储存磁能的元件，只是与电源之间进行能量交换。(　　)

13. 从感抗的计算公式可知，电感具有“通直隔交”的作用。(　　)

14. 电容元件在直流电路中相当于开路，因为，此时容抗为无穷大。(　　)

15. 电容器的充电过程，实质上是电容器向电源释放能量的过程。(　　)

16. 根据欧姆定律，当电容器上的电压为零时，电流也为零。(　　)

17. 电容器的容抗是电容电压和电流的瞬时值之比。(　　)

18. 直流电路中，电容元件的容抗为零，相当于短路；电感元件的感抗为无穷大，相当于开路。(　　)

19. 正弦交流电通过电容或电感元件时，若电流为零则电压绝对值就最大；若电压为零则电流的绝对值为最大。(　　)

20. 纯电阻电路的功率因数一定为 1。如果某电路的功率因数为 1，则该电路一定是只含有电阻的电路。(　　)

21. 感性负载并联电阻后也可以提高功率因数，但总电流和总功率都将增大。(　　)

22. 感性负载并联电容后可以提高负载的功率因数，因而可以减小负载电流。(　　)

二、思 考 题

1. 正弦交流量的三要素是什么？正弦交流量的相位、初相、相位差与正弦量的计时起点是否有关？

2. 超前、滞后、同相各表示什么意思？

3. 把额定电压为 220 V 的灯泡分别接到 220 V 的交流电源和直流电源上，问灯泡的亮度有无区别？

4. 什么叫感抗？它的大小等于什么？在纯电感电路中，电压与电流的大小关系和相位关系各是怎样的？

5. 什么叫容抗？它的大小等于什么？在纯电容电路中，电压与电流的大小关系和相位关系各是怎样的？

6. 阻抗的物理意义是什么？它和哪些因素有关？

7. 电压三角形、阻抗三角形、功率三角形的含义是什么？

8. 提高功率因数有何经济意义？通常采用什么方法提高功率因数？

9. 谐振时，电路的基本特征是什么？

10. RLC 串联电路的谐振条件是什么？串联谐振的特点是什么？

三、分析计算题

1. 已知正弦电流 $i=10\sqrt{2}\sin(200\pi t-150°)$ A，求它的最大值、角频率、频率、周期、相位、

初相,作出 i 的波形图。

2. 求下列各组正弦量的相位差,并说明超前、滞后情况。

(1) $u_1=220\sqrt{2}\sin(\omega t+120^\circ)$ V, $u_2=220\sqrt{2}\sin(\omega t-120^\circ)$ V

(2) $i_1=10\sin(\omega t-30^\circ)$ A, $i_2=10\sqrt{2}\sin(\omega t-70^\circ)$ A

(3) $e_1=380\sqrt{2}\sin 100\pi t$ V, $e_2=380\sqrt{2}\sin(100\pi t-180^\circ)$ V

3. 照明电路的电压是 220 V,动力供电线路的电压是 380 V,试问它们的有效值和最大值各是多少?

4. 有一个工频交流电的最大值是 10 A,初相是 30°。

(1)写出它的解析式;

(2)画出它的波形图。

5. 已知 $u_1=220\sqrt{2}\sin(100\pi t-45^\circ)$ V, $u_2=110\sqrt{2}\sin(100\pi t+45^\circ)$ V,在同一坐标系上作出它们的矢量图。

6. 有一个电阻接在 $u=100\sqrt{2}\sin(100\pi t-\pi/3)$ V 的交流电源上,消耗的功率是 $P=100$ W,求:电阻 R 和电流 i 的瞬时表达式。

7. 某一电感电路, $u=10\sqrt{2}\sin(100\pi t+\pi/3)$ V, $X_L=50\ \Omega$,求电感 L,写出电流的瞬时表达式并计算无功率,

8. 流过一个 $C=10\ \mu$F 电容器的电流的表达式为 $i_C=1.956\sin(628t+120^\circ)$ A。写出电压的瞬时表达式及计算电路的无功功率。

9. 把 $C=10\ \mu$F 的电容器接到 $u=220\sqrt{2}\sin(100\pi t-30^\circ)$ V 的电流上,试求:

(1)电容的容抗;

(2)写出电流的解析式;

(3)作出电压与电流的矢量图;

(4)电路的无功功率。

10. 接上 36 V 的直流电源时,测得通过线圈的直流电流为 60 mA;当接上 220 V、50 Hz 的交流电源时,测得流过线圈的电流是 0.22 A,求该线圈的电阻 R 和电感 L。

11. 将一个 $R=30\ \Omega$ 电阻与 $C=80\ \mu$F 的电容器串联后接到电压 $u=220\sqrt{2}\sin 100\pi t$ 的电源上,求:

(1)电容的容抗 X_C;

(2)电路的阻抗 Z;

(3)电路中的电流 I。

12. $R=4\ \Omega$、$X_L=3\ \Omega$ 的线圈和电容串联,接到正弦电压源,如电压源 U 与线圈电压 U_{RL} 相等,试求 X_C。

13. 为求得某一电感线圈的参数,把该线圈接在 220 V、50 Hz 的交流电源上,用电流表测得通过它的电流为 5 A,用功率表测得它消耗的功率为 940 W,求该线圈的电阻 R 和电感 L。

14. 某用电设备为 11 kW、220 V 的感性负载。当功率因数分别为 0.8 和 0.95 时,求该设备在额定状态下运行时,供电线路流过的电流。

15. 某发电机的容量是 500 kV·A,最多可安装多少台功率 $P=10$ kW, $\cos\varphi=0.8$ 的电动机?若安装 50 台这样的电动机安全吗?为什么?

16. 某功率 $P=10$ kW, $\cos\varphi=0.6$ 的感性负载,接到 220 V、50 Hz 的交流电路中,现要使

功率因数提高到 0.9,应并联多大的电容器?

17. 一台发电机的容量为 25 kV·A,供电给功率为 14 kW、功率因数为 0.8 的电动机。

(1)试问还可以供应几盏 25 W 白炽灯用电?

(2)如设法将电动机的功率因数提高到 0.9,试问可以多供几盏 25 W 的白炽灯用电?

18. 收音机的输入调谐回路为 RLC 串联谐振电路,当电容为 150 pF,电感为 250 μH,电阻为 20 Ω,求谐振频率。

第四章

三相交流电路

前面所讲的单相交流电路中的电源只有两根输电线，而且电源只有一个交变的电动势，我们称这样的电路为单相制电路。目前应用最为广泛的是三相制电路，该电路具有三个交变电动势，且每个电动势的大小相等、频率相同，但初相差为 $2\pi/3$。提供三相制电路的电源是三相发电机。三相交流电之所以应用广泛是因为具有以下优点：(1)三相发电机比尺寸相同的单相发电机输出的功率要大。(2)三相发电机和变压器的结构及制造都不复杂，且使用和维护都比较方便。运转时比单相发电机的振动小。(3)在同样条件下输送同样大的功率时，特别是在远距离输电时，三相输电比单相输电可节约材料。本节重点讲述三相交流电源、三相负载的连接及三相电功率。

第一节　对称三相电源

一、对称三相电源

三相交流发电机产生三个同频率，等幅值，初值互差 120°的三相交流电，三个绕组分别用 U、V、W 来表示，绕组的始端带有下标 1，绕组的末端带有下标 2。以 u_U 为参考电压，按正相序可写出三个绕组的感应电压瞬时值表达式为：

$$
\begin{aligned}
u_U &= \sqrt{2}U_P\sin\omega t \\
u_V &= \sqrt{2}U_P\sin(\omega t-120^\circ) \\
u_W &= \sqrt{2}U_P\sin(\omega t+120^\circ)
\end{aligned}
\tag{4-1-1}
$$

上式中 u_U、u_V、u_W 分别叫 U 相电压、V 相电压和 W 相电压。每相电压都可以看作是一个独立的正弦电压源，将发电机三相绕组按一定方式连接后，就组成一个对称三相电压源，可对外供电。图 4-1-1(a)为三相电压的波形图，(b)为矢量图。

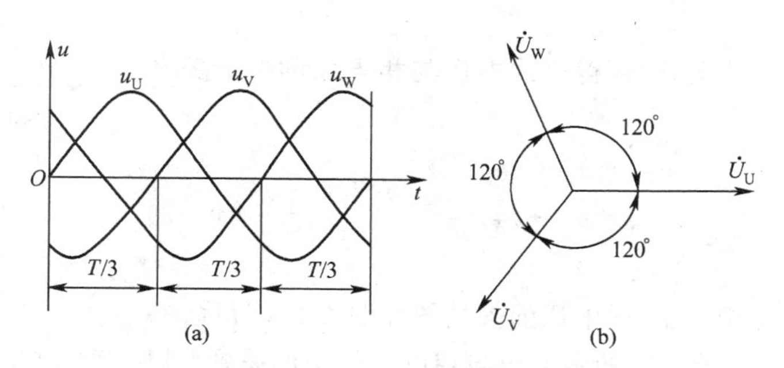

图 4-1-1　对称三相电压波形图及矢量图

对称三相电源的电压矢量图如图 4-1-2，每一相电压经过同一值(如正最大值)的先后顺序称为相序。矢量图 4-1-2(a)中，是按顺时针方向排列的，故称为正序或顺序。反之，是按逆时针方向排列的，称为负序或逆序如图 4-1-2(b)。对称三相电源，不论正序还是负序，均满足 $U_U+U_V+U_W=0$。电力系统中，一般采用正序。若无特殊说明均指正序。

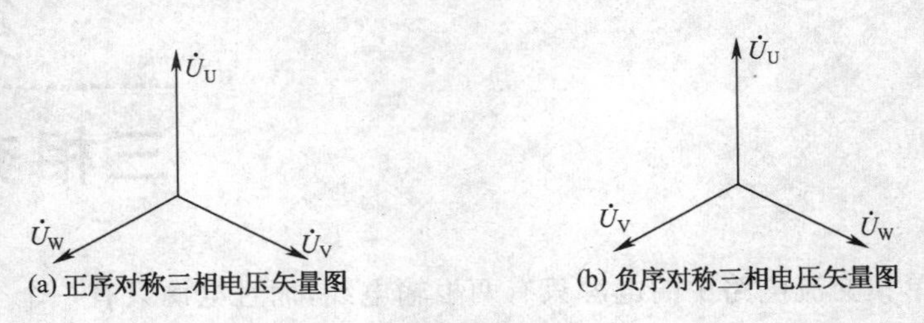

(a) 正序对称三相电压矢量图　　(b) 负序对称三相电压矢量图

图 4-1-2　三相电压的相序

二、三相电源的星形(Y)连接

把三相电源的三个绕组的末端 U_2、V_2、W_2 连接成一个公共点 N，由三个始端 U_1、V_1、W_1 分别引出三根导线 L_1、L_2、L_3 向负载供电的连接方式称为星形(Y)连接，如图 4-1-3(a)所示。

公共点 N 称为中点或零点，从 N 点引出的导线称为中线或零线。若 N 点接地，则中线又叫地线。由 U_1、V_1、W_1 端引出的三根输电线 L_1、L_2、L_3 称为相线，俗称火线。这种由三根火线和一根中线组成的三相供电系统称为三相四线制，在低压电中常采用。有时为简化线路图，常省略三相电源不画，只标相线和中线符号，如图 4-1-3(b)所示。若无中线引出，则称为三相三线制。

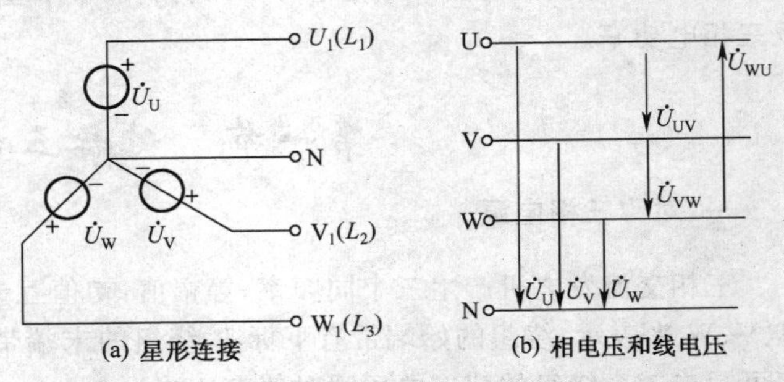

(a) 星形连接　　(b) 相电压和线电压

图 4-1-3　三相电源星形连接

电源每相绕组两端的电压称为电源的相电压。在三相四线制中，相电压就是相线与中线之间的电压。三相电压的瞬时值用 u_U、u_V、u_W 表示(通用符号为 u_P)。相电压的正方向规定为由绕组的始端指向末端，即由相线指向中线。相线与相线之间的电压称为线电压，它的瞬时值用 u_{UV}、u_{VW}、u_{WU}(通用符号为 u_L)电压的参考方向是自 U 相指向 V 相，V 相指向 W 相，W 相指向 U 相，如图 4-1-3(b)所示。在供电系统中，如无特别说明，一般所说的电压都是指线电压的有效值。

根据电压与电位的关系，可得出线电压与相电压的一般关系式：

$$\begin{cases} u_{UV}=u_U-u_V \\ u_{VW}=u_V-u_W \\ u_{WU}=u_W-u_U \end{cases} \tag{4-1-2}$$

由上式可画出电源各相电压、线电压的矢量图如图 4-1-4 所示。

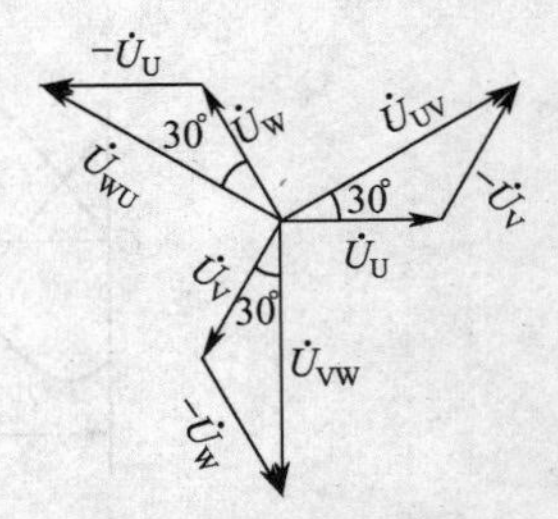

图 4-1-4　电源星形连接的线电压和相电压

由图 4-1-4 电源 Y 连接时的线电压与相电压的相位关系可以看出：线电压超前相电压 30；线电压的有效值为相电压的有效值

的$\sqrt{3}$倍。

三、三相电源的三角形(Δ)连接

将三相电源的三个绕组始、末端顺次相连，接成一个闭合三角形，再从三个连接点U、V、W分别引出三根输电线L_1、L_2、L_3，如图4-1-5(a)所示，这就构成了三相电源的三角形连接，显然这种接法只有三相三线制。

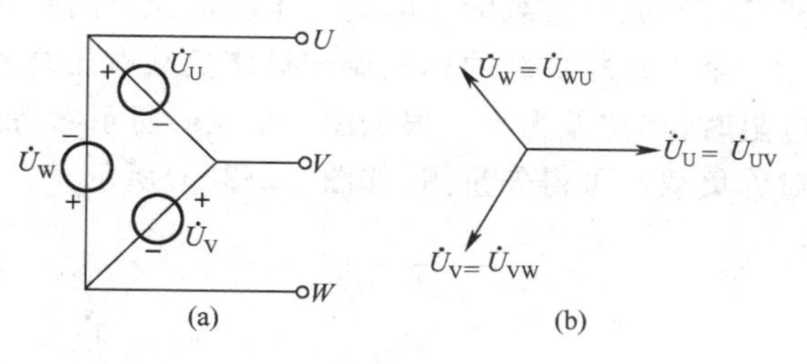

图4-1-5　Δ连接的对称三相电源

根据线电压与相电压的定义，从图4-1-5(a)可以看出，Δ连接的对称三相电源，其线电压就是相应的相电压，即：

$$\begin{cases} u_{UV}=u_U \\ u_{VW}=u_V \\ u_{WU}=u_W \end{cases} \tag{4-1-3}$$

对于Δ连接的对称三相电源，其形成了一个闭合回路，即$u_U+u_V+u_W=0$，故在无输出时，回路内无(环形)电流。但是若有一相电源首尾接反，则三相电压之和就不为零，这样就会在电源回路内部产生很大的环流，致使电源烧坏。所以电源Δ连接时，必须注意首尾不得接反。

第二节　对称三相负载

一般家庭使用的家用电器如：电灯、电冰箱、电视等交流用电器是接在三相电源中任意一相上工作的，称为单相负载。还有一类负载必须接上三相电压才能正常工作，称为三相负载，如工业上常用的三相异步电动机、三相工业电炉等。在三相负载中，如果每相负载的复阻抗相等，则称为三相对称负载，否则称为三相不对称负载，图4-2-1描述了三相对称负载和不对称负载的电路情况。一般情况下，三相异步电动机、三相电炉等三相用电设备是三相对称负载；而由三组单相负载组合成的三相负载常是不对称的。在一个三相电路中，如果三相电源和三相负载都是对称的，则称为对称三相电路，反之称为不对称三相电路。三相负载的连接和三相电源的连接一样，有两种连接方式，即Y连接和Δ连接。本节只探讨三相对称负载的问题。

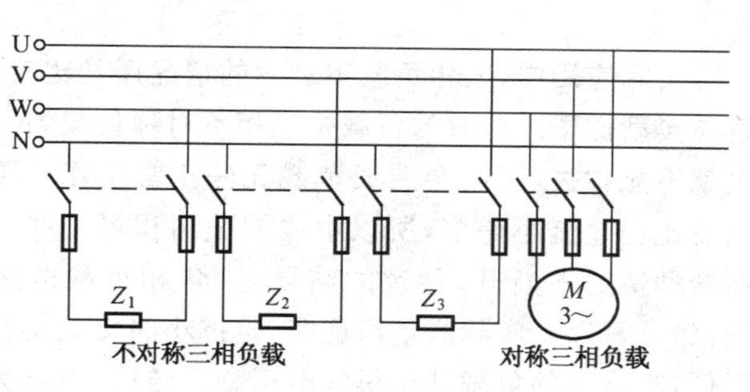

图4-2-1　三相对称负载和不对称负载

在讨论三相负载之前，先介绍三相负载电路的几个基本概念。相电流：流经负载的电流叫做相电流。线电流：流经端线的电流叫做线电流。负载电压：负载两端的电压叫做负载电压。中线电流：流经中性线的电流叫做中线电流。

一、负载的Y连接

三相负载的Y连接，就是把三相负载的三个接线端与电源的三根相线(火线)相连，另外三个接线端连接到一个公共端点N上，称为负载的中性点，简称中点。如图4-2-2所示。若电路中有中线连接，可以构成三相四线制电路；若没有中线连接，或电源端为Δ连接，则只能构成三相三线制电路。

对于三相电路中的每一相来说，就是一个单相电路，所以各相电流与相电压的相位关系及数量关系都可用讨论单相电路的方法来讨论。

图 4-2-2(a)为三相四线制星形连接的电路图。由图很容易得出三相负载 Y 连接电路的特点：(1)流经负载的相电流等于线电流，即：$I_{YP}=I_{YL}$；(2)负载电压等于电源的相电压。

至于每相负载的相电流与对应负载电压之间的相位关系由负载的性质决定，当负载为纯电阻时，相位差为零。根据图 4-2-2(a)所示参考方向，假定各相负载阻抗相等，性质相同(即为对称负载)，可得矢量图，如图 4-2-2(b)所示。

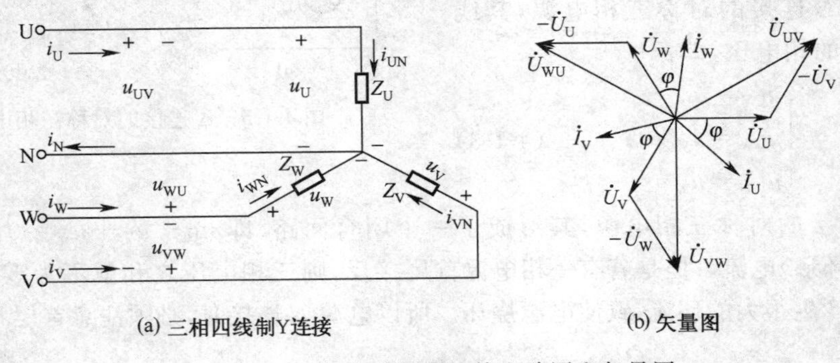

图 4-2-2　三相负载星形连接电路图和矢量图

由矢量图和电路图可知：中线的电流等于各相电流的矢量和。对于三相对称负载作星形连接时其中线电流为零。此时取消中线也不影响三相电路的工作，三相四线制就变成了三相三线制。通常在高压输电时，由于三相负载都是对称的三相变压器，所以都采用三相三线制输电。

实际应用中，三相负载不对称的情况还是比较常见的，图 4-2-3 所示的一般生活照明电路就是典型例子。此时的负载是三相不对称负载的星形连接，所以其中线电流不为零，那么中线也就不能省去，否则会造成负载无法正常工作。通常中线电流比相电流小得多，所以中线的截面积可小些。若中线在某种情况下断开，导致的结果是：各相负载电压不再相等，经计算以及实际测量都证明，阻抗小的负载其获得的电压低，阻抗大的负载其获得的电压高。结论：阻抗大的负载可能被烧坏，而阻抗小的负载不能正常工作。所以在三相负载不对称的低压供电系统中，不允许在中线上安装熔断器或开关，而且中线常用钢丝制成，以免中线断开引起事故；另一方面要力求三相负载平衡，以减小中线电流。如在三相照明电路中，就应将照明负载平均分接在三相上，而不要全部集中在某一相上。

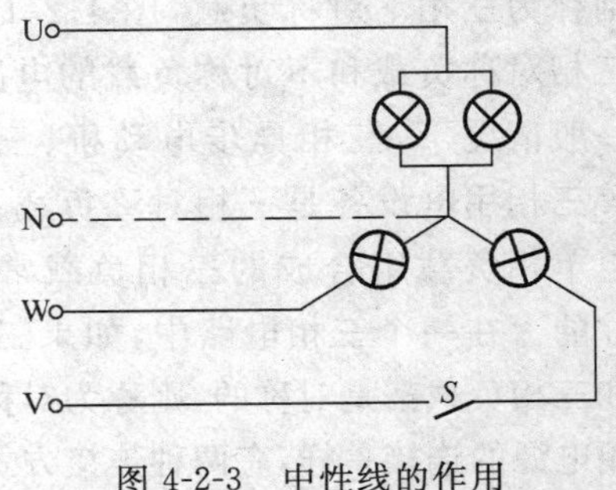

图 4-2-3　中性线的作用

【例 4-2-1】　已知加在星形连接的三相异步电动机上的对称线电压为 380 V，若电动机在额定功率下运行时，每相的电阻是 6 Ω、感抗是 8 Ω，求此时流入电动机每相绕组的电流及各线电流。

解：由于电源电压对称，各相负载对称，则各相电流也应相等。

因为

$$U_P=U_L/\sqrt{3}=220(\text{V})$$

$$Z_Y^2=R^2+X_L^2 \qquad Z_Y=10\ \Omega$$

则：

$$I_{YP}=U_{YP}/Z_{Y}=220/10=22(A)$$

根据三相负载星形连接电路的特点：$I_{YL}=I_{YP}=22(A)$

二、负载的三角形(Δ)连接

图 4-2-4(a)(b)所示为对称负载三角形连接的连接图和电路图。每相负载首末相连，形成闭合回路，并将三个连接点分别接到三相电源的相线上，负载的这种连接形式称为三角形连接。

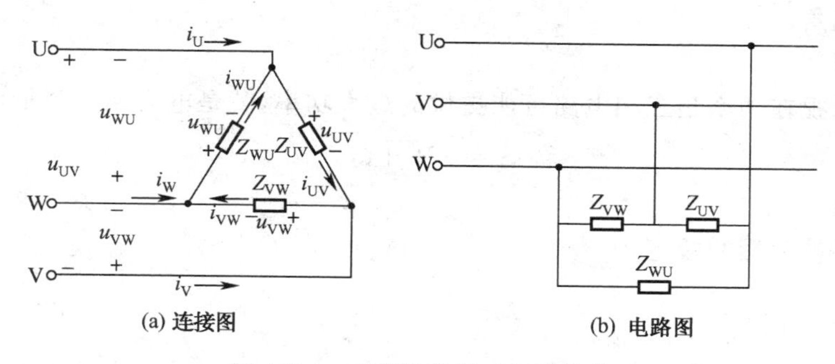

(a) 连接图　　(b) 电路图

图 4-2-4　三相负载的三角形连接

由图 4-2-4 可见，每相负载两端得到的电压都是电源的线电压，而各相负载中流经的相电流与对应的线电流是不等的。在图 4-2-4 所示参考方向情况下，假设负载对称并都为纯电阻性，可得矢量图，如图 4-2-5 所示。由矢量图可知，所得到的三个线电流也是对称的，并且在数值上线电流是相电流的$\sqrt{3}$倍，相位上滞后相电流 30°。即：

$$I_L=\sqrt{3}I_P \tag{4-2-1}$$

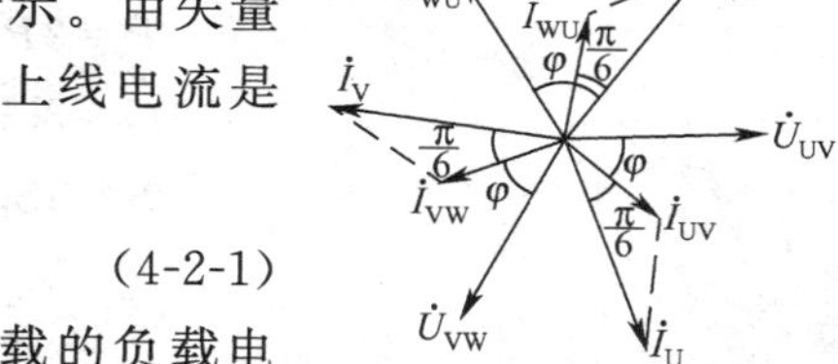

图 4-2-5　对称负载三角形连接时的矢量图

三相对称负载三角形连接电路的特点：(1)三相负载的负载电压等于电源的线电压；(2)三相负载的线电流等于相电流的$\sqrt{3}$倍且滞后相电流 30°。

第三节　三相电路的功率、功率因数

一、三相电路的有功功率、无功功率、视在功率和功率因数

1. 有功功率

根据能量守恒定律，三相电路提供的总有功功率等于各相负载消耗的有功功率的总和。因此无论三相负载是否对称都有如下关系：

$$\begin{aligned}P&=P_U+P_V+P_W\\&=U_{UP}I_{UP}\cos\varphi_U+U_{VP}I_{VP}\cos\varphi_V+U_{WP}I_{WP}\cos\varphi_W\end{aligned} \tag{4-3-1}$$

式中　U_{UP}、U_{VP}、U_{WP}——三相负载的相电压；

I_{UP}、I_{VP}、I_{WP}——三相负载的相电流；

φ_U、φ_V、φ_W——各相负载相电压、相电流的相位差。

2. 无功功率

三相电路的无功功率是衡量三相电源与三相负载中的储能元件进行能量交换的规模。三

相电路的无功功率等于三负载无功功率之和，即：

$$Q=Q_U+Q_V+Q_W$$
$$=U_{UP}I_{UP}\sin\varphi_U+U_{VP}I_{VP}\sin\varphi_V+U_{WP}I_{WP}\sin\varphi_W \tag{4-3-2}$$

前面介绍过，无功功率不能被吸收，不能转换成人们所需要的能量形式，无功功率的传送不仅占用了电网的有限资源，加大线路的损耗，同时还对电网和发电机组的运行带来有害的影响。三相异步交流电动机是三相电路的主要负载，其用电量占总动力电的80%以上。因此，三相负载以电感性为主。为了改善负载的功率因数，配电室中都备有大型电力电容柜以调整三相负载的阻抗角。

3. 视在功率

三相电路的视在功率是三相电路可能提供的最大功率，就是电力网的容量，规定为：

$$S=\sqrt{P^2+Q^2} \tag{4-3-3}$$

4. 功率因数

三相负载的功率因数规定为

$$\lambda'=\frac{P}{S}=\cos\varphi' \tag{4-3-4}$$

二、对称三相电路的功率、功率因数

对称三相电路，由于每一相的电压和电流相等，负载的阻抗角也相同，所以每一相电路的功率也一定相等。因此，三相总的有功功率、总的无功功率、总的视在功率，功率因数分别为

$$\left.\begin{aligned} P&=3P_PI_P\cos\varphi && (\mathrm{W})\\ Q&=3U_PI_P\sin\varphi && (\mathrm{var})\\ S&=3S_P=3U_PI_P && (\mathrm{V\cdot A})\end{aligned}\right\} \tag{4-3-5}$$

$$\lambda=\frac{P}{S}=\cos\varphi$$

式中 φ——相电压与相电流的相位差，它由负载的性质决定。

因为在电路中测量线电压和线电流比较方便，因而式(4-3-5)常采用线电压和线电流的表示形式。

当三相对称负载连接成星形时

$$U_P=\frac{U_L}{\sqrt{3}}\qquad I_P=I_L$$

将这些关系代入式(4-3-5)，得

$$P=3U_PI_P\cos\varphi=3\times\frac{U_L}{\sqrt{3}}\times I_L\cos\varphi=\sqrt{3}P_LI_L\cos\varphi$$

同理可得

$$Q=\sqrt{3}U_LI_L\sin\varphi$$
$$S=\sqrt{3}U_LI_L$$

当三相对称负载连接成三角形时

$$U_P=U_L\quad I_P=\frac{I_L}{\sqrt{3}}$$

将这些关系代入式(4-3-5)，得

$$P=\sqrt{3}P_L I_L \cos\varphi \quad (\mathrm{W})$$
$$Q=\sqrt{3}U_L I_L \sin\varphi \quad (\mathrm{var})$$
$$S=\sqrt{3}U_L I_L \quad (\mathrm{V \cdot A})$$

由以上分析可知，对于三相对称电路，不论负载是接成星形还是接成三角形，计算功率的公式是完全相同的，即：

$$\left.\begin{aligned} P&=\sqrt{3}P_L I_L \cos\varphi \quad &(\mathrm{W})\\ Q&=\sqrt{3}U_L I_L \sin\varphi \quad &(\mathrm{var})\\ S&=\sqrt{3}U_L I_L \quad &(\mathrm{V \cdot A})\end{aligned}\right\} \tag{4-3-6}$$

必须注意，虽然公式(4-3-6)中功率都采用线电压、线电流来计算，但式中 φ 角仍是相电压与相电流之间的相位差。

【例 4-3-1】　对称三相负载每相电阻为 10(Ω)，电源线电压为 380 V，计算负载分别接成 Y 形和 Δ 形时的线电流和三相总有功功率。

解：(1) Y 形连接时，相电压：

$$U_P=\frac{1}{\sqrt{3}}U_L=\frac{380}{\sqrt{3}}=220(\mathrm{V})$$

线电流

$$I_L=I_P=\frac{U_P}{R}=\frac{220}{10}=22(\mathrm{A})$$

三相总有功功率

$$P=\sqrt{3}U_L I_L \cos\varphi=\sqrt{3}\times 380\times 22\times 0.8\approx 11.6(\mathrm{kW})$$

(2) Δ 形连接时，相电压

$$U_P=U_L=380(\mathrm{V})$$

相电流

$$I_P=\frac{U_P}{R}=\frac{380}{10}=38(\mathrm{A})$$

线电流

$$I_L=\sqrt{3}I_P\ \sqrt{3}\times 38=66(\mathrm{A})$$

三相总有功功率

$$P=\sqrt{3}U_L I_L \cos\varphi=\sqrt{3}\times 380\times 66\times 0.8\approx 34.8(\mathrm{kW})$$

可见，在电流线电压相同的情况下，同一组对称三相负载接成 Δ 形时，其线电流和三相总有功功率均为接成 Y 形时的 3 倍。

第四节　三相有功功率的测量

一、一 表 法

对称三相四线制电路，由于 $P=3P_U$，所以只要一个瓦特表即可测三相负载的有功功率。如图 4-4-1 所示。

若三相负载为 Y 形连接时，应把功率表的电流线圈串联在电路中的任一相，此时通过电流线圈的电流为相电流；功率表的电压线圈跨接在电流线圈所在相与中性线之间，这样功率表的电压线圈上承受相电压，功率表指示的功率为一相负载的功率。

若三相负载为Δ形连接，则功率表的电流线圈要串在各相电路中，电压线圈要并接在各相负载两端。

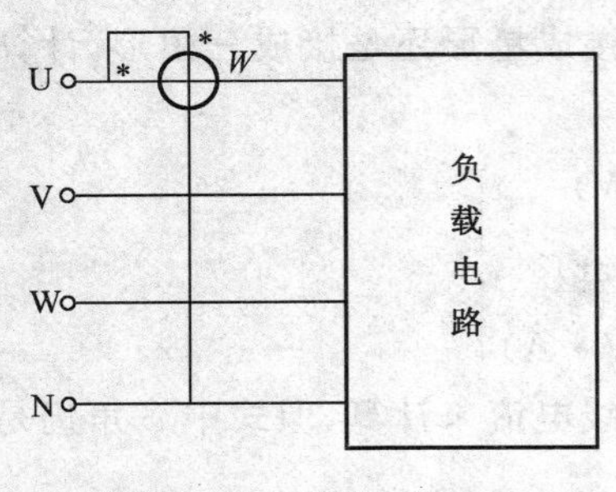

图 4-4-1　一表法测功率

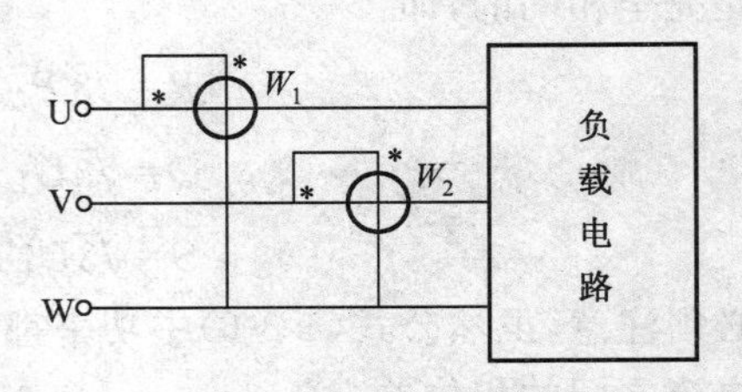

图 4-4-2　二表法测功率

二、二 表 法

对于三相三线制电路，无论负载是否对称，不管是作 Y 形连接还是Δ形连接，都可采用图 4-4-2 所示二瓦特表进行三相有功功率的测量。三相总功率为两个功率表的代数和。

利用二瓦特表法进行三相有功功率的测量时要注意：

(1)两功率表的电流线圈分别串接在任意两根相线上，其中通过的电流为线电流。

(2)两功率表电压线圈的同名端必须接到该功率表电流线圈所在的电源线上，而电压线圈的非同名端必须接在没有接电流线圈的第三根电源线上，使电压线圈承受线电压。

(3)实际测量时，有一个功率表的指针可能会在接线正确的情况下反偏，可将该功率表的电流线圈对换或扳动功率表的极性转换开关，使仪表正偏，但读数取负。在这种情况下，三相电路总功率应为两功率表读数的代数和。

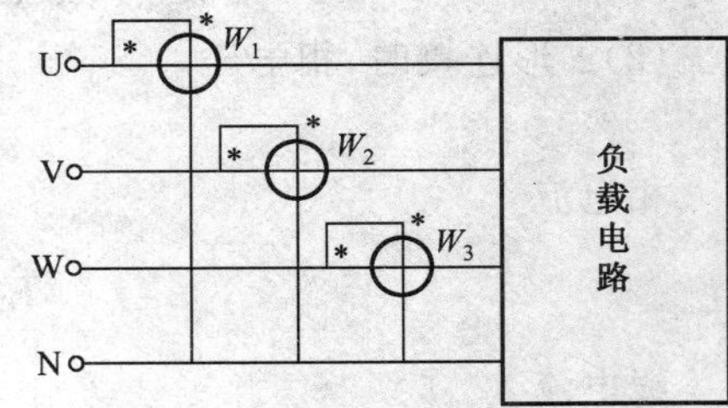

图 4-4-3　三表法测功率

三、三 表 法

对于不对称的三相四线制电路，分别测每一相的有功功率，需三只瓦特表进行测量，如图 4-4-3 所示。

显然这时有

$$P=P_U+P_V+P_W。$$

第五节　安全用电常识

从事电气电子工作的人员经常会接触各种电气设备，因此必须具备一定的安全用电知识，严格按照安全用电的有关规定从事工作，才能可靠地防止电气事故的发生。因而，安全用电是一个不可忽略的课题。

一、触电的原因与危害

发生触电的原因是多方面的：一是忽视安全操作规程，违规作业；二是缺乏安全用电的基本常识;三是输电线路或电气设备的绝缘损坏。当人体无意识触及带电的裸露导线及金属外壳时也会触电。

触电对人体的伤害:当人体触电时,电流会使人体的各种生理机能失常或遭到破坏,如:烧伤、呼吸困难、心脏麻痹等,严重时会危及生命。触电的危害性与通过人体的电流的大小、时间的长短及电流频率有关。一般认为,若有 50 mA(工频)的电流流经人体即能致命。

二、触电的种类

人体因触及高压带电体而承受过大电流,以致引起死亡或局部受伤的现象称为触电。人体触电时,电流对人体会造成两种伤害:电击和电伤。电击是指电流通过人体,使人体组织受到损害,这种伤害会造成身体发麻、肌肉抽搐、神经麻痹,会引起心颤、昏迷、窒息和死亡。电伤是指电流对人体外部造成的局部伤害,它是由于在电流的热效应、化学效应、机械效应及电流本身的作用下,使熔化和蒸发的金属微粒侵入人体,使局部皮肤受到灼伤和皮肤金属化作用,严重的也能致人死亡。

三、触电对人体的伤害程度

触电对人体的伤害程度与人体电阻、通过的电流强度、触电电压、电源频率、电流路径、持续的时间等因素有关。

1. 人体电阻:人体电阻因人而异,通常在 10～100 kΩ 之间。触电面积越大,靠得越紧,电阻越小。因此在相同情况下,不同的人受到的触电伤害也不同。天气潮湿,皮肤出汗都会使人体电阻降低。因此在测量电阻阻值时,不能两只手同时接触电阻脚,否则会将人体电阻并在被测电阻上。

2. 电流强度对人的伤害:人体通过 1 mA 工频交流电或 5 mA 直流电时,会有麻、痛的感觉;通过工频交流 20 mA 或直流 30 mA,会感到麻木、剧痛,且失去摆脱电源的能力,如果持续时间过长,会引起昏迷而死亡;当通过工频 100 mA 时,会引起呼吸窒息,心跳停止,很快死亡。因此漏电保护通常设定在 20 mA。

3. 电压对人体的伤害:触电电压越高,通过人体的电流越大就越危险。而 36 V 以下的电压对人体没有生命威胁,因此把 36 V 以下的电压定为安全电压。在工厂进行设备检修使用的手灯及机床照明都采用安全电压。

4. 电流频率对人体的伤害:实践证明,直流电对血液有分解作用,而高频电流不仅没有危害还可以用于医疗保健。电流频率在 40～60 Hz 时对人体的伤害最大。

5. 电流持续时间与路径对人体的伤害:电流持续的时间越长,人体电阻变得越小,通过人体的电流将变大,危害也越大。电流的路径通过心脏会导致神经失常、心跳停止、血液循环中断,危险性最大。其中电流从右手到左脚的路径是最危险的。

电伤一般发生在带载拉闸和负载短路的情况。当负载电流很大且为感性负载时,带载切断电源会使闸刀触头产生强大的电弧。若灭弧装置的性能不好或未加灭弧装置时,会使触头熔化形成的金属蒸气喷到操作人员的手上或脸上造成电伤。

四、触电的形式及防护

触电的形式可分为:直接触电和间接触电。

1. 直接触电

人体直接接触带电设备称为直接触电。其防护方法主要是：对带电导体加绝缘，变电所的带电设备加隔离栅栏或防护罩等设施。直接触电又可分为单相触电和两相触电。

①单相触电：人体的一部分与一根带电相线接触，另一部分又同时与大地（或零线）接触而造成的触电称为单相触电，单相触电是最多的一种触电事故。

②两相触电：人体的不同部位同时接触两根带电相线时的触电。这种触电的电压高，危险性大。单相和两相触电如图 4-5-1 所示。

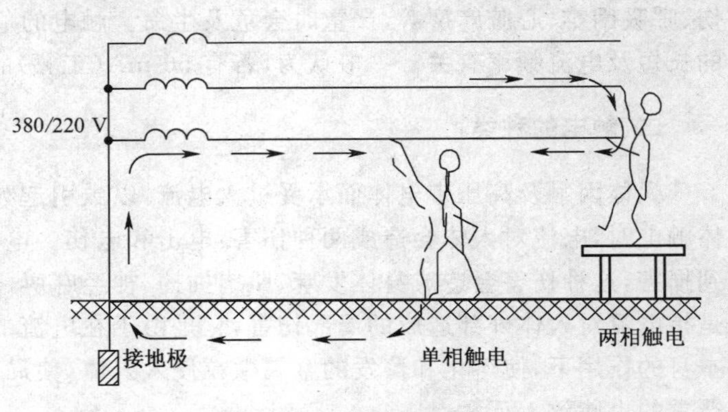

图 4-5-1 单相、两相触电

2. 间接触电

人体触及正常时不带电、事故时带电的导电体称为间接触电。如电气设备的金属外壳、框架等。防护的方法：将这些正常时不带电的外露可导电部分接地，并装接地保护等。间接触电主要有跨步电压触电和接触电压触电。

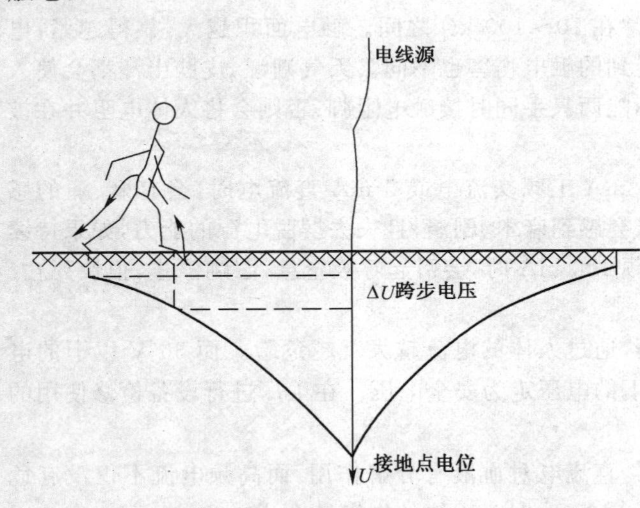

图 4-5-2 跨步电压触电

①跨步电压触电：电力线落地后会在导线周围形成一个电场，电位的分布是以接地点为圆心逐步降低。当有人跨入这个区域，两脚之间的电位差会使人触电，这个电压称为跨步电压，如图 4-5-2 所示。通常高压线形成的跨步电压对人有较大危险。如果误入接地点附近，应采取双脚并拢或单脚跳出危险区。一般在 20 m 以外，跨步电压就降为 0 了。

②接触电压触电：当人站在发生接地短路故障设备的旁边，手触及设备外露可导电部分，手、脚之间所承受的电压称接触电压，由接触电压引起的触电称为接触电压触电。

五、安全措施

为了防止触电事故，通常采取以下措施。

1. 保护接地

电气设备的某部分与土壤之间作良好的电气连接称接地。与土壤直接接触的金属物体称接地体（人工接地体通常采用钢管或角钢打入地下 4 m 以上）。连接接地体与电气设备发生接地部分的金属线称接地线（接地线用扁钢或圆钢与接地体电焊连接），接地体和接地线总称为接地装置。当电气设备发生接地短路时，电流就通过接地装置向大地作半球形散开，距离接地点越远，电位就越低。试验证明，离接地短路点 20 m 左右地方，电位已趋近于零。这零电位的地方称为电气上的“地”或“大地”。

电力系统和设备的接地，按其功能可分为工作接地和保护接地，此外尚有进一步保证保护接地的重复接地。

(1)工作接地

在三相电力系统中凡运行所需的接地均称工作接地，如发电机、变压器星形连接时中性点接地，防雷设备接地等。

(2)保护接地

为保障人身安全，防止间接触电而将设备的外露可导电部分进行接地，称保护接地。图4-5-3、图 4-5-4 所示为未保护接地和有保护接地的电气设备示意图。

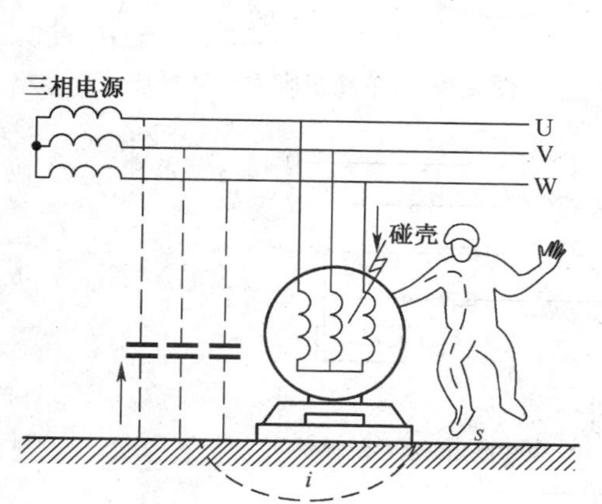

图 4-5-3　未保护接地时可能发生的触电事故

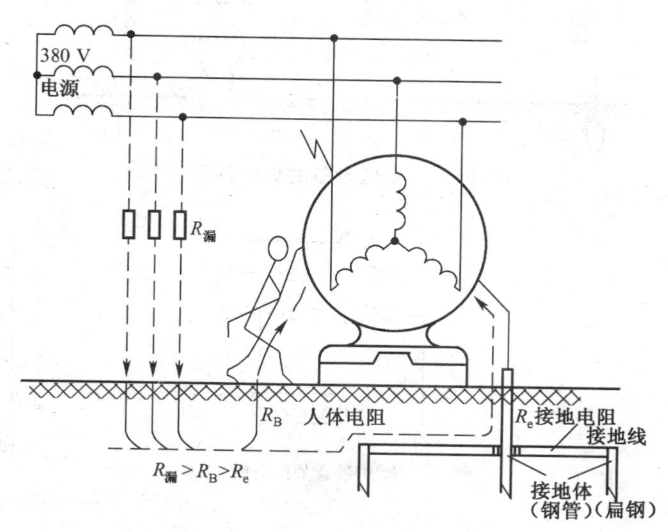

图 4-5-4　保护接地原理示意图

(3)重复接地

重复接地是指线路中除中性点是工作接地外，还在其他处将零线再度接地。规程规定：在架空线中的干线和分支线的终端及沿线每隔 2 km 处零线应重复接地。重复接地电阻与工作接地电阻并联，这可以降低总的接地电阻，发生单相接地短路时，短路电流增加，加速保护装置功效，使保护水平提高。

电气设备在正常情况下，它的金属外壳是不带电的。当电气设备绝缘遭到破坏时，设备的金属外壳就可能带电，人体触及时就会发生触电事故。为防止触电，除应注意火线必须进开关，用电线路的导线和熔断丝应合理选择，用电设备必须按要求正确安装外，电气设备的外壳还必须采取保护接地或保护接零措施。

电气设备采用保护接地后，即使带电导体因绝缘损坏且碰壳，人体触及带电的外壳时，漏电流有两个回路：一个是经接地保护装置回到电气设备，另一个是流经人体回到电气设备。电源对地的漏电阻一般都非常大，由于人体电阻(R_B)一般在 1 000 Ω 左右，远大于接地电阻(R_e)，因此加在人体上的电压很小，流过人体的电流也很小，从而避免了触电事故的发生。

保护接地通常适用于电压低于 1 kV 的三相三线制供电线路或电压高于 1 kV 的电力网中。

2.保护接零

保护接零是将电气设备的金属外壳接到零线(中线),保护接零适用于电压低于 1 kV 且电源中点接地的三相四线制供电线路,其接法如图 4-5-5。采用保护接零措施后,若外壳带电时,相当于一相电源对中性线(地)短路,使熔断器立即熔断或其他保护电器动作,迅速切断电源,避免触电事故的发生。

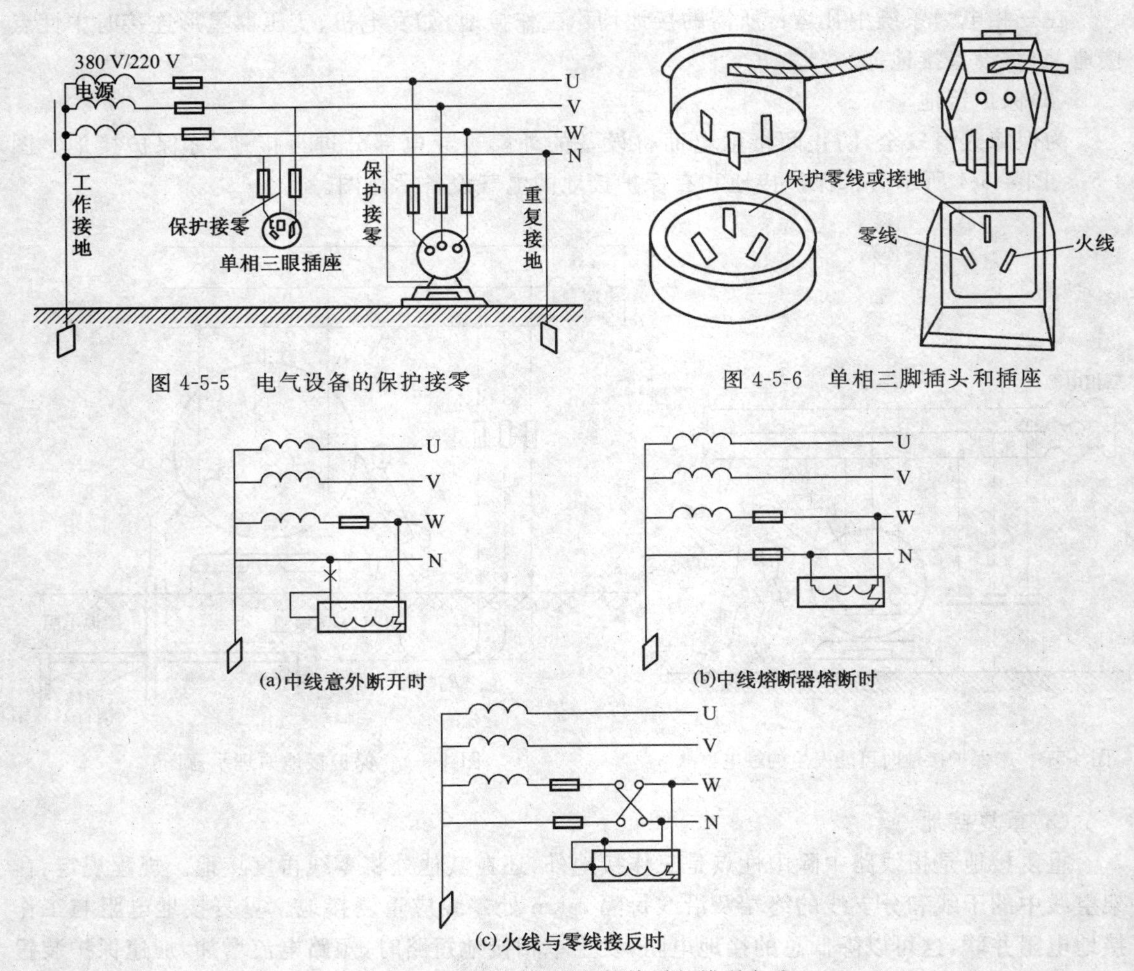

图 4-5-5　电气设备的保护接零

图 4-5-6　单相三脚插头和插座

(a)中线意外断开时

(b)中线熔断器熔断时

(c)火线与零线接反时

图 4-5-7　单相用电器保护接零的错误方法

家用电器等单相负载的外壳,用接零导线接到电源线三脚插头中央的长而粗的插脚上,使用时通过插座与中线单独相联,如图 4-5-6 所示。绝不允许把用电器的外壳直接与用电器的零线相连,这样不仅不能起到保护作用,还可能引起触电事故,如图 4-5-7 所示的是几种错误的接零方法。

在图 4-5-7(a)、(b)中,一旦中线因故断开,用电器外壳将带电,极为危险。图 4-5-7(c)中,一旦插座或接线板上的火线与零线接反,当用电器正常工作时,外壳也带电,就有触电危险,也是绝不允许的。单相用电器正确的保护接零方式,如图 4-5-8 所示。

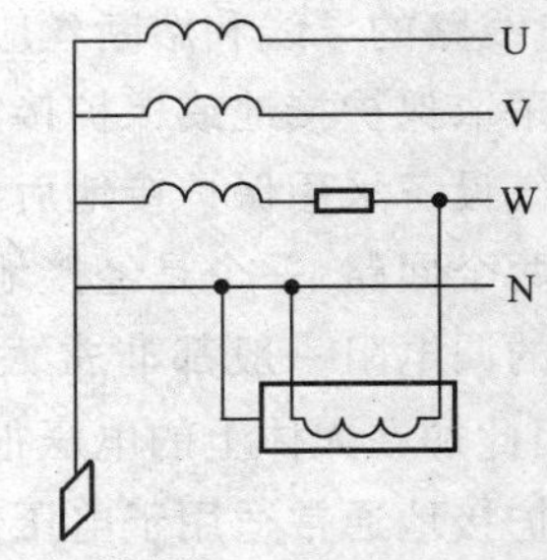

图 4-5-8　单相用电器正确的接零方式

技能训练四　三相照明电路

一、实训目的

(1)了解三相负载的星形连接方法。

(2)掌握三相电路中的线电压与相电压、线电流与相电流的测试方法。

(3)了解中线的作用。

二、实训设备

交流电流表 1 块、万用表 1 块、三相负载星形连接箱 1 个、测电流插头 1 个、短路插头 7 个、三相电流插座板 1 个、导线若干。

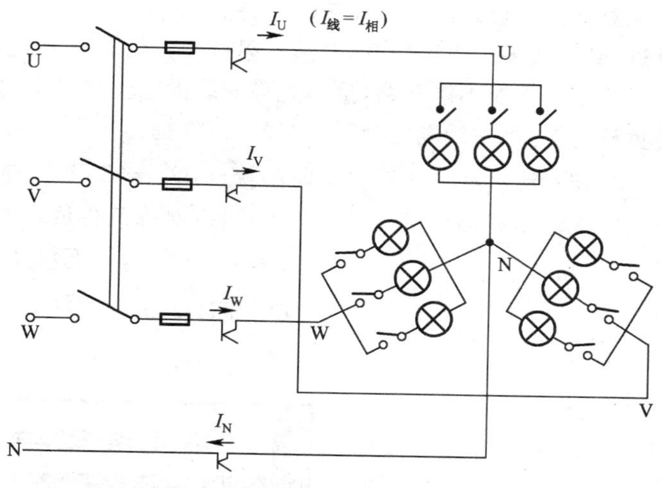

技图 4-1　三相负载的星形连接

三、实训内容

(1)实验电路如技图 4-1 所示。

(2)分别用电流表(带插头)测量各线(相)电流及中线电流。用电压表测量各线电压及相电压(万用表交流 500 V 挡)。

(3)隔断中线,观察各相灯泡亮度有无变化,并重测上述各量(不测中线电流)。将所有数据分别填入技表 4-1 中。

(4)U、V、W 相负载分别用 1 个、2 个和 3 个灯泡,构成不对称星形负载,测量各线电压、相电压,线电流和相电流。接上中线(将隔断插头拔除即可),观察灯泡亮度变化情况,再测量上述各值及中线电流,测得数据记入技表 4-1 中。

(5)填表。

技表 4-1

分类 \ 被测量		电流/A				电压/V						灯泡亮度变化
		I_U	I_V	I_W	I_N	U_{UV}	U_{VW}	U_{WU}	U_U	U_V	U_W	
负载对称	有中线											
	无中线											
负载不对称	有中线											
	无中线											

四、分析与思考

(1)在三相四线制供电电路中,中性线的作用是什么?在什么情况下中性线可以省去?为什么三相照明电路都采用三相四线制?

(2)布线时,三相照明电路的负载要平均分配到三相电源上,试说明理由?

小　结

1. 对称三相交流电源是指三个频率相同、最大值相同、相位互差 120°的单相交流电源按一定方式组合成的电源系统。三相交流电源的三相四线制供电系统可提供两种等级的电压：线电压和相电压。其关系是 $U_L=\sqrt{3}U_P$，各线电压超前对应的相电压 30°。

2. 三相负载有两种连接方式：星形连接和三角形连接。

对称三相负载的星形连接时的特点：$U_L=\sqrt{3}U_P$；$I_L=I_P$。若负载不对称，中性线上有电流流过，此时如果中性线断开，会造成阻抗较大的负载承受高于额定值的电压，使其不能正常工作。所以中性线不能开路，更不允许安装保险丝和开关，同时负载应尽量平均分配在各相上。若负载对称，则中线电流为零，中线可以省掉。

三相对称负载三角形连接时的特点：$U_L=U_P$；$I_L=\sqrt{3}I_P$。

3. 无论是星形连接还是三角形连接，对称三相负载的功率均可用下式计算：

$$P=3U_PI_P\cos\varphi=\sqrt{3}U_LI_L\cos\varphi$$

$$Q=3U_PI_P\sin\varphi=\sqrt{3}U_LI_L\sin\varphi$$

$$S=3U_PI_P=\sqrt{3}U_LI_L$$

一、是 非 题

1. 负载星形连接的三相正弦交流电路中，线电流与相电流的大小相等。（　　）

2. 当负载作星形连接时，负载越对称，中线电流越小。（　　）

3. 当负载作星形连接时，必须有中线。（　　）

4. 对称三相负载作星形连接时，中线电流为零。（　　）

5. 对称三相负载作三角形连接时，线电流超前相电流 30°。（　　）

6. 同一台交流发电机的三相绕组，作星形连接时的线电压是作三角形连接时的线电压的 $\sqrt{3}$ 倍。（　　）

7. 三相负载作星形连接或三角形连接时，其总有功功率的表达式均为 $3U_PI_P\cos\varphi$。（　　）

8. 某对称三相负载，无论是星形连接还是三角形连接，在同一电源上取用的功率都相等。（　　）

二、思 考 题

1. 什么叫相序？相序在实际工作中有什么作用？

2. 三相发电机作星形连接时，有一相绕组接反了，会发生什么情况？你又怎样能检查这相绕组是否接反了？

3. 三相电源绕组做三角形连接时，如果有一相接反，后果如何？

4. 照明电路若接成三角形，后果会怎样？

5.在对称三相电路中,负载作星形连接时线电压与相电压,线电流与相电流关系是怎样的?作出它们的矢量图。有中线和没有中线有无差别?为什么?若电路不对称,则情况又如何?三相四线制供电线路的中线有什么重要作用?

6.负载作三角形连接时,如果负载断开一相,电路相电流如何变化?断开一线呢?

7.居民家中使用的均是单相用电器,为什么向小区或居民楼中送来的电源常是三相四线制?

8.什么是保护接地?其适用于何种供电系统?试分析为什么能保证人身安全?

9.什么是保护接零?其适用于何种供电系统?试分析为什么能保证人身安全?

10.为什么同一供电线路中不允许 一部分设备保护接地,另一部分设备保护接零?

三、分析计算题

1.三相三线制电路,线电压为380 V,星形对称负载阻抗 $Z=10\ \Omega$,求各相电流的瞬时值。

2.某对称三相负载的每相电阻为8 Ω,感抗为6 Ω。如果负载接成星形连接,接到线电压为380 V的三相电源上,求相电压、相电流及线电流。

3.有一台三相电阻炉接380 V交流电源,电阻炉每相电阻丝为5 Ω,求此电炉作星形连接时的线电流和功率。

4.一台三相电动机,其绕组为三角形连接,接到线电压为380 V的电源上,从电源所取得的功率为11.4 kW,功率因数为0.87,求电动机的相电流和线电流。

5.对称三相感性负载在线电压为220 V的对称三相电源的作用下,通过的线电流为20.8 A输入的有功功率为5.5 kW,求负载的功率因数。

6. 对称三相感性负载在线电压为220 V的三相电源作用下,通过的线电流为20.8 A,输入功率为5.5 kW,求负载的功率因数。

7.某三相异步电动机的功率因数 $\cos\varphi=0.86$,效率 $\eta=0.88$,额定电压380 V,输出功率2.2 kW,问电动机从电源取用多大的电流?

第五章 变 压 器

本章重点是掌握变压器的工作原理;了解变压器的基本结构和绕组的同极性端的测试;掌握变压器的故障检测及一般试验;对特殊的变压器作一般的了解。

第一节 磁路的基本知识

变压器是将一种交流电压变换成频率相同而电压不同的另一种交流电压的静止的电气设备。变压器的应用范围非常广泛,在电力系统中常用它来升高电压减小电流,以降低输电过程中的功率损耗和节约线路中的有色金属的消耗;用户又用变压器来降低电压,以保证用电过程的安全,上述变压器称为电力变压器。在电子设备中的变压器,除用来变换电压外,还常用来变换阻抗,传递信号,例如输出变压器和耦合变压器等。

根据变压器的用途和结构上的不同,可分为电力变压器、自耦变压器、电压互感器、电流互感器、电焊变压器等多种。从品种上讲虽名目繁多,但其工作原理是相同的,均属于铁芯线圈在交流电路中的应用。故在讨论变压器之前,先简单介绍磁路的基本知识,随后对具有铁芯线圈的交流电路作简单分析。

一、磁路及有关知识

(一)磁导率及铁磁材料

1. 磁导率:工程上用磁导率 μ 来表示各种不同材料的导磁能力的强弱,真空中的磁导率 μ_0 为常数,$\mu_0=4\pi\times10^{-7}$ H/m。我们把任意媒介质的磁导率与真空中的磁导率的比值叫做相对磁导率,用 μ_r 来表示,即:

$$\mu_r=\mu/\mu_0 \tag{5-1-1}$$

相对磁导率是一个比值,无单位。它的物理意义是:在其他条件相同的情况下,媒介质的磁感应强度是真空中多少倍。

2. 铁磁材料:自然界中绝大多数的物质对磁感应强度的影响甚微。根据各种物质的磁导率的大小,把物质分为三类:第一类叫做反磁物质,它们的相对磁导率略小于1,如铜,银等;第二类叫顺磁物质,它们的相对磁导率稍大于1,如空气、铝等;第三类叫铁磁物质,它们的相对磁导率远大于1,如铁、钴、镍等。

反磁物质和顺磁物质的相对磁导率都近似等于1,通称为非铁磁物质。而铁磁物质的相对磁导率远远的大于1,在其他条件不变的情况下,铁磁物质产生的磁场要比真空中产生的磁场强几千甚至上万倍。例如:常用的硅钢片的相对磁导率是7 500。因此用铁磁物质来制造电磁器件(如变压器和电动机),将会使其体积大大缩小,重量大为减轻。铁磁材料已经成为生产和生活中必不可少的材料之一。

铁磁物质在没有磁场作用时,对外是不显磁性的。只有把它放入通有电流的线圈中,即在外界磁场的作用下,铁磁物质才对外显出磁性,称为铁磁物质被磁化,而这个磁场称为附加磁场。并且外磁场越强,磁化的程度越深,附加磁场越强。

可见,由于铁磁物质所形成的附加磁场而加强了总的磁场,这就是铁磁物质具有很高的导磁性,因而在电气设备中,广泛的采用铁磁物质构成所需要的磁路。

铁磁材料具有如下的磁性能。

(1)磁化性:能被磁化而变成磁体。

(2)高导磁性:铁磁材料的磁导率比非铁磁材料的大的多,导磁性能好。

(3)剩磁性:被磁化并除去外磁场后,铁磁材料中能保留一定的剩余磁性。

(4)磁滞性:在反复磁化过程中,铁磁材料中的磁感应强度的变化总滞后于外磁场的变化,并有一定的磁滞损耗。

常用的铁磁材料有两大类。第一类为软磁材料,其特点为:磁导率很大,容易磁化也容易去磁,因而磁滞损耗小,如硅钢片。第二类为硬磁材料,其特点为:必须用较强的外磁场才能使它们磁化,但一经磁化,取消外磁场后磁性就不容易消失,具有很强的剩磁。常用的硬磁材料有碳钢、钴钢等。它们的主要用途是制造各种形状的永久磁铁和恒磁铁,如扬声器。

(二)磁　　路

通常由铁芯制成而使磁通集中通过的回路称为磁路,如图 5-1-1 所示。铁芯中的 Φ 称为主磁通,少量磁通通过周围的空气构成的回路称为漏磁通,可忽略不计。

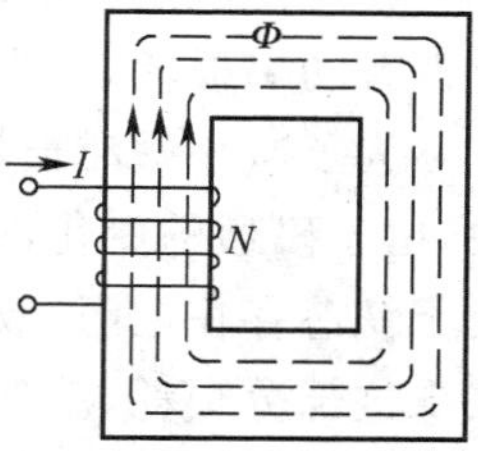

若用 Φ 表示磁通,线圈中电流有效值 I 与线圈匝数 N 的乘积称为磁通势,R_m 称为磁阻。这三个物理量可以分别对应电路中的电流 I、电动势 E 和电阻 R,其相互关系也可以对应电路中的欧姆定律。

图 5-1-1　磁路

在磁路中的欧姆定律称为磁路欧姆定律。其表达式为:

$$\Phi=\frac{F}{R_m}$$

式中　F——表示磁通势,其值为:$F=IN$;

R_m——表示物质对磁通具有的阻碍作用,不同物质的磁阻不同。

若铁芯中存在空气隙,磁阻会增加很多。值得注意的是:磁路欧姆定律只适用于铁芯的非饱和状态。

(三)涡　　流

交变的磁通穿过铁芯时,铁芯中会产生感应电动势,因而会产生感应电流,它围绕感应线成旋涡状流动,故称为涡流。

涡流在铁芯的电阻上引起的功率损耗,会使铁芯发热并消耗能量,称为涡流损耗。为了减小涡流损耗,常将铁芯分成许多彼此绝缘的薄片(硅钢片),由于硅钢片中含有少量的硅,使铁芯中的电阻增大而使涡流减小,这样就可以有效的减小涡流损耗。

(四)磁化曲线

图 5-1-2 为铁磁物质的磁化曲线。由曲线可知:铁磁物质具有饱和性,它的变化情况如图 5-1-2 中 Od 所示。当磁场减弱时,磁通即减小,如曲线 $d \to r$ 所示。当 $H=0$,而 $B \neq 0$,这是由于已经磁化了的铁磁物质,虽然外磁场为零,但铁磁物质的磁分子的排列依然整齐、仍显磁性,

称作剩磁，所以还有剩磁 B_{Or}存在，如图 5-1-2 中 Or 段所示。（B 为磁感应强度，H 为磁场强度）。

在平面磨床上，用以固定加工工件的工作台，都是采用直流电磁吸盘。利用线圈通直流电产生磁场而把加工工件吸牢，进行磨光加工，当加工完了取下工件时，把直流电流切断，磁场 $H=0$，但由于剩磁的存在，被加工的工件仍被吸住而取不下来。为此就要采取措施消除剩磁，其具体方法是在线圈中通以反方向的小电流，即形成反向的磁场，如图 5-1-2 中 Oc 段所示，此段 Oc 称为矫顽力 H_{Oc}。在电磁吊车上也是如此。而有些场合则是希望剩磁越大越好。永久磁铁，就是用具有高剩磁的钨钢和锰钢制成。

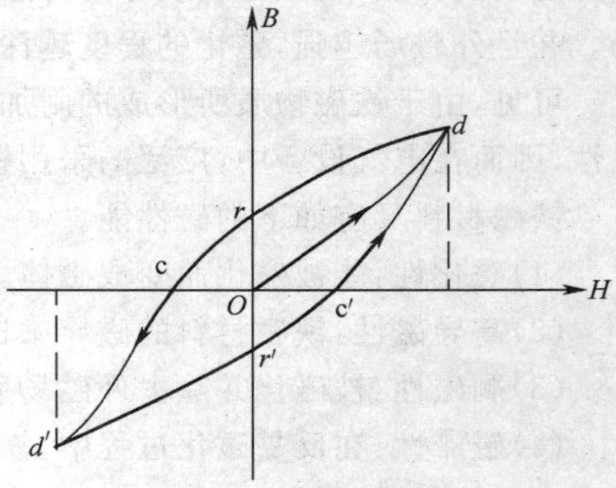

图 5-1-2 磁化曲线

矫顽力小的材料称为软磁材料，即容易被磁化，也容易消除剩磁。

矫顽力大的材料称为硬磁材料，它们一旦被磁化后，将留有很大的剩磁，所以用硬磁性材料制作永久磁铁。

这种磁通的变化落后于磁场强度的变化，称为磁滞。

（五）磁滞损耗和涡流损耗

在交流电磁铁中，除了线圈中电阻 R 有功率损耗（I^2R 称为铜耗）外，铁芯中由于磁通的变化也有功率损耗，称为铁损 p_{FE}，它包括着磁滞损耗 p_h 和涡流损耗 p_e 两部分。

为了减小磁滞损耗 p_h，多是选用磁滞回线面积较小的硅钢材料作铁芯。在交流电磁铁中，由于磁通的变化，必然在铁芯中感应出电动势 e，在铁芯中构成闭合回路，从而形成涡流。由于铁芯存在电阻，故铁芯将发热而消耗有功功率，这部分损耗称为涡流损耗 p_e。为有效的减少这部分损耗，就需要增加铁芯的电阻以限制涡流。具体的办法是在钢材料中掺入少量的硅，来增大铁芯的电阻系数，同时还将设法增长涡流流通的路径，即采用片状叠成。所以变压器的铁芯多是采用硅钢片叠制而成。这是为减少铁耗而采取的有效措施。但在有些场合，如高频感应炉及淬火设备中，就是要利用涡流把工件加热的。

二、交流铁芯线圈电路

（一）电磁关系

图 5-1-3 为交流铁芯线圈电路。主磁通 Φ：通过铁芯闭合的磁通。漏磁通 Φ_σ：经过空气或其他非导磁媒质闭合的磁通。

电压电流关系

$$u=Ri-e_\sigma-e=Ri+L_\sigma\frac{di}{dt}+(-e)$$

式中 R——线圈导线的电阻；

L_σ——漏磁电感。

实验和理论推导可得出电压与磁通的关系为：

$$U=4.44fN\Phi_m \quad (5\text{-}1\text{-}2)$$

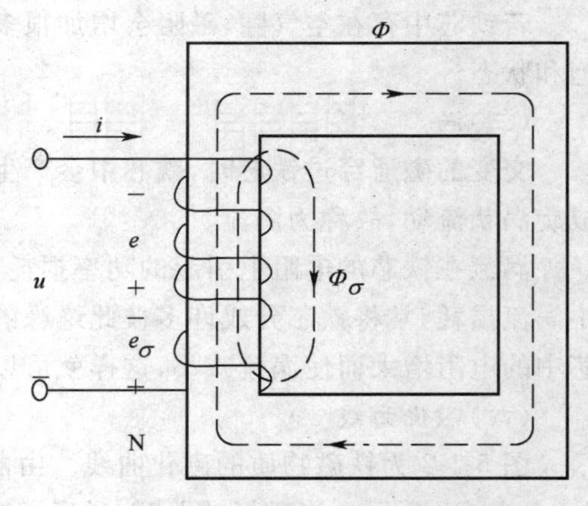

图 5-1-3 交流铁芯线圈电路

式中 U——加在铁芯线圈上的电压有效值；

N——线圈匝数；

f——电源频率；

Φ_m——铁芯中交变磁通的幅值，单位：韦伯(Wb)。

第二节 变压器的结构

由于国产的电力变压器大多是油浸式的，所以本节重点介绍油浸式变压器的结构。

变压器的主要组成部分是绕组和铁芯。为了解决散热、绝缘、密封、安全等问题，还需要油箱、绝缘套管、储油柜、冷却装置、压力释放器、安全气道、温度计和气体继电器等附件，其结构如图5-2-1所示。

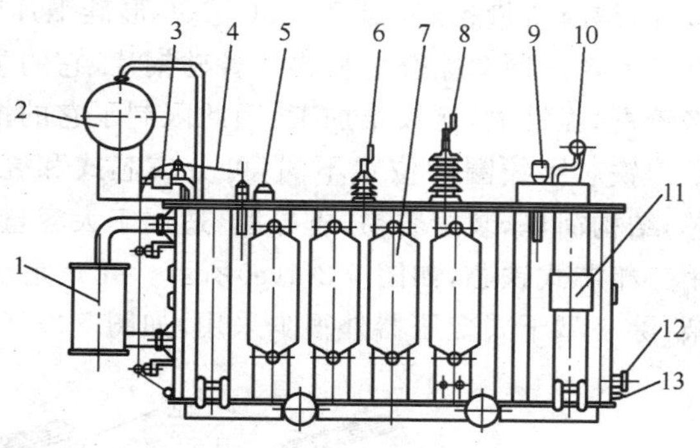

图5-2-1 SZ9-10000/35型变压器

1—净油器 2—储油柜 3—气体继电器 4—接地线 5—压力释放阀 6—低压套管 7—板式散热器 8—高压套管 9—电动式分接开关 10—开关箱储油柜 11—温度计 12—注油管 13—取样嘴

一、绕组

绕组是变压器的电路部分，常用绝缘铜线或铝线绕制而成，也有用铝箔绕制的。按绕组绕制的方式不同，可分为同心绕组和交叠绕组两种类型。

1. 同心绕组

同心绕组是将一次、二次侧线圈绕在同一铁芯柱内，一般低压绕组在内层，高压绕组在外层，如图5-2-2所示。当低压绕组电流较大时，绕组导线较粗，也可放到外层。绕组的层间留有油道，以利绝缘和散热，同心绕组结构简单，制造方便，大多数电力变压器采用同心绕组。同心绕组又可分为圆筒式、线段式、连续式和螺旋式等结构，一般圆筒式用于容量较大的变压器绕组；线段式用于小容量高压绕组；连续式主要用于大容量、高压绕组；螺旋式用于大容量低压绕组。

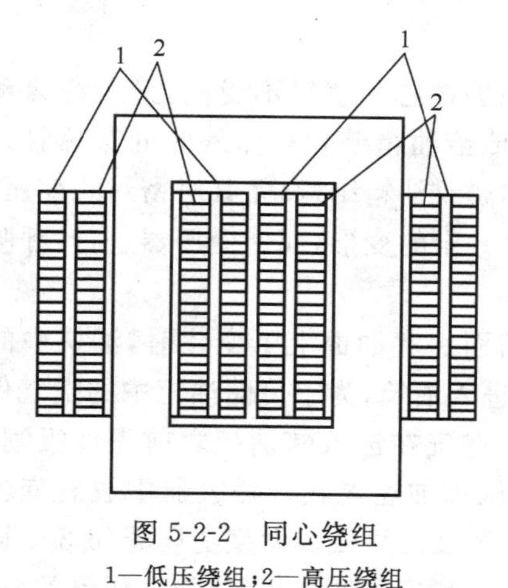

图5-2-2 同心绕组

1—低压绕组；2—高压绕组

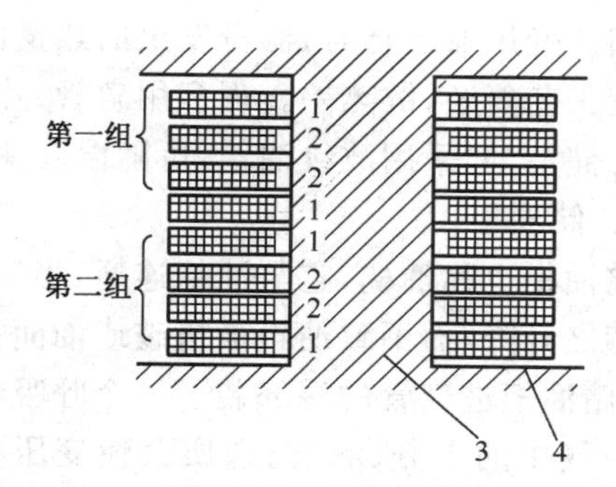

图5-2-3 交叠绕组

1—低压绕组；2—高压绕组；3—铁芯轴；4—铁轭

2. 交叠绕组

交叠绕组是将高、低压线圈绕成饼状，沿铁芯轴向交叠放置，一般两端靠近铁轭处放置低压绕组,有利于绝缘。此种绕组大多数用于壳式、干式变压器及电炉变压器中,如图 5-2-3 所示。

二、铁　　芯

铁芯是变压器的磁路部分,它是主磁通的通道,也是器身的骨架。为了提高铁芯导磁能力,使变压器容量增大,体积减小,效率提高,采用性能好的导磁材料是很关键的。所以铁芯常用硅钢片叠装而成,主要采用厚度为 0.35 mm 和 0.5 mm 的热轧硅钢片,片间涂覆绝缘漆。冷轧钢比热轧钢的磁导率高而且损耗小,但工艺性较差,导磁有方向性且价格昂贵,多用于大中型变压器中。电力变压器现已全部都已采用冷硅钢材,厚度有 0.35 mm、0.30 mm 和 0.27 mm 多种,越薄质量越好,如冷轧 30Q130 形硅钢片厚 0.30 mm,损耗仅为 1.3 W/kg。目前国内已有厂家在试制非晶合金材料代替硅钢片,它的损耗只有冷轧钢片的 1/3 左右,质量较轻,但价格较贵,脆性大,比较难加工,因此限制了它的推广,但国外已开始使用。

铁芯因线圈的位置不同,可分成芯式和壳式两类,如图 5-2-4 所示。芯式指线圈包着铁芯,结构简单,装配容易,省导线,适用于大容量、高电压的变压器。所以电力变压器大多数采用三相芯式铁芯,如图 5-2-4(a)所示。壳式是铁芯包着线圈,铁芯容易散热,用线量多,工艺复杂,除小型干式变压器外很少采用,如图 5-2-4(b)所示。

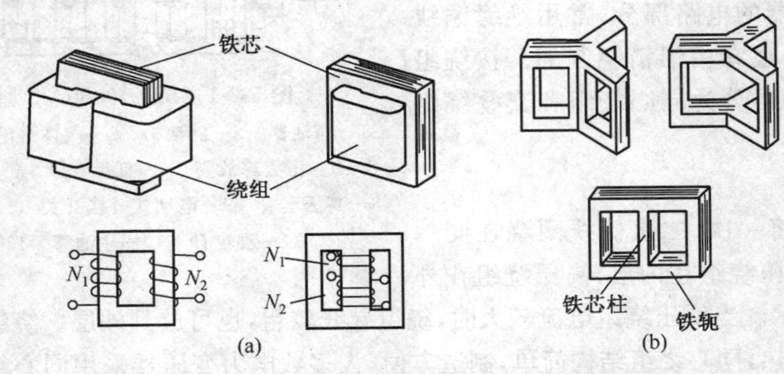

图 5-2-4　芯式与壳式铁芯及三相芯式铁芯形成过程

三、主要附件

1. 油箱

油箱里装满了变压器油,里面安装整个器身,它保护铁芯和绕组不受潮,又有绝缘和散热的作用。变压器运行时,器身发出的热量由变压器油传给油箱壁和箱体外侧的散热管。散热管制造工艺复杂,散热差。现多用扁管、片式散热器和波纹油箱结构,尤其对密封式变压器(变压器无储油柜)采用波纹油箱,可随温度变化使其产生一定的变形,而使变压器进行“呼吸”。

2. 储油柜

储油柜也称油枕,它与油箱连通,当油因热胀冷缩而引起油面上下变化时,油枕中的油面就会随之升降,而不致油箱被挤破或油面下降使空气进入油箱,为了使储油柜中的空气保持干燥,在储油柜进气管的端部装了一个呼吸器(吸湿器),空气在进入储油柜之前先经吸潮处理,因为空气中的水分、氧气、杂质会使变压器油降低耐压和加速老化。呼吸器中放有变色硅胶(渗过氯化钠或氯化钴),发现硅胶受潮变色(由蓝变红)要及时更换。大型变压器(6 300 kV · A 以上)还常采用充氮的储油柜或胶囊式储油柜,特别是胶囊密封效果很好,使变压器的电气、化学性能很稳定,是防止变压器油变质的有效措施。储油柜的侧面装有玻璃油表,可以观察油面的高低,油面以一面高为好。如果采用全密封变压器就可省去储油柜,一般可以 15 年不用维护，体积也小，很适合城市供电用。

3.气体继电器（瓦斯继电器）

气体继电器装在油箱与储油柜之间的管道中，当变压器发生故障时，器身就会过热使油分解产生气体。气体进入继电器内，使其中一个水银开关接通（上浮筒动作），发生报警信号。此时应立即将继电器中气体放出检查，若是无色、不可燃的气体，变压器可继续运行；若是有色、有焦味、可燃气体，则应立即停电检查。当事故严重时，变压器油膨胀，冲击继电器内的挡板，使另一个水银开关接通跳闸回路（即下浮筒动作），切断电源，避免故障扩大，这就是浮筒式气体继电器的工作原理。为了提高继电器的可靠性，现在采用挡板式气体继电器，当继电器中气体达到一定容积后，开口杯下沉，上磁铁使上干簧闭合，接通信号；当油流冲击挡板后，下磁铁使上干簧闭合，接通跳闸回路（通常 630 kV·A 以上变压器采用）。

4.分接开关

变压器的输出电压可能因负载和一次侧电压的变化而变化，可通过分接开关来控制输出电压在允许范围内变动。分接开关一般装在一次侧（高压边），通过改变一次侧线圈匝数来调节输出电压。分接开关又分无励磁调压和有载调压两种，无励磁调压是指变压器一次侧脱离电源后调压，常用的无励磁调压分调节开关调节范围为额定输出电压的±5%。有载调节是指变压器二次侧接着负载时调压，有载调压的分接开关因为要切换电流，所以较复杂。它有复合式和组合式两类，组合式调节范围可达±15%。有载调压开关的动触头和辅助触头组成，每次调节主触头尚未脱开时，辅助触头已与下一挡的静触头接触了，然后主触头才脱离原来的静触头，而且辅助触头上有限流阻抗，可以大大减少电弧，使供电不会间断，改善供电质量。有载调压不用停电调压，对变压器也有利，因为变压器每次拉闸和合闸都会对变压器造成不利的电压和电流冲击。因调节的方法不同，分接开关又有手动、电动两种。小型变压器多用手动调压，大型变压器多用电动调压，中型变压器手动、电动两种都可用。

5.绝缘套管

绝缘套管穿过油箱盖，将油箱中变压器绕组的输入、输出线从箱内引出箱外与电网相接。绝缘套管由外部的磁套和中间的导电杆组成，对它的要求主要是绝缘性能和密封性能要好。根据运行电压的不同，将其分为充气和充油式两种，后者为高电压绝缘层和铝泊层，使电场均匀分布，增强绝缘性能。根据运行环境的不同，又可将其分为户内式和户外式。

6.安全气道和压力释放阀

安全气道又称防爆管，装在油箱顶箱上，它是一个长钢管，出口处有一块厚度约 2 mm 的密封玻璃板（防爆管），玻璃上划有几道缝。当变压器内部发生严重故障而产生大量气体，内部压力超过 50 kPa 时，油和气体会冲破防爆玻璃喷出，从而避免了油箱爆炸引起的更大危害。现在这种防爆管已被淘汰了，改用压力释放阀，尤其在全密封变压器中，都广泛采用压力释放阀保护，它的动作压力（53.9± 4.9）kPa，关闭压力为 29.4 kPa，动作时间不大于 2 ms。动作时膜盘被顶开释放压力，平时膜盘靠弹簧拉力紧贴阀座（密封圈），起密封作用。

第三节 变压器的工作原理

一、变压器的基本工作原理

变压器的基本工作原理是基于法拉第的电磁感应原理。当通电导体在磁场中旋转切割磁力线便会有感应电势产生。图 5-3-1 所示的是变压器的原理图。图中，与电源相接的称为变压器的原边也称一次侧或高压侧。与负载相接的称为变压器的副边也称二次侧或低压侧。原、副绕组的匝数分别用 N_1 和 N_2 表示。

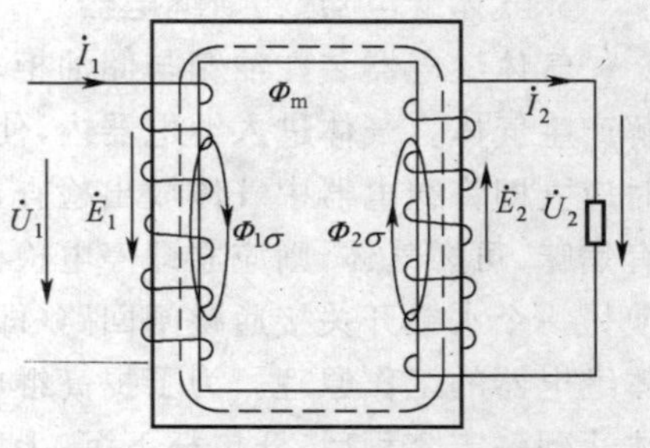

图 5-3-1　变压器原理图

当原边接上交流电源，在原边绕组里便会有交流电流 I_1 流过。此时，便会有一个交变磁动势 $F_1 = I_1 N_1$ 产生，并建立交变磁通。其绝大部分磁通都会沿铁芯闭合。当其经过副边时，便会在副绕组中也感应出一个交变电动势。如果副绕组接有负载，那么副绕组中就有电流 I_2 通过，其产生的磁通大部分也是沿铁芯闭合。因此，铁芯中的磁通实际上是由原、副绕组共同产生的合成磁通，它称为主磁通，用 Φ_m 表示。主磁通穿过原绕组和副绕组而在其中感应出的电动势分别为 e_1 和 e_2。此外，原、副绕组产生的磁动势还有一小部分(约占主磁通的 0.1%～0.2%)仅与自身绕组相交链，分别称作原副绕组的漏磁通，用 $\Phi_{1\sigma}$和 $\Phi_{2\sigma}$表示，从而在各自的绕组中也要感应出漏电动势 $e_{1\sigma}$和 $e_{2\sigma}$。

二、变压器变压、变流和变阻抗原理

下面以理想的单相变压器为例分析变压器的变压、变流、变阻抗原理。所谓理想变压器指的是符合如下特点。

(1)无漏磁。即初级线圈产生的磁通全部穿过了次级线圈，达到全耦合；

(2)无损耗。忽略了绕组中的电阻及铁芯中的铁损，即忽略了两绕组间功率传递中的功率损耗，初级侧输入多少功率，次级侧就输出多少功率。

(3)铁芯所用材料的磁导率 $\mu \to \infty$，因而铁芯磁路的磁阻 $R_m = \dfrac{1}{\mu S} \to 0$，在铁芯中建立一定主磁通 Φ 所需的磁动势 $F = R_m \Phi \to 0$。如图 5-3-2 所示为理想变压器的原理图，原、副绕组电压、电流参考方向在图中标出，变压器工作时原、副绕组间存在以下电磁关系。

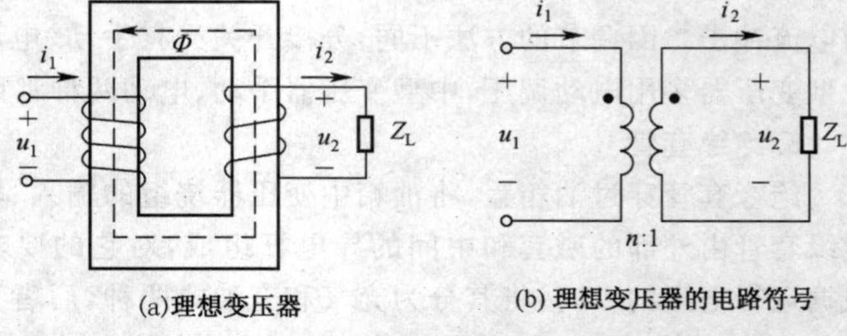

图 5-3-2　理想变压器的原理图

$$u_1 \to i_1(N_1 i_1) \to \Phi \to \begin{cases} u_1 = N_1 \dfrac{di_1}{dt} \\ u_2 = N_2 \dfrac{di_2}{dt} \to i_2(N_2 i_2) \end{cases}$$

1. 电压变换原理

将变压器初级接通交流电压源，初级线圈产生的磁通 Φ，同时全部穿过了次级线圈。两个线圈由于同一个磁通变化都感应出电压，分别为

$$u_{L1} = N_1 \frac{d\Phi}{dt}, \quad u_{M2} = N_2 \frac{d\Phi}{dt}$$

则初级感应电压与次级感应电压之比可以写成

$$\frac{u_{L1}}{u_{M2}} = \frac{N_1}{N_2} \quad 即 \quad \frac{U_{L1}}{U_{M2}} = \frac{N_1}{N_2}$$

因为绕阻中电阻忽略不计,电阻电压为零,所以在空载情况下,$U_1=U_{L1}$,$U_2=U_{20}=U_{M2}$,可得

$$\frac{U_1}{U_2}=\frac{N_1}{N_2}=k \tag{5-3-1}$$

式中,k 为初级线圈与次级线圈匝数比。可见,理想变压器的初、次级线圈的电压与初、次级线圈的匝数成正比,在图示参考方向下,初、次级线圈电压同相。式(5-3-1)是变压器的基本公式,改变 k 即可实现电压变换的目的。$k>1$ 时为降压变压器,$k<1$ 时为升压变压器。

若理想变压器有多个次级绕组,可以证明,其次级绕组电压与各初级绕组电压分别满足上述电压变换关系。

2.电流变换原理

由于磁导率 $\mu\to\infty$,而磁动势 $F=R_m\Phi\to0$,所以,当次级线圈接有负载时,若按图示 5-3-2 选择参考方向,则有

$$N_1i_1-N_2i_2=0$$

即

$$\frac{i_1}{i_2}=\frac{N_2}{N_1}=\frac{1}{k} \quad 即 \quad \frac{I_1}{I_2}=\frac{N_2}{N_2}=\frac{1}{k} \tag{5-3-2}$$

可见,理想变压器的初、次级线圈的电流与初、次级线圈的匝数成反比。

3.阻抗变换原理

变压器除了能改变交变电压 、交变电流外,还能变换交流阻抗。这在电信工作中有着广泛的应用。如图 5-3-3 所示,若把这个带负载的变压器(图中虚框部分)看成是一个新的负载并以 R'_{fz}表示,则对于无损耗的变压器来说其原边和副边绕组的功率应相等,即:

$$U_1I_1=U_2I_2$$

推导得

$$R'_{fz}=(N_1/N_2)^2R_{fz}=k^2R_{fz} \tag{5-3-3}$$

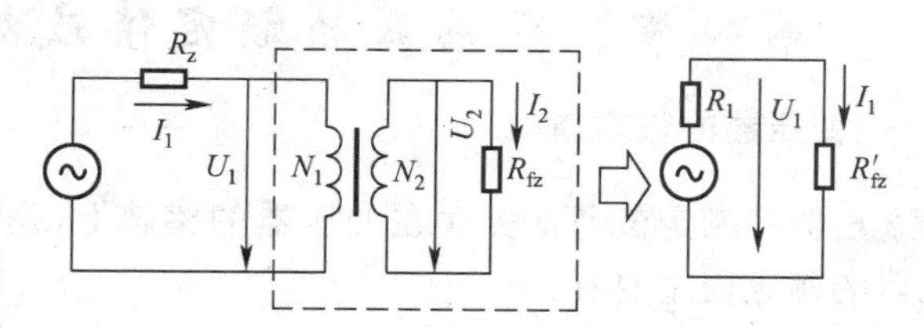

图 5-3-3 变压器阻抗变换作用

上式表明,负载 R_{fz}接在变压器的副绕组上,从电源中获得的功率和负载 R'_{fz}直接接在电源上所获得的功率是完全相同,也就是说,R'_{fz}是 R_{fz}在变压器原边中的交流等效电阻。上式还表明,变压器原边的交流电阻 R'_{fz}的大小,不但与变压器的副边的负载 R_{fz}成正比,还与变压器的变压比 k 的平方成正比。

利用理想变压器转换阻抗的作用,可以把某一固定负载阻抗转换为所需要的数值。如需要负载获得最大功率,必须满足负载电阻与电源内电阻相等这一条件(称匹配)。但负载电阻与电源内电阻一般情况是不匹配的,这时可选择(或制做)相应匝数比的变压器进行匹配转换。

三、变压器的外特性及电压调整率

1.变压器的外特性

当变压器原边电压和副边负载的功率因数一定时,副边输出电压和电流的关系称为变压器的外特性。通常用曲线表示,如图 5-3-4 所示。

分析图 5-3-4 可得:当副边接感性负载时,当电流 $\dot{I}_2$ 增加,由于漏阻抗 Z_2 的影响,会使得副边的输出电压 $\dot{U}_2$ 下降。

但当副边接容性负载时，在相同的 $\dot{E}_2$、$\dot{I}_2$ 情况下，因为 $\dot{I}_2$ 的相位超前了 $\dot{U}_2$，反而使 $\dot{U}_2$ 增大了，而且 $\dot{I}_2$ 越大，$\dot{U}_2$ 越大。当负载为容性时，外特性是上翘的；而负载为感性时，外特性是下降的。也就是说性容性负载有助磁的作用，使 $\dot{U}_2$ 上升；而感性负载有去磁作用，使 $\dot{U}_2$ 下降。这也说明了二次侧功率因数对外特性影响很大，其实质是去磁和助磁作用不同所致。因此，在变压器输入电压 $\dot{U}_1$ 不变时，影响外特性的因素是 Z_1、Z_2 和功率因数 $\cos\varphi_2$。

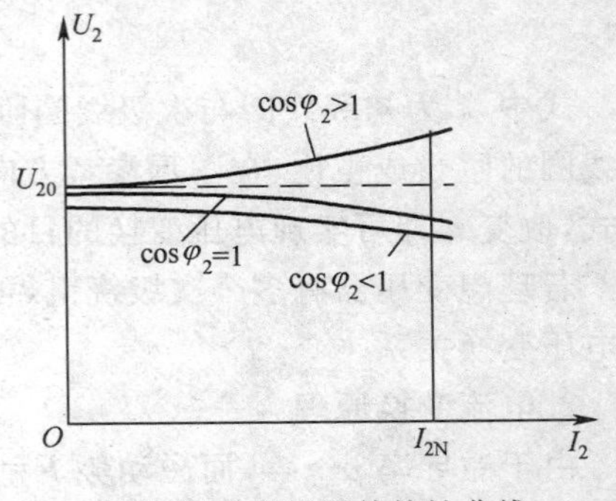

图 5-3-4　变压器外特性曲线

2. 电压调整率

一般情况下，负载都是感性的。所以变压器输出电压 $\dot{U}_2$ 是随输出电流 $\dot{I}_2$ 的增加而略有所下降，下降的程度与 Z_1、Z_2 及 $\cos\varphi_2$ 有关，通常用电压调整率 ΔU 来表示：

$$\Delta U=\frac{U_{2N}-U_2}{U_{2N}}\times 100\%$$

式中　U_{2N}——变压器二次侧输出额定电压(即二次侧空载电压 U_{20})；

　　U_2——变压器二次侧额定电流时的输出电压。

一般电力变压器，当 $\cos\varphi_2\approx 1$ 时，$\Delta U\approx 2\%\sim 3\%$；当 $\cos\varphi_2\approx 0.8$ 时，$\Delta U\approx 4\%\sim 6\%$。可见提高二次侧负载功率因数 $\cos\varphi_2$，还能提高二次侧电压的稳定性。一般情况下照明电源电压波动不超过 $\pm 5\%$，动力电源电压波动不超过 $+10\%\sim 5\%$。

第四节　变压器的额定值及故障检修和一般试验

一、变压器的额定值

变压器的额定值通常标注在变压器的铭牌上，是表征变压器额定运行情况下的物理量。变压器的额定值主要有：

1. 额定容量

额定容量是变压器额定运行时的视在功率，单位有：V·A，kV·A，MV·A。

2. 额定电压

变压器正常运行时，加在一次侧的端电压称为变压器一次侧的额定电压。二次侧的额定电压是指变压器一次侧加额定电压二次侧的空载电压，单位：V，kV。对三相变压器，额定电压指线电压。

3. 额定电流

根据额定容量和额定电压计算出的线电流，称为额定电流，单位 A，kA。

单相变压器　　$I_{1N}=\frac{S_N}{U_{1N}}$；　$I_{2N}=\frac{S_N}{U_{2N}}$

三相变压器　　$I_{1N}=\frac{S_N}{\sqrt{3}U_{1N}}$；　$I_{2N}=\frac{S_N}{\sqrt{3}U_{2N}}$

4. 额定频率

我国规定，工业频率为 50 Hz。故电力变压器的额定频率是工频 50 Hz。

二、检查和清洁变压器

为了保证变压器的安全运行,应对它们进行经常维护和定期检查。

1.检查瓷套管是否清洁,有无裂纹与放电痕迹,螺纹有无损坏及其他异常现象,如果发现应尽快停电更换。

2.检查各封闭处有无渗油和漏油现象,严重的应及时处理。

3.检查储油柜的油面高度及油色是否正常,若发现油面过低应加油。

4.检查箱顶油面温度计的温度与室温之差是否低于55°。

5.定期进行油样化验及观察硅胶是否吸潮变色,需要时应更换。

6.注意变压器的声响与原来相比是否正常。

7.查看防爆管的玻璃膜是否完整,或压力释放阀的膜盘是否顶开。

8.检查油箱接地情况。

9.观察瓷管引出排及电缆头接头处有无发热变色,火花放电及异状,如有此现象,应停电检查,找出原因后修复。

10. 查看高、低压侧电压及电流是否正常。

11. 冷却装置是否正常,油循环是否破坏。

另外,要注意变电所门窗和通道封闭的情况,以防小动物进入变压器室,造成电气事故。

三、故障检查

1.观察法

变压器的故障有:过载、短路、接触不良、打火等通常都反映在发热上。变压器的油温上升、有气体油冲出、有焦味,有爆裂声、打火声等,可以观察变压器上的保护装置是否动作,防爆膜是否冲破,喷出油的颜色是否变黑或有焦味(变黑、有焦味说明故障严重),上层油温是否超过85℃,液面是否正常,各连接部位是否漏油,箱内有无不正常声音。

总之,通过看、闻、听就可大致判断变压器是否有问题。

2.测试法

对于观察无法进一步判断问题,必须用仪表测试才能做出正确判断。

(1)2 500 V兆欧表测相间和每相对地绝缘电阻可以发现绝缘破坏的情况。

对于6~10 kV电力变压器绝缘电阻要求如下:

①10~20℃时应为600~300 MΩ;

②30~40℃时应为150~80 MΩ;

③50~60℃时应为45~24 MΩ;

④70~80℃时应为13~8 MΩ。

(2)绕组的直流电阻测量。绕组的直流电阻往往测量的是两根相线之间的线电阻,小容量变压器可用单臂电桥(惠斯登电桥)测量,电桥精度为0.5级;大容量变压器可用双臂电桥(开尔文电桥,可测1 Ω以下电阻)测量,电桥精度为0.2级。三相线电阻值相差不超过2%。

当分接开关在不同位置,测得的电阻值相差很大时,很可能分解开关接触有问题。绕组的直流电阻测量可查出闸间短路、断路、引线和套管接触不良等。

第五节 特殊变压器

一、自耦变压器

在普通的变压器中，原、副绕组之间只有磁耦合，而无直接的电耦合。而自耦变压器原、副绕组公用一部分绕组，它们之间不仅有磁耦合，还有电的联系。自耦变压器的工作原理如图5-5-1所示。

自耦变压器的优点是结构简单，节省材料，体积小，成本低。但因原、副绕组之间有电的联系，使用时一定要注意安全，要正确接线。安全用的降压变压器都不能采用自耦变压器，其原因是：一旦发生接线错误，极易出现危险。例如图 5-5-2 所示为自耦变压器给携带式安全照明灯提供 12 V 工作电压的电路，因为 U_2 端接地，此时连接灯泡的每一根导线对地的电压都在 200 V 以上，这对持灯人极不安全。所以自耦变压器要注意正确使用。

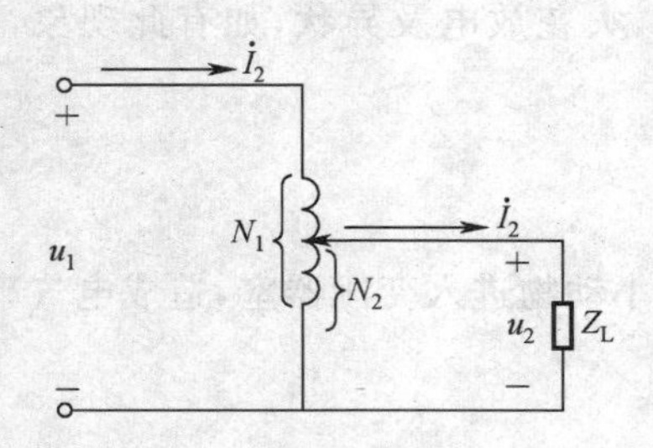

图 5-5-1　自耦变压器工作原理图

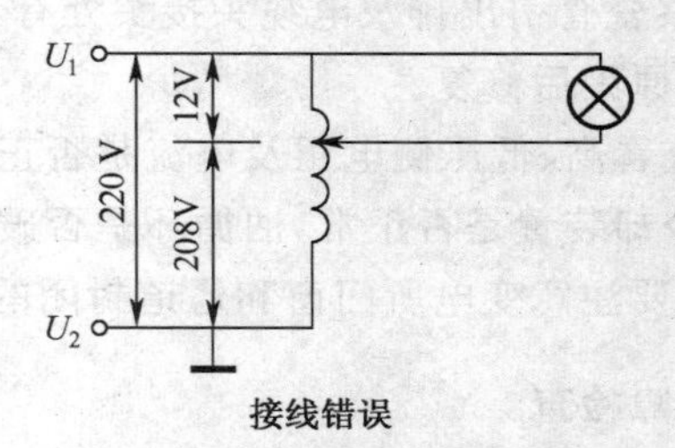

图 5-5-2　自耦变压器使用时不安全状况

自耦变压器还可以把抽头制成能够沿线圈自由滑动的触点，可平滑调节副绕组电压，其铁芯制成环形，靠手柄转动滑动触点移动来调压。图 5-5-3 所示为实验室常用的低压小容量自耦变压器。原绕组 U_1、U_2 接 220 V 电源，副绕组 u_1、u_2 输出电压可在 0～250 V 范围内调节。

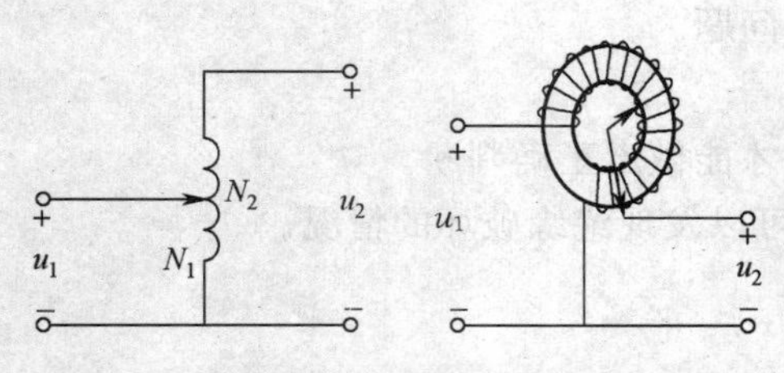

图 5-5-3　可用于升压的自耦变压器原理图

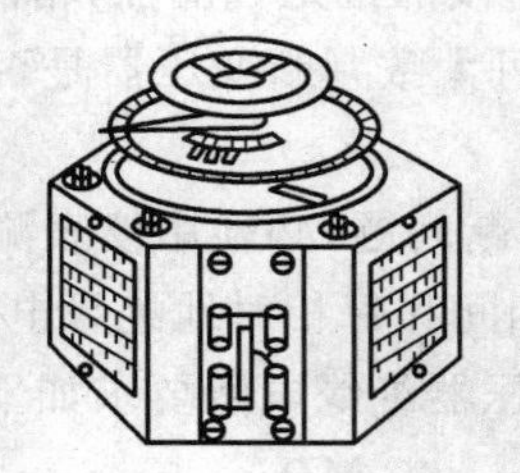
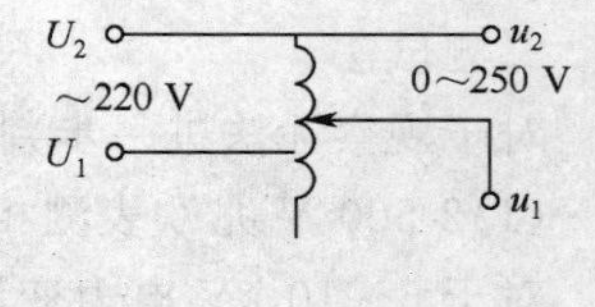

图 5-5-4　自耦变压器

二、电流互感器

电流互感器是根据变压器的原理制成的。它主要是用来扩大测量交流电流的量程。因为要测量有大电流通过的交流电路时(如测量容量较大的电动机、工频炉、焊机等的电流时)，通常电流表的量程是不够的。

电流互感器的接线图及其符号如图 5-5-5 所示。原绕组的匝数很少(只有一匝或几匝)，它串接在被测电路中。副边绕组的匝数较多，它与电流表或继电器的电流线圈连接。根据变压器原理，可认为

$$I_1=\frac{N_2}{N_1}I_2=kI_2$$

由上式可见，利用电流互感器可将大电流变换为小电流。电流表的读数 I_2 乘上 k 即为被测的大电流 I_1（在电流表的刻度上可直接标出被测电流值）。通常电流互感器副绕组的额定电流都规定为 5 A。

在使用电流互感器时，副绕组电路是不允许断开的，这点和普通变压器不一样。因为它的原绕组是与负载串联的，其中电流 I_1 的大小是决定于负载的大小，不是决定于副绕组的电流 I_2。所以当副绕组电路断开时，副绕组的电流和磁动势立即消失，但是原绕组的电流 I_1 不变。这时铁芯内的磁通全由原绕组的磁动势 I_1N_1 产生，结果造成铁芯内的磁通很大。这一方面使铁损大大增加从而使铁芯发热到不能容许的程度，另一方面使副绕组的感应电动势增高到危险的程度。所以，为了使用安全起见，电流互感器的铁芯及副绕组的一端应该接地。

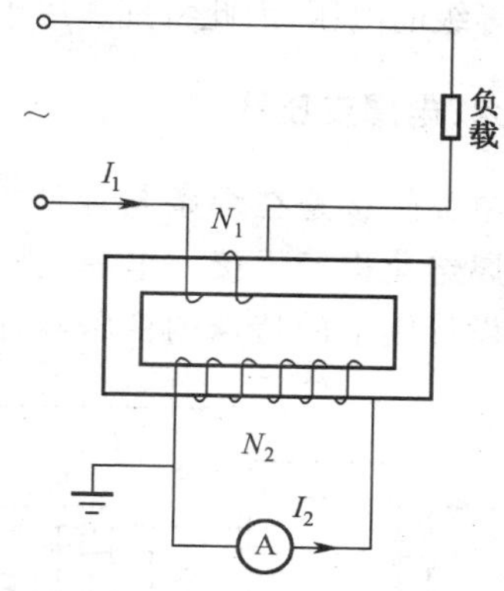

图 5-5-5 电流互感器原理接线图

三、电压互感器

电压互感器是用来测高电压的，原边匝数很多，接在高压侧，副边匝数很少，接测量仪表和继电器。正常运行时，二次侧电流很小，电压互感器副边近似开路状态，相当于副边空载运行。所以，一旦副边短路，将在副绕组流过很大的短路电流，而烧毁电压互感器。为此，电压互感器副边必须加装熔断器，并且可靠接地。

四、单相照明变压器

单相照明变压器是一种最常见的变压器。如图 5-5-6 所示。它是由铁芯和两个相互绝缘的线圈构成，一般为壳式。通常用来为车间或工厂内部的局部照明灯具提供安全电压，以确保人身安全。这种变压器原边的额定电压有 220 V 和 380 V 两种，副边电压为 36 V。在特殊危险场合使用时，副边电压为 24 V 或 12 V。有的变压器的副边电压还有 6 V 左右的电压，专供指示灯使用。

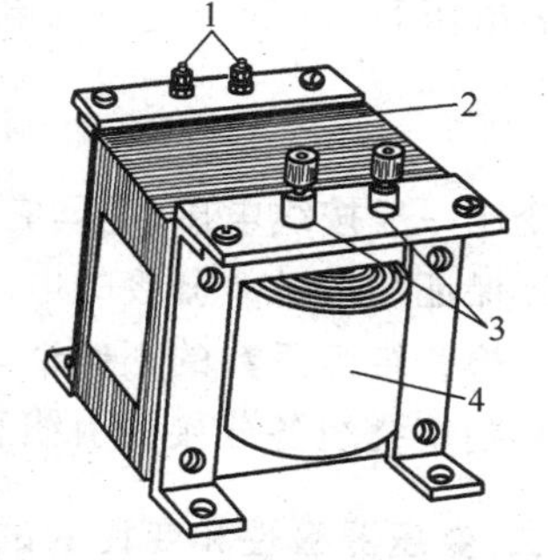

图 5-5-6 单相照明变压器
1—副边绕组接线端；2—硅钢片；
3—原边绕组接线端；4—铁芯

五、三相变压器

由于现代电力供电系统都采用三相三线制或三相四线制，所以三相变压器的应用很广。所谓三相变压器实质上就是三个容量相同的单相变压器的组合。但三相变压器不但体积比容量相同的单相变压器小，而且重量轻，成本低。图 5-5-7 所示是三相变压器的示意图。在每个铁芯柱上都绕着同一相的原边绕组（即高压）和副边绕组（即低压）。

根据三相电源和负载的不同情况，变压器的原边绕组和副边绕组可以 Y 形连接或 Δ 形连接。三相变压器绕组的不同连接法称为连接组。最常见的连接组有：Y/Y0、Y/Δ、Y0/Δ。通常大容量的变压器多采用 Y/Δ 连接，即高压绕组为 Y 形连接，低压绕组为 Δ 形连接。一般容量不大而又需要中线的变压器，多采用 Y/Y0 连接。其中 Y 表示高压绕组作 Y 连接但无中线，Y0 表示低压绕组作 Y 形连接但有中线。这种连接可使用户获得线电压和相电压两种不同等级的电压，因此特别适用于动力和照明混合性质的负载。

图 5-5-7　三相照明变压器

六、电焊变压器

电弧焊接是在焊条与焊件之间燃起电弧，用电弧的高温使金属熔化进行焊接。电焊变压器就是为满足电弧焊接的需要而设计制造的特殊的变压器，图 5-5-8 是其原理图。

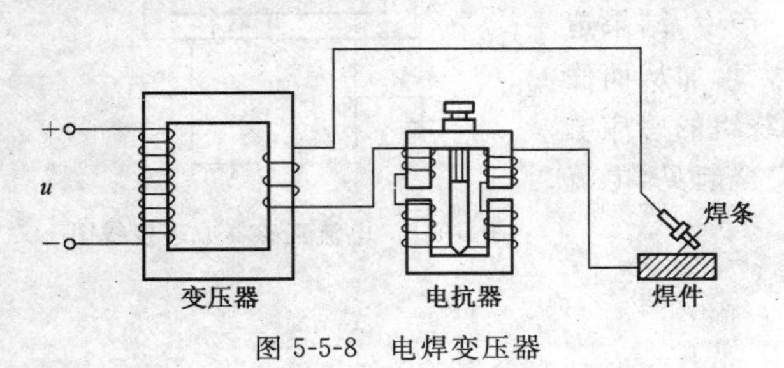

图 5-5-8　电焊变压器

为了起弧较容易，电焊变压器的空载电压一般为 60～80 V，当电弧起燃后，焊接电流通过电抗器产生电压降，调节电抗器上的旋柄可改变电抗的大小以控制焊接电流及焊接电压。维持电弧工作电压一般在 25～30 V。

技能训练五　变压器极性和变比试验

一、变压器极性和变比试验的目的和意义

变压器线圈的一次侧和二次侧之间存在着极性关系，若有几个线圈或几个变压器进行组合，都需要知道其极性，才可以正确运用。对于两线圈的变压器来说，若在任意瞬间在其内感应的电势都具有同方向，则称它为同极性，否则为异极性。在变压器空载运行的条件下，高压绕组的电压 U_1 和低压绕组的电压 U_2 之比称为变压器的变压比：

$$K=\frac{U_1}{U_2}$$

变比一般按线电压计算，它是变压器的一个重要的性能指标，测量变压器变比的目的是：

1. 保证绕组各个分接的电压比在技术允许的范围之内；
2. 检查绕组匝数的正确性；
3. 判定绕组各分接的引线和分接开关连接是否正确。

二、变压器极性和变比的试验方法

1. 直流法确定变压器的极性

测量变压器绕组极性的方法有直流法和交流法，这里介绍简单适用的直流法：用一节干电池接在变压器的高压端子上，在变压器的二次侧接上一毫安表或微安表，实验时观察当电池开关合上时表针的摆动方向，即可确定极性。

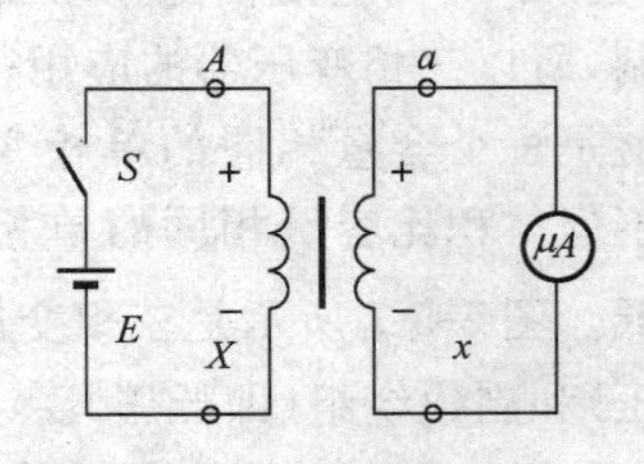

技图 5-1　用直流法测量极性

如技图 5-1 所示，将干电池的正极接在变压器一次侧 A 端子上，负极接到 X 上，电流表的正端接在二次侧 a 端子上，

负极接到 x 上，当合上电源的瞬间，若电流表的指针向零刻度的右方摆动，而拉开的瞬间指针向左方摆动，说明变压器一次侧 A 与二次侧 a 是异极性的。

若同样按照上面接线，但当电源合上或拉开的瞬间，电流表的指针的摆动方向与上面相反，则说明变压器一次侧 A 与二次侧 a 是同极性的。

但要注意，直流法确定极性时，试验过程应反复操作数次，以免发生因表针摆动快而做出错误的结论。

2. 用 QJ35 型变比电桥测量变比

QJ35 型变比电桥是最常用的测量变压器变比的仪器，下面介绍用 QJ35 型变比电桥测量变比的步骤：

(1)在使用之前首先要知道变压器绕组的极性或接线组别。

(2)把试品的额定 K 值，根据名牌表示计算出来，并取 4 位有效值。各种接法的绕组类型可按下列各式计算：

对于 Y/Y、Y/Y0、Δ/Δ 接法：　$K_L=\dfrac{U_1}{U_2}$，　$K_\Phi=K_L$；

对于 Y/Δ 接法：　$K_L=\dfrac{U_1\dfrac{2}{\sqrt{3}}}{U_2}$，　$K_\Phi=\dfrac{U_1\dfrac{1}{\sqrt{3}}}{U_2}$；

对于 Δ/Y 接法：　$K_L=\dfrac{U_1}{U_2\dfrac{2}{\sqrt{3}}}$，　$K_\Phi=\dfrac{U}{U_2\dfrac{1}{\sqrt{3}}}$。

以上各式中，K_L 为线电压比，K_Φ 为相电压比，U_1、U_2 分别为高压侧和低压侧电压。

(3) 将电桥上的 A、B、C、a、b、c 分别和变压器的 A、B、C、a、b、c 连接起来，对于三绕组的变压器，还有 Am、Bm、Cm，对于单相变压器，B、b 代 X、x，C 空接。

(4)将电桥上的 K 值按计算出来的结果设置。

(5) 三相变压器应先放置在 AB/ab 位上。如果是 Y/Y 或 Δ/Δ 接法的变压器，短接开关放在“0”上，如果是 Y/Δ－11 或 Δ/Y－11 接法的变压器，则按技表 5-1 放置。

技表 5-1　不同接线形式下变比测量时短接开关的位置

对 Y/Δ 接法				对 Δ/Y 接法			
测量	AB/ab	BC/bc	CA/ca	测量	AB/ab	BC/bc	CA/ca
短接	bc	ac	ab	短接	CA	AB	BC

(6)极性开关放在变压器的已知接法单相－或＋。三相变压器 1～6 组为“＋”极性，7～12 组为“－”极性，其他开关都放在关或“0”上。

(7)插上电源，注意核对相线与中性线的正确性，闭合放大器电源开关 S_1，然后把灵敏度旋至最大，调节零位使 μA 指中心，闭合电压表开关 S_3 和试验电压 S_2，调整调压器使电压表指示 5 V 位置，同时必须注意 μA 表指针不超过满度。如果超过，可降低灵敏度，若再超过，则应关闭电源，复核额定 K 值和变压器极性接线等。

(8)调整误差盘时，放大器灵敏度旋至最大，使 μA 指零后再关闭电压表开关 S_3 作精调，此时误差盘上的指示就是变比的误差，将其记录。

(9) 降低电压关闭试验电压进行三相变换，注意不能带电进行，然后继续按第 7 步进行。

(10)测试完毕，将所有开关放在关或零位，待下次使用。

三、注意事项和结果分析

1. 直流法确定极性时，试验过程应反复操作数次，以免发生因表针摆动快而作出错误的结论。

2. 变压器的变压比应该在每一个分接下进行测量，当不只一个线圈带有分接时，可以轮流在各个线圈所有分接位置下测定，而其相对的带分接线圈则应接在额定分接上。

3. 整个测量过程要特别注意变压器 A 和 a 不能对调，否则高压将会进入桥体。

4. 当逐渐增加试验电压时，电压表迅速上升至满度时应关掉电源进行检查。

5. 对所测得的结果，各相应分接的电压比顺序应与铭牌相同；额定分接电压比允许偏差为±0.5%，其他分接的偏差应在变压器阻抗值的1/10以内，但不能超过1%。

小　　结

1. 铁磁材料是相对磁导率远远大于1的物质。大致可分为软磁和硬磁两大类。它们是生产中必不可少的材料之一。

2. 磁路一般由铁磁材料构成，它是使磁通集中通过的回路。磁路中的磁通、磁通势和磁阻与电路中的电流、电动势和电阻有相似的对应关系。

3. 变压器是根据电磁感应原理制成的静止电器，可用来传输能量或传递信号，其基本结构是闭合铁芯和原、副绕组。

4. 理想变压器的变压，变流的关系是：

$$U_1/U_2=I_2/I_1=k=N_1/N_2$$

阻抗变换关系是

$$R'fz=(N_1/N_2)^2Rfz=k^2Rfz$$

5. 常用的变压器有单相照明变压器、三相变压器、自耦变压器、电焊变压器等。其基本结构，工作原理与普通的变压器相同，但各有特点。

一、是 非 题

1. 磁通 Φ 与产生磁通的励磁电流 I 总是成正比。(　　)

2. 铁磁材料未饱和时，通常认为 Φ 与 I 成正比，而饱和后的 Φ 与 I 不再成正比。(　　)

3. 同一长度且截面积相同的铁磁材料比空气导磁性能好。(　　)

4. 利用硅钢片制成铁芯，只是为了减小磁阻，而与涡流损耗和磁滞损耗无关。(　　)

5. 空心线圈插入铁芯后，磁性基本不变。(　　)

二、思 考 题

1. 在交流铁芯线圈中，为什么要选用磁滞回线面积小的铁磁材料作铁芯？

2. 什么叫铁芯损耗？其大小主要与哪些因素有关？

3. 为什么交流铁芯线圈的铁芯要用硅钢片叠成？用整块钢有什么不好？

4. 变压器的构造是怎样的？简述变压器的工作原理。如果给变压器的一个线圈加上一个直流电压，结果如何？

5. 变压器运行中有哪些基本损耗？它与哪些因素有关？

6. 储油柜、气体继电器和压力释放阀有什么保护功能？

7. 变压器常用的故障检查方法有哪些？

8. 自耦变压器、电压互感器，电流互感器各自有什么特点？

三、分析计算题

1. 有一台容量 $S_N=5$ kV·A，电压为 10 000 V/230 V 的单相变压器，额定工作时，$U_2=$ 223 V。求该变压器的 I_{1N}，I_{2N}及$\triangle U$。

2. 单相变压器，容量 $S_N=10$ kV·A，电压为 330 V/220 V，问该变压器可接多少只 220 V、60 W的电灯？

3. 阻抗为 8 Ω 的扬声器，通过一变压器接到信号源电路上。设变压器初级匝数为 500 匝，次级匝数为 100 匝，求：(1)变压器初级输入阻抗；(2)若信号源的电动势为 10 V，内阻为 200 Ω，输出到扬声器的功率是多大？(3)若不经变压器，而把扬声器直接与信号源相接，输送到扬声器的功率又是多大？

4. 在 220 V 电压的交流电路中，接入一个变压器，它的原线圈的匝数是 800 匝，副线圈的匝数是 46 匝，副线圈接在白炽电灯的电路上，通过的电流是 8 A。如果变压器的效率是 90%，求原线圈中通过的电流是多大？

5. 接在 220 V 交流电源上的单相变压器，其副绕组电压为 110 V，若副绕组的匝数为 350 匝，求原绕组的匝数为多少？

6. 一台单相变压器，原绕组电压 $U_1=3\,000$ V，副绕组电压 $U_2=220$ V，若副绕组接一台 25 kW 的电炉，求变压器原，副绕组的电流各是多少？

7. 变压器的副绕组的电压 $U_2=20$ V，在接有电阻性负载时，测得副绕组电流 $I_2=5.5$ A，变压器的输入功率为 132 W，求变压器的效率及损耗的功率？

第六章

电工测量仪表

测量过程实际上是一个比较的过程。测量的任务就是通过试验的方法，将被测量(未知量)与标准单位量(已知量)进行比较，以求得被测量的值。

通过本章学习，要求了解磁电系测量机构和电磁系测量机构的结构、工作原理、技术特性和应用范围等；理解万用表、钳形电流表、兆欧表、电度表等仪表的结构、测量线路、工作原理、技术特性和应用范围。掌握电桥测量电阻、电容和电感的方法以及常用非电量的电测法。

第一节　电工测量的基本知识

一、概　　述

电路中的各个物理量(如电压、电流、电功率、电能及电路参数等)的大小，除用分析与计算的方法外，常用电工测量仪表去测量。

电工测量技术的应用主要有以下优点：

1.电工测量仪表的结构简单，使用方便，并有足够的精确度。

2.电工测量仪表可以灵活地安装在需要进行测量的地方，并可实现自动记录。

3.电工测量仪表可实现远距离的测量问题。

4.能利用电工测量的方法对非电量进行测量。

二、常用名词术语

1.电工仪表的概念

在电气设备的安装、调试及检修过程中，要借助各种电类仪器仪表对电流、电压、电阻、电能、电功率等进行测量，此类仪器仪表称之为电工仪表。

2.电工仪表与电气测量常用名词术语

电工仪表与电气测量常用名词术语如表 6-1-1 所示。

表 6-1-1　电工仪表与电气测量常用名词术语

名　词	含　义
电工仪表	实现电量、磁量测量过程所需技术工具的总称
电工测量	使用电工仪表对电量或磁量进行测量的过程
直接测量	将被测量与作为标准的量值比较，或用带有特定刻度的仪表进行测量，例如用电压表测量电路的电压
间接测量	对与被测量有一定函数关系的几个量进行直接测量，然后再按函数关系计算出被测量

续上表

名　词	含　义
组合测量	在直接或间接测量具有一定函数关系的某些量的基础上，通过联立求解各函数关系式来确定被测量的大小
测量误差	测量结果对被测量真值的偏离程度
准确度	测量结果与被测量真值间相接近的程度
精确度	测量中所测数值重复一致的程度
灵敏度	仪器仪表读数变化量与相应被测量的变化量的比值
分辨率	仪器仪表所能反映的被测量的最小变化值
量程(量限、测量范围)	仪器仪表在规定的准确度下对应于某一测量范围内所能测量的最大值
基准器	用当代最先进的科学技术，以最高的精确度和稳定性建立起来的专门用以规定、保持和复现某种物理计量单位的特殊量具或仪器
标准器	根据基准复现的量值，制成不同等级的标准量具或仪器

三、电工测量仪表的分类

电工仪表的种类繁多，分类方法也各有不同。

1. 按照电工仪表的结构和用途，大体上可以分为以下五类：

(1)指示仪表类：直接从仪表指示的读数来确定被测量的大小。

(2)比较仪器类：需在测量过程中将被测量与某一标准量比较后才能确定其大小。

(3)数字式仪表类：直接以数字形式显示测量结果，如数字万用表、数字频率计等。

(4)记录仪表和示波器类：如 $X-Y$ 记录仪、光线示波器。

(5)扩大量程装置和变换器：如分流器、附加电阻、电流互感器、电压互感器。

2. 常用的指示仪表可按以下方法分类：

(1)按仪表的工作原理分类：电磁系、电动系和磁电系指示仪表，其他还有感应式、振动式、热电式、热线式、静电式、整流式、光电式和电解式等类型的指示仪表。

(2)按测量对象的种类分类：电流表(又分安培表、毫安表、微安表)、电压表(又分为伏特表、毫伏表等)、功率表、频率计、欧姆表、电度表等。

(3)按被测电流种类分类：直流仪表、交流仪表、交直流两用仪表。

(4)按使用方式分类：安装式仪表和可携式仪表。

(5)按仪表的准确度分类：可分为 0.1、0.2、0.5、1.0、1.5、2.5、5.0 七个等级。仪表的级别即仪表准确度的等级。

(6)按使用环境条件分类：可分为 A、B、C 三组。

A 组：工作环境为 0～+40℃，相对湿度在 85%以下。

B 组：工作环境为 −20～+50℃，相对湿度在 85%以下。

C 组：工作环境为 −40～+60℃，相对湿度在 98%以下。

(7)按对外界磁场的防御能力分类：有Ⅰ、Ⅱ、Ⅲ、Ⅳ 4 个等级。

四、测量的准确性及误差分析

1. 绝对误差和相对误差

绝对误差是指仪表的指示值与被测量的实际值之间的差值，用 ΔA 表示。

相对误差是指绝对误差 ΔA 和被测量的实际值 A_0 之比的百分数值，用 γ 表示。

2. 仪表的准确度

规定以最大的基本误差表示仪表的准确度，即：

$$\pm K=\frac{\Delta A_m}{A_m}\times 100\% \tag{6-1-1}$$

式中 ΔA_m——最大基本误差；

A_m——仪表最大量程。

仪表的准确度和基本误差的对应关系如表 6-1-2 所示。

表 6-1-2 仪表的准确度和基本误差

准确度等级	0.1	0.2	0.5	1.0	1.5	2.5	5.0
基本误差%	±0.1	±0.2	±0.5	±1.0	±1.5	±2.5	±5.0

3. 测量的准确性

衡量测量的准确性，通常采用相对误差 γ 表示，即

$$\gamma=\frac{\Delta A}{A_0}\times 100\% \tag{6-1-2}$$

式中，ΔA 为绝对误差，即仪表的指示值与被测量实际值之差；A_0 为被测量实际值。

【例 6-1-1】 一准确度为 2.5 级的电压表，其最大量程为 50 V，则可能产生的最大基本误差为：

$$\Delta U=\gamma\times U_m=\pm 2.5\%\times 50=\pm 1.25(\mathrm{V})$$

正常情况下，可认为最大基本误差是不变的，所以被测量值比满偏值愈小，则相对测量误差就愈大。如用上述电压表来测量实际值为 10 V 的电压时，相对误差为：

$$\gamma_{10}=\frac{\pm 1.25}{10}\times 100\%=\pm 12.5\%$$

测量实际值为 40 V 的电压时，相对误差为：

$$\gamma_{40}=\frac{\pm 0.31}{10}\times 100\%=\pm 3.1\%$$

在选用仪表的量程时，一般应使被测量的值超过仪表满偏值的一半以上。

第二节 电工测量仪表的原理

一、直读式仪表测量各种电量的基本原理

利用仪表中通入电流后产生电磁作用，使可动部分受到转矩而发生转动。转动转矩与通入的电流之间有：

$$T=f(I) \tag{6-2-1}$$

直读式仪表的基本组成部分

(1)产生转动转矩 T 的部分：使仪表可动部分受到转矩而发生转动。

(2)产生阻转矩 T_C 的部分：当阻转矩 T_C 等于转动转矩 T 时，仪表可动部分平衡在一定的位置。

(3)阻尼器：能产生制动力(阻尼力)的装置，使仪表可动部分能迅速静止在平衡位置。

二、磁电系仪表

磁电系仪表的结构如图 6-2-1 所示。

磁电系仪表的工作原理：永久磁铁的磁场与通有直流电流的可动线圈相互作用而产生偏转力矩，使可动线圈发生偏转。用途：测量直流电压、直流电流及电阻。日常应用中，检流计、万用表都是常见的磁电系仪表。

磁电系仪表有以下优点：标度均匀，灵敏度和准确度较高，读数受外界磁场的影响小。

磁电系仪表的缺点：表头本身只能用来测量直流量（当采用整流装置后也可用来测量交流量），过载能力差；价格较高。

使用磁电系仪表的注意事项：测量时，电流表要串联在被测的支路中，电压表要并联在被测电路中；使用直流表，电流必须从"＋"极性端进入，否则指针将反向偏转；一般的直流电表不能用来测量交流电，仪表误接交流电时，指针虽无指示，但可动线圈内仍有电流通过，若电流过大，将损坏仪表；磁电系仪表过载能力较低，注意不要过载。

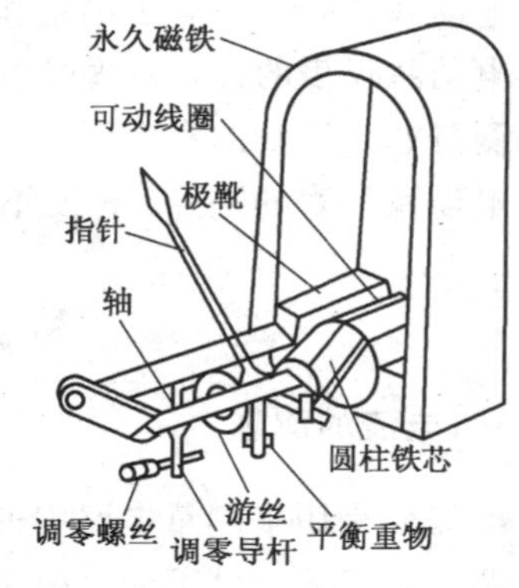

图 6-2-1　磁电系仪表的结构

三、电磁系仪表

电磁系仪表的结构如图 6-2-2 所示。

电磁系仪表的工作原理：线圈通入电流 I→磁场→固定和可动铁片均被磁化（同一端的极性是相同的）→可动片因受斥力而带动指针转动。用途：测量交流电压、交流电流。

电磁系仪表的优点：构造简单；价格低廉；可用于交直流的测量；能测量较大的电流；允许较大的过载。

电磁系仪表的缺点：刻度不均匀；易受外界磁场及铁片中磁滞和涡流（测量交流时）的影响，因此准确度不高。

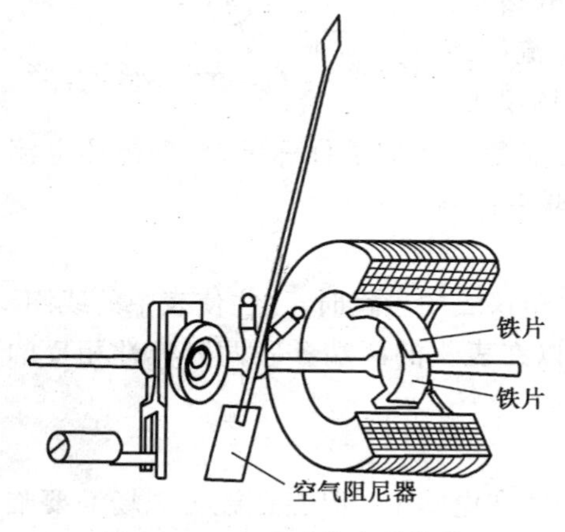

图 6-2-2　电磁系仪表的结构

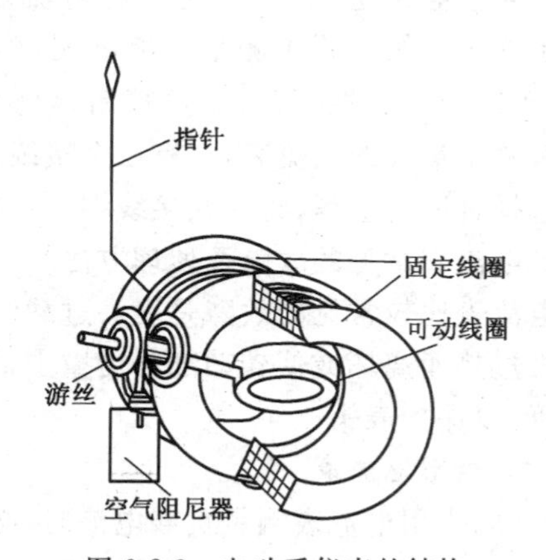

图 6-2-3　电动系仪表的结构

四、电动系仪表

电动系仪表的结构如图 6-2-3 所示。

电动系仪表的工作原理：仪表由固定线圈（电流线圈与负载串联，以反映负载电流）和可动线圈（电压线圈串联一定的附加电阻后与负载并联，以反映负载电压）所组成，当它们通有电流后，由于载流导体磁场间的相互作用而产生转动力矩使活动线圈偏转，当转动力矩与弹簧反作用力矩平衡时，便获得读数。

电动系仪表因为有了固定和可动两套线圈，故在测量交直流电压、电流及电功率中使用。

电动系仪表的优点：适用于交直流测量，灵敏度和准确度比用于交流的其他仪表高，可用来测量非正弦量的有效值。

电动系仪表的缺点：标度不均匀，过载能力差，读数受外磁场影响大。

第三节 电气参数的测量

一、电流的测量

电流表是用来测量电路中的电流值，按所测电流性质可分为直流电流表、交流电流表和交直流两用电流表。就其测量范围而言，电流表又分为微安表、毫安表和安培表。测量直流电流通常用磁电式电流表，测量交流电流通常用电磁式电流表。电流表应串联在电路中，电流表的内阻要很小。

(一)电 流 表

1. 电流表的工作原理

电流表有磁电系、电磁系、电动系等类型，它们被串接在被测电路中使用。仪表线圈通过被测电路的电流使仪表指针发生偏转，用指针偏转的角度来反映被测电流的大小。并联电阻 R_{F1} 起分流作用，称为分流电阻或分流器，如图 6-3-1 所示。

2. 电流表的选择

测量直流电流时，可使用磁电系、电磁系或电动系仪表，其中磁电系仪表使用较为普遍。

3. 电流表的使用

在测量电路电流时，一定要将电流表串联在被测电路中。磁电系仪表一般只用于测量直流电流，测量时要注意电流接线端的"+"、"−"极性标记，不可接错，以免指针反打，损坏仪表。

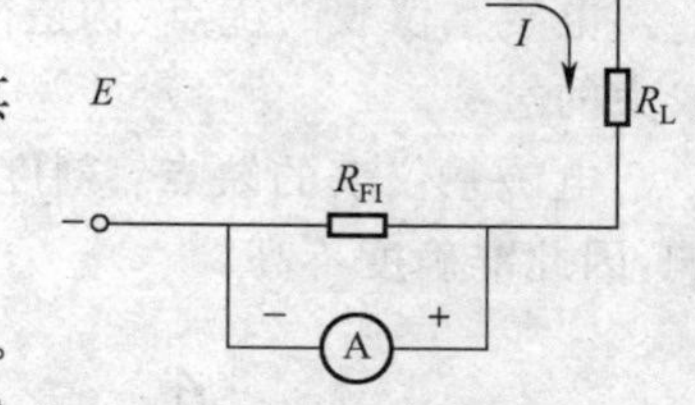

图 6-3-1 电流表扩大量程电路

对于有两个量程的电流表，它有三个接线端，使用时要看清楚接线端量程标记，根据被测电流大小选择合适的量程，将公共接线端一个量程接线端串联在被测电路中。

4. 电流表常见的故障及处理方法

电流表比较常见的故障是表头过载。当被测电流大于仪表的量程时，往往使表中的线圈、游丝因过热而烧坏或使转动部分受撞击损坏。为此，可以在表头的两端并联两只极性相反的二极管，以保护表头。

(二)钳形电流表

通常，当用电流表测量负载电流时，必须把电流表串联在电路中。但当在施工现场需要临时检查电气设备的负载情况或线路流过的电流时，如果先把线路断开，然后把电流表串联到电路中，就会很不方便。此时可采用钳形电流表测量电流，这样就不必把线路断开，可以直接测量负载电流的大小了。

1. 钳形电流表的工作原理

钳形电流表是根据电流互感器的原理制成的，其外形像钳子一样，如图 6-3-2 所示。

2. 钳形电流表的使用步骤

(1)测量前的准备

① 检查仪表的钳口上是否有杂物或油污，待清理干净后再测量。

② 进行仪表的机械调零。

(2)用钳形电流表测量被测量

① 估计被测电流的大小，将转换开关调至需要的测量挡。如无法估计被测电流大小，先用最高量程挡测量，然后根据测量情况调到合适的量程。

② 握紧钳柄，使钳口张开，放置被测导线。为减少误差，被测导线应置于钳形口的中央。

③ 钳口要紧密接触，如遇有杂音时可检查钳口清洁，或重新开口一次，再闭合。

④ 测量 5 A 以下的小电流时，为提高测量精度，在条件允许的情况下，可将被测导线多绕几圈，再放入钳口进行测量。此时实际电流应是仪表读数除以放入钳口中的导线圈数。

⑤ 测量完毕，将选择量程开关拨到最大量程挡位上。

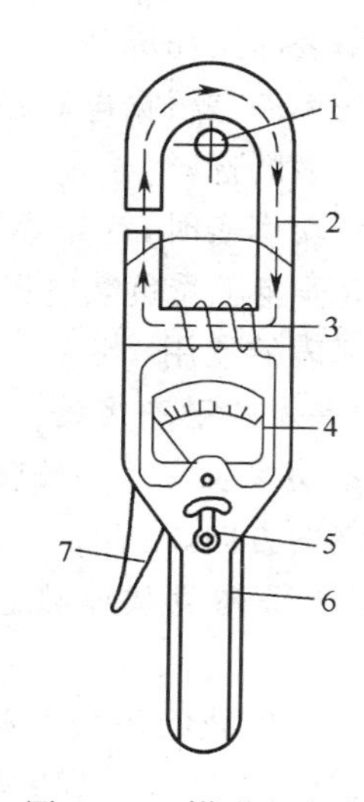

图 6-3-2　钳形电流表

1—被测导线；2—铁芯；3—二次绕组；4—表头；5—量程调节开关；6—胶木手柄；7—铁芯开关

3. 使用钳形电流表的注意事项

① 被测电路的电压不可超过钳形电流表的额定电压；钳形电流表不能测量高压电气设备。

② 不能在测量过程中转动转换开关换挡。在换挡前，应先将载流导线退出钳口。

二、电压的测量

电压表是用来测量电路中的电压值。按所测电压的性质分为直流电压表、交流电压表和交直两用电压表。就其测量范围而言，电压表又分为毫伏表、伏特表。最常见的是使用万用表测量。

1. 电压表的工作原理

磁电系、电磁系、电动系仪表是电压表的主要形式。

2. 电压表的选择

电压表的选择原则和方法与电流表的选择相同，主要从测量对象、测量范围、要求精度和仪表价格等方面考虑。

3. 电压表的使用

用电压表测量电路电压时，一定要使电压表与被测电压的两端并联，电压表指针所示为被测电路两点间的电压。

4. 电压表的选择和使用注意事项

电压表及其量程的选择方法与电流表相同，量程和仪表的等级要合适。电压表必须与被测电路并联。直流电压表还要注意仪表的极性，表头的“＋”端接高电位，“－”端接低电位。电压互感器的二次侧绝对不允许短路；二次侧必须接地。

三、功率的测量

电路中的功率用功率表进行测量。

1. 功率表的工作原理

多数功率表是根据电动系仪表的工作原理来测量电功率的。

2. 功率表的选择

在选择功率表时，首先要考虑的是功率表的量程，必须使其电流量程能允许通过负载电流，电压量程能承受负载电压。

3. 功率表的使用

(1)功率表的正确接线

电动系功率表指针的偏转方向是由通过电流线圈的电流方向决定的，如果改变其中一个线圈中电流的方向，指针就将反转。图 6-3-3 为功率表的连接电路。

(2)三相平衡负载电路总功率的测量

三相平衡负载的每相负载所消耗的功率相同，只需用一只功率表测量一相负载的功率，然后×3 即可得三相总功率。

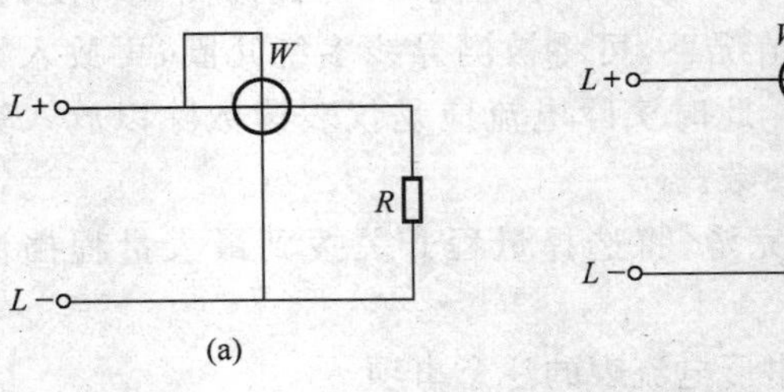

图 6-3-3　功率表的连接

(3)三相四线制电路总功率的测量

在三相四线制电路中，三相负载不平衡，要测量其总功率需使用三只功率表。

四、电能的测量

电度表是计量电能的仪表，即：能测量某一段时间内所消耗的电能。电度表按用途分为有功电度表和无功电度表两种，它们分别计量电路中的有功功率和无功功率；按结构分为单相表和三相表两种。民用多为测量有功功率的单相电度表。

1. 电度表的结构

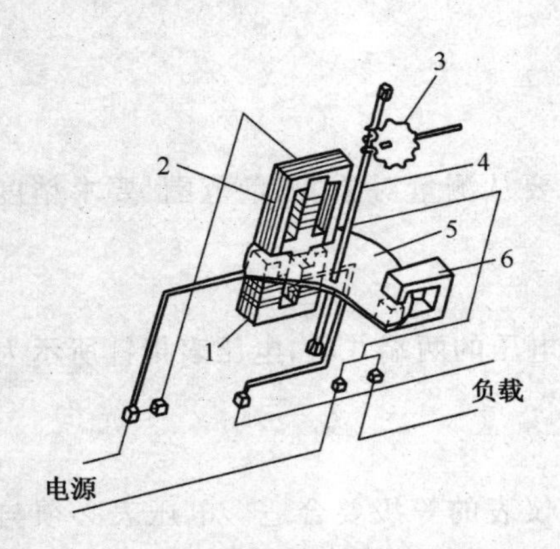

图 6-3-4　单相电度表的结构示意图

1—电流元件；2—电压元件；3—蜗轮蜗杆传动机构；4—转轴；5—铝盘；6—永久磁铁

电度表的种类虽不同，但其结构是一样的。它由两部分组成：一部分是固定的电磁铁，另一部分是活动的铝盘。电度表都有驱动元件、转动元件、制动元件、计数机构等部件。单相电度表的结构如图 6-3-4 所示。

(1)驱动元件

驱动元件由电压元件(电压线圈及其铁芯)和电流元件(电流线圈及其铁芯)组成。

(2)转动元件

转动元件由可动铝盘和转轴组成。

(3)制动元件

制动元件是一块永久磁铁，在转盘转动时产生制动力矩，使转盘转动的转速与用电器的功率大小成正比。

(4)计算机构

计算机构又叫计算器，它由蜗杆、蜗轮、齿轮和字轮组成。

2.电度表的工作原理

当通入交流电，电压元件和电流元件两种交变的磁通穿过铝盘时，在铝盘内感应产生涡流，涡流与电磁铁的磁通相互作用，产生一个转动力矩，使铝盘转动。

3.电度表的安装和使用要求

(1)电度表应按设计装配图规定的位置进行安装，注意不能安装在高温、潮湿、多尘及有腐蚀气体的地方。

(2)电度表应安装在不易受震动的墙上或开关板上，墙面上的安装位置以不低于 1.8 m 为宜。

(3)为了保证电度表工作时的准确性，必须严格垂直装设。

(4)电度表的导线中间不应有接头。

(5)电度表在额定电压下，当电流线圈无电流通过时，铝盘的转动不超过 1 转，功率消耗不超过 1.5 W。

(6)电度表装好后，开启用电器，电度表的铝盘应从左向右转动。

(7)单相电度表的选用必须与用电器总瓦数相适应。

(8)电度表在使用时，电路不允许短路及用电器超过额定值的 125%。

(9)电度表不允许安装在 10%额定负载以下的电路中使用。

4.电度表的接线

(1)单相电度表的接线。

在低压小电流电路中，电度表可直接接在线路上，如图 6-3-5(a)所示。在低压大电流电路中，若线路负载电流超过电度表的量程，则须经电流互感器将电流变小，即：将电度表间接连接到线路上，接线方法如图 6-3-5(b)所示。

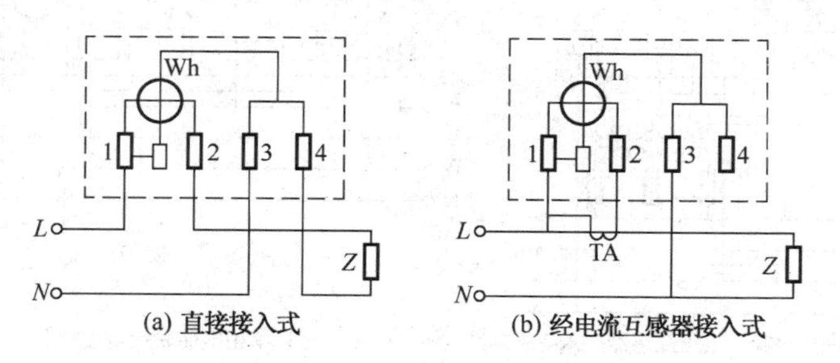

(a) 直接接入式 (b) 经电流互感器接入式

图 6-3-5 单相电度表的接线方法

Wh—单相功率表；Z—负载；TA—电流互感器

(2)三相二元件电度表的接连

三相二元件电度表的直接接线方式如图 6-3-6(a)所示，经电流互感器的接线方法如图 6-3-6(b)、(c)、(d)所示。

(3)三相三元件电度表的接线。

三相三元件电度表(用于三相四线制)的接线方法如图 6-3-7 所示。

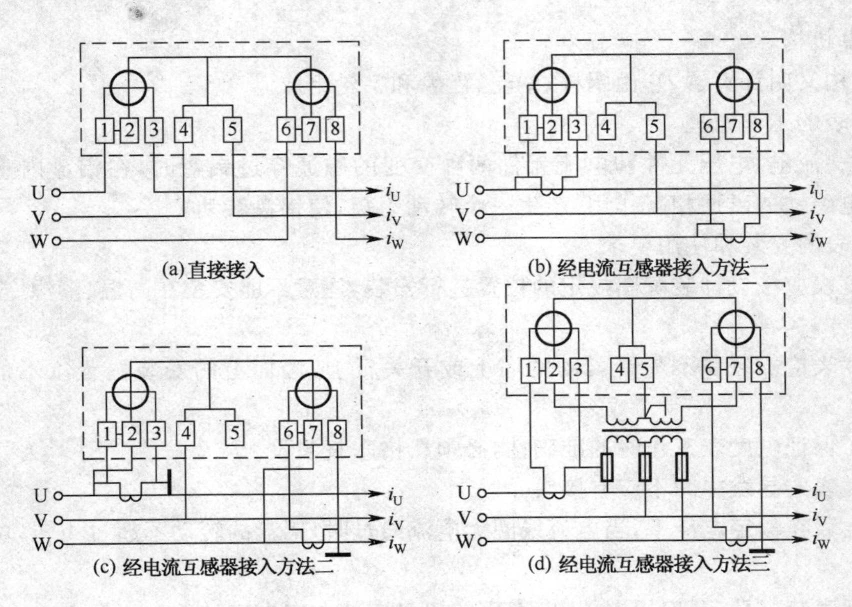

图 6-3-6 三相二元件电度表接线方法

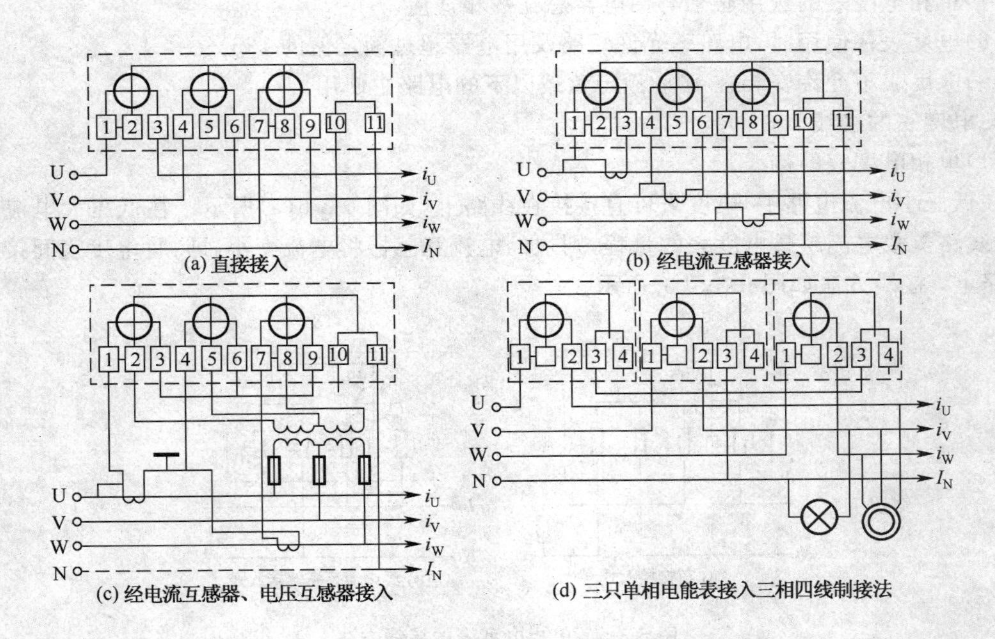

图 6-3-7 三相三元件电度表的接线方法

(4)无功功率表的接线方法。

无功功率表的接线方法如图 6-3-8 所示。

5. 交流电度表常见故障及处理方法

交流电度表的常见故障及处理方法如表 6-3-1 所示。

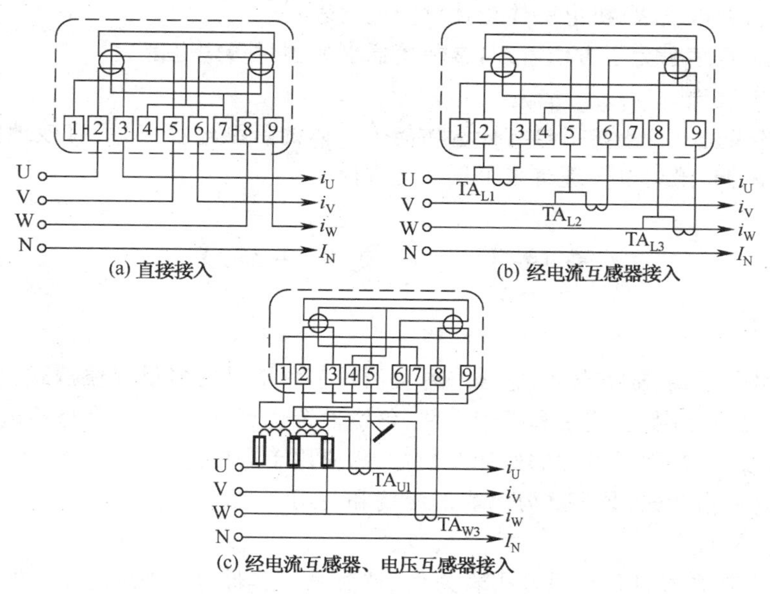

图 6-3-8　无功电度表的接线方法

表 6-3-1　交流电度表常见故障分析及处理办法

故障现象	原 因 分 析	处 理 办 法
误差超过规定	(1)制动磁铁位置不对，不能与作用力距平衡，造成铝盘转速不准 (2)相位调节不准确，在功率因数为 0.5 时误差变大 (3)摩擦补偿和电压元件位置调整不良，在轻负载时误差变大	(1)调整制动磁铁位置 (2)调节相位 (3)调整摩擦补偿和电压元件的位置
有潜动现象	出厂时调整不良	对电能表的主要技术指标进行重新调整，使无载自转达到规定要求
转盘卡住，但负载仍照常有电	(1)因密封不良或受震，表内有异物卡住转盘 (2)轴承呆滞 (3)端钮盒内小钩子松脱，电压绕组断路 (4)电能表的质量不良，致使电能表转动不灵活，甚至卡住	(1)清洁表中的异物 (2)对各转动部分加润滑油 (3)检查接线盒中的各接线螺钉是否松脱 (4)调换电能表
机械损伤	运输中受强烈震动，使外壳破裂，内部铝盘搁住不能转动	调整铝盘并调换外壳

6. 新型电度表简介

(1)长寿式机械电度表。

长寿式机械电度表是在充分吸收国内外电度表设计、选材和制造经验的基础上开发的新型电度表，具有宽负载、长寿命、低功耗、高精度等优点。

(2)静止式电度表。

静止式电度表是借助于电子电能计量先进的机理，继承传统感应式电度表的优点，采用全屏蔽、全密封的结构，具有良好的抗电磁干扰性能，集节电、可靠、轻巧、高精度、高过载、防窃电等为一体的新型电度表。

(3)电卡预付费电度表(机电一体化预付费电度表)。

多数学校、单位宿舍为了方便管理,常使用插卡型预付费式电度表。

(4)防窃型电度表。

防窃型电度表是一种集防窃电与计量功能于一体的新型电度表,可有效地防止违章窃电行为,堵住窃电漏洞,给用电管理带来了极大的方便。

第四节　常用电工仪表

一、万 用 表

万用表又叫多用表、复用电表,它是一种可测量多种电量的多量程便携式仪表。由于它具有测量种类多,测量范围宽,使用和携带方便,价格低等优点,因而常用来检验电源或仪器的好坏,检查线路的故障,判别元器件的好坏及数值等,应用十分广泛。

下面分别讲述指针式、数字式万用表的结构和使用方法。

(一)指针式万用表

以电工测量中常用的500型万用表为例,说明其工作原理及使用方法。实验室常用500型万用表的表头灵敏度为40 μA,表头内阻为3 000 Ω,其主要性能见表6-4-1,外形如图6-4-1所示,电路原理图如图6-4-2所示。

表6-4-1　500-B型万用表的性能

测量功能	测 量 范 围	压降或内阻	基本误差
直流电流	0～50～1 m～10 m～100 m～500 m～5(A)	≤0.75 V	±2.5%
直流电压	0～2.5～10～50～250～500～2 500(V)	20 kΩ/V	±2.5%
交流电流	0～5(A)	≤1.0 V	±4.0%
交流电压	0～10～50～100～250～500～2 500(V)	4 kΩ/V	±4.0%
直流电阻	R×1,R×10,R×100,R×1 k,R×10 k(Ω)	—	±2.5%
音频电平	−10～0～+20(dB)	—	—

1.直流电流挡

万用表的直流电流挡实质上是一个多量程的直流电流表。由于其表头的满量程电流值很小,因而采用内附分流器的方法来扩大电流量程。量程越大,配置的分流电阻越小。多量程分流器有开路式和闭路式两种,500型万用表电路采用闭路式分流器,如图6-4-3所示。

这种分流器的特点是:整个闭合电路的电阻不变,分流器电阻减少的同时,表头支路的电阻增大。这种形式的分流器与开路式分流器相比较更适合于万用表,因为万用表转换开关经常转动,若开关触点接触不好,开路式分流器就会断开,若此时通电就会造成表头损坏。而在闭路式分流器中,接触不好只不过使该挡电路不通,不会造成表头的损坏。开路式分流器如

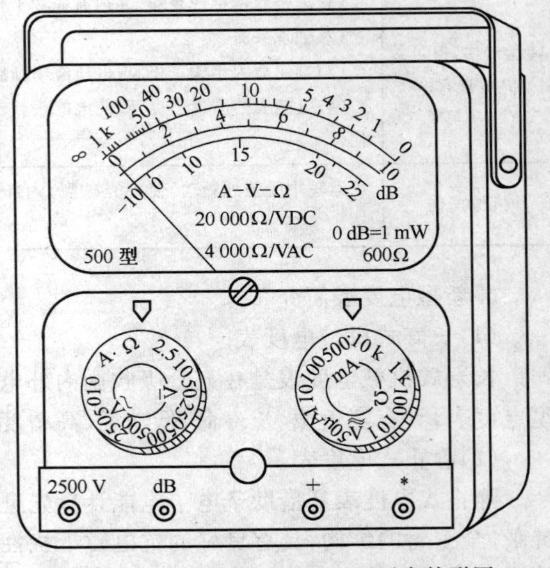

图6-4-1　实验室常用500型万用表外形图

图 6-4-4 所示。

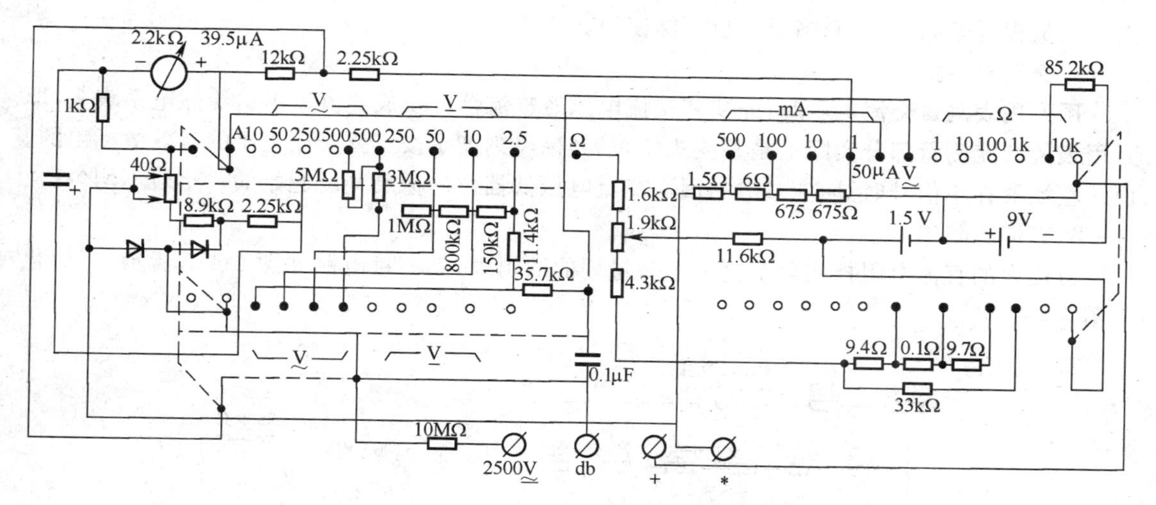

图 6-4-2　500 型万用表电路原理图

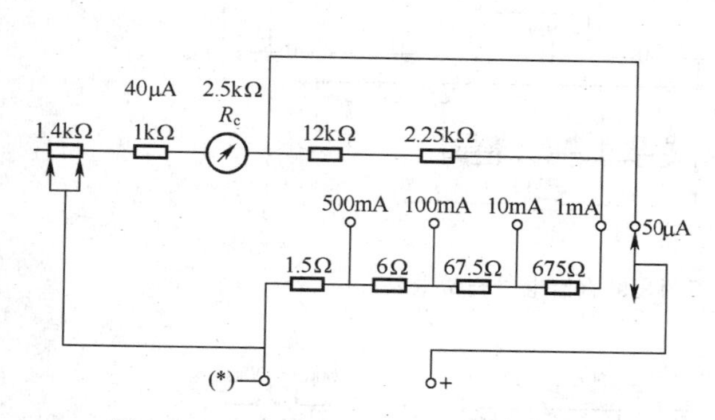

图 6-4-3　500 型万用表直流电流测量电路

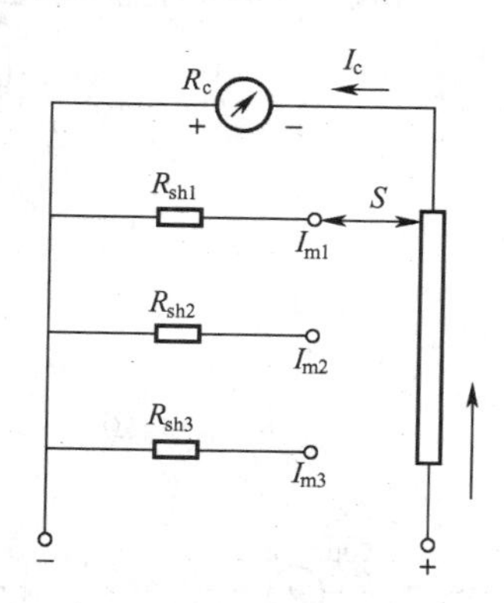

图 6-4-4　开路式分流器

2. 直流电压挡

万用表的直流电压挡实质上是一个多量程的直流电压表。它采用多个附加电阻与表头串联的方法来扩大电压量程。量程越大，配置的串联电阻也越大。串联附加电阻的方式有单独式和共用式两种，500 型万用表电路采用共用式，如图 6-4-5 所示。与图 6-4-6 所示的单独式附

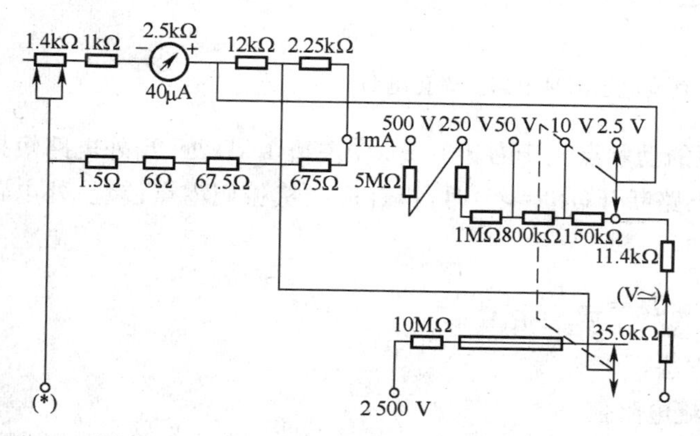

图 6-4-5　500 型万用表的直流电压测量电路

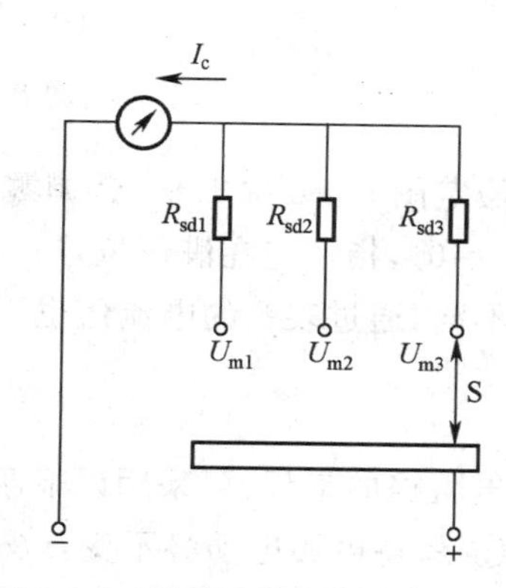

图 6-4-6　单独式附加电阻串联方式

加电阻串联方式相比，共用式具有电阻总值小的优点，若用电阻丝绕制还可以节省材料；其缺点是低量程电阻如烧断，则高量程也不能使用。

3. 交流电压挡

用万用表测量交流电压时，先要将交流电压经整流器变换成直流后再送给磁电系表头，即万用表的交流测量部分实际上是整流式仪表，其标尺刻度是按正弦交流电压的有效值标出的。由于整流器在小信号时具有非线性，因而交流电压低挡位的标尺刻度起始的一小段不均匀。

4. 直流电阻挡

万用表的直流电阻挡实际上是一个多量程的欧姆表，其测量电路如图 6-4-7 所示，可简化为图 6-4-8。

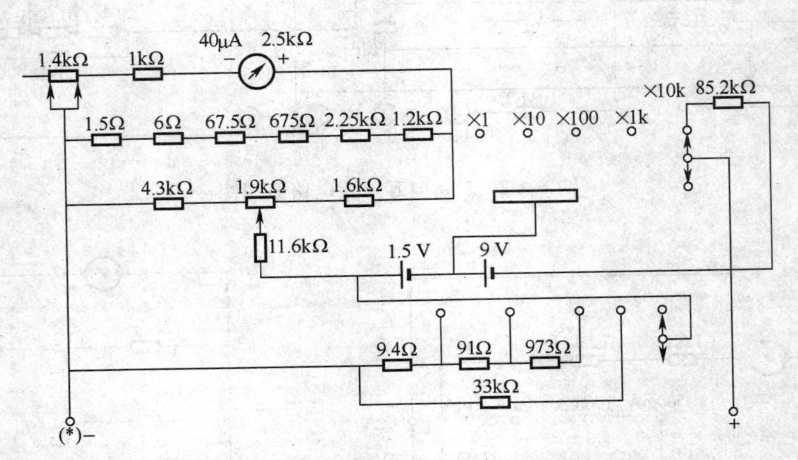

图 6-4-7 500 型万用表的直流电阻测量电路

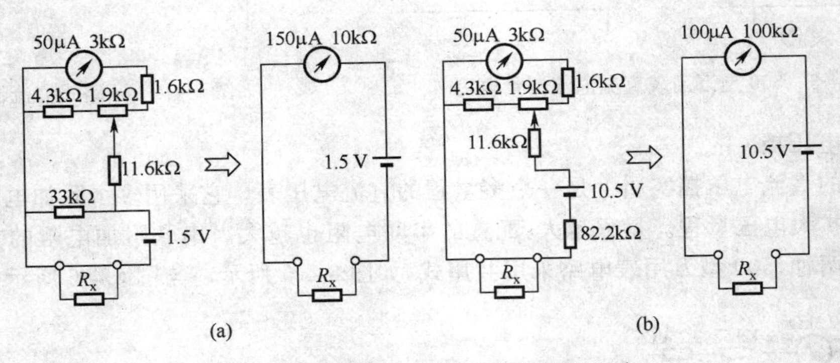

图 6-4-8 直流电阻测量电路的简化电路

假定图 6-4-8 中 1.9 kΩ 调零电阻的动触点位于右边 0.9 kΩ 左边 1 kΩ 处，当外电路短接时($R_x=0$)，指针应在满偏位置；当外电路断开($R_x=\infty$)时，指针应在机械调零点位置；外电路电阻不同，通过表头的电流值也不同，即

$$I_C=\frac{E_1}{R'_C+R_x}$$

改变电阻挡的量程，可采用以下两种方法：

① 保持电源电动势不变，改变分流电阻值。

② 改变分流电阻的同时，提高电源电动势，如 500 型万用表置×10 k 挡，电源电压即提高

到 10 V 左右，同时增大串联电阻，使表头内阻增加为 100 kΩ，并切断分流电阻，表头灵敏度增至 100 μA，这样就可以得到欧姆中心值为 100 kΩ 的挡位。由于高阻倍率挡的电压达到 10 V，因而常采用体积较小的积层电池。

5. 使用万用表的注意事项

（1）量程转换开关必须正确选择被测量电量的挡位，不能放错；禁止带电转换量程开关；切忌用电流挡或电阻挡测量电压。

（2）在测量电流或电压时，如果对于被测量电流、电压的大小心中无数，则应先选最大量程，然后再换到合适的量程上测量。

（3）测量直流电压或直流电流时，必须注意极性。

（4）测量电流时，应特别注意必须把电路断开，将表串接于电路之中。

（5）测量电阻时不可带电测量，必须将被测电阻与电路断开；使用欧姆挡时换挡后要重新调零。

（6）每次使用完后，应将转换开关拨到“OFF”挡或交流电压最高挡，以免造成仪表损坏；长期不使用时，应将万用表中的电池取出。

（二）数字式万用表

下面以 DT 890D 型数字式万用表为例进行介绍。DT 890D 型数字式万用表属中低档普及型万用表，其面板如图 6-4-9 所示，由液晶显示屏、量程转换开关、表笔插孔等组成。液晶显示屏直接以数字形式显示测量结果，并且还能自动显示被测数值的单位和符号（如 Ω、kΩ、MΩ、mV、A、μF 等），最大显示数字为±1 999。因为数字式万用表操作简单、读数直观，现在普遍应用中。

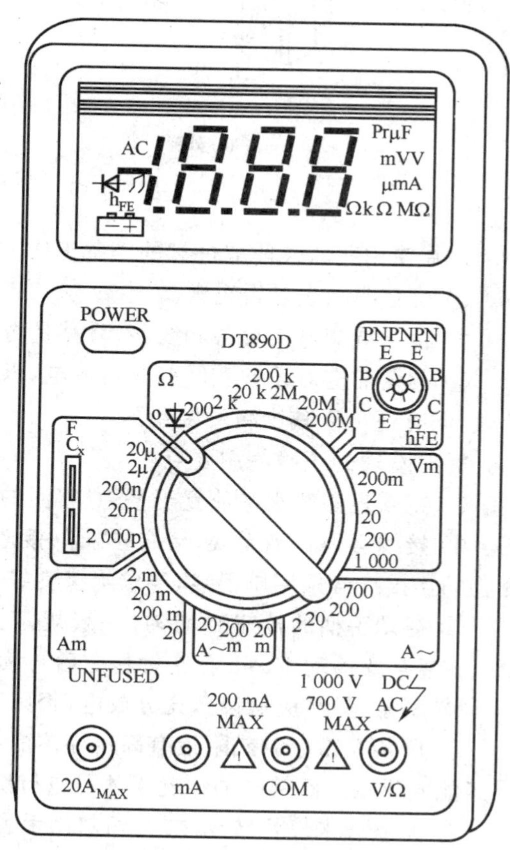

图 6-4-9　DT 890D 型数字式万用表的外形

1. 数字式万用表使用的注意事项。

① 使用数字式万用表前，应先估计一下被测量值的范围，尽可能选用接近满刻度的量程，这样可提高测量精度。

② 数字式万用表在刚测量时，显示屏的数值会有跳数现象，这是正常的（类似指针式表的表针摆动），应当待显示数值稳定后（不超过 1～2 s），才能读数。

③ 数字万用表的功能多，量程挡位也多。

④ 用数字万用表测试一些连续变化的电量和过程，不如用指针式万用表方便直观。

⑤ 测 10 Ω 以下的精密小电阻时（200 Ω 挡），先将两表笔短接，测出表笔线电阻（约 0.2 Ω），然后在测量中减去这一数值。

⑥ 尽管数字式万用表内部有比较完善的各种保护电路，使用时仍应力求避免误操作，如用电阻挡去测 220 V 交流电压等，以免带来不必要的损失。

⑦ 为了节省用电，数字万用表设置了 15 min 自动断电电路，自动断电后若要重新开启电源，可连续按动电源开关两次。

2. 数字式万用表可测量的参数

① 电阻的测量。

② 二极管的测量。

③ h_{FE}的测量。

④ 交直流电压和电流的测量。

⑤ 电容量的测量。

二、兆 欧 表

兆欧表(又叫摇表)是一种简便、常用的测量高电阻的仪表，主要用来检测供电线路、电机绕组、电缆、电器设备等的绝缘电阻，以便检验其绝缘程度的好坏。常见的兆欧表主要由作为电源的高压手摇发电机和磁电系流比计两部分组成，兆欧表的外形与工作原理如图 6-4-10 所示。

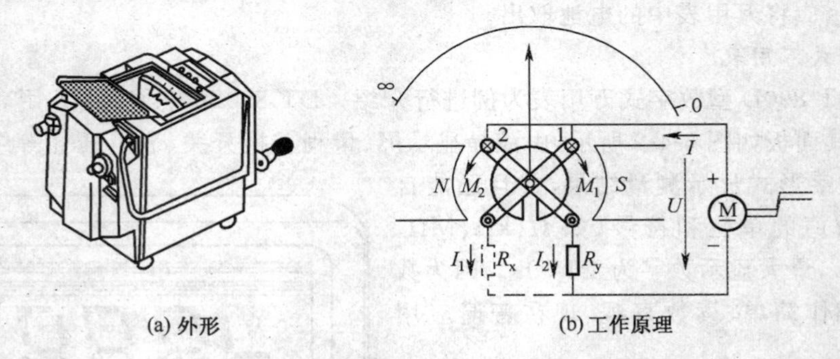

(a) 外形　　(b) 工作原理

图 6-4-10　兆欧表的外形与工作原理

1. 在使用兆欧表前应进行的准备工作

① 检查兆欧表是否正常。

② 检查被测电气设备和线路，看其是否已全部切断电源。

③ 测量前应对设备和线路先行放电，以免设备或线路的电容放电危及人身安全和损坏兆欧表，同时还可以减少测量误差。

2. 兆欧表的正确使用要点

① 兆欧表必须水平放置于平稳、牢固的地方，以免在摇动时因抖动和倾斜产生测量误差。

② 接线必须正确无误，接线柱“E”(接地)、“L”(线路)和“G”(保护环或称屏蔽端子)与被测物的连接线必须用单根线，要求绝缘良好，不得绞合，表面不得与被测物体接触。

③ 摇动手柄的转速要均匀，一般规定为 120 r/min，允许有±20%的变化，但不应超过25%。通常要摇动 1 min 待指针稳定后再读数。

④ 测量完毕，应对设备充分放电，否则容易引起触电事故。

⑤ 严禁在雷电时或附近有高压导体的设备上测量绝缘电阻，只有在设备不带电又不可能受其他电源感应而带电的情况下才可进行测量。

⑥ 兆欧表未停止转动之前，切勿用手去触及设备的测量部分或兆欧表接线柱。

⑦ 兆欧表应定期校验，其方法是直接测量有确定值的标准电阻，检查其测量误差是否在允许范围之内。

三、电　　桥

电桥在电磁测量中应用广泛，其特点是灵敏度和准确度都比较高。在需要精确测量中值电阻和低值电阻时往往采用电桥。电桥可分为交流电桥和直流电桥。

(一)直流单臂电桥

1. 直流单臂电桥的工作原理

直流单臂电桥的电路原理如图 6-4-11 所示。它由四个电阻连接成一个封闭的环形电路，每个电阻支路均称为桥臂。电桥的两个顶点 a、b 为输入端，接供桥直流电源；另两个顶点 c、d 为输出端，接电流检流计(指零仪)。

2. 直流单臂电桥的使用方法

直流单臂电桥的型号很多，但使用方法基本相同。下面以常用的 QJ 23 型直流单臂电桥为例，讲述直流单臂电桥的使用方法。

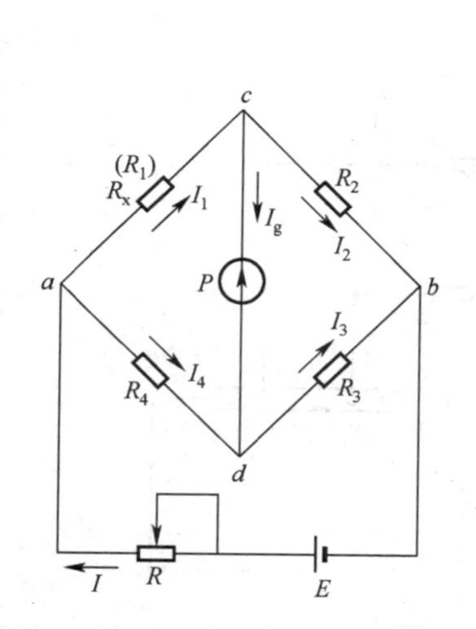

图 6-4-11　直流单臂电桥的电路原理

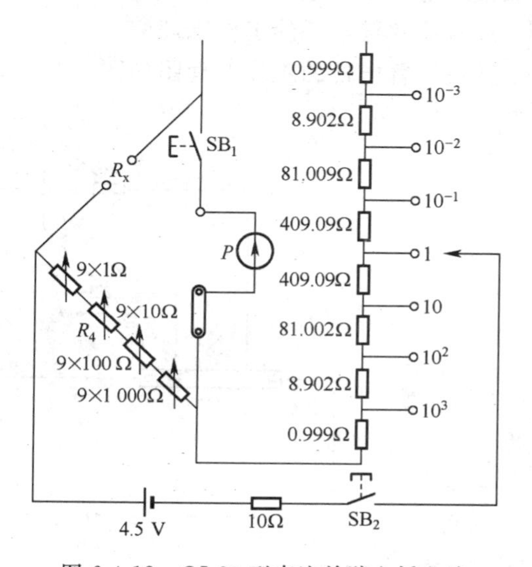

图 6-4-12　QJ 23 型直流单臂电桥电路

QJ 23 型直流单臂电桥的电路如图 6-4-12 所示，其比例桥臂由八个电阻组成，一般有七个挡位，分别为×0.001、×0.01、×0.1、×1、×10、×100、×1000 七种比率，由倍率开关切换。

使用 QJ 23 型直流单臂电桥测量电阻的步骤如下：

① 使用前先将检流计锁扣打开，并调节其调零装置使指针指示在零位。

② 用万用表粗测一下被测电阻，先估计一下它的大约数值。

③ 选择适当的倍率。

④ 用短粗导线将被测电阻 R_x 接在测量接线柱上，连接处要拧紧。

⑤ 先按下电源按钮 B，再轻触检流计按钮 G，看准指针的偏转方向调整比较桥臂直到检流计指针指零。测量完毕，先松开检流计按钮 G，再松开电源按钮 B。

⑥ 读数，计算电阻值，被测电阻值＝比较桥臂读数盘电阻之和×倍率。

3. 使用直流单臂电桥时的注意事项

① 为了测量准确，在测量时选择的倍率应使比较桥臂电阻的四个读数盘都有读数。

② 测量时，电桥必须放置平稳；被测电阻应单独测量，不能带电测试。

③ 由于接头处接触电阻和连接导线电阻的影响，直流单臂电桥不宜测量电阻值小于 1 Ω 的电阻。

④ 测量时，连接导线应尽量用截面较大、较短的导线，以减小误差；接线必须拧紧，如有松脱，电桥会极端不平衡，使检流计损坏。

⑤ 电池电压不足会影响电桥的灵敏度，当发现电池不足时应调换。

⑥ 测量完毕，应先打开检流计按钮 G，再打开电源按钮 B，特别当被测电阻具有电感时，一定要遵守上述规则，否则会损坏检流计。

⑦ 测量结束不再使用时，应将检流计锁扣锁上，以免检流计受震损坏。

（二）直流双臂电桥

直流双臂电桥又称为凯尔文电桥，它主要用于测量 1 Ω 以下的小电阻，如测量电流表的分流器电阻、电动机或变压器绕组的电阻以及其他不能用单臂直流电桥测量的小电阻。它可以消除接线电阻和接触电阻的影响。

1. 直流双臂电桥的工作原理

直流双臂电桥的工作原理图如图 6-4-13 所示。

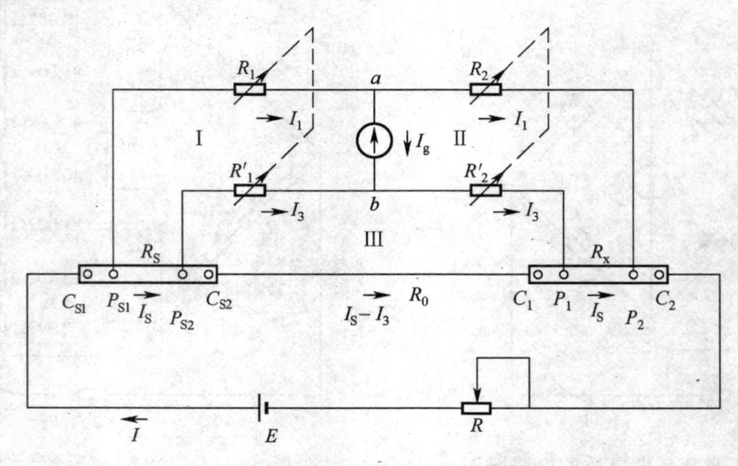

图 6-4-13　直流双臂电桥电路原理

2. 直流双臂电桥的使用方法

QJ103 型直流双臂电桥的比较电阻采用滑线电阻结构，如图 6-4-14 所示。其阻值可在 0.01～0.11 Ω 之间调节，测量时可根据转盘位置直接从面板刻度上读数。

使用 QJ103 型双臂电桥测量电阻的步骤如下：

① 先将被测电阻的电流接头和电位接头分别与接线柱 C_1、C_2 和 P_1、P_2 连接，其连接导线应尽量短而粗，以减小接触电阻。

② 根据被测电阻范围，选择适当的倍率挡，然后接通电源和检流计。

③ 调节读数盘，使检流计指示为零，则电桥处于平衡状态，此时即可读取被测电阻值。

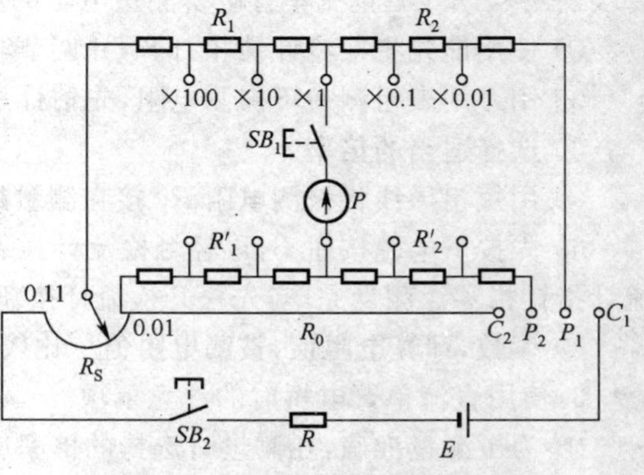

图 6-4-14　QJ103 型直流双臂电桥电路

3. 使用直流双臂电桥时的注意事项

① 被测电阻的每一端必须有两个接头线，电位接头应比电流接头更靠近电阻本身，且两对接头线不能绞在一起。

② 测量时，接线头要除尽污物并接紧，尽量减少接触电阻，以提高测量准确度。

③ 直流双臂电桥的工作电流很大，如使用电池测量时操作速度要快，以免耗电过多。测量结束后，应立即切断电源。

技能训练六　钳形电流表、兆欧表的使用

一、实训目的

能正确使用钳形电流表测量交流电流。能正确使用兆欧表测量电气设备的绝缘电阻。

二、实训设备

(1) 钳形电流表 1 台(型号不限)、500 V 与 1 000 V 兆欧表各 1 台。
(2) 三相异步电动机 1 台、大电流的单相用电设备 1 台(如 1 000 W 以上的电热器具)。
(3) 高压电缆头 1 个、高压验电器与高压绝缘棒各 1 支。
(4) 220 V 灯泡与灯座各 1 只。
(5) 交流三相四线电源实验台一台(应设三相与单相控制开关与漏电保护装置)。
(6) 导线若干。

三、实训内容

(一)钳形电流表的使用
(1) 使用钳形电流表测量三相电动机的启动电流和空载电流并记录数据。
(2) 使用钳形电流表测量单相用电设备的电流并记录数据。
(二)兆欧表的使用
(1) 使用 500 V 兆欧表测量三相电动机的相间绝缘与相对地绝缘。
(2)使用 1 000 V 兆欧表测量高压电缆头的相间绝缘与相对地绝缘。
(3) 测量完毕，整理数据，按要求收好仪表，清理现场，并完成技能训练报告。

小　　结

1. 本章介绍了三种动力结构的测量仪表，分别为电磁系仪表、磁电系仪表和电动系仪表。在介绍了三种仪表的工作原理、基本结构和性质特点后，再深入介绍三种仪表在电工测量方面的特例。

2. 在介绍电流表、电压表测量机构的同时，着重介绍万用表的使用，万用表在日常生活工作中多用于检测电阻、直流电流、电压的情况；介绍了钳形电流表的使用，其用于交流电流的检测，但不可用于高压的检测。另外还介绍了测量电功率的功率表，测量电能的电度表以及在供电设备方面常用的兆欧表、电桥等仪表的使用方法、使用范围和注意事项。

复习思考题与习题

1. 电工测量仪表分为哪几类?
2. 直读式仪表的基本组成部分有哪些?
3. 简述磁电系仪表、电磁系仪表、电动系仪表的工作原理及使用范围。
4. 如何用万用表测量直流电流、直流电压和电阻? 使用万用表的注意事项有哪些?
5. 钳形电流表的使用步骤及使用注意事项有哪些?
6. 电度表的安装和使用要求有哪些?
7. 简述交流电度表常见故障及处理方法。
8. 如何正确使用兆欧表。
9. 直流单臂电桥和双臂电桥的使用方法。

第二篇　模拟电子技术

第七章

半导体二极管及其应用

本章介绍了半导体的基本知识；半导体二极管的结构、符号、伏安特性及其参数；重点介绍了半导体二极管的应用电路及使用的注意事项。

第一节　半导体的基本知识

一、半导体及其基本特性

1. 物质的分类

在自然界中存在着许多不同的物质，根据其导电性能的不同大体可分为导体、绝缘体和半导体三大类。通常将很容易导电、电阻率小于 $10^{-4}\ \Omega \cdot cm$ 的物质，称为导体，例如铜、铝、银等金属材料；将很难导电、电阻率大于 $10^{10}\ \Omega \cdot cm$ 的物质，称为绝缘体，例如塑料、橡胶、陶瓷等材料；将导电能力介于导体和绝缘体之间、电阻率在 $10^{-3} \sim 10^{9}\ \Omega \cdot cm$ 范围内的物质，称为半导体。常用的半导体材料是硅(Si)和锗(Ge)。

2. 半导体的物理特性

(1)热敏性：所谓热敏性就是半导体的导电能力随着温度的升高而迅速增加。半导体的电阻率对温度的变化十分敏感。例如纯净的锗从20℃升高到30℃时，它的电阻率几乎减小为原来的1/2。

(2)光敏性：半导体的导电能力随光照的变化有显著改变的特性叫做光敏性。一种硫化镉薄膜，在暗处其电阻为几十兆欧姆，受光照后，电阻可以下降到几十 kΩ，只有原来的1%。自动控制中用的光电二极管和光敏电阻，就是利用光敏特性制成的。而金属导体在阳光下或在暗处，其电阻率一般没有什么变化。

(3)杂敏性：所谓杂敏性就是半导体的导电能力因掺入适量杂质而发生很大的变化。在半导体硅中，只要掺入亿分之一的硼，电阻率就会下降到原来的几万分之一。所以，利用这一特性，可以制造出不同性能、不同用途的半导体器件，而金属导体即使掺入千分之一的杂质，对其电阻率也几乎没有什么影响。

半导体之所以具有上述特性，根本原因在于其特殊的原子结构和导电机理。

二、半导体的分类

(一)本征半导体

在近代电子学中,最常用的半导体材料就是硅和锗,下面以硅为例,介绍半导体的一些基本知识。

一切物质都是由原子构成的,而每个原子都由带正电的原子核和带负电的电子构成。由于内层电子受原子核的束缚较大,很难活动,因此物质的特性主要由受原子核的束缚力较小的最外层电子,也就是价电子来决定。硅原子的电子数为 32,所以它的最外层的电子是四个,是四价元素。其原子结构可以表示成图 7-1-1 所示的简化模型。

在实际应用中,必须将半导体提炼成单晶体,使它的原子排列由杂乱无章的状态变成有一定规律、整齐地排列的晶体结构,如图 7-1-2 所示,称为单晶硅,所以半导体管又称晶体管。通常把纯净的不含任何杂质的半导体称为本征半导体。

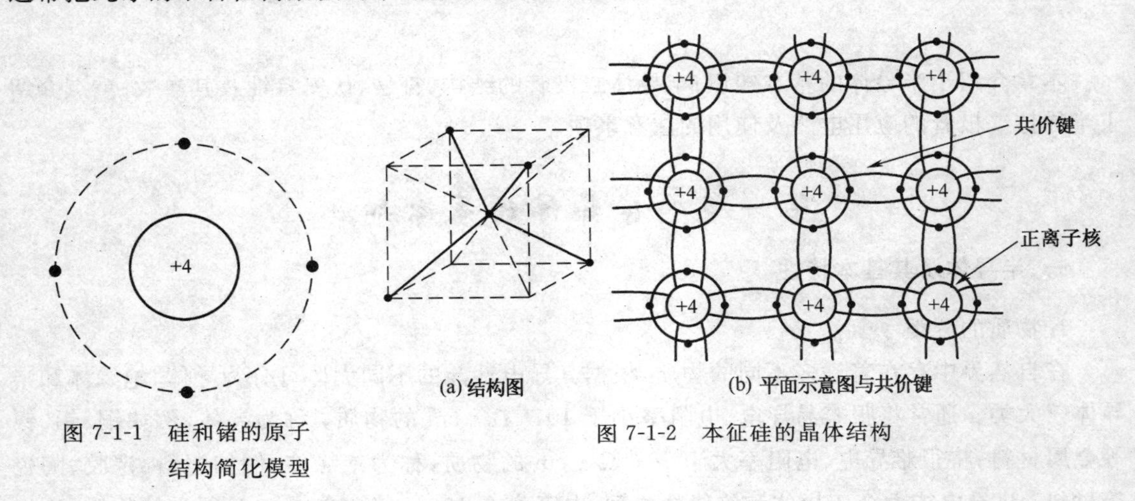

图 7-1-1　硅和锗的原子结构简化模型

图 7-1-2　本征硅的晶体结构

从图 7-1-2(b)的平面示意图可以看出,硅原子组成单晶硅的组合方式是共价键结构。每个价电子都要受到相邻的两个原子核的束缚,每个原子的最外层就有了八个价电子而形成了较稳定的共价键结构。所以,半导体的价电子既不像导体的价电子那样容易挣脱成为自由电子,也不像在绝缘体中被束缚的那样紧。由于导电能力的强弱,在微观上看就是单位体积中能自由移动的带电粒子数目的多少,因此,半导体的导电能力介于导体和绝缘体之间。

在绝对零度(−273 ℃)时,半导体中的价电子不能脱离共价键的束缚,所以在半导体中没有自由电子,半导体呈现不能导电的绝缘体特性。当温度逐渐升高或在一定强度的光照下,本征硅中的一些价电子从热运动中获得了足够的能量,挣脱共价键的束缚而成为带单位负电荷的自由电子。同时,在原来的共价键位置上留下一个相当于带有单位正电荷电量的空位,称之为空穴,也叫空位。这种现象,叫做本征激发。在本征激发中,带一个单位负电荷的自由电子和带一个单位正电荷的空穴总是成对出现的,所以称之为自由电子—空穴对,如图 7-1-3 所示。

自由电子和空穴在热运动中又可能重新相遇结合而消失,叫做复合。本征激发和复合总是同时存在、同时进行的,这是半导体内部进行的一对矛盾运动。在温度一定的情况下,本征激发和复合达到动态平衡,单位时间本征激发出的自由电子—空穴对数目正好等于复合消失的数目，这样在整块半导体内，自由电子和空穴的数目保持一定。温度越高，本征激发越激烈，产生的自由电子—空穴对越多，导电能力就越强。这实际上就是半导体材料具有热敏性和光敏性的本质原因。

经过分析，我们知道在本征半导体中，每本征激发出一个自由电子，就会留下一个空穴，这时本来不带电的原子，就相当于带正电的正离子，或者说留下的这个空穴相当于带一个单位的正电荷。在热能或外加电场的作用下，邻近原子带负电的价电子很容易跳过来填补这个空位，这相当于此处的空穴消失了，但却转移到相邻的那个原子处去了，如图 7-1-4 所示，价电子由 B 到 A 的运动，就相当于空穴从 A 移动到 B。

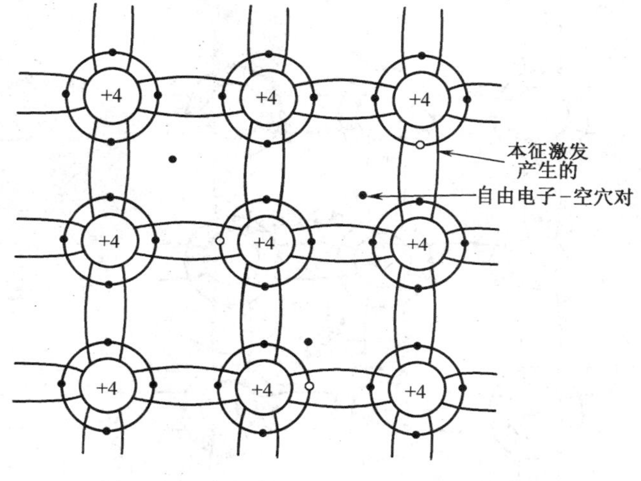

图 7-1-3　本征激发产生自由电子—空穴对

因此，半导体中有两种载流子：一种是带负电荷的自由电子，一种是带正电荷的空穴。它们在外加电场的作用下都会出现定向移动。微观上载流子的定向运动，在宏观上就形成了电流。自由电子逆电场方向移动形成电子电流，空穴顺电场方向移动形成空穴电流，如图 7-1-5 所示。

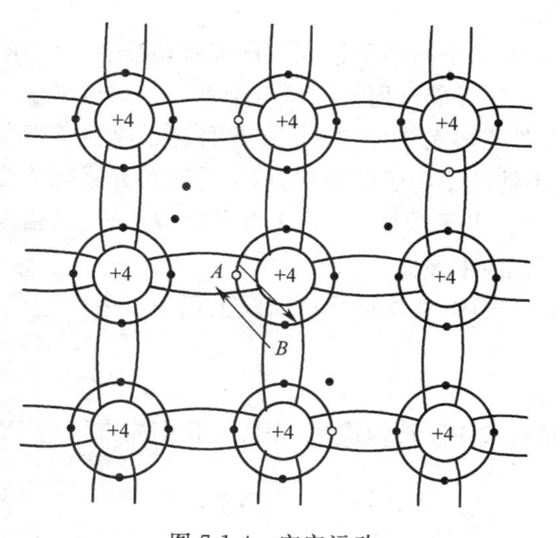

图 7-1-4　空穴运动

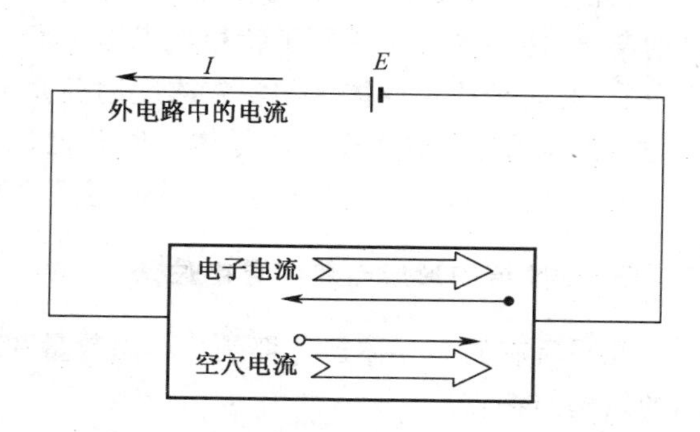

图 7-1-5　本征半导体中载流子的导电方式

(二)掺杂半导体

由于半导体具有杂敏性，因此利用掺杂可以制造出不同导电能力、不同用途的半导体器件。根据掺入杂质的不同，又可分为 N 型(电子型)半导体和 P 型(空穴型)半导体。

1. N 型半导体

在四价的本征硅(或锗)中，掺入微量的五价元素磷(P)之后，磷原子由于数量较少，不能改变本征硅的共价键结构，而是和本征硅一起组成共价键，如图 7-1-6 所示。

在 N 型半导体中，由于掺杂带来的自由电子浓度远远高于本征载流子浓度，因此在 N 型半导体中出现了浓度较高的电子和浓度较低的空穴。我们将浓度较高的载流子称之为多数载流子，简称多子；较低的载流子称为少数载流子，简称少子。

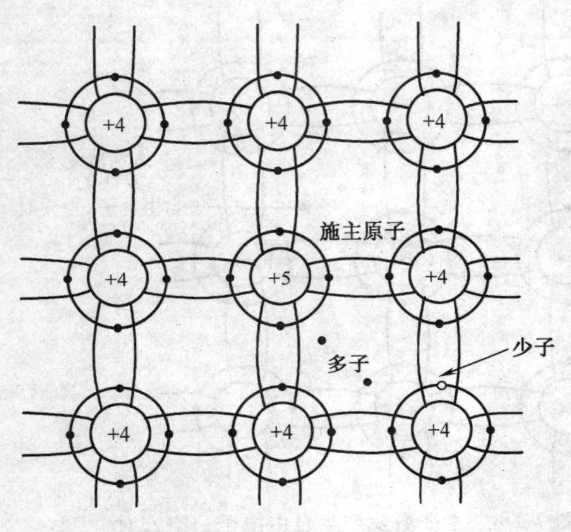

图 7-1-6　N 型半导体

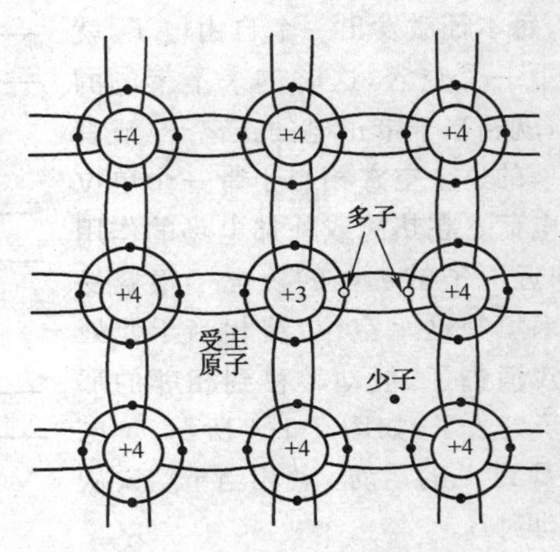

图 7-1-7　P 型半导体

2. P 型半导体

在四价的本征硅（或锗）中掺入微量的三价元素硼（B）之后，参照上述分析，硼原子也和周围相邻的硅原子组成共价键结构，如图 7-1-7 所示。

三价硼原子的最外层只有三个价电子，和相邻的三个硅原子组成共价键后，尚缺一个价电子不能组成共价键，因此出现了一个空位，即空穴。这样邻近原子的价电子就可以跳过来填补这个空位。所以硼原子掺入后一方面提供了一个带正电荷的空穴，另一方面自己成为了带负电的离子，即掺入一个硼原子就相当于掺入了一个能接受电子的空穴，所以称三价元素硼为受主杂质，此时杂质半导体中的空穴浓度远远大于自由电子浓度，称空穴为多数载流子，自由电子为少数载流子。这种杂质半导体叫做 P 型（空穴型）半导体。

值得注意的是：无论是 N 型半导体还是 P 型半导体，整块半导体宏观上仍为电中性。

三、PN 结的形成与单向导电性

几乎所有的半导体器件都是由不同数量和结构的 PN 结构成的，因此，我们先来了解 PN 结的结构与特点。

1. PN 结的形成

在一块本征半导体上通过某种掺杂工艺，使其形成 N 型区和 P 型区两部分后，在它们的交界处就形成了一个特殊薄层，这就是 PN 结。PN 结形成的过程如下：

(1)多子的扩散运动建立内电场

如图 7-1-8(a)所示，㊀和㊉分别代表 P 区和 N 区的受主和施主离子（为了简便起见，硅原子未画出），由于 P 区的多子是空穴，N 区的多子是自由电子，因此在 P 区和 N 区的交界处自由电子和空穴都要从高浓度处向低浓度处扩散。这种载流子在浓度差作用下的定向运动，叫做扩散运动。多子扩散到对方区域后，使对方区域的多子因复合而耗尽，所以 P 区和 N 区的交界处就仅剩下了不能移动的带电施主和受主离子，N 区形成正离子区，P 区形成负离子区，构成了一个电场方向从 N 区指向 P 区的空间电荷区，这个电场称为内建电场，简称内电场，如图 7-1-8(b)所示。在这个区域内，多子已扩散到对方因复合而消耗殆尽，所以又称耗尽层。在耗尽层以外的区域仍呈电中性。

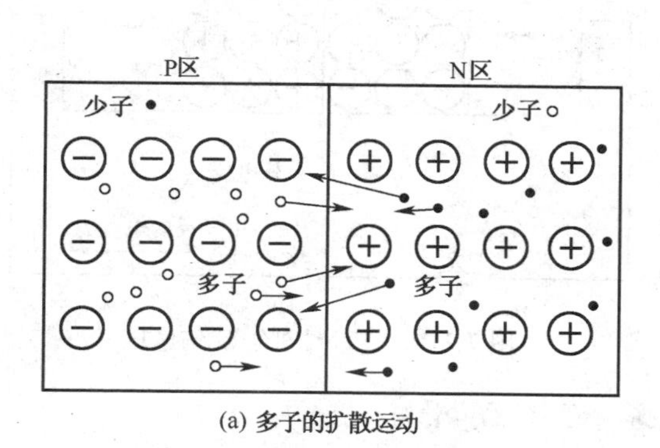

(a) 多子的扩散运动

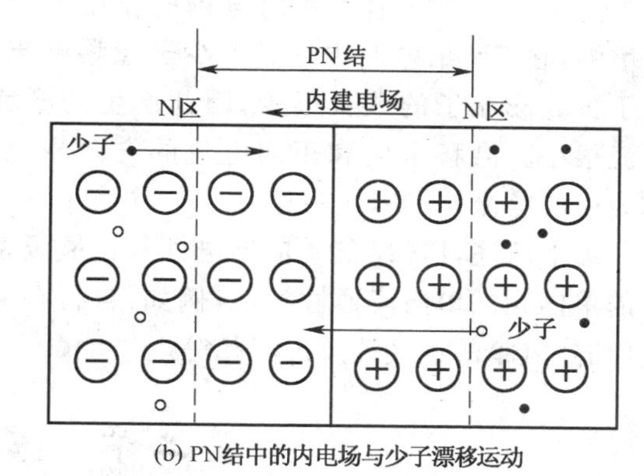

(b) PN结中的内电场与少子漂移运动

图 7-1-8　PN 结的形成

(2)PN 结的形成

内电场阻碍多子扩散运动、帮助少子漂移运动，形成平衡 PN 结。由于内电场的方向是从 N 区指向 P 区，因此这个内电场的方向对多子产生的电场力正好与其扩散方向相反，对多子的扩散起了一个阻碍的作用，使多子扩散运动逐渐减弱。内电场对 P 区和 N 区的少子同样产生了电场力的作用。由于 P 区的少子是自由电子，N 区的少子是空穴，因此内电场对少子的运动起到了加速的作用。这种少数载流子在电场力作用下的定向移动，称为漂移运动，如图 7-1-8(b)所示。

2. PN 结的单向导电特性

未加外部电压时，PN 结内无宏观电流，只有外加电压时，PN 结才显示出单向导电性。

(1)外加正偏电压时 PN 结导通

将 PN 结的 P 区接较高电位(比如电源的正极)，N 区接较低电位(比如电源的负极)，称为给 PN 结加正向偏置电压，简称正偏，如图 7-1-9 所示。PN 结正偏时，外加电场使 PN 结的平衡状态被打破，由于外电场与 PN 结的内电场方向相反，内电场被削弱，扩散增强，漂移几乎减弱为 0，因此，PN 结中形成了以扩散电流为主的正向电流。因为多子数量较多，所以正向电流较大。为了防止较大的正向电流将 PN 结烧坏，应串接限流电阻 R。扩散电流随外加电压的增加而增加，当外加电压增加到一定值后，扩散电流随正偏电压的增大而呈指数上升。由于 PN 结对正向偏置呈现较小的电阻(理想状态下可以看成是短路情况) 因此称之为正向导通状态。

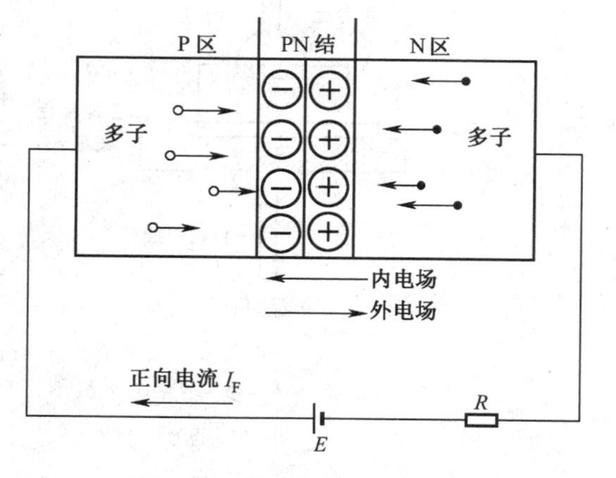

图 7-1-9　PN 结外加正偏电压

(2)外加反偏电压时 PN 结截止

将 PN 结的 P 区接较低电位(比如电源的

负极)，N 区接较高电位(比如电源的正极)，称为给 PN 结加反向偏置电压，简称反偏，如图 7-1-10所示。PN 结反偏时，外加电场方向与内电场方向相同，内电场增强，使多子扩散减弱到几乎为零。而漂移运动在内电场的作用下，有所增强，在 PN 结电路中形成了少子漂移电流。由于少数载流子的数目很少，因此产生的漂移电流很小。漂移电流和正向电流的方向相反，称为反向电流。

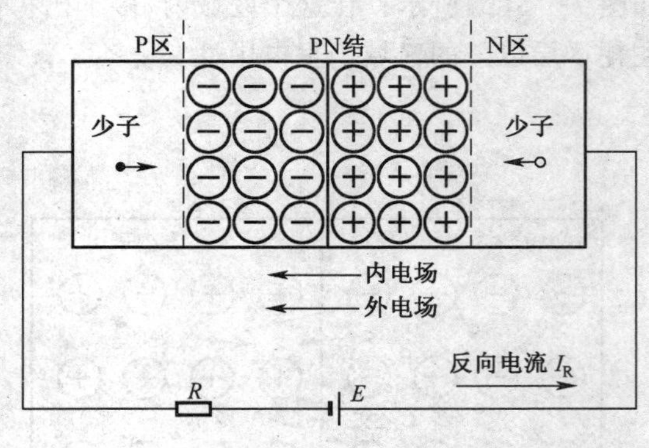

图 7-1-10　PN 结外加反偏电压

综上所述，PN 结的单向导电性与机械设备中的单向阀的单向流通性类似，例如：自行车的气门芯、风箱的进气孔及出气孔等。

第二节　半导体二极管

一、半导体二极管的构成

二极管是由半导体材料构成的。按所用材料的不同分硅管和锗管；按结构不同分点接触型、面接触型和平面型三类，如图 7-2-1 所示。点接触型二极管因结面积小，不能通过较大电流，但结电容小，适宜在高频下工作，常用于高频检波、变频，有时也用作小电流整流，常用的型号有 2AP1～2AP7；面接触型因结面积较大，允许通过较大的电流和具有较大的功率容量，适

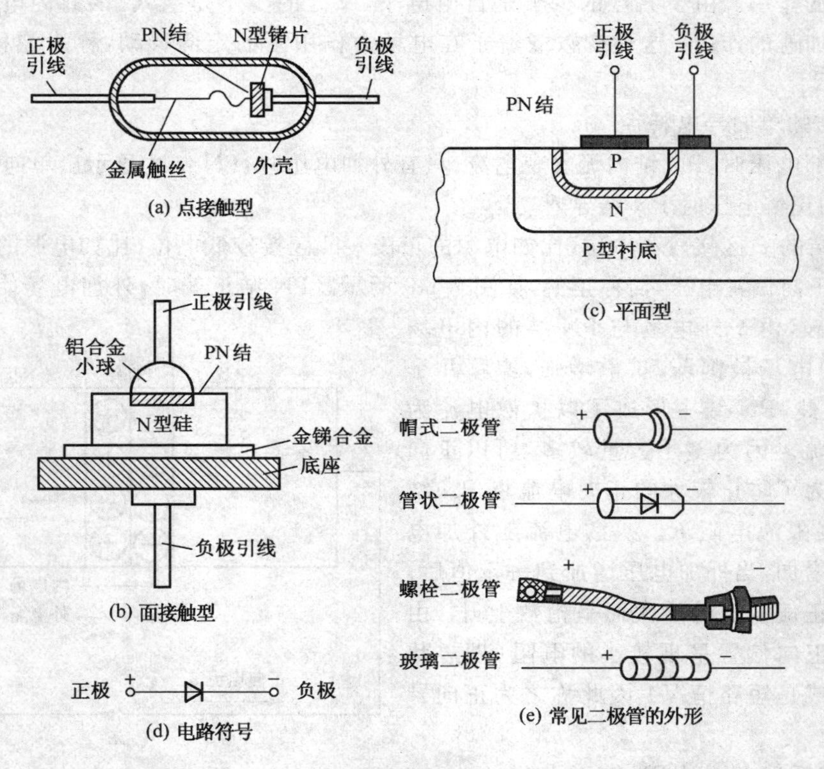

图 7-2-1　半导体二极管的结构、外形与电路符号

用于作整流器件，而结电容较大，一般适用于较低的频率下工作，常用的型号有 2CP33 等；平面型二极管采用光刻、扩散的工艺制成，常用于数字电路。

二极管是由一个 PN 结加相应的电极和管壳封装制成的，如图 7-2-2(a)所示，P 区的引出线称二极管的正极，N 区的引出线称二极管的负极。虽然二极管在材料和制造工艺上各不相同，但在电路图中均可用图 7-2-2(b)的电气符号来表示。

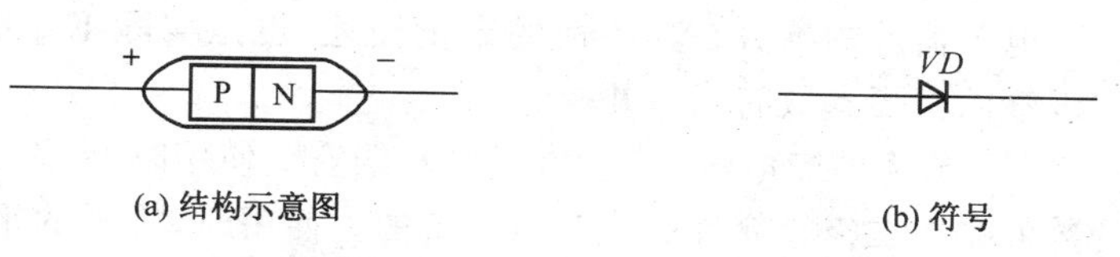

图 7-2-2 二极管的结构和符号

二、半导体二极管的工作原理

由于二极管是由一个 PN 结构成的，因此具有的特性是：单向导电性，即：当二极管加正向电压($V_P>V_N$)时，二极管导通，电路中有大电流流过；当二极管加反向电压($V_P<V_N$)时，二极管截止，电路中有很小的(可以忽略不计)电流流过。

三、半导体二极管的伏安特性

二极管的伏安特性是指二极管两端的电压和流过二极管的电流的关系曲线。它是二极管应用的理论根据。二极管的伏安特性可用逐点描绘法或用专用的晶体管特性图示仪直接测得。图 7-2-3 所示为二极管的伏安特性曲线。现对该曲线进行分析。

1. 正向特性

OA 段：称为“死区”，*OA* 段的电压称死区电压，表明二极管在该区域不导通。一般硅管为 0.5 V，锗管为 0.2 V。

AB 段：称为正向导通区。二极管正常导通后管子两端的正向压降很小，且几乎不随电流而改变，一般硅管为 0.7 V，锗管为 0.3 V。

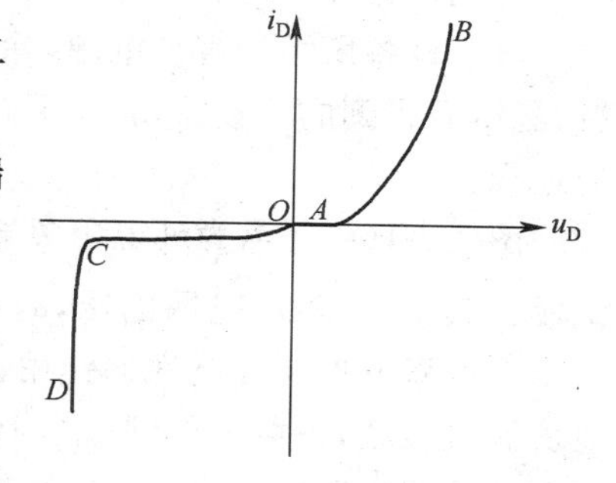

图 7-2-3 二极管的伏安特性

2. 反向特性

OC 段：称为反向截止区。表示反向电压增加时，反向电流 I_S 很小且几乎不变，通常都可忽略，但 I_S 受温度影响很大，实验证明，温度每升高 10 ℃时，I_S 将增大一倍。

CD 段：称为反向击穿区。表示反向电压增大到超过某一值时，反向电流急剧增大，这一现象称为反向击穿，反向击穿时所加的电压叫反向击穿电压。反向击穿电流过大会使普通二极管烧坏，称为击穿断路。

由二极管的伏安特性可以总结其使用时的注意事项：

(1)二极管加上正向电压后，并不一定导通，只有所加正向电压大于死区电压，二极管才会导通。

(2)二极管一旦导通，本身压降很小，可忽略不计。此时相当于开关的闭合。

(3)二极管工作在反向截止区时，由于流经的电流很小，此时相当于开关的断开。

(4)二极管所加反向电压超过反向击穿电压时，二极管将反向导通，击穿烧毁。

由上述分析还可以得出，二极管是非线性元件。

四、二极管的主要参数

电子器件的参数是其特性的定量描述，也是实际工作中根据要求选用器件的主要依据。二极管的主要参数有以下几个。

(1) 最大整流电流 I_F：指二极管长期安全使用时，允许通过管子的最大正向平均电流。I_F 的数值是由二极管允许的温升所限定的。使用时，管子的平均电流不得超过此值，否则，二极管 PN 结将可能因过热而损坏。

(2) 最大反向工作电压 U_{RM}：指工作时加在二极管两端的反向电压不得超过此值，一般为了留有余地，手册上查到的 U_{RM} 通常取反向击穿电压 U_{BR} 的一半。

(3) 反向电流 I_S：指在室温条件下，二极管两端加上规定的反向电压时，流过管子的反向电流值。I_S 越小，管子的单向导电性越好。值得注意的是，I_S 受环境温度的影响大，在使用二极管时，要注意温度的影响。

第三节　半导体二极管应用

二极管在电子技术中广泛地应用于整流、限幅、钳位、开关、稳压、检波等方面，大多是利用其正偏导通、反偏截止的特点。

一、整流应用

1. 工作原理

电子设备所需的直流电源，除少数情况用化学电池外，大部分都是由交流电网经整流、滤波、稳压后得到的。整流，就是通过二极管的单向导电性的作用，把交流电变成脉动的直流电的过程。

图 7-3-1(a)所示为纯电阻负载的半波整流电路，由整流变压器，整流元件(二极管)和负载组成。其中 u_1 表示电网电压，u_2 表示变压器次级电压，R_L 是负载电阻。设 $u_2=\sqrt{2}U_2\sin\omega t$，由于二极管的单向导电性的作用，当电源电压为正半周时，二极管承受正向的电压而导通，有电流流过负载，负载上得到一个上正下负的电压，当忽略电路的电阻时，负载上的电压 u_L 等于电源变压器次级电压 u_2；当电源电压为负半周时，二极管承受反向电压而截止，没有电流流过负载，此时，负载上的电压 $u_L=0$。整流波形如图 7-3-1(b)所示。可以看出，一个周期内负载只有半个波形输出，方向是单方向的，大小却是变化的，称脉动直流电压，它的大小常用一个周

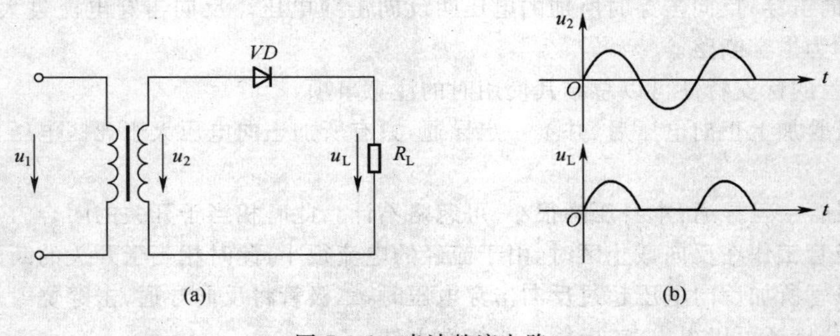

图 7-3-1　半波整流电路

期内的平均值来表示。

2. 输出值的计算

通过计算可得负载上的平均电压值为：

$$U_L = 0.45U_2 \tag{7-3-1}$$

而由于是电阻性负载，负载平均直流电流 I_L 为：

$$I_L = \frac{U_L}{R_L} = 0.45\frac{U_2}{R_L} \tag{7-3-2}$$

3. 二极管的选择

根据电路的原理和负载上的直流电流值，可以算出整流元件的平均电流和最大反向电压。根据这两个值可以选择整流电路所需的二极管。

流过二极管的平均电流 I_D 与负载电流 I_L 相等，即：

$$I_D = I_L = 0.45\frac{U_2}{R_L} \tag{7-3-3}$$

二极管截止时所承受的最大反向电压等于变压器次级电压的幅值，即：

$$U_{DRM} = \sqrt{2}U_2 \tag{7-3-4}$$

单相半波整流电路的特点是电路简单、成本低；缺点是输出直流电压波动大，电源的利用率低。为了克服这些缺点，常采用全波整流电路，其中最常见的是桥式整流电路。

二、二极管限幅应用

二极管限幅电路是一种波形变换电路。它是将输入波形的一部分不失真地传送到输出端，而将超过或低于某一电平的其余部分削去的电路。

1. 串联限幅电路

如图 7-3-2(a)所示，设输入端所加的是正负相间的尖脉冲。当正脉冲作用时，二极管导通，输入信号通过二极管传到输出端，由于二极管的内阻 $r_D \ll R$，所以：

$$u_o = u_i$$

当负脉冲作用时，二极管截止，输出电压：　$u_o = 0$

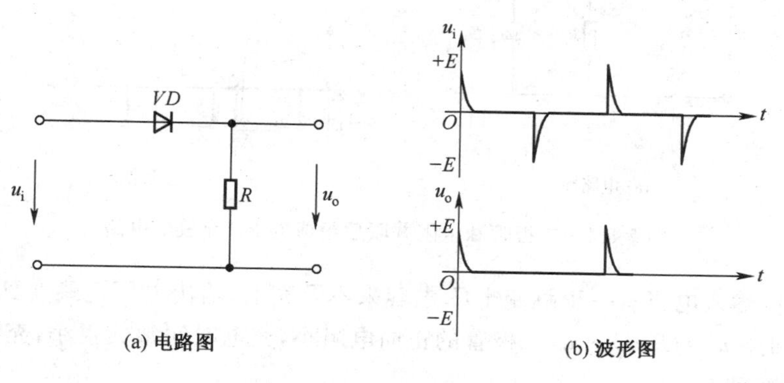

图 7-3-2　串联限幅电路

该电路利用了二极管的非线性特性，把零电平以下的波形削去。如图 7-3-2(b)所示，若改变二极管的极性，就可以改变限幅的性质，把零电平以上的波形削去。

2. 并联限幅电路

并联限幅电路如图 7-3-3(a)所示，二极管与输出端是并联的。当输入正脉冲时，二极管导通，输出电压为二极管的正向压降，忽略二极管的压降，则：

$$u_o=0$$

反之，当输入负脉冲时，二极管因反偏而截止，二极管开路，此时 $R \ll r_D$ 输出电压。

$$u_o=u_i$$

波形图如图 7-3-3(b)所示，削去零点以上的波形，称正向限幅电路。若将二极管反接，可以改变限幅的性质，变成负向限幅器。

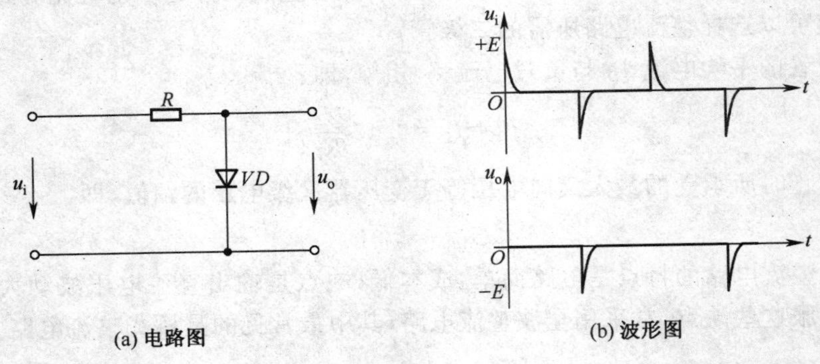

(a) 电路图　　(b) 波形图

图 7-3-3　并联限幅电路

三、二极管和电阻并联后组成 RC 充放电应用

图 7-3-4(a)为二极管和电阻并联后组成的 RC 充放电电路，若在输入端加方波电压，分析其工作原理如图所示。

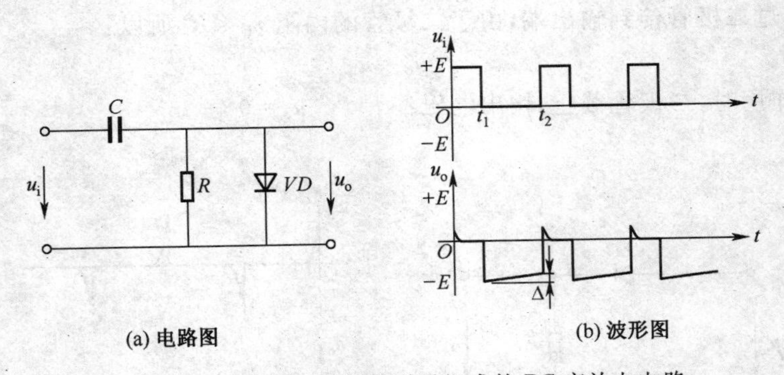

(a) 电路图　　(b) 波形图

图 7-3-4　二极管和电阻并联后组成的 RC 充放电电路

当 $t=0$ 时，输入电压有一正跳变 $+E$，电容来不及充电，输出电压也跳变到 $+E$，二极管导通，电容充电回路 $u_i \to C \to D \to u_i$，二极管的正向电阻小，充电时间常数很小，充电速度很快，输出电压迅速下降到 0。

$t=t_1$ 时，输入电压向下跳变 E，电容 C 来不及放电，相当于 RC 被短路，输出电压 $u_o=-E$，二极管截止，电容 C 通过 R 放电，R 的阻值大，放电速度缓慢，至下一个脉冲到来为止，电容因放电使电压减小 Δ，输出电压略上升为 $u_o=-(E-\Delta)$

$t=t_2$ 时，第二个脉冲到来，输入电压有正跳变 $+E$，输出电压也将向上跳变 E，输出电压

$u_o=\Delta>0$，二极管导通，电容迅速充电，补充前面因放电而失去的电荷，输出电压 u_o 迅速为 0。如此反复，波形如 7-3-4(b)所示。

上面分析可以看出，采用非线性元件 VD 后，利用其正反向电阻不同这一特点，使输出脉冲的顶部钳定在零电平上，因此，这种电路也称零电平正峰钳位器。

四、开关应用

在数字电路中经常将半导体二极管作为开关元件来使用，因为二极管具有单向导电性，可以相当于一个受外加偏置电压控制的无触点开关。如图 7-3-5 所示，为监测发电机组工作的某种仪表的部分电路。其中 u_s 是需要定期通过二极管 VD 加入记忆电路的信号，u_i 为控制信号。

当控制信号 $u_i=10$ V 时，VD 的负极电位被抬高，二极管截止，相当于"开关断开"，u_s 不能通过 VD；当 $u_i=0$ V 时，VD 正偏导通，u_s 可以通过 VD 加入记忆电路。此时二极管相当于"开关闭合"情况。这样，二极管 VD 就在信号 u_i 的控制下，实现了接通或关断 u_s 信号的作用。

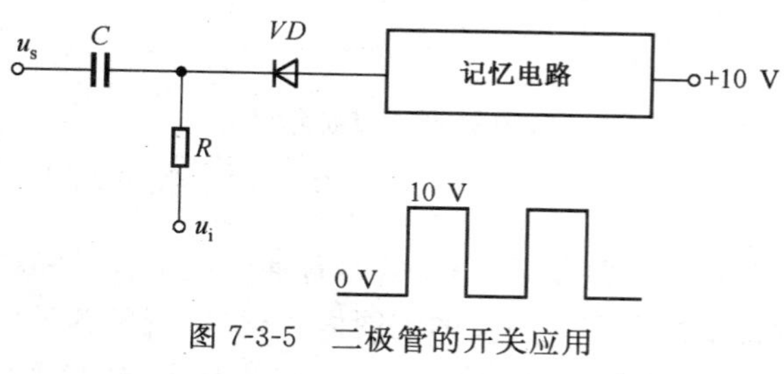

图 7-3-5　二极管的开关应用

五、如何用万用表判别二极管的好坏和正负极

根据二极管的单向导电性可知，二极管的正向电阻小，反向电阻大。利用这一点，可以用万用表的电阻挡大致测量出二极管的好坏和正负极。

1. 判别二极管的极性

用万用表测量二极管的极性时，如图 7-3-6 所示，把万用表的开关置于"Ω"挡的×1 k 或×100 挡(注意调零)，各测二极管的正反向电阻一次，若测得阻值小的一次，黑表笔(接内电池的正极)所接的极为二极管的正极，反之，测得阻值大的一次，红表笔(接内电池负极)所接的极为二极管的正极。

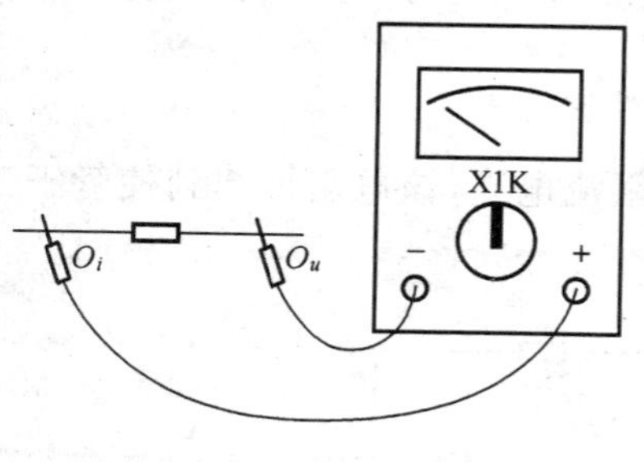

图 7-3-6　二极管极性的判别

2. 判别二极管性能的好坏

在判别二极管的极性时，若测得正反向的阻值相差越大，表示二极管的单向导电性越好，一般二极管的正向电阻约几十～几百 Ω，反向电阻约几百 Ω～几百 kΩ。若测得二极管的正反向电阻阻值相近，表示二极管已坏。若测得二极管正反向阻值很小或为零，表示管子已被击穿，两电极已短路；若测得正反向阻值都很大，则表明管子内部已断路，都不能使用。

第四节　特殊二极管

一、稳 压 管

1. 工作原理

稳压管是用特殊工艺制成的特殊二极管，它工作于反向击穿区，具有稳压的功能。它的伏安特性和电气符号如图 7-4-1 所示。

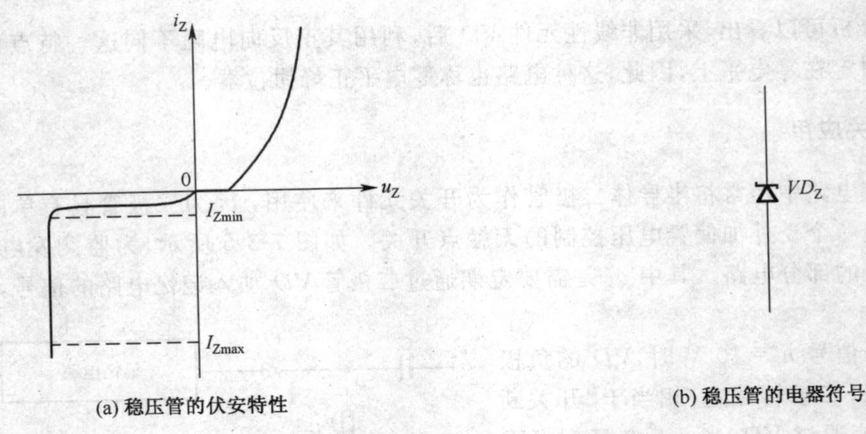

(a) 稳压管的伏安特性　　(b) 稳压管的电器符号

图 7-4-1　稳压管的伏安特性曲线和符号

从特性曲线看，稳压管与普通二极管极其相似，只是稳压管的反向击穿特性曲线更陡，流过管子的电流在很大的范围内变化时，管子两端的电压基本不变，稳压特性好。而且，管子击穿时，电流变化很大，为了不致烧坏管子，要求管子的电流小于它的最大允许电流 I_{Zmax}，所以管子能够长期持续使用，一旦撤消反向击穿电压，稳压管可恢复原来的正常状态。使用时，常配合限流电阻使用。

2. 稳压管的主要参数

① 稳定电压 U_Z：即反向击穿电压。由于制造上原因，同一型号、同一批管子，U_Z 值并不完全一样，有一定的离散性，而且与温度和工作电流有关，所以不是一个固定值。

② 稳定电流 I_Z：稳压管正常工作时的电流值，其范围在 I_{Zmin}～I_{Zmax} 之间，I_Z 较小时，稳压效果不佳，内阻较大；I_Z 过大时，管子功耗也将增大，超过管子允许值时，管子将不够安全；一般选用安全范围内偏大的电流。

③ 耗散功率 P_M：管子所允许的最大功率损耗 $P_M = I_{Zmax}U_Z$。管子功耗超过最大允许功耗时管子将产生热击穿而损坏。

3. 稳压管的应用电路

图 7-4-2 为并联型稳压电路，稳压管与负载并联，R 为限流电阻，该电阻即起到使管子工作于安全的工作区内，同时起到调整电压的作用。

下面简单讨论该电路的稳压原理：

(1) 输入电压波动、负载电阻不变的情况

当输入电压 U_i 增大时，R_L 上的电压也将增大，因而 VD_Z 的电压也将增大，流过 VD_Z 的电流 I_Z 将大大增大，$I_R = I_Z + I_L$ 也将大大增大，R 两端的压降将增大，所以 U_i 的增加量几乎全部降在 R 上，从而使输出电压保持基本稳定。其过程可以表示如下：

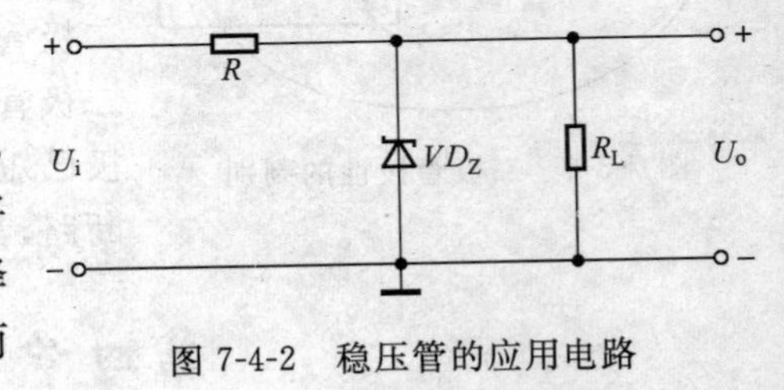

图 7-4-2　稳压管的应用电路

$$U_i \uparrow \rightarrow U_o \uparrow \rightarrow I_Z \uparrow \rightarrow I_R \uparrow \rightarrow U_R \uparrow \rightarrow U_o \downarrow$$

同理，当 U_i 减小时，I_Z 将减小，R 两端的电压也将减小，U_i 的减小量将变成 R 上电压的减

小量，从而保持 U_o 的电压基本稳定。

(2)负载波动，输入电压不变的情况

当负载电流 I_L 增大时，则 I_R 也增加，在 R 上的压降增大，输出电压 U_o 将下降，I_Z 也将大大减小，从而使流过 R 的电流 $I_R=I_Z+I_L$ 基本保持不变，R 上的压降也将不变，输出电压基本不变。其过程可以表示如下：

$$I_L\uparrow\rightarrow I_R\uparrow\rightarrow U_R\uparrow\rightarrow U_o\downarrow\rightarrow I_Z\downarrow\rightarrow U_R\downarrow\rightarrow U_o\uparrow$$

同理，当 I_L 减小时，U_o 将增加，引起稳定电流 I_Z 增加，从而 I_R 也将增加，R 上的电压降不变，输出电压也基本保持不变。

综上所述可以看出：稳压管的自动调节作用，使输出电压基本保持不变。但输出电压的大小受稳压管的稳定电压所决定，输出电压不可调，同时稳定性能较差，输出电流受 I_Z 所限制。若要提高稳压电源性能，可采用串联型稳压电源(该内容将在第八章讲解)。

二、发光二极管

发光二极管的重要机理是电致发光，即通过电场或电流激发固体发光材料并使之发光辐射的现象，是电能直接转换成光能的过程。

发光二极管的符号和伏安特性如图 7-4-3 所示。其伏安特性与普通二极管十分相似，只是开启电压和正向特性的上升速率略有不同。发光二极管的开启电压取决于制作材料，例如 GaAsP 红色 LED 约为 1.7 V，而 GaP 绿色 LED 则约为 2.3 V。发光材料不同，其波长也不同，发出的光的颜色也不同。

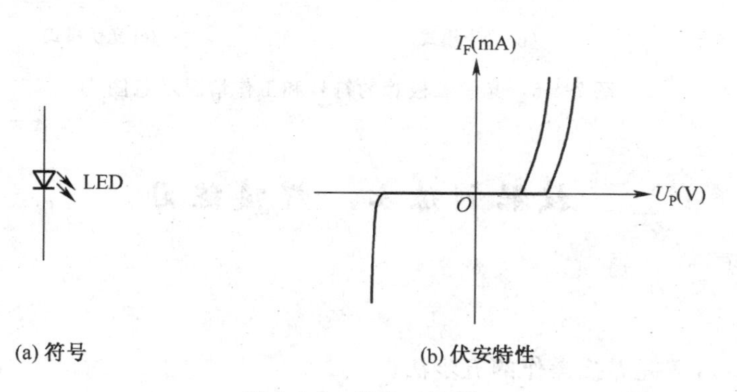

图 7-4-3　发光二极管

要使发光二极管发光，就必须对其施加一定的驱动电源，发光二极管是一种电流控制的器件，只要流过发光二极管的正向电流在所规定的范围之内，它就可正常发光。驱动的电源可以是直流，也可以是交流。

基本的直流驱动电路如图 7-4-4 所示，LED 的工作电流由电源和限流电阻 R 来供给，因而必须合理选择 U_i 和 R，使 LED 工作在额定的工作电流下。

交流驱动电路如图 7-4-5 所示。交流驱动可以使 LED 输出较大的光功率。图中 VD 对 LED 起反向保护作用。

发光二极管常用于状态指示或高电平指示，也用于数码管和点阵，显示如数字钟、电子秤、证券、交通指示等。

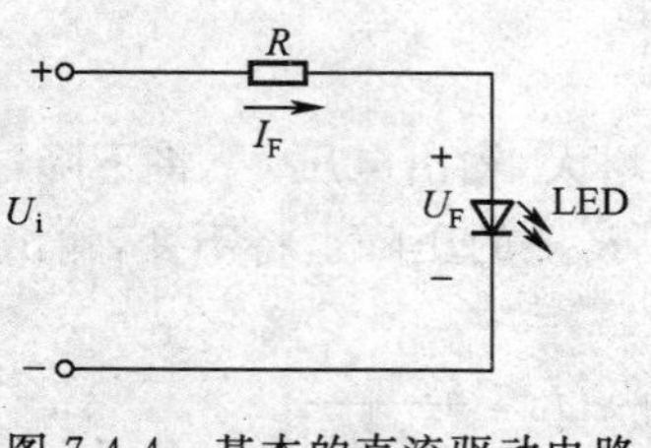

图 7-4-4　基本的直流驱动电路

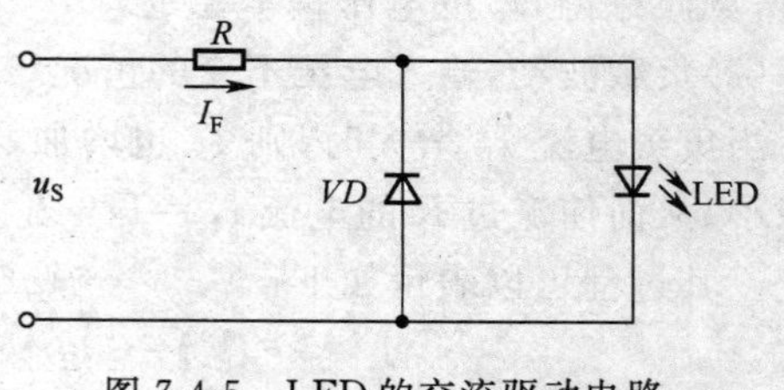

图 7-4-5　LED 的交流驱动电路

三、光敏二极管

光敏二极管是将光信号转变为电信号的器件。光敏二极管在反向电压下工作，当不受光照时，其反向电阻很大，通过它的电流很小；当受到光的照射时，反向电流显著增加，该电流称光电流，它的大小与光照的强度及波长有关。

光敏二极管主要用于自动控制、触发器、光电耦合器等电路中，作为光电转换器件。图7-4-6为光敏二极管的符号和工作情况示意图。

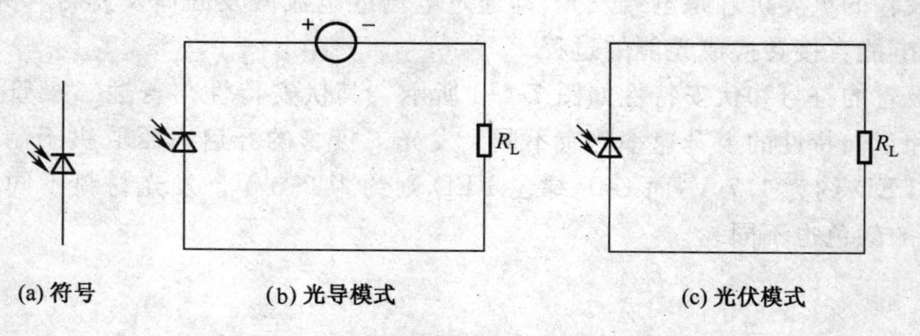

图 7-4-6　光敏二极管的符号和工作情况示意图

技能训练七　焊接练习

一、焊点练习

1. 实训目的

通过焊点练习，掌握焊接操作的五步法。

2. 实训器材和工具

报废印刷电路板一块；橡皮擦；单根、双根引线数根；松香焊剂、焊锡；25 W 电烙铁一把；镊子；小刀；烙铁支架。

3. 实训步骤

(1)用橡皮擦清理印制电路板焊盘。

(2)导线上锡。

(3)将导线插入焊盘。

(4)按照焊接五步法操作进行焊接。

(5)检查焊接质量。

(6)练习导线间的焊接(搭焊、钩焊和绕焊)。

二、元器件焊接

1. 实训目的

通过元器件焊接的练习，掌握元器件焊接的基本方法和要领。

2. 实训工具和器材

尖嘴钳；扁口钳；镊子；电阻器 10 个；电容器 10 个；二极管 5 个；三极管 5 个；印刷电路板 1 块；25 W 电烙铁 1 把。

3. 实训步骤

(1)在印刷电路板上找到能安装电阻器的孔位，将 5 个电阻器的引脚用尖嘴钳成形，按要求装入预定孔位，按照焊接步骤进行焊接。

(2)将二极管插入印刷电路板的孔位中，按照焊接步骤进行焊接(焊接时应注意焊接的时间不能过长)。

(3)将三极管插入印刷电路板的孔位中，按照焊接步骤进行焊接(焊接时应注意焊接的管角位置)。

(4)将电容器插入印刷电路板的孔位中，按照焊接步骤进行焊接(焊接时应注意焊点的形状)。

三、拆焊练习

1. 实训目的

通过对焊点的拆焊练习，掌握拆焊的基本操作。

2. 实训工具和器材

25 W 电烙铁 1 把；印刷电路板 1 块；吸锡电烙铁；金属线网；导线和尖嘴钳。

3. 实训步骤

(1)将元器件焊接练习中使用过的印制电路板准备好。

(2)用电烙铁将焊锡熔化，同时用吸锡电烙铁将焊锡吸走。

(3)练习用吸锡电烙铁拆焊电阻。

(4)用金属线网对电阻进行拆焊(将金属线一端浸入焊剂，然后将金属线放在待拆的焊点上，把炙热的电烙铁头放在金属线的顶部，并加上轻微的压力。金属线上的热量将熔化焊点上的焊料，而流向炙热的烙铁。再拿开金属线检查大多数焊料是否已被除去，焊点上如果仍然保留焊料，则重复以上操作)。

四、线头的处理

1. 实训目的

通过对引线头的处理练习，掌握对绝缘导线头的处理加工。

2. 实训工具和器材

25 W 电烙铁 1 把；焊锡；焊剂；多股绝缘导线 2 根。

3. 实训步骤

(1)将导线头的绝缘层去掉。

(2)对芯线进行捻头处理。

(3)对芯线进行浸锡处理。

小　结

1. 半导体的基本知识包括：半导体的物理特性有光敏性、热敏性和掺杂性。半导体按照掺杂性可分为P型半导体和N型半导体。PN结具有单向导电性。

2. 二极管的基本知识包括：二极管的构成、符号、工作原理、伏安特性及参数。二极管是由半导体材料构成的，具有一个PN结的半导体器件，在电路中具有单向导电性。单向导电性成立的外加条件是：当在二极管两端加正向电压时，即$V_P > V_N$，二极管导通；当在二极管两端加反向电压时，即$V_P < V_N$，二极管截止。由二极管的伏安特性可以分析出使用二极管时的注意事项。二极管的参数是合理使用二极管的理论依据。

3. 二极管的应用电路主要介绍了整流电路、限幅电路和电容充放电电路。

4. 特殊二极管介绍了发光二极管、稳压二极管和光敏二极管。

一、是 非 题

1. 二极管是根据PN结的单向导电性制成的，因此二极管也具有单向导电性。(　　)

2. 二极管的电流-电压关系特性可大概理解为反向偏置导通，正向偏置截止。(　　)

3. 用万用表识别二极管的极性时，若测的是二极管的正向电阻，那么标有"+"号的测试棒相连的是二极管的正极，另一端是负极。(　　)

4. 一般来说，硅二极管的死区电压小于锗二极管的死区电压。(　　)

5. 如果二极管的正、反向电阻都很大，则该二极管内部断路。(　　)

6. 二极管的正极电位为−20 V，负极电位为19.4 V，则二极管处于零偏。(　　)

7. 如果二极管的正、反向电阻都很小或为零，则该二极管内部断路。(　　)

8. 稳压二极管工作在正常的反向击穿状态时，切断外加电压后，PN结仍处于反向击穿状态。(　　)

9. 当工作电流超过最大稳定电流时，稳压二极管将不起稳压作用，但并不损坏。(　　)

二、思 考 题

1. 本征半导体的导电机理是什么？

2. PN结是如何形成的？

3. 从二极管的伏安特性，总结使用二极管的注意事项。

三、分析计算题

1. 如题图7-1所示，二极管两端的压降和流过二极管的电流是多少？若调换二极管的极性，则二极管两端的压降和通过二极管的电流又是多少？(设二极管的反向电流$I_S = 0$)。

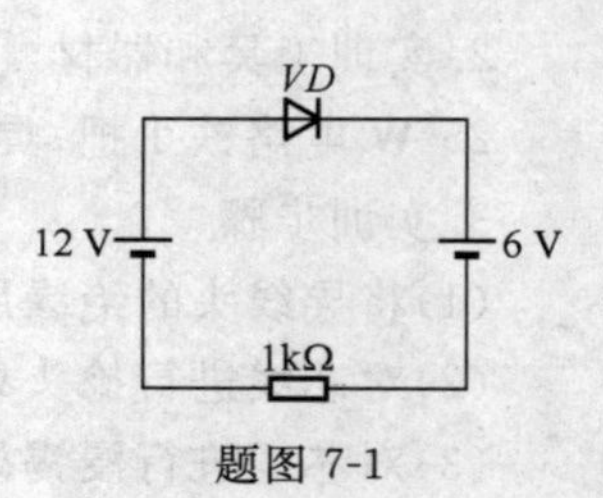

题图7-1

2. 设二极管的正向压降可忽略不计，反向击穿电压为5 V，反向电流为0.1 mA，试求题图7-2所示电路的电流。

3. 分析题图 7-3 所示电路中各二极管是导通还是截止？并求出 A、O 两端的电压 U_{AO}（设 VD 为理想二极管）。

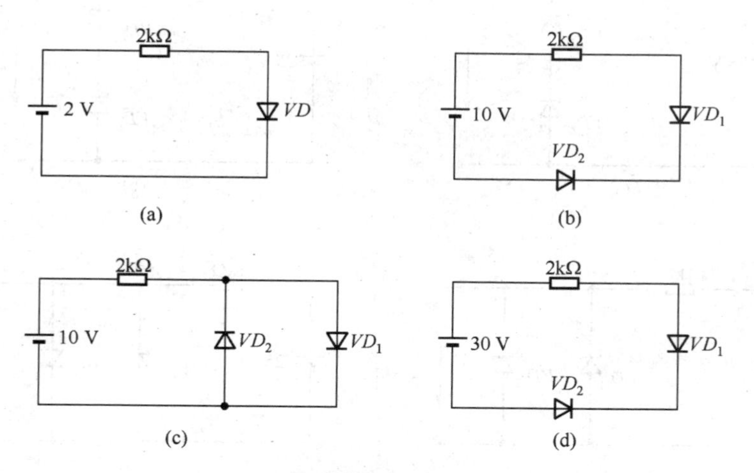

题图 7-2

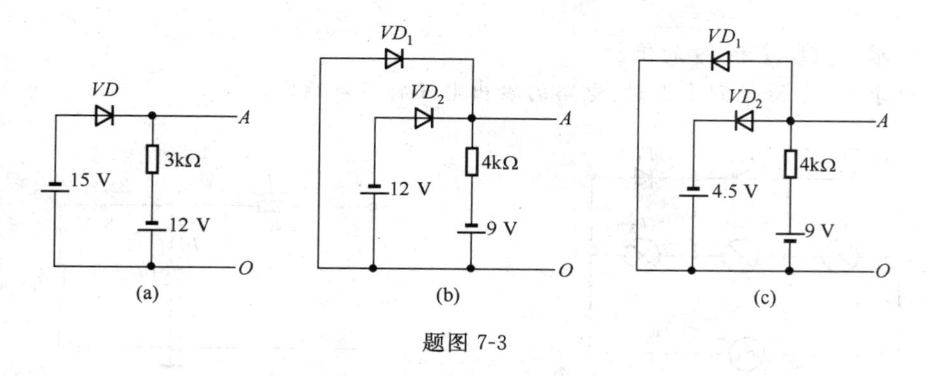

题图 7-3

4. 如题图 7-4 所示，已知输入信号为正弦交流电，且 $U_{im}>E$，试画出输出电压的波形。

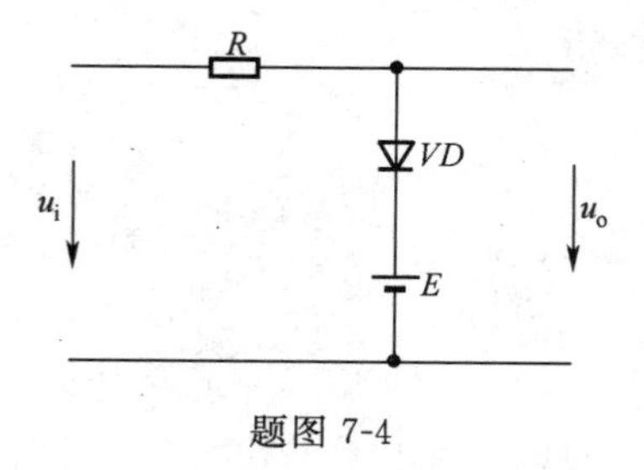

题图 7-4

5. 设 VD_{Z1} 和 VD_{Z2} 的稳定电压分别为 5 V 和 10 V，求题图 7-5 中各电路的输出电压。

6. 电路如题图 7-6 所示，电路中有三只性能相同的二极管 VD_1、VD_2、VD_3 和三只 220 V、40 W 的灯泡，L_1、L_2、L_3 互相连接后，接入 220 V 的交流电压 u，试分析哪只（或哪些）二极管承受的反向电压最大？

7. 一硅稳压电路如题图 7-7 所示，其中未经稳压的直流输入电压 $U_i=18$ V，$R=1$ kΩ，$R_L=2$ kΩ，硅稳压管 VD_Z 的稳定电压 $U_Z=10$ V，动态电阻及未被击穿时的反向电流均可忽略。

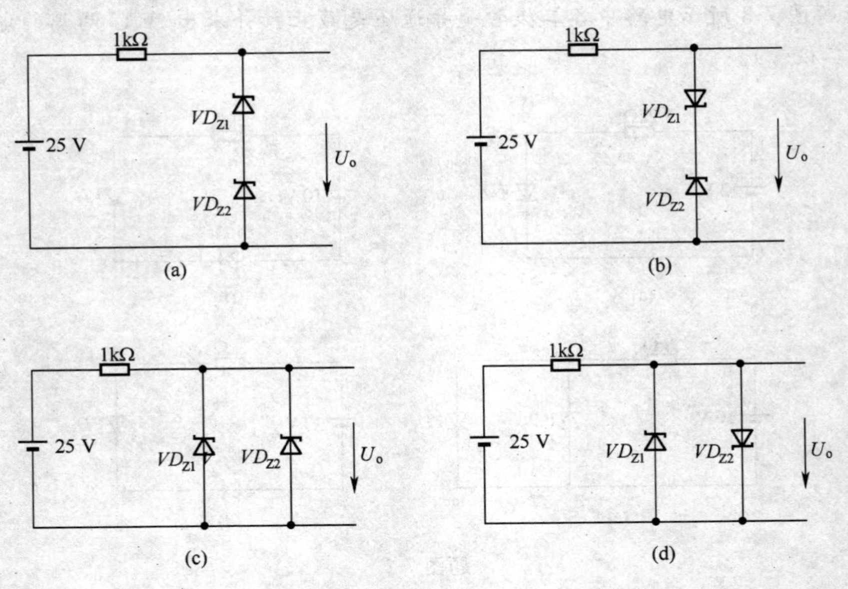

题图 7-5

(1) 试求 U_o、I_o、I 和 I_Z 的值。

(2) 试求 R_L 值降低到多大时,电路的输出电压将不再稳定。

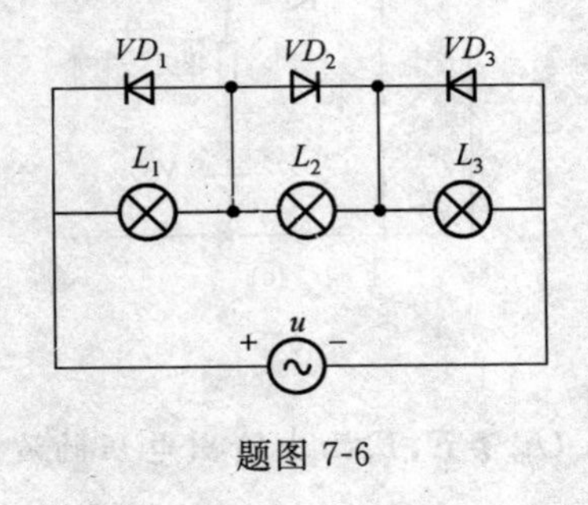

题图 7-6

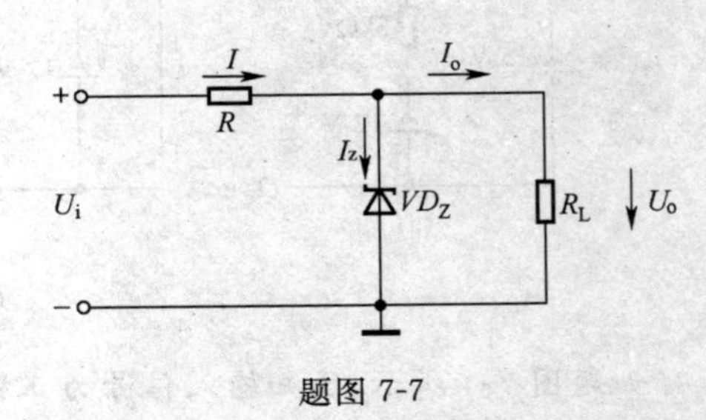

题图 7-7

第八章

晶体三极管及其应用

晶体三极管是构成放大电路的基本元件,简称三极管。由三极管构成的基本放大电路,主要作用是利用三极管的电流控制作用,将微弱的电压或电流不失真地放大到需要的数值。在电子系统中,“放大”起着十分重要的作用。我们经常需要将微弱的电信号加以放大,去推动后续的电路。这个微弱的电信号可能来自于前级放大器的输出,也可能来自于可以将温度、湿度、光照等非电量转变成电量的各类传感器的输出,也可能来自于我们比较熟悉的由收音机的天线接收到的广播电台发射的无线电信号等。这些微弱的电信号经过几级放大电路,被放大到需要的数值,最后送到功率放大电路中进行功率放大以推动喇叭、继电器、电动机、显示仪表等执行元件工作。简单地说,一个我们非常熟悉的收音机电路就是一个以“放大”为核心的小型电子系统。它将微弱的无线电信号逐级放大,最后经功率放大级输出推动喇叭,还原出声音信号。

一个放大电路系统可以表示成图 8-1 所示的框图。

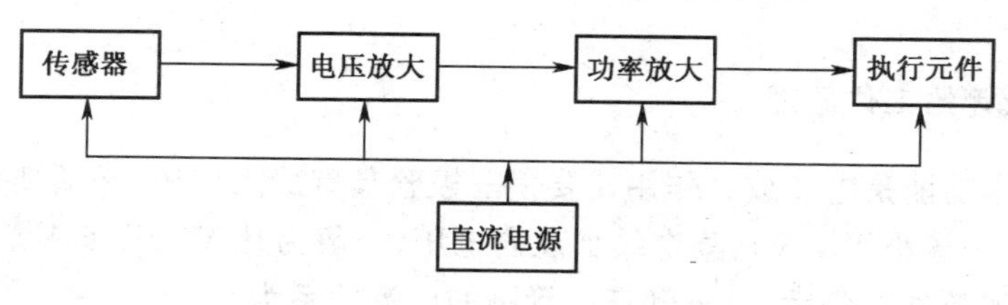

图 8-1　放大器的框图

第一节　晶体三极管

一、晶体三极管的构成

晶体三极管又叫做半导体三极管,它是一种具有电流放大作用的半导体器件。三极管是由两个 PN 结、三层半导体、三个管脚组成的半导体器件。三层半导体可以排成两种不同的组合,如图 8-1-1 所示。三层半导体分别称发射区、基区和集电区;从各区引出的电极则称发射极(E)、基极(B)和集电极(C);发射区与基区之间的 PN 结称发射结;基区和集电区之间的 PN 结则称集电结。三极管的电气符号如图 8-1-1(b)所示,带箭头的电极表示发射极,箭头的方向表示发射极电流的实际方向。

三极管的种类很多。根据材料可分为锗管、硅管;根据三层半导体的排列不同可分为 PNP 和 NPN 型管;根据频率可分为高频管和低频管;根据功率可分为大功率管和小功率管等。图 8-1-2 为常用三极管的外形图。

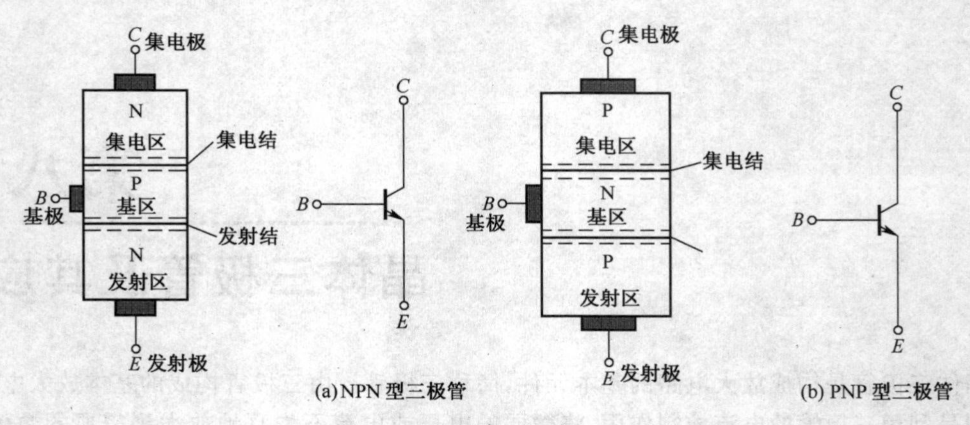

图 8-1-1　三极管的结构与电路符号

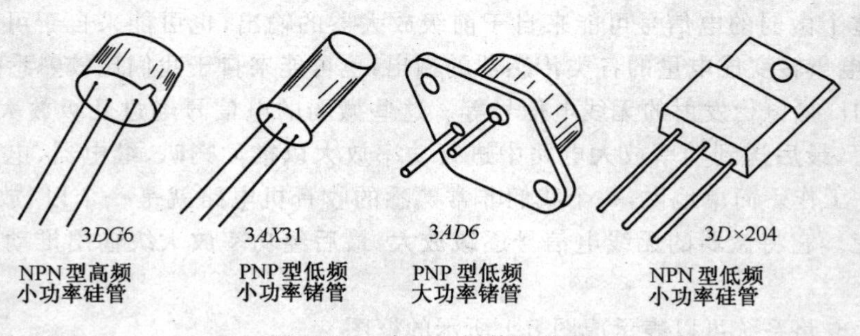

图 8-1-2　常见三极管的外形

二、晶体三极管的工作原理

三极管的基本功能是电流放大作用。要使三极管具有放大作用，必须满足其外部条件：发射结加正向电压（一般小于 1 V），集电结加反向电压（一般为几 V～几十 V），即：发射结正偏，集电极反偏。外加条件具备后，三极管三个管脚的电流关系为：

$$I_E = I_C + I_B$$

$$I_C = \beta I_B$$

人为控制三极管的基极电流，就可以在集电极获得放大的集电极电流，实现了电流放大的作用。

由于 NPN 管和 PNP 管的结构对称，工作原理完全相同，下面以 NPN 管为例，讨论三极管的基本工作原理。

1. 三极管内部载流子的传输过程

和二极管一样，要使三极管能控制载流子的传输以达到电流放大的目的，必须给三极管加上合适的偏置电压，NPN 三极管的偏置情况如图 8-1-3 所示。

(1)发射区向基区注入电子，形成发射极电流 I_E

在图 8-1-3 中，由于发射结正偏，因此，高掺杂浓度的发射区多子（自由电子）越过发射结向基区扩散，形成发射极电流 I_E，发射极电流的方向与电子流动方向相反，是流出三极管发射极的（与此同时，基区多子空穴也向发射区扩散，但因基区掺杂浓度低，数量和发射区的电子相比很少，可以忽略不计）。

(2)电子在基区的扩散与复合,形成基极电流 I_B

发射区来的电子注入基区后,由于浓度差的作用继续向集电结方向扩散。但因为基区多子为空穴,所以在扩散过程中,有一部分自由电子要和基区的空穴复合。在制造三极管时，基区被做得很薄，只有微米数量级、掺杂浓度又低,因此被复合掉的只是一小部分,大部分自由电子可以很快到达集电结。而 U_{BB} 的正极接三极管的基区,所以不断地从基区抽走电子形成新的空穴以补充被复合掉的空穴,维持基区空穴浓度不变,这些被抽走的电子形成了流入基极的基极电流 I_B。

(3)集电区收集电子形成集电极电流 I_C

大部分从发射区“发射”来的自由电子很快扩散到了集电结。由于集电结反偏,在这个较强的从 N 区(集电区)指向 P 区(基区)的内电场的作用下,自由电子很快就被吸引、漂移过了集电结,到达集电区,形成集电极电流的主要成分 I_C。集电极电流的方向是流入集电极的。

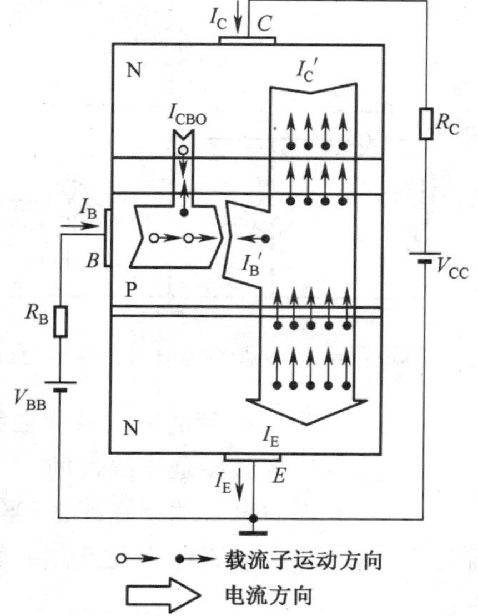

图 8-1-3　三极管内的载流子运动规律

2. 电流分配关系

发射极电流 I_E 在基区分为基区内的复合电流 I'_B 和继续向集电极扩散的电流 I'_C 两个部分,I'_C 与 I'_B 的比例取决于制造三极管时的结构和工艺,管子制成后,这个比例基本上是个定值。定义三极管的直流电流放大系数 $\bar{\beta}$ 为 I'_C 与 I'_B 的比值，即

$$\bar{\beta}=\frac{I'_C}{I'_B}=\frac{I_C-I_{CBO}}{I_B+I_{CBO}}\approx\frac{I_C}{I_B} \tag{8-1-1}$$

$$I_C=\bar{\beta}I_B \tag{8-1-2}$$

将三极管看成是一个节点,还可以得到发射极 I_E 电流与 I_C、I_B 的关系，即

$$I_E=I_C+I_B=(1+\beta)I_B \tag{8-1-3}$$

由于 β 较大,通常认为 $I_E\approx I_C$。一般小功率管基极电流通常是微安级别,而 I_E 和 I_C 的数量级可以达到毫安级。

定义三极管的交流电流放电系数 β 为:

$$\beta=\frac{\Delta I_C}{\Delta I_B} \tag{8-1-4}$$

β 一般为 10～200 之间。

PNP 型三极管的三个管脚的电流方向于 NPN 型三极管的电流方向相反,所加电压方向也是相反的。

三、三极管的伏安特性曲线

三极管的伏安特性曲线是指晶体管各极电压与电流之间的关系。以共发射极接法为例,有输入特性曲线和输出特性曲线两种。这两种特性可用图 8-1-4 的电路进行测试。

1. 输入特性曲线

输入特性曲线是指 u_{CE} 为一定值时,加在晶体管的基极和发射极之间的电压 u_{BE} 与它所产

生的基极电流 i_B 之间的关系,用函数表达式表示为:

$$i_B = f(u_{BE})|u_{CE} = 常数$$

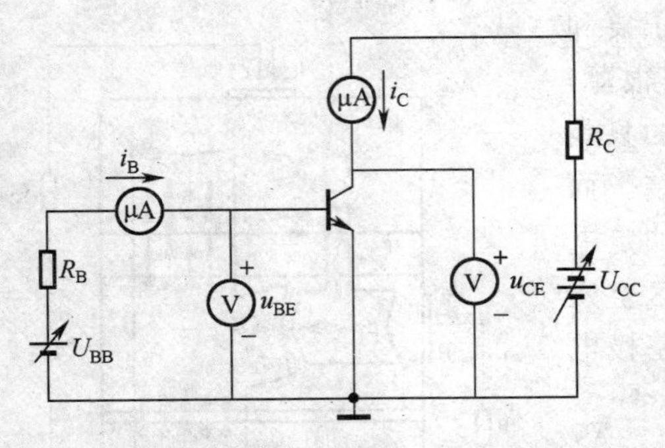

图 8-1-4 三极管输入输出特性的测试电路

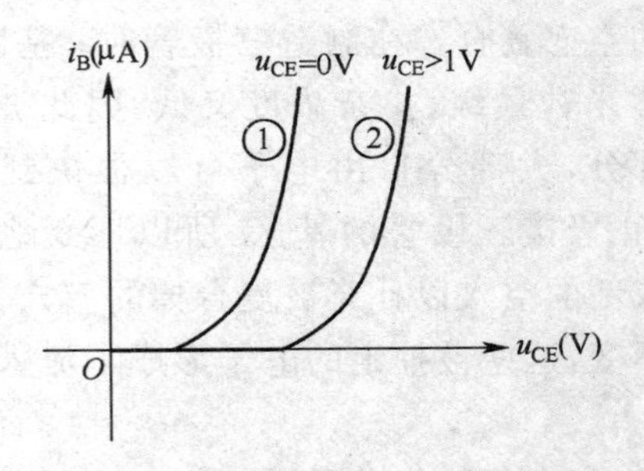

图 8-1-5 三极管的输入特性曲线

图 8-1-5 为三极管的输入特性曲线。根据曲线图,对其进行分析可得出以下特性:

(1)输入特性曲性是非线性的;

(2)三极管的输入端存在死区,当输入电压小于某一开启电压值时,管子不能导通,基极电流为零,这一开启电压称为死区。一般硅管的死区电压约为 0.5 V 左右,锗管约为 0.2 V 左右;

(3)管子导通后,管压降变化不大。一般地,硅管的管压降 U_{BE} 约为 0.6~0.7 V 左右,锗管的约为 0.2~0.3 V 左右。

2. 输出特性曲线

输出特性曲线是指基极电流 i_B 为一定值时,输出回路中集电极和发射极之间的电压 u_{CE} 与集电极电流 i_C 的关系,用函数关系式可表示为:

$$i_C = f(u_{CE})|i_B = 常数$$

图 8-1-6 为输出特性曲线。对输出特性曲线进行分析可得出以下特性:

(1)当 $U_{CE}=0$ 时,$I_C \approx 0$,曲线过坐标原点。

(2)$I_B=0$ 时,在外加电压 U_{CE} 作用下,$I_C = I_{CEO} \approx 0$。(I_{CEO} 称为晶体管的穿透电流)。

(3)若 I_B 为某固定值时,在 U_{CE} 较小的时候,随着 U_{CE} 的增大,集电极电流 I_C 迅速增大,即图中特性曲线的起始上升部分。当 U_{CE} 继续增大,I_C 的变化趋于平缓,即图中特性曲线的平坦部分。在这一区域,U_{CE} 的变化很大而 I_C 的变化很小,呈现一种动态电阻很大的恒流特性。

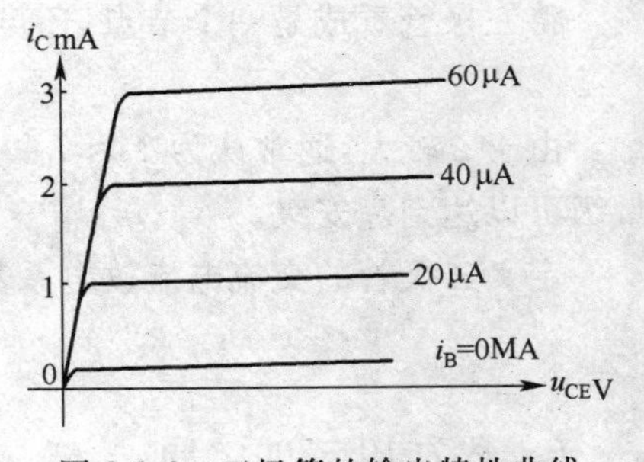

图 8-1-6 三极管的输出特性曲线

(4)当调整 I_B 为不同的值时,出现为一族曲线,如图 8-1-6 所示。随着 I_B 的增大,I_C 也跟着增大,体现了 I_B 对 I_C 的控制作用,因此,三极管属于电流控制的电流源。

四、三极管的工作区域

由三极管的输出特性曲线,可将三极管分成三个工作区域,如图 8-1-7 所示。

(1)放大区:输出特性曲线中间线性的区域,称放大区。在此区域工作的三极管的特点是:$I_C \approx \beta I_B$。若使三极管工作在该区域的外加条件为:发射结正偏,集电结反偏。

（2）截止区：由 $I_B=0$ 与横轴所包围的区域，称截止区。该区域的特点是：当 $I_B=0$ 时，$I_C=I_{CEO}=0$，I_{CEO} 为管子的穿透电流，一般较小，但在高温和储管运用的情况下，该值较大。若使三极管工作在该区域的外加条件为：发射结反偏，集电结反偏。

（3）饱和区：在特性的起始部分，I_C 随 U_{CE} 的变化上升很快，而当 $U_{CE}=U_{CES}=0.3$ V（饱和压降）曲线基本不再上升，因此，在该区域，不同 I_B 值得出的输出特性几乎重叠，表示 I_B 对 I_C 失去控制作用，因此称饱和区。若使三极管工作在该区域的外加条件为：发射结正偏，集电结正偏。

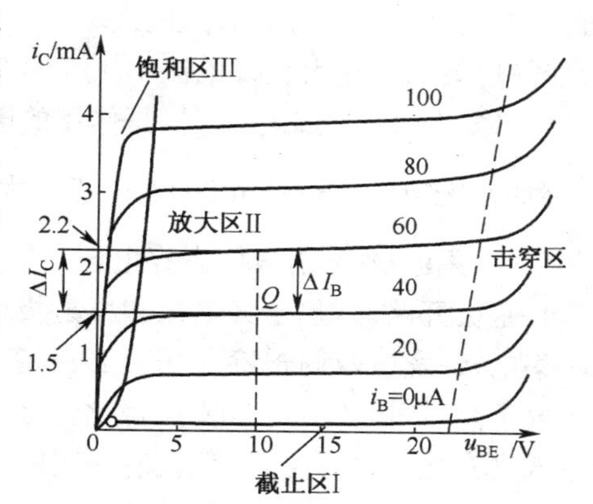

图 8-1-7　三极管的三种工作状态

熟悉三极管的三种工作状态的条件和特点，常是检测放大电路中管子正常工作与否的主要依据。

五、三极管的主要参数

主要参数是晶体管性能的另一种表现形式，它表示了三极管的性能好坏和适用范围，是我们设计、调试电路时选用三极管的依据。下面把三极管常用的主要参数分类归纳如下。

1. 电流放大系数

晶体管的电流放大系数分直流电流放大系数和交流电流放大系数两种，用 $\bar{\beta}$ 和 β 表示。其中，共射极直流电流放大系数为 $\bar{\beta}=\frac{I_C}{I_B}$；当晶体管输入变化量时，共射极交流电流放大系数为：

$$\beta=\frac{\Delta I_C}{\Delta I_B}\mid u_{CE}=\text{C（常数）}$$

电流放大系数并不是常数，它的数值受许多因素影响。而且，由于管子参数的离散性，相同型号、同一批管子的 β 也有区别，甚至同一个管子通过的电流不同，或者环境温度的变化都会使 β 值发生变化。

2. 极间反向电流

晶体管的极间反向电流主要指集电结反向电流 I_{CBO} 和集电极、发射极间的穿透电流 I_{CEO}，如图 8-1-8 所示。

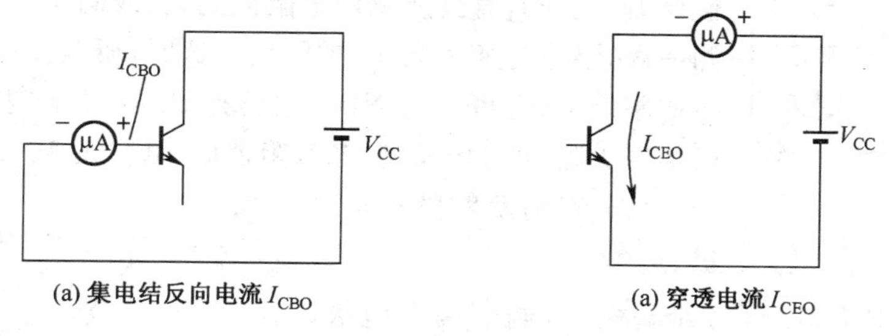

(a) 集电结反向电流 I_{CBO}　　(a) 穿透电流 I_{CEO}

图 8-1-8　三极管的极间反向电流

①I_{CBO} 定义为发射极开路，在集电极和基极间加反向电压时，流过集电结的电流。它的大小反映集电结质量的好坏，I_{CBO} 越小越好。

②I_{CEO} 定义为基极开路，在集电极与发射极间加上一定反向电压时的集电极电流，该电流从集电区穿过基区到达发射区，所以称穿透电流。I_{CEO} 比 I_{CBO} 大 β 倍，即 $I_{CEO}=(1+\beta)I_{CBO}$。穿

透电流是反映管子质量的重要参数，I_{CEO}越小越好。

3. 晶体管的极限参数

晶体管的极限参数就是当三极管正常工作时，最大的电流、电压、功率等的数值，它是晶体管能够长期、安全使用的保证。

(1)集电极最大允许电流 I_{CM}

当集电极的电流过大时，晶体管的电流放大系数β将下降，一般把β下降到规定的允许值$\left(例如额定值的\frac{1}{2}\sim\frac{2}{3}\right)$时的集电极最大电流，叫集电极最大允许电流。

(2)集电极-发射极间击穿电压 $U_{(BR)CEO}$

基极开路时，加于集电极和发射极间的反向电压，叫集电极-发射极间击穿电压。当温度上升时，击穿电压要下降，所以工作电压要选得比击穿电压小很多，一般选击穿电压的一半，以保证有一定的安全系数。

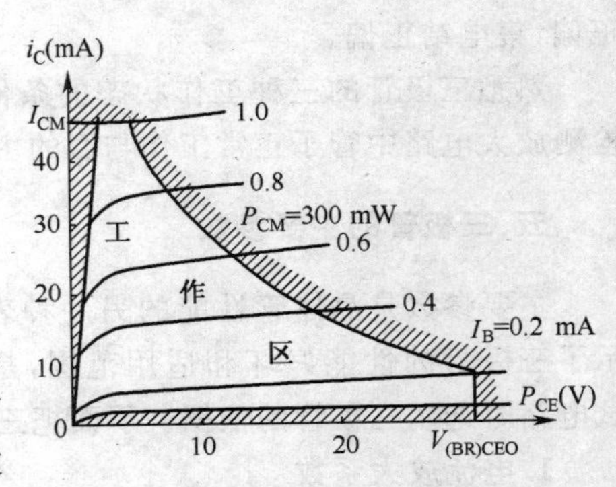

图 8-1-9 晶体管的最大功耗线

(3)集电极最大允许耗散功率 P_{CM}

由于集电结是反向连接的，电阻很大，通过电流 I_C 后会产生热量，使集电结温度上升。根据管子工作时允许的集电结最高温度 T_J（锗管为 70℃，硅管可达 150℃），从而定出集电极的最大允许耗散功率 P_{CM}。根据 P_{CM}的值，在输出特性上画出一条 P_{CM}线，称允许管耗线。如图 8-1-9 所示，管耗线的左下方范围内是安全区，而在 P_{CM}线的右上方，即 $P_C>P_{CM}$区，称为过损耗区，使用时，P_C 不允许超过最大功耗 P_{CM}。

六、三极管的检测

1. 管脚的判别

(1)判别基极

选择万用表 $R\times1$ k 或 $R\times100$ 挡（注意调零），先假定一个管脚为基极并把红表笔接在假定的基极上，如图 8-1-10 所示。用黑表笔分别接另外两个管脚，测得两个阻值。如果阻值一大一小，则所假设的不是基极，应重新假设另一管脚，直到所测两个阻值同大（或同小）。将表笔对换，再测一次，阻值将变为同小（或同大），这时，所假设的管脚即为基极。在此基础上，还可判定 NPN 型还是 PNP 型：红表笔接基极，若两阻值同大时，即 NPN 型；若两阻值同小时，即 PNP 型。

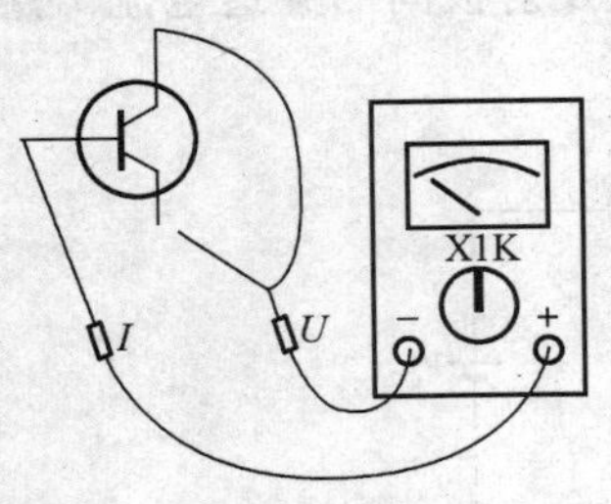

图 8-1-10 基极的判别

(2) 判别发射极和集电极

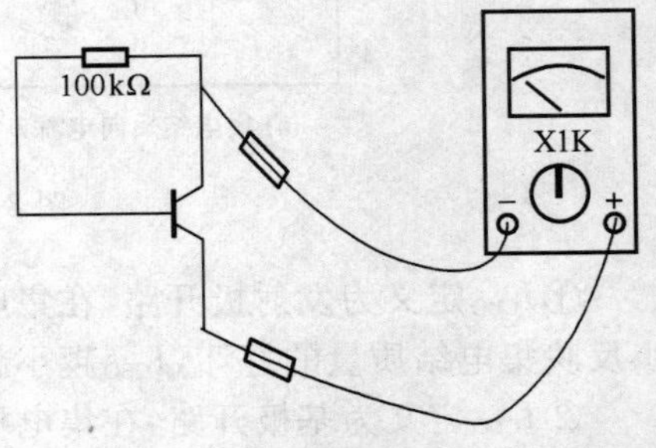

图 8-1-11 发射极和集电极的判别

若管子为 NPN 型管，已知基极后，剩下两个电极，假定一个管脚为集电极，用黑表笔接在假定的集电极上，红表笔接另一电极，再在所假设的集电极和基极之间加 100 kΩ 的电阻，这时，阻值将变小，将两个要判别的管脚对换，同法再测一次，阻值偏转角度大的一次，则黑表笔所接的电极为集电极，如图 8-1-11 所示；若管子 PNP 型，则应调换表笔。

2. 管子性能的判别

(1) PN 结的好坏(检查正反向电阻,方法略)。

(2)测穿透电流:如图 8-1-12 所示,(若是 PNP 型管则应调换表笔),阻值应在几十 kΩ(低频管可低些),若阻值太小,则说明穿透电流大性能不好;若阻值慢慢变小,说明管子性能不稳定。

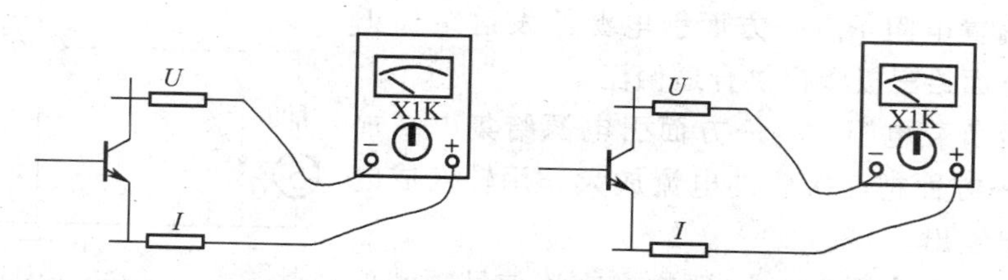

图 8-1-12　测量穿透电流和 β 值的粗测

(3)β 值的粗测

用判别集电极的方法,阻值摆动的幅度越大,则管子的放大能力越大,即 β 值越大;若阻值的摆动幅度小,则管子的 β 值越小。

七、三极管在电子技术中的应用

半导体三极管是电子电路的核心元器件,应用十分广泛。尽管三极管可以组成运算放大电路、功率放大电路、振荡电路、反相器、数字逻辑电路等,但可归纳为放大应用和开关应用两大类。

1. 放大应用

在模拟电子电路中,三极管主要工作于放大状态,可以把输入基极电流 ΔI_B 放大 β 倍以 ΔI_C 的形式输出。因此三极管的放大应用,就是利用三极管的电流控制作用把微弱的电信号增强到所要求的数值。利用三极管的电流放大作用,可以得到各种形式的电子电路。

2. 开关应用

和二极管的反偏截止、正偏导通相似,三极管也可以工作在开关状态,是基本的开关器件之一,主要应用于数字电路。开关状态的三极管工作于截止区或饱和区,分别相当于断开和闭合的开关,而放大区只是出现在三极管饱和与截止的相互转换过程中,是个瞬间的过渡过程。图 8-1-13 为三极管构成的受输入 u_i 控制的开关应用电路。

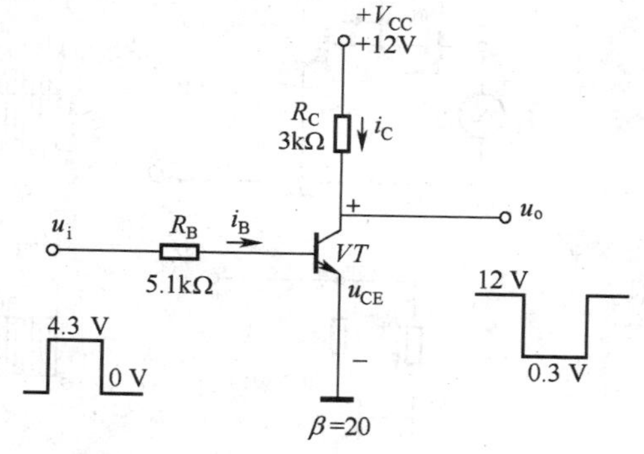

图 8-1-13　三极管的开关应用

第二节　基本共射极放大电路

一、基本共射极放大电路的组成及工作过程分析

1. 基本共射极放大电路的组成

共射极放大电路的基本原理图如图 8-2-1 所示。信号在基极和发射极间输入，输出信号在集电极和发射极间取出，发射极作为输入信号和输出信号的公共端，故称共发射极电路，简称共射极电路。

放大电路各元件的作用。

(1)直流电源 V_{CC}：是整个电路的能量来源，也是保证三极管工作于放大状态的基本条件。

(2)基极偏置电阻 R_B：一方面引电源给发射结加正向电压，另一方面给三极管提供合适偏流。

(3)集电极负载电阻 R_C：一方面引电源给集电结加反向偏压，另一方面把三极管的电流放大作用转换成电压放大，即引出输出。

(4)电容 C_1、C_2 为耦合电容：既耦合交流信号顺利放大，也能隔断直流电源对信号源的影响。

(5)R_L：是放大电路的负载电阻。

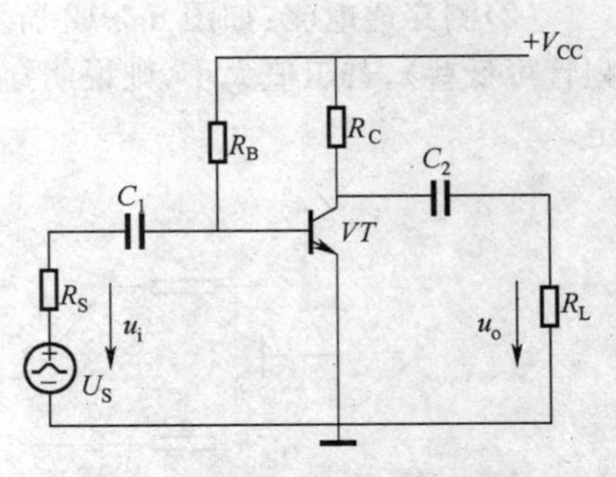

图 8-2-1 基本共射极放大电路

2. 共射极放大电路的工作过程分析

上述电路中，直流电源和交流电源共同作用，分析其工作过程，可以把直流电源和交流电源分开单独分析。

(1)静态工作情况

输入信号为零时的工作状态，叫静态。电路处于静态时，只有直流电源提供信号，所以电路中只有直流的电压和电流，晶体管各极的直流电压、直流电流分别为 U_{BEQ}、U_{CEQ}、I_{BQ}、I_{CQ}，如图 8-2-2 所示。

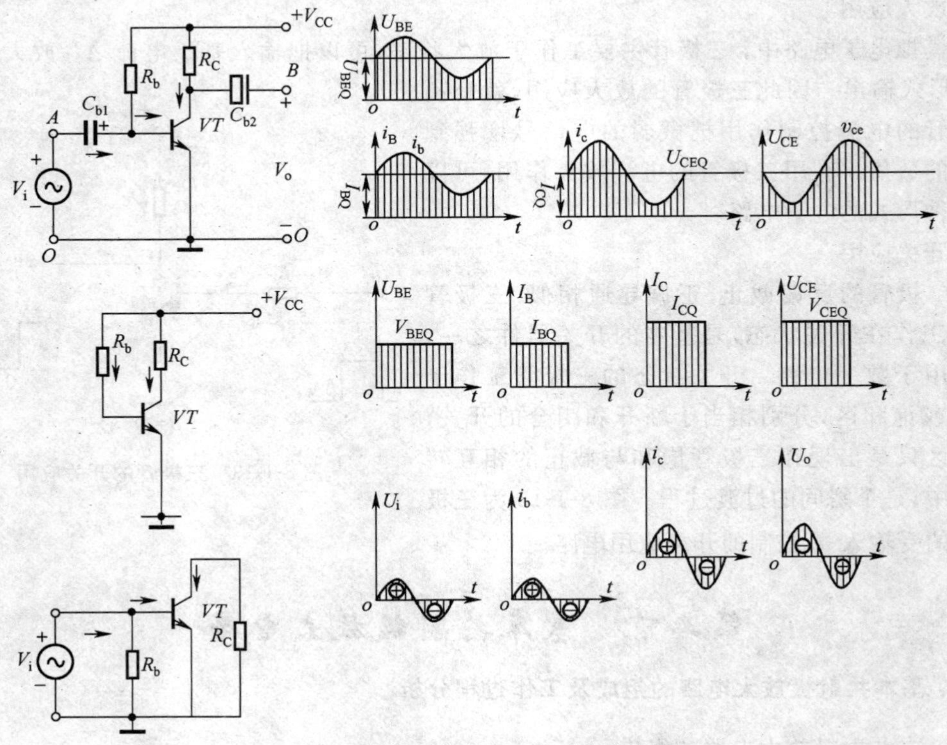

图 8-2-2 共射极放大电路的工作过程分析

(2)动态工作情况

输入信号不为零的工作状态，叫动态。动态工作情况下的各极电压、电流是在直流量的基础上脉动的。它们的动态波形都是一个直流量和一个交流量的合成，即交流量驮载在直流量上，信号的放大过程如下。

交流信号 u_i 经电容器 C_1 加到晶体管 VT 的发射结，使 BE 两极间的电压随之发生变化，即在基极直流电压的基础上叠加了一个交流电压，波形如图 8-2-2 所示。

由于发射结工作于正偏状态，正向电压的微小变化量，都会引起正向电流的较大变化，此时的基极电流 i_B 也是在直流 I_B 的基础上迭加一个交流量 i_b，如图 8-2-2 所示。

由于三极管的电流放大作用，i_C 将随着 i_B 作线性增长，集电极电流也可看作是直流的电流 $I_C=\beta I_B$ 上叠加交流的电流 $i_c=\beta i_b$，如图 8-2-2 所示。

显然，当脉动电流通过集电极电阻 R_C 时，由于 i_C 的变化，引起 R_C 上压降的变化，从而造成管压降的变化，这是因为集电极电阻 R_C 和晶体管 T 串联后接在直流电源上，当集电极电流的瞬时值 i_C 增大时，集电极电阻 R_C 的压降 u_{RC} 也将增大，因而晶体管的压降将减小，波形中的脉动同样也可以看作是直流压降 U_{CEQ} 和交流压降 u_{ce} 的叠加，如图 8-2-2 所示。

最后，集电极输出的交流量经过耦合电容 C_2 送到输出端，电容 C_2 将隔去信号中的直流成分，而输出端将得到放大了的正弦电压 u_o 输出。

二、放大电路的静态工作点

三极管放大电路的静态工作点是指电路处于静态时，晶体管各极的直流电压和直流电流的数值，因为这些数值在输入输出特性上表现为一点，故称静态工作点。

设置静态工作点的目的：是为了避开死区使信号不失真的传出。为了确定静态工作点，可以先画出直流等值通路，即直流电所流经的路径。

画直流等值通路的原则是：电路中的电容开路。图 8-2-3 画出共射极放大电路的直流通路。计算静态值 I_B、I_C、U_{CE} 的公式如下：

$$I_B=\frac{V_{CC}-0.7}{R_B}\approx\frac{V_{CC}}{R_B} \tag{8-2-1}$$

$$I_C=\beta I_B \tag{8-2-2}$$

$$U_{CE}=U_{CC}-I_CR_C \tag{8-2-3}$$

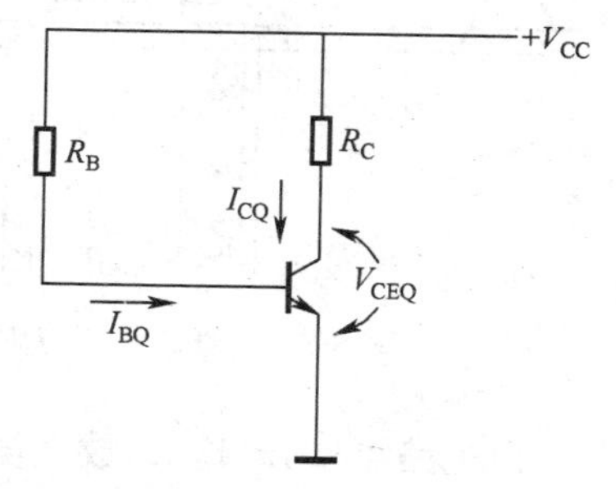

图 8-2-3　共射放大电路的直流等值通路

根据以上各式，可以估算出放大电路的静态工作点。

静态工作点对放大电路的影响：静态工作点选取不合适，将使波形产生严重失真。如图 8-2-4 所示，如果静态工作点选择太低，如图中 Q_1，静态工作点进入截止区，将使 i_c 的负半周、u_{ce} 的正半周相应的部分被削去，产生截止失真。如果静态工作点选择位置太高，如图中 Q_2，静态工作点进入饱和区，从而使 i_c 的正半周和 u_{ce} 的负半周被削去一部分，产生饱和失真。同理，若信号太大，超出三极管放大区的线性区域，i_c 和 u_{ce} 的两个半周都被削去一部分，电压、电流不能随输入信号的变化规律作线性变化，产生饱和截止失真。由此可见，为了避免非线性失真，三极管的静态工作点应选在放大区的中间。当信号小时，在不产生失真和保证一定的电压放大倍数的前提下，尽量把工作点选得低一些，以减少损耗。

三、放大器性能参数及对放大器性能的影响

放大器的质量常用一些性能参数来评价，主要的性能参数包括 A_u、r_i、r_o 等。

1. 电压放大倍数 A_u

电压放大倍数是表示放大电路对输入电压信号的放大能力的参数，它定义为输出波形不失真时输出电压与输入电压的比值，即：

$$A_u = \frac{U_o}{U_i} \tag{8-2-4}$$

其中，U_o 和 U_i 为输出电压和输入电压的有效值。

有时，放大倍数也可用“分贝”来表示，给放大倍数取自然对数再乘以 20 倍，即为放大倍数的分贝值。

$$A_u = 20\lg A_u \quad (\text{dB}) \tag{8-2-5}$$

2. 输入电阻 r_i

放大电路与信号源的关系是：放大电路对于信号源来说，它是信号源的负载，而对于负载来说，它又是负载的信号源，于是，放大器可用如图 8-2-4 的模型来等效它。

输入电阻即从放大器的输入端看进去的交流等效电阻，也即信号源的负载电阻，如图8-2-5所示。

$$r_i = \frac{\dot{U}_o}{\dot{U}_i} \tag{8-2-6}$$

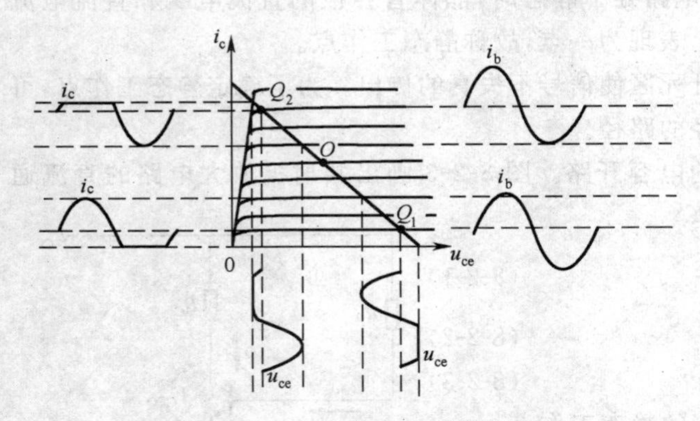

图 8-2-4　静态工作点对波形的影响

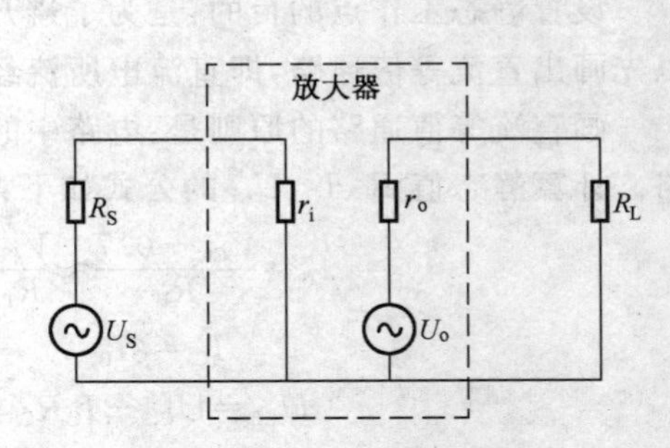

图 8-2-5　放大器的等效模型

由电路可知，r_i 越大，放大电路从信号源获得的信号电压越大，同时从信号源获取的电流越小，输出电压也将越大，所以我们希望放大电路的 r_i 越大越好。

3. 输出电阻 r_o

输出电阻即从放大器的输出端看进去的交流等效电阻，即放大器作为信号源的内阻。输出电阻定义为：输入端短路，在输出端加信号 u_o，从输出端流进放大器的电流为 i_o，则输出电阻为：

$$r_o = \frac{\dot{U}_o}{\dot{I}_o} \tag{8-2-7}$$

输出电阻是衡量放大器带负载能力的性能参数，r_o 越小，输出电压 u_o 随负载电阻 R_L 的变化就越小，即输出电压越稳定，带负载的能力越强。所以，通常要求放大器的输出电阻越小

越好。

四、共射极放大电路的性能参数分析

若分析上述电路的性能参数，可画其交流等值通路，即只在交流电源的作用下信号的流通通路，由对交流等值通道的分析，从而计算出电路的性能参数。

画交流等值通路的原则是：电容短路；直流电源短路。电路如图 8-2-6 所示为共射级放大电路的交流等值通道。根据交流等值通道计算电路的性能参数。

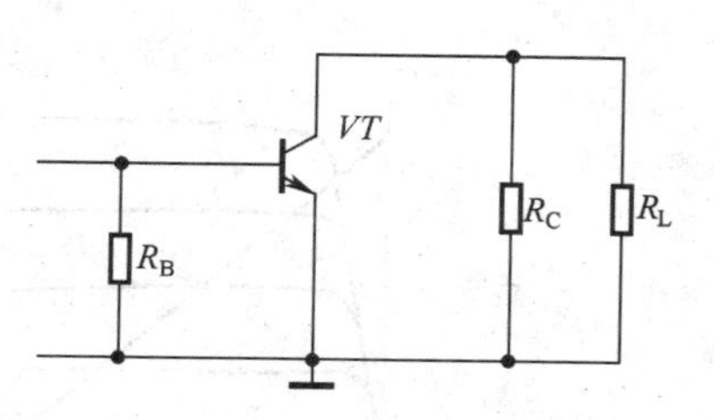

图 8-2-6　固定偏置共射放大电路的交流等值通路

(1)电压放大倍数 A_u

$$A_u=\frac{U_o}{U_i}=-\frac{i_C R'_L}{i_B r_{be}}=-\beta\frac{R'_L}{r_{be}}$$

式中，r_{be}是发射结的等效电阻(三极管的输入电阻，其一般值在 1 kΩ 左右)，$R'_L=R_C /\!/ R_L$ 是负载的等效电阻。

(2)输入电阻 r_i

$$r_i=R_b /\!/ r_{be}\approx r_{be}$$

(3)输出电阻 r_o

$$r_o=R_c /\!/ r_{ce}\approx R_c$$

式中，r_{ce}是集电极和发射极之间的等效电阻，由于三极管输出端的恒流特性，r_{ce}很大可忽略，所以，输出电阻近似等于电路的集电极负载电阻 R_C。

【例 8-2-1】　共发射极放大电路如图 8-2-1 所示，$R_B=470\ \text{k}\Omega$，$R_C=6\ \text{k}\Omega$，$V_{CC}=20\ \text{V}$。估算电路的静态工作点，设三极管为硅管。

解(1)已知 $U_{BE}=0.7\ \text{V}$，所以基极电流为

$$I_B=\frac{V_{CC}-U_{BE}}{R_b}=\frac{20-0.7}{470}\approx 40(\mu\text{A})$$

(2)输出回路直流量的估算

$$I_C=BI_B=40\times 40=1.6(\text{mA})$$

(3)由回路方程可得

$$U_{CE}=V_{CC}-I_C\,R_c=12-1.6\times 4=5.6(\text{V})$$

所以，该三极管电路的静态工作点为

$$U_{BE}=0.7\ \text{V},\quad I_B=40\ (\mu\text{A}),\quad U_{CE}=5.6\ \text{V},\quad I_C=1.6(\text{mA})$$

第三节　分压式电流负反馈偏置电路

合理的静态工作点，是三极管放大电路能够正常工作的基础。在设计电路时，通过调整电路参数，总可以确定一个合适的静态工作点，使放大电路正常工作，不产生失真。但在实际工作中，我们会发现，随着三极管工作时间的延长或者其他因素的影响，输出信号出现了失真。

1. 温度对静态工作点的影响

使放大器静态工作点不稳定的原因很多，比如电路参数发生变化、元器件的老化，电源电压的波动等，但最主要的原因是温度变化。

由于半导体材料具有热敏特性，因此温度的影响是不可避免的。我们知道，三极管的参数

（包括穿透电流 I_{CEO}、电流放大系数 β、发射结的正向压降 U_{BE} 等），都会随着环境温度的改变而发生变化，从而使已设置好的静态工作点 Q 发生较大的移动，严重时将使波形产生失真，如图 8-3-1 所示。

环境温度 T 上升时，β 及 I_{CEO} 都会随之上升，整个输出特性的曲线族将上移，曲线间隔加宽，在相同的偏流 I_B 的情况下，I_C 增大，因而静态工作点 Q 将上移，产生饱和失真。

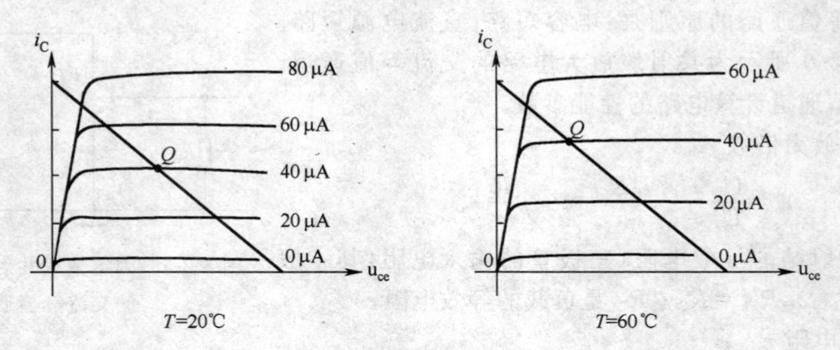

图 8-3-1　温度对静态工作点的影响

2. 如何稳定静态工作点

三极管集电极电流的增加是引起静态工作点向上移动的原因。如果能在温度变化时使集电极电流维持不变，就可以解决静态工作点稳定的问题。图 8-3-2 所示的共发射极放大电路叫做分压式射极偏置电路，因发射极处接了一个射极偏置电阻 R_E 而得名。由于射极偏置电路具有稳定静态工作点的作用，因此它是交流放大电路中最常用的一种基本电路。

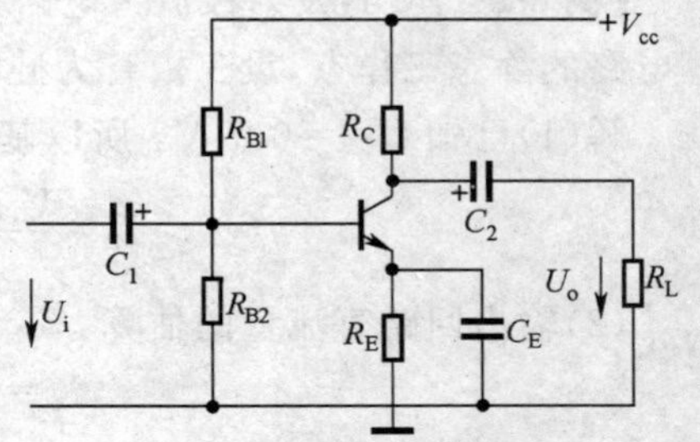

图 8-3-2　分压式电流负反馈偏置电路

一、分压式电流负反馈偏置电路

图 8-3-2 所示为分压式电流负反馈偏置电路。该电路能够稳定其静态工作点。

二、分压式电流负反馈偏置电路的特点

1. $I_1 \gg I_{BQ}$

设流过电阻 R_{B1} 和 R_{B2} 的电流分别是 I_1 和 I_2，显然 $I_1 = I_2 + I_{BQ}$，由于 I_{BQ} 较小，只要合理选择参数，使 $I_1 \gg I_{BQ}$，即可认为 $I_1 \approx I_2$，这样，基极电位为：

$$U_B = \frac{V_{CC}}{R_{B1} + R_{B2}} R_{B2} \tag{8-3-1}$$

该式表示 U_B 只与 U_{CC} 和电阻 R_{B1}、R_{B2} 有关，它们受温度的影响小，可认为不随温度而变，即 U_B 定值。

2. $U_B \gg U_{BE}$

因为　　$U_{BE} = U_B - U_E$，　而 $U_B \gg U_{BE}$，

所以　　$U_B \approx U_E$。

求该电路的静态工作点：

$$U_E = U_B = \frac{V_{CC}}{R_{B1} + R_{B2}} R_{B2} = I_E R_E$$

$$I_E = V_{CC}R_{B2}/(R_{B1}+R_{B2})R_E = I_C$$
$$I_B = I_E/\beta$$
$$U_{CE} = V_{CC} - I_E(R_C + R_E)$$

三、分压式电流负反馈偏置电路的工作原理

分压式电流负反馈偏置电路能实现稳定静态工作点的作用。由式(8-3-1)可知,由于电源电压和电阻值都是常量,而且三极管的基极电位 U_B 可以看成是恒定的。当电路环境温度升高时,集电极电流 I_C 将增加,因此发射极电流 I_E 也增加,导致射极偏置电阻上的压降增加。因为 U_B 恒定,所以 U_{BE}减小,I_B 减小,I_C 也随之减小。这是电路内部的调节过程,从宏观上看,集电极电流是基本维持不变的。反之,当外界因素引起集电极电流减小时,也可以通过类似的过程维持静态工作点的稳定。

其稳定静态工作点的过程如下:

$$T\uparrow \rightarrow I_{CQ}\uparrow \rightarrow U_{EQ}\uparrow \rightarrow U_{BEQ}\downarrow \rightarrow I_{BQ}\downarrow \rightarrow I_{CQ}\downarrow$$

温度降低时稳定静态工作点的原理,自行分析。

四、分压式电流负反馈偏置电路的性能参数的计算

分压式电流负反馈偏置电路的交流等值通路如图 8-3-3 所示,不难看出,它与共射极放大电路交流等值通路极其相似,同样可求得电压放大倍数、输入和输出电阻如下:

$$A_u = -\beta\frac{R'_L}{r_{be}}$$
$$r_i = R_{B1} /\!/ R_{B2} /\!/ r_{be} \approx r_{be}$$
$$r_o = R_C$$

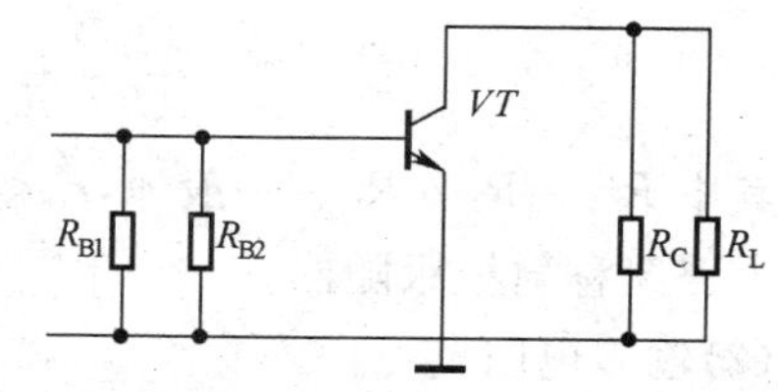

图 8-3-3　分压式偏置电路的交流等值通路

综上所述,分压式电流负反馈偏置电路的静态工作点是稳定的,而且与管子的参数几乎无关,只决定于外电路的参数,这样,在生产和维修中更换不同 β 值的管子,不会影响电路的静态工作点,因而该电路获得广泛的应用。

第四节　共集电极放大电路

一、共集电极放大电路

图 8-4-1(a)所示是共集电极电路,图 8-4-1(b)是它的交流等值通路。从交流等值通路可以看出:输入信号从基极和集电极输入,输出信号在发射极和集电极间取出,输入输出回路以集电极作为公共接地端,所以称为共集电极电路,简称共集电路。由于输出信号从发射级引出,也称该电路为射级输出器。

二、直流分析求静态工作点

由图 8-4-1(a)可写出输入回路的电路方程:

$$V_{CC} = I_B \cdot R_B + U_{BE} + I_E \cdot R_E = I_B \cdot R_B + U_{BE} + (1+\beta)I_B \cdot R_E$$

所以基极电流为

$$I_B = \frac{V_{CC} - U_{BE}}{R_B + (1+\beta)R_E}$$

集电极电流和管压降分别为

$$I_C = \beta I_B$$

$$U_{CE} = V_{CC} - I_E\, R_E \approx U_{CC} - I_C\, R_E$$

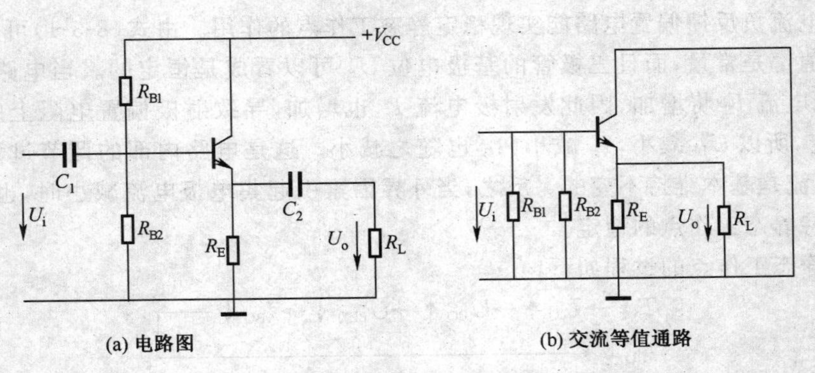

图 8-4-1　共集电极电路

三、共集电极电路性能参数

(1)电压放大倍数 A_u

由共集电极交流等值通路可得：

$$A_u = \frac{U_o}{U_i} = \frac{i_E R'_L}{u_{BE} + i_E R'_L} = \frac{(1+\beta)R'_L}{r_{be} + (1+\beta)R'_L} \leqslant 1$$

其中 $R'_L = R_E /\!/ R_L$。一般地，$r_{be} \ll (1+\beta)R_E$。所以，$A_u \leqslant 1$，即 $U_o \approx U_i$，输入与输出同相，故该电路又称射极跟随器。

(2)输入电阻 r_i

$$r_i = \frac{U_i}{I_i} = r_{be} + (1+\beta)R'_L \gg r_{be}$$

可以看出，共集电极电路的输入电阻比共发射极放大电路的输入电阻大得多(具体的推导过程省略)。

(3)输出电阻 r_o

$$r_o = R_E /\!/ \frac{R'_S + r_{be}}{1+\beta} \qquad 其中，R'_S = R_S /\!/ R_B$$

若忽略信号源的内阻，$R_S = 0$，则

$$r_o = R_E /\!/ \frac{r_{be}}{1+\beta}$$

又因为　　$R_E \gg \dfrac{r_{be}}{1+\beta}$，　$1+\beta \gg 1$

所以　　$r_o = \dfrac{r_{be}}{\beta}$

上式表明，共集电极放大电路的输出电阻是很低的，一般在几十欧到几百欧的范围内，因而它带负载的能力很强。

四、共集电极放大电路的应用

在电子技术应用中，共集电极放大电路广泛地应用于多级放大电路的输入级、输出级和缓冲级。

1. 共集电极电路作输入级

由于共集电极放大电路的输入电阻比共射极基本放大电路的输入电阻大很多，因此可以把共集电极放大电路与内阻较大的信号源相匹配，用来获得较多的信号源电压。然后，再将共集电极放大电路的输出信号送给下级的共射极放大电路作为输入，这样可以避免在信号源内阻上不必要的损耗。图8-4-2是扩音机的输入级电路，作为信号源的话筒内阻较高。我们利用共集电极电路作为放大器的输入级，可以从话筒处得到幅度较大的输入信号电压，使话筒的输入信号得到有效的放大。图中电位器 R_P 可以用来调节输入信号的强度，控制音量的大小。

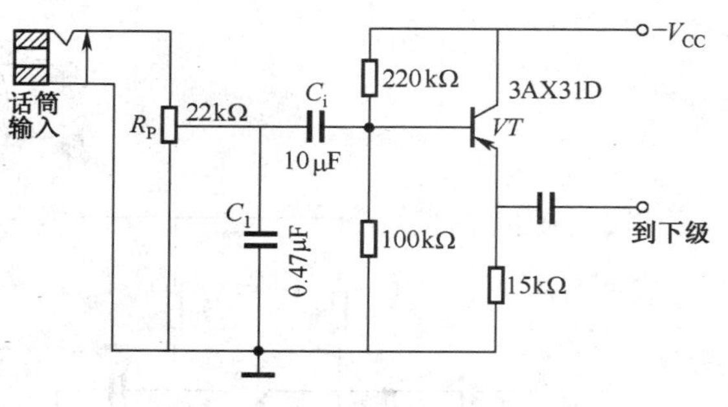

图 8-4-2　扩音机的输入级

2. 共集电极电路作输出级

共集电极电路的输出电阻较小，一般只有几十欧姆，用共集电极电路作为输出级可以有效地提高放大器的带负载能力。图 8-4-3 为多级放大器的输出级框图，按照图中所示的数据，若直接用共射极电路去带负载，负载上只能得到开路输出电压的一半，仅有 0.5 V。如果在负载和共射极放大电路之间接入一级共集电极电路，为了分析方便，认为共集电极电路和共射极电路的输出电压均为 1 V，那么，负载上将获得大约 0.95 V 的输出。

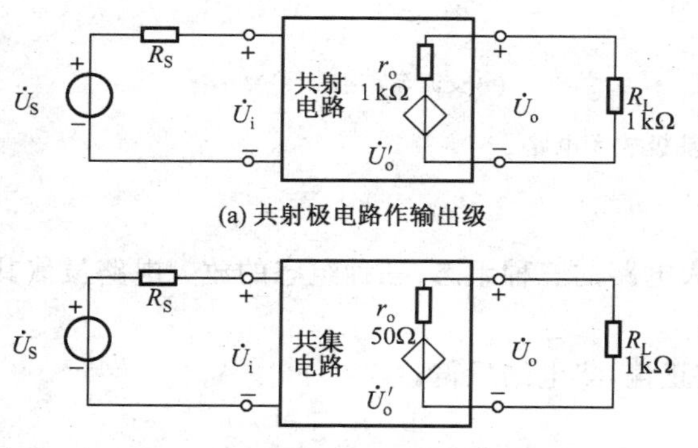

图 8-4-3　共集电极电路作多级放大器的输出级

3. 共集电极电路作缓冲级

在多级放大电路中，共集电极电路也经常作为中间级用来隔离前、后级电路之间的影响，这就叫缓冲级。在图 8-4-4 中，如果把Ⅰ级和Ⅲ级电路直接相连，由于第Ⅰ级的输出电阻和第Ⅲ级的输入电阻均为 1 kΩ，在信号的传递过程中，将有 50%的信号白白损耗在Ⅰ级的输出电阻上；若在Ⅰ级和Ⅲ级之间接入共集电极电路Ⅱ，按图中给出的数据，第Ⅱ级得到约 490 mV、第Ⅲ级得到约 467 mV 的电压信号，就会大大减少信号在传递中的损耗。

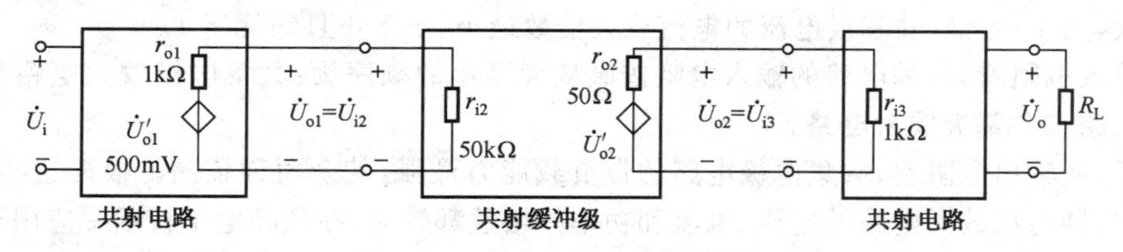

图 8-4-4　共集电极电路作缓冲级

五、共基极放大电路及三种组态比较

1. 共基极放大电路

所谓共基极放大电路。即输入输出回路以基极作为公共端。

图 8-4-5(a)为共基极放大电路图，图 8-4-5(b)所示为其交流等值通路。图中偏压的供给方式与分压式电流负反馈偏置电路完全相同，而性能参数分析如下。

$$A_u=\beta\frac{R'_L}{r_{be}}$$

$$r_i=\frac{r_{be}}{\beta}$$

$$r_o=R_C$$

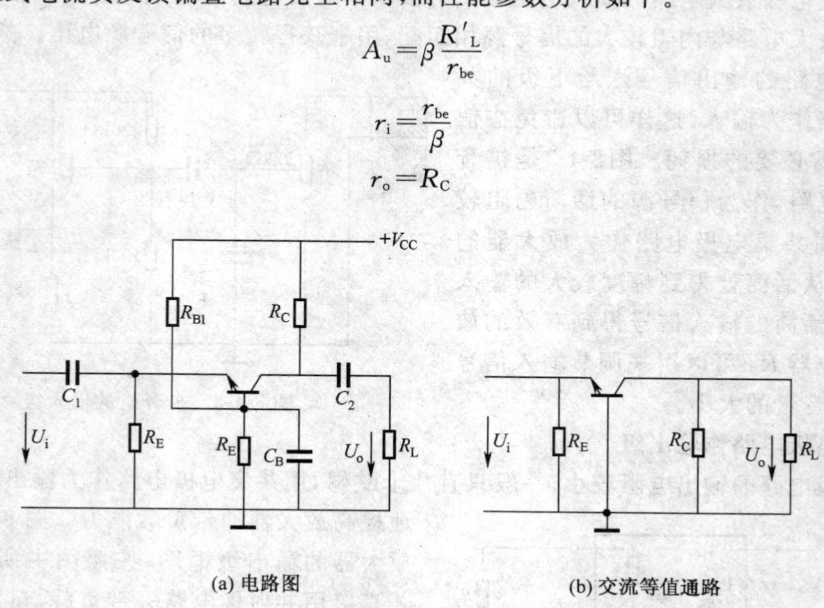

图 8-4-5　共基极放大电路

2. 放大电路的三种组态

晶体三极管的共射、共集和共基电路称放大电路的三种组态，三种组态的放大电路虽然其结构形式各不相同，但都必须满足如下条件：

(1)三极管必须工作于放大状态，即发射结正偏，集电结反偏；

(2)放大电路必须有合适的静态工作点；

(3)放大电路必须与电源和负载正确连接。

在满足上述条件时，由于晶体三极管放大电路的三种组态的特性不同，所以应用场合也不同。表 8-4-1 列出了三种组态电路的性能比较。

从电压放大倍数看，共射极和共基极电路的电压放大倍数均很大，只不过共射极电路的输入输出电压反相，共基极电路的输入输出电压同相。共集电极电路的电压放大倍数最小，小于 1 且约等于 1。

从电流放大倍数看，共射极电路同时具有较高的电流放大倍数，共集电极电路的电流放大倍数最大，为 $1+\beta$ 倍，共基极电流的电流放大倍数最小，小于 1 且约等于 1。

从输入电阻看，三种电路的输入电阻按照从大到小的顺序为：共集电极放大电路、共发射极放大电路和共基极放大电路。

最后，从输出电阻看，共集电极电路的带负载能力最强，其余两种较差。根据这些性能指标的特点，共射极放大电路的电压、电流和功率的增益都较大，在低频电子技术中应用较广，多用于多级放大器的中间级，起到提高电压放大倍数的作用。共集电极电路利用它的输入电阻大，输出电阻小的特点，可以应用于多级放大器的输入级、输出级和缓冲级。而在宽频带或高频情况下，要求稳定性较好时，共基极电路就比较合适。

表 8-4-1　三种组态性能的比较

	共射极电路	共集电极电路	共基极电路
电路形式	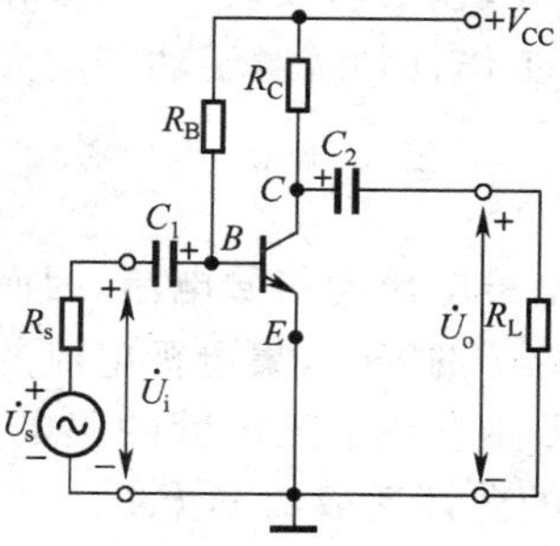 $+V_{CC}$　R_C　R_B　C_2　C　C_1　B　E　R_s　$\dot{U}_s$　$\dot{U}_i$　$\dot{U}_o$　R_L	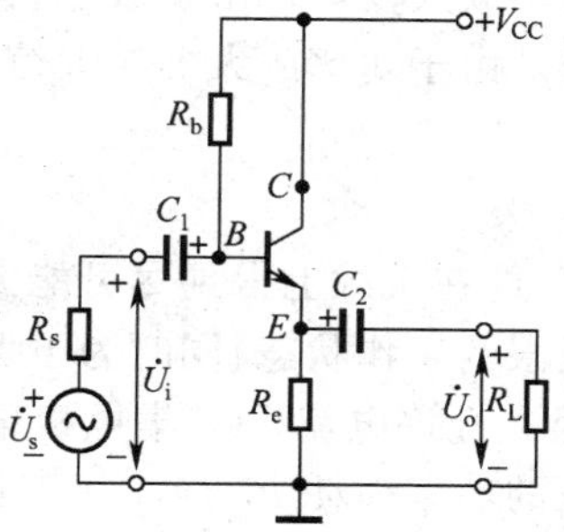 $+V_{CC}$　R_b　C　C_1　B　C_2　E　R_s　$\dot{U}_s$　$\dot{U}_i$　R_e　$\dot{U}_o$　R_L	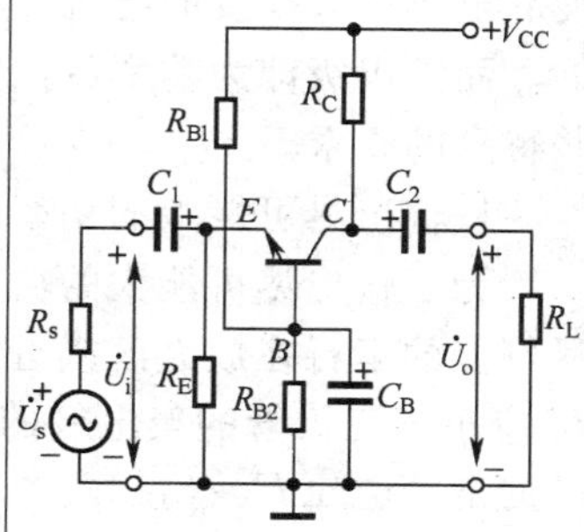 $+V_{CC}$　R_C　R_{B1}　C_1　E　C　C_2　R_s　$\dot{U}_i$　$\dot{U}_s$　R_E　B　R_{B2}　C_B　$\dot{U}_o$　R_L
静态工作点	$I_{BQ}=\dfrac{V_{CC}-U_{BEQ}}{R_B}$ $I_{CC}=\beta I_{BQ}$ $U_{CEQ}=V_{CC}-I_{CQ}R_E$	$I_{BQ}=\dfrac{V_{CC}-U_{BEQ}}{R_B+(1+\beta)R_E}$ $I_{CQ}=\beta I_{BQ}$ $U_{CEQ}\approx V_{CC}-I_{CQ}R_E$	$U_{BQ}=\dfrac{R_{B2}}{R_{B1}+R_{B2}}V_{CC}$ $I_{CQ}\approx I_{EQ}=\dfrac{U_{BQ}-U_{BEQ}}{R_E}$ $I_{BQ}=I_{CQ}/\beta$ $U_{CBQ}=V_{CC}-I_{CQ}R_E-U_{BQ}$
微变等效电路	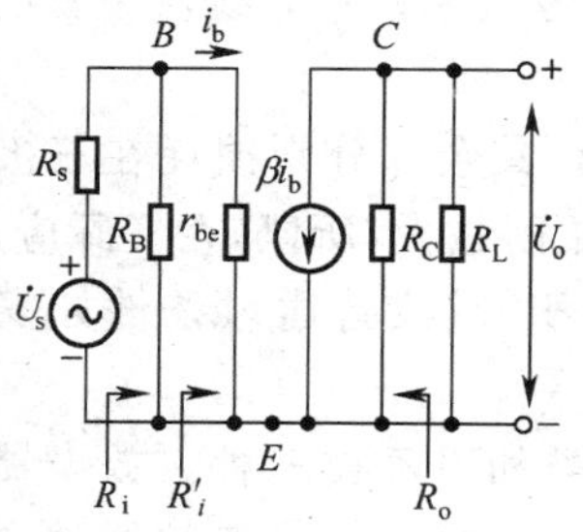 B　i_b　C　R_s　R_B　r_{be}　βi_b　R_C　R_L　$\dot{U}_o$　$\dot{U}_s$　E　R_i　R'_i　R_o	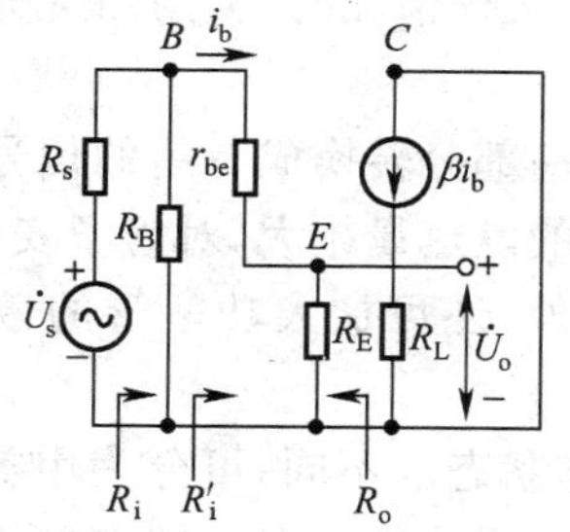 B　i_b　C　R_s　r_{be}　βi_b　R_B　E　$\dot{U}_s$　R_E　R_L　$\dot{U}_o$　R_i　R'_i　R_o	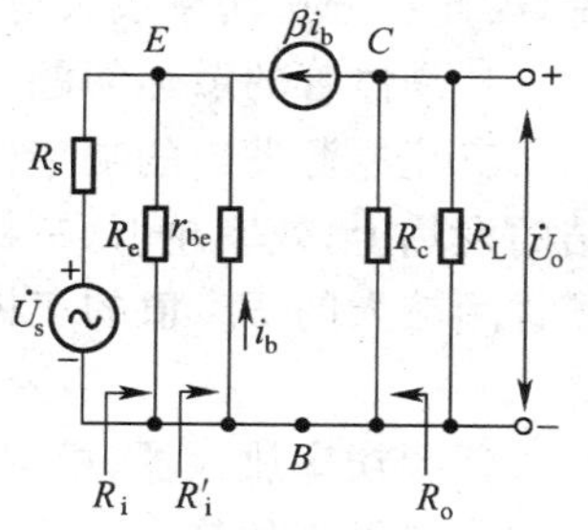 E　βi_b　C　R_s　R_e　r_{be}　R_c　R_L　$\dot{U}_o$　$\dot{U}_s$　i_b　B　R_i　R'_i　R_o
A_u	$\dfrac{\beta R'_L}{r_{be}}$（高）	$\dfrac{(1+\beta)R'_L}{r_{be}+(1+\beta)R'_L}$（低）	$\dfrac{\beta R'_L}{r_{be}}$（高）
R'_i	r_{be}（中）	$r_{be}+(1+\beta)R'_L$（高）	$\dfrac{r_{be}}{(1+\beta)}$（低）
R_i	$R_B // r_{be}$	$R_B // [r_{be}+(1+\beta)R'_L]$	$R_B // \dfrac{r_{be}}{1+\beta}$
R_o	R_C（高）	$R_E // \dfrac{r_{be}+R'_S}{1+\beta}$，$R'_S=R_S // R_B$（低）	R_C（高）
用途	多级放大器的中间级	输入级、输出级或缓冲级	高频或宽频带电路及恒流源电路

第五节　互补对称功放电路

一、功率放大电路技术要求

功率放大器的主要功能是为负载提供不失真的足够大的输出功率，即同时要求输出大幅度的电压和大幅度的电流。功率放大设备常由多级放大器组成，包括输入级、中间级和输出级等。而输出级即为功率放大器。由于功率放大器在大信号下工作，因此，对于功率放大器有一些特别的要求。

1. 输出尽可能大的功率

为了输出尽可能大的功率，即在负载上得到尽可能大的信号电压与信号电流，因而三极管尽可能的运行在放大区接近极限的工作状态；同时为了保证管子的安全，集电极电流的最大值 I_C 应小于三极管的集电极的最大允许电流 I_{CM}，集电极电压 U_{CE} 应小于三极管的集电极-发射极的击穿电压 $U_{(BR)CEO}$，集电极的功率损耗 P_C 应小于三极管的允许耗散功率 P_{CM}。

2. 效率尽可能高

放大电路实际上是一种能量转换电路。功率放大器的效率是指输出交流信号功率 P_o 与直流电源供给功率 P_E 之比，即

$$\eta=\frac{P_o}{P_E}\times 100\%$$

3. 非线性失真尽可能小

功率放大电路由于是在大信号下工作，电压和电流的变化幅度大，可能超出晶体管的特性曲线的线性范围，容易产生非线性失真，而且同一个三极管，输出功率越大，非线性失真越严重，因此在分析功率放大电路的工作情况时，常用图解分析的方法来检查非线性失真的情况。

4. 晶体管的散热问题

直流电源发出的功率中有一部分转换成有用的信号输出，其余部分则损耗在三极管集电结的发热上，效率越低，三极管的发热量越大，对管子安全的威胁越大，所以，在实际应用中，除了选用较大的 P_{CM} 值的三极管外，还可加大功率管的散热面积，或改善通风条件如安装风扇等。

低频功率放大器，根据工作状态的不同，可分为甲类、乙类和甲乙类三种。放大器的工作状态由三极管的静态工作点的设置决定。对于正弦输入信号，甲类工作状态的器件在整个输入周期内都能导通，静态工作点选择在线性放大区的适当的位置；乙类工作状态的静态工作点则选在截止点，因此器件只在每个输入周期的一半导通。

甲类功放的最高效率只有 50%，而乙类功放的效率则可达 78.5%。

二、互补对称功率放大器

图 8-5-1 为互补对称功放电路。由于三极管工作在乙类工作状态，故采用两个类型不同三极管，一个 NPN 型，另一个为 PNP 型的三极管，称为互补；并且要求两个管子的参数一致，即：两个三极管为对称。(a)图为无输出电容的互补对称功放电路（OCL 电路），(b)图为单电源互补对称功放电路（OTL 电路）。本节只简单介绍 OCL 电路。

三、OCL 电路

采用正、负两个直流电源供电的互补对称电路称为双电源电路。一般，这两个直流电源大

小相同，极性相反。图 8-5-2 为采用正、负双电源的互补对称功率放大电路。

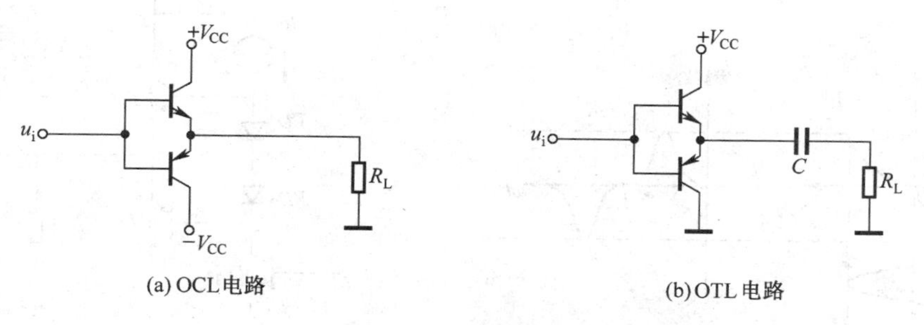

图 8-5-1　互补对称功率放大电路

1. 电路组成

OCL 电路由两个互补的三极管——NPN 管 VT_1 和 PNP 管 VT_2 构成。VT_1 管和 VT_1 管的特性尽可能相同，两个管子接成基极相连、发射极相连的对称的射极输出器形式，所以叫做互补对称功率放大电路。

2. 工作原理

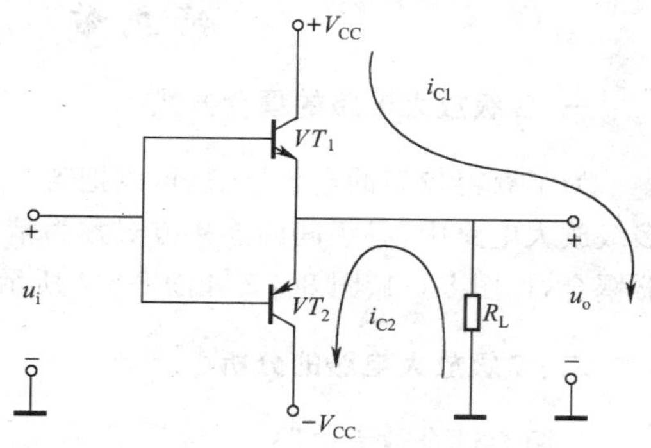

图 8-5-2　乙类双电源互补对称功率放大电路

静态时，两管因没有基极偏置而处于截止状态，集电极静态电流约为零（只有很小的穿透电流 I_{CEO}），即 VT_1 和 VT_2 的静态工作点为 $I_{C1}=I_{C2}=0$，$U_{CE1}=-U_{CE1}=V_{CC}$，设置于截止区内，两功放管属于乙类工作状态，输出电压为零，静态损耗也近似为零。

动态时，输入正弦交流电，当 u_i 为正半周时，VT_1 导通，VT_2 截止，负载有电流 i_{C1} 流过，；当 u_i 为负半周时，VT_2 导通，VT_1 截止，负载有电流 i_{C2} 流过，也就是说，在一个周期内，VT_1、VT_2 轮流导通，负载上获得一个完整的正弦波。

由于选择两个功放管的特性相同而且对称的轮流半波工作，为了讨论方便起见，常将两个三极管的输出特性曲线相互倒置画出，如图 8-5-3 所示。

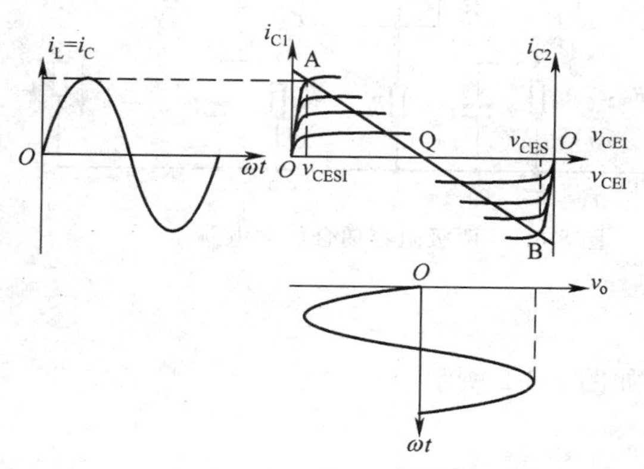

图 8-5-3　互补对称电路图解分析

由于 OCL 电路的两基极没有加直流偏置，即静态时 $I_{BQ}=0$，$I_{CQ}=0$，所以使 Q 点落在晶体管输出特性的横轴上，当信号输入时，由于晶体管输入特性曲线存在死区电压，使 i_B、i_C 的波形在过零点附近的一个小区域内发生失真，如图 8-5-4所示，这种失真发生在波形正负交越的小电流区，称交越失真。

消除交越失真，就是要使输入信号避开死区，即给两个三极管加一小偏压（约 0.5 V）使两管正好越过死区为宜。这时两个三极管将工作在甲乙类状态，从而消除交越失真，注意该偏置不宜过大，否则将影响效率。图 8-5-5 为能够消除交越失真的甲乙类双电源互补对称功率放大电路。

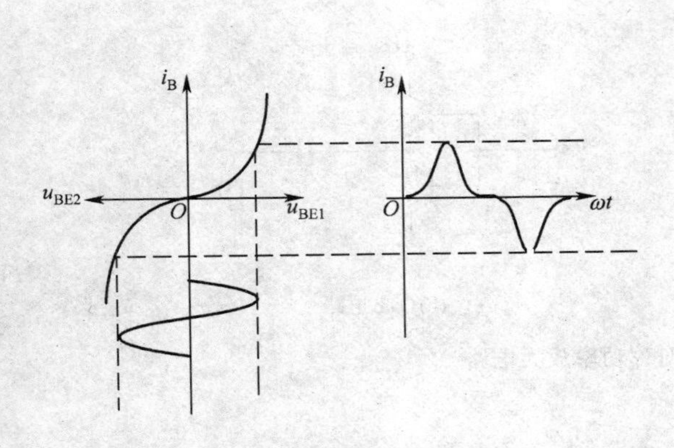

图 8-5-4　交越失真的产生

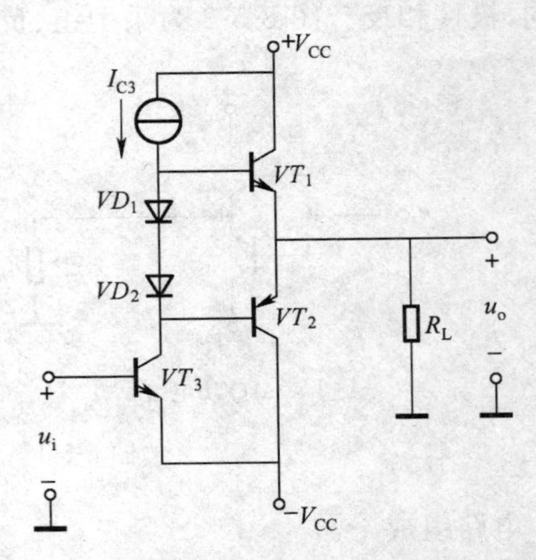

图 8-5-5　甲乙类双电源互补对称功率放大电路

第六节　多级放大电路

一、多级放大电路的耦合方式

为了获得较高的电压增益，可以把若干个单级放大电路连接起来，构成多级放大电路。在多级放大电路中，各级间的连接方式称为耦合。常用的耦合方式有阻容耦合、直接耦合和变压器耦合，如图 8-6-1、图 8-6-3 和图 8-6-4 所示。

二、多级放大电路的分析

1. 阻容耦合放大电路

图 8-6-1 所示为典型的阻容耦合多级放大电路。图中，两级都有各自独立的分压式偏置电路，以便稳定各级静态工作点。两级放大电路之间是利用电容 C_2 电阻 R_{C1} 及第二级输入电阻同后一级连接起来，故叫阻容耦合。耦合电容的作用是将前一级的集电极交流电压耦合到后一级的输入端，而前一级的直流电压，由于电容的隔直作用，不能加到后一级的基极。这样，两级的静态工作点互相独立、互不影响。耦合电容的大小一般约为几 μF 到几十 μF。

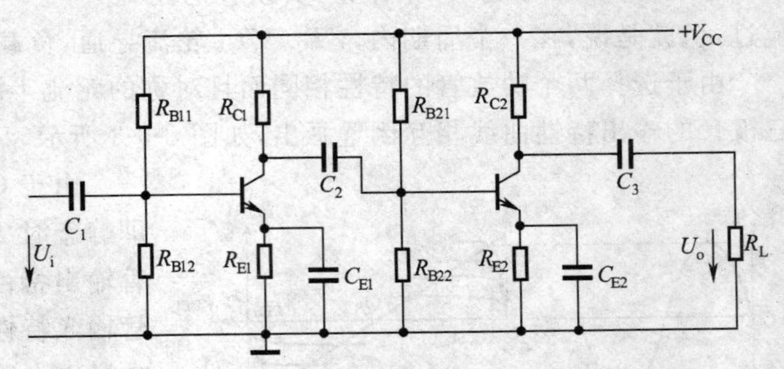

图 8-6-1　两级阻容耦合放大电路

分析其动态工作情况，画出其交流等值通路如图 8-6-2 所示。

从图中可以看出，

第一级的电压放大倍数：　$A_{u1}=U_{o1}/U_{i1}$

第二级的电压放大倍数：　$A_{u2}=U_{o2}/U_{i2}=U_{o2}/U_{o1}$

总的电压放大倍数：　$A_u=U_{o2}/U_{i1}=U_{o2}/U_{o1}\times U_{o1}/U_{i1}=A_{u2}\times A_{u1}$

结论：两级放大电路的电压放大倍数等于各单级电压放大倍数的乘积。

这个公式可以推广到n级放大电路：$A_u=A_{u1}\times A_{u2}\times A_{u3}\times\cdots\times A_{un}$。

引申：多级放大电路的电压放大倍数等于各单级放大倍数的乘积。

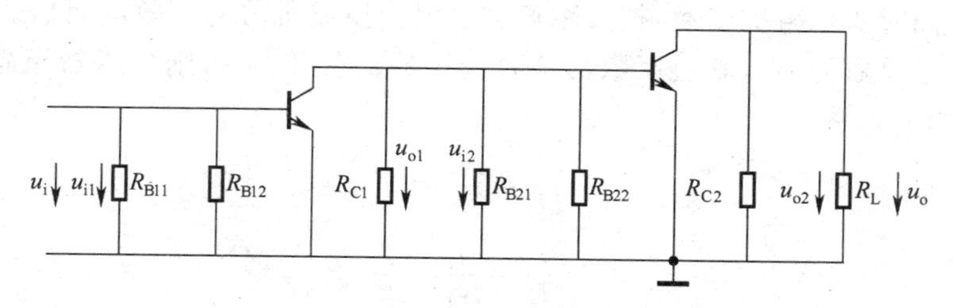

图 8-6-2　阻容耦合放大电路的交流等效电路

应该注意的是：计算其中的各级电压放大倍数时，均应考虑到后一级的输入电阻是前一级的负载电阻，不能做空载处理。而且，最前一级的输入电阻是整个电路的输入电阻，最后一级的输出电阻是整个电路的输出电阻，即：

$$r_i=r_{i1}$$

$$r_o=r_{on}$$

阻容耦合放大电路的主要优点是电路简单、各级静态工作点互相独立，分析、设计和应用方便。缺点是级与级之间不能很好匹配；同时，由于耦合电容的存在，不能输送缓慢变化的信号；而且，在集成电路中要想制造大容量电容是很困难的，因而这种耦合方式在集成电路中几乎无法采用。

2. 直接耦合放大电路

图 8-6-3 所示为直接耦合多级放大电路。前级的输出和后级的输入直接用导线连接，这种电路可放大交、直流信号，但也由于无耦合电容而出现一些新的问题。首先，前后级的静态工作点互相影响。其次，零点漂移问题突出。

所谓的零点漂移，是指当输入信号为零，在输出端出现的不规则的变化缓慢信号的现象。零点漂移现象主要是由于电源电压的波动或环境温度的变化引起的。

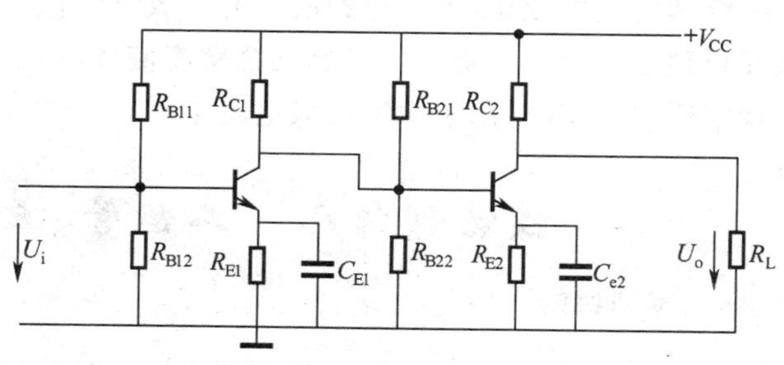

图 8-6-3　直接耦合放大电路

对于采用直接耦合方式的电路，如果零点漂移出现在第一级，漂移电压将被一级一级地传递并加以放大，在输出端产生严重的影响，甚至掩盖有用的信号。而对于阻容耦合方式的放大电路，零漂也会出现，但只限于本级之内，不能被传递到下一级，因此不必过多考虑。

影响零点漂移最大的是第一级，直接耦合放大器要特别考虑克服零点漂移的影响。克服零点漂移可以采用高质量的稳压电源作为电路的供电电源，以减小电源电压不稳定引起的零漂；可以采用参数受温度影响较小的硅管组成电路，尤其是第一级电路，以减小温度变化引起的零漂。此外，还可以采用温度补偿的措施来减小零漂。有效的克服零点漂移的方法是采用差动放大电路。（差动放大电路将在第九章集成电路中论述）

3. 变压器耦合放大电路

图 8-6-4 所示是变压器耦合的多级放大电路。变压器具有通交隔直的作用，所以用变压

器的原边取代集电极的负载电阻，当电流流过变压器原边时，副边也会产生相应的电流和电压，它加到下一级的三极管的基极和发射极之间，即把交流信号传递到下一级。变压器在传递信号的过程中，同时实现阻抗变换，把实际负载电阻变换成所需的等效电阻值。如图 8-6-5 所示，变压器的原边匝数为 N_1，副边匝数为 N_2，变压器的变比为 k，则变压器原副边电流、电压与匝数之间有如下关系：

$$\frac{U_1}{U_2}=\frac{N_1}{N_2}=k$$

$$\frac{I_1}{I_2}=\frac{N_2}{N_1}=\frac{1}{k}$$

所以，从原边看进去的等效电阻为：$R'_L=\frac{U_1}{I_1}=k^2R_L$。

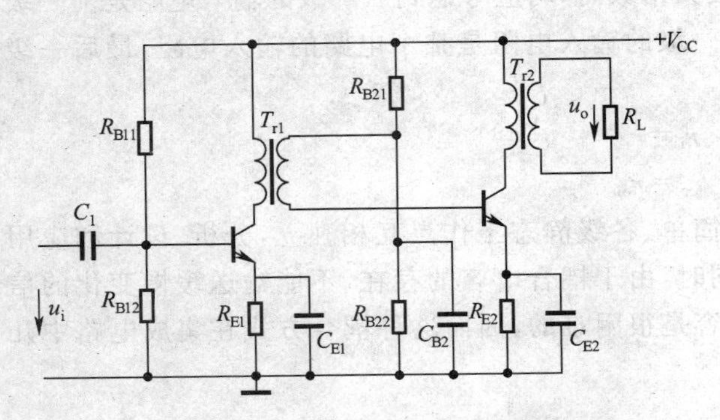

图 8-6-4 变压器耦合放大电路

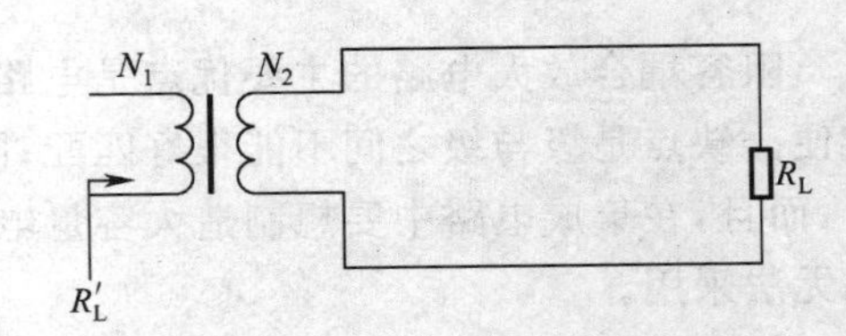

图 8-6-5 变压器实现阻抗匹配

合理地选择变比，可以得到所需的等效电阻值。变压器的隔直作用使前后级的静态工作点互相独立。变压器耦合也只能耦合交流信号，并且能实现阻抗匹配，缺点是比较笨重，不能实现集成化，一般只用于功率放大电路中。

技能训练八 二极管、三极管的简易测试

一、实训目的

(1)会根据管壳极性标记和管脚排列，判断二极管、三极管的管脚极性。

(2)会用万用表判断二极管的管脚极性和质量。

(3)会用万用表判断三极管的管脚极性和质量。

二、实训仪器设备

万用表；二极管；三极管。

三、实训内容

1. 二极管的管脚极性的判别

(1)根据管壳极性标志符号判别：二极管的外壳上一般都印有极性标志符号，如二极管图形符号、色环、色点或正负符号等。标有色环或色点的一端为负极；若是透明玻璃壳，则可以看到连接触丝的一端为正极。若管壳既无极性符号又不透明，则可用万用表判别管脚的极性。

(2)用万用表判断二极管的极性：将转换开关拨到 R×100 或 R×1 k 挡，两表笔分别接触二极管两端，测出两个电阻值。其中阻值小(约几百欧姆)的一次，黑表笔所接的一端为正极。反之，阻值大(约几百千欧姆)的一次，黑表笔所接的一端为负极。

(3)判别质量：比较正、反电阻的大小，可判断二极管质量的好差。正、反电阻阻值相差越大，质量越好；正、反电阻阻值都很大，则说明内部断路；正、反电阻阻值都很小，则说明内部短路。

2. 三极管的管脚极性的判别

(1)根据管脚排列方式判别

三极管的封装形式不一，管脚排列各异，判断管脚极性时可查半导体手册。

(2)用万用表判别

(1)判别基极和类型：将万用表转换开关置于 $R\times100$ 或 $R\times1$ k 挡。用黑表笔接触某一管脚，红表笔分别接触另两个管脚。当两次所测阻值都很小(约几千欧姆)时，则黑表笔接触的管脚是基极，且为 NPN 型；若用红表笔接触某一管脚，黑表笔分别接触另两个管脚，当两次阻值都很小(约几百欧姆)时，则红表笔接触的管脚是基极，且为 PNP 型。

(2)判别集电极和发射极：以 NPN 为例，当基极确定后，假定基极以外的某一极为集电极，另一极为发射极。在假定的集电极和发射极之间接入一个 100 kΩ 的电阻(也可以接入人体电阻)，黑表笔接在假定的集电极上，红表笔接在假定的发射极上，估测一个电阻；对调红、黑表笔，再估测一个电阻。阻值较小的一次假定正确，即黑表笔所接管脚为集电极，另一管脚为发射极。对于 PNP 型，对调红、黑表笔，读数较小的一次红表笔所接管脚为集电极，另一管脚为发射极。

四、注意事项

测量时，手不要同时触及器件的两个管脚，避免人体电阻影响测量结果的准确性。

五、分析与思考

如何用万用表判断同类型多个三极管的电流放大系数的大小？

小　　结

1. 晶体三极管又叫做半导体三极管，它是一种电流控制的半导体元件。在电路中具有电流放大作用，若使该作用实现的外加条件是：发射结正偏，集电结反偏。三极管具有三个工作区域：放大区、饱和区和截止区，在模拟电子技术中三极管工作在放大区。

2. 三极管构成的基本放大电路有：共射极放大电路、共集电极放大电路和共基极放大电路。三种电路各有所长，适用范围各不相同。

3. 静态工作点的设置是保证电路正常工作的基础。设置静态工作点的目的是：避开死区使信号不失真的传出。静态工作点是由直流的基极电流、直流的集电极电流和直流的集电极与发射极之间的电压三个参数决定的。其值是通过直流通路求出的。

4. 放大电路的特性参数有：电压放大倍数、输入电阻和输出电阻。数值是通过交流通路求出的。

5. 多级放大电路是由单级放大电路构成的。有三种耦合方式：阻容耦合多级放大电路、直接耦合多级放大电路和变压器耦合多级放大电路。

6. 功率放大电路是拥有特殊要求的放大电路。OCL 电路是典型的功率放大电路，它是由两个互补对称的三极管构成，能够实现较高的效率，但缺点是会产生交越失真。解决的办法是采用甲乙类互补对称功率放大电路。

一、是 非 题

1. 三极管相当于两个反向连接的二极管，所以基极断开后还可以作为二极管使用。(　　)

2. 三极管由两个 PN 结构成，所以能用两个二极管反向连接起来充当三极管使用。(　　)

3. 发射结处于正向偏置的三极管，一定是工作在放大区。(　　)

4. 当三极管的两个 PN 结都处于反偏时，三极管处于截止状态。(　　)

5. 当三极管的发射结正偏，集电结反偏时，三极管处于饱和状态。(　　)

6. 三极管处于饱和状态时，它的集电极电流将随基极电流的增加而增加。(　　)

7. 设置静态工作点的目的是为了使信号在整个周期内不发生非线性失真。(　　)

8. 放大器的放大作用是针对电流和电压的变化量而言的，其放大倍数是输出信号与输入信号的变化量之比。(　　)

9. 多级阻容耦合放大电路，各级静态工作点独立，互不影响。(　　)

10. 晶体管是依靠基极电压控制集电极电流。(　　)

11. 射极输出器，其电压放大倍数小于 1，输入电阻高，输出电阻低。(　　)

12. 共射极放大电路的输出信号与输入信号反相，射极输出器也是一样。(　　)

13. OCL 功率放大器输入交流信号时，总有一只晶体管是截止的，所以输出波形必然失真。(　　)

14. 阻容耦合放大电路只能放大交流信号，不能放大直流信号。(　　)

二、思 考 题

1. 三极管 V_1 的 β 值为 200，I_{CEO} 为 100 μA；三极管 V_2 的 β 值为 50，I_{CEO} 为 10 μA，其他参数基本相同，哪个三极管的性能更好？为什么？

2. 对于采用甲乙类功率放大输出级的收音机电路，有人说将音量调得越小越省电，这句话对吗？为什么？

3. 基本共发射极放大电路的静态工作点如题图 8-1 所示，由于电路中的什么参数发生了改变导致静态工作点从 Q_0 分别移动到 Q_1、Q_2、Q_3？（提示：电源电压、集电极电阻、基极偏置电阻的变化都会导致静态工作点的改变）。

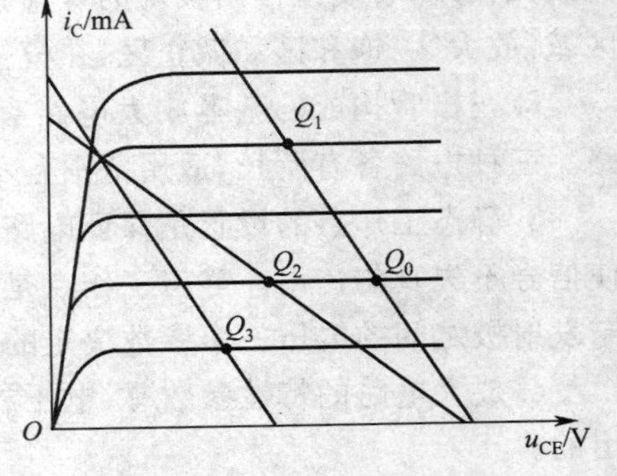

题图 8-1

三、分析计算题

1. 三极管三个电极的对地电压如题图 8-2 所示，试判断各管处于什么状态？是硅管还是锗管？

2. 题图 8-3 所示三极管各电极电流为 $I_1=-2.04$ mA、$I_2=2$ mA、$I_3=0.05$ mA，问 A、B、C 各是三极管的哪个电极？是 NPN 管还是 PNP 管？该管的 β 值是多少？

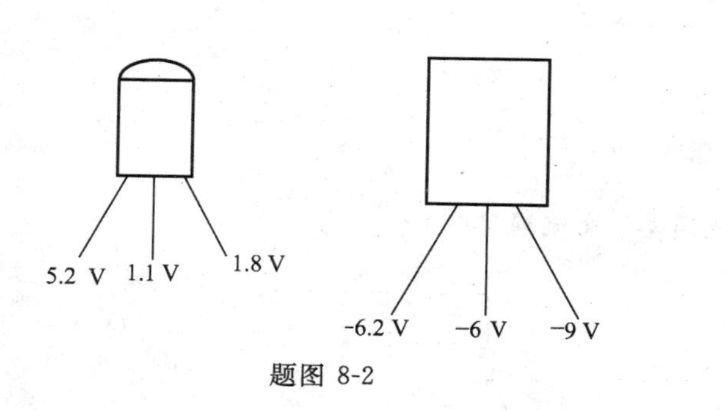

题图 8-2

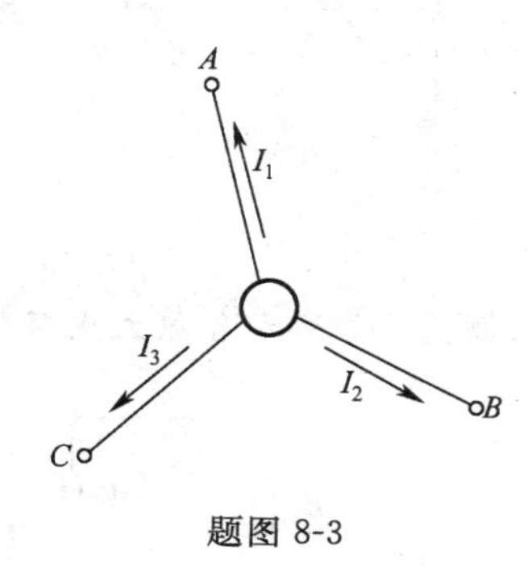

题图 8-3

3. 判别题图 8-4 中各三极管的工作状态。

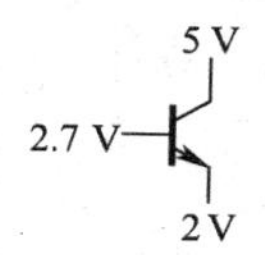

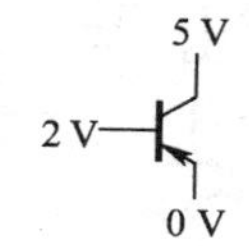

5 V
2 V
0 V

4.5 V
4.7 V
5 V

题图 8-4

4. 题图 8-5 所示电路能否起正常的放大作用？应如何改正。

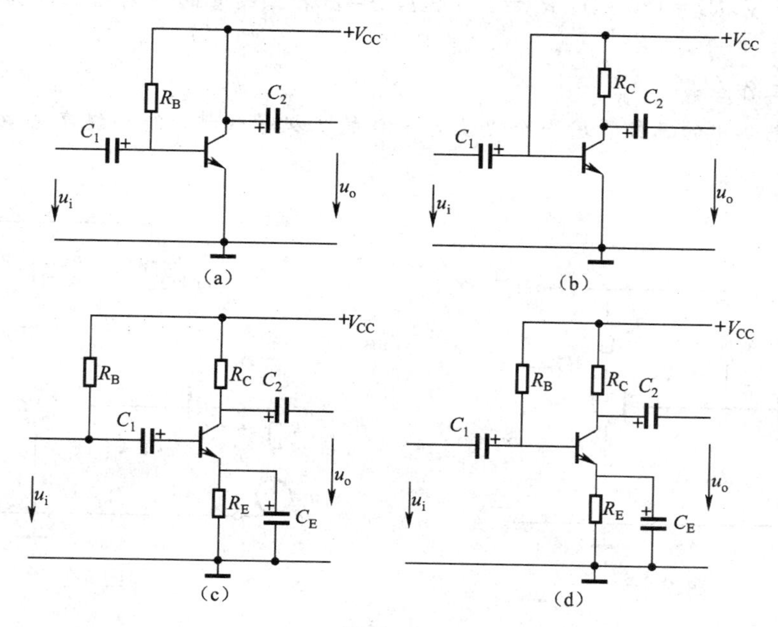

题图 8-5

5. 在单管共射放大电路中输入正弦交流电压，并用示波器观察输出端 u_o 的波形，若出现题图 8-6 所示的失真波形，试分别指出各属于什么失真？可能是什么原因造成的，应如何调整参数以改善波形？

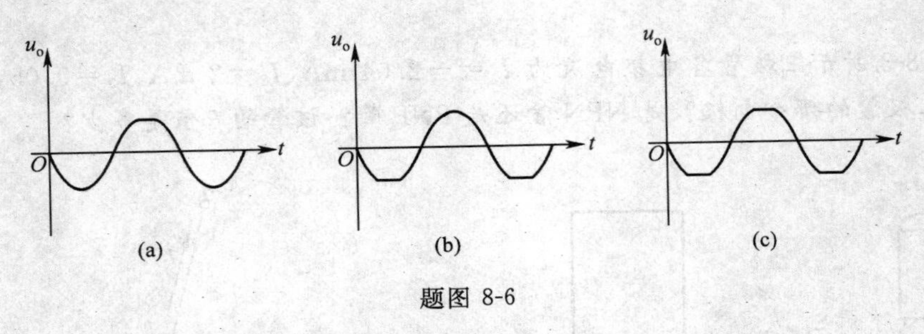

题图 8-6

6. 画出题图 8-7 所示各放大电路的直流通路、交流通路。

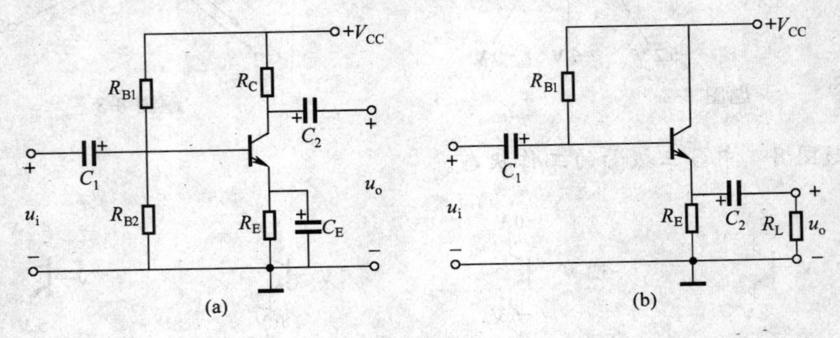

题图 8-7

7. 共发射极放大电路如题图 8-8 所示。已知

$V_{CC}=-16$ V，$R_B=120$ kΩ，$R_C=1.5$ kΩ，$\beta=40$，三极管的发射结压降为 0.7 V，试计算：

(1) 静态工作点；

(2) 若将电路中的三极管用一个 β 值为 100 的三极管代替，能否提高电路的放大能力，为什么？

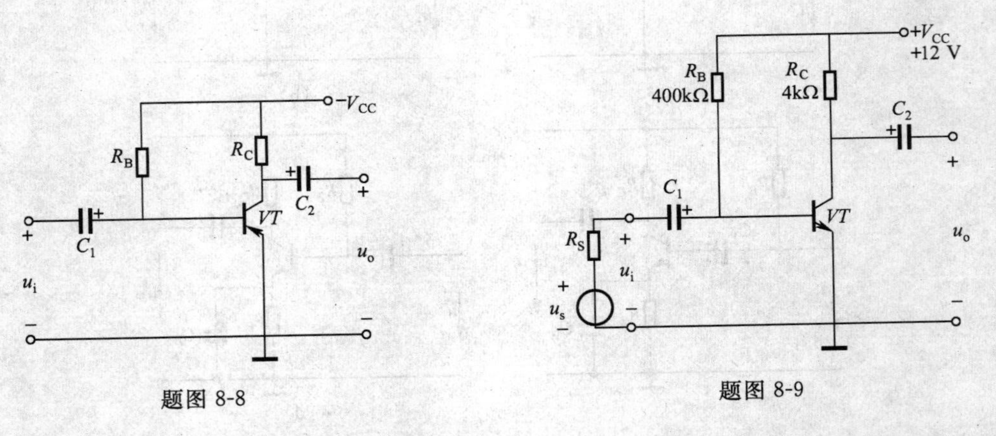

题图 8-8　　　　题图 8-9

8. 三极管单级共发射极放大电路如题图 8-9 所示。已知三极管参数 $\beta=50$，$R_S=1$ kΩ，并忽略三极管的发射结压降，其余参数如图中所示，试计算：

(1) 放大电路的静态工作点；

(2) 电压放大倍数和源电压放大倍数，并画出微变等效电路；

(3) 放大电路的输入电阻和输出电阻；

(4) 当放大电路的输出端接入 6 kΩ 的负载电阻 R_L 时，电压放大倍数和源电压放大倍数有何变化？

9. 电路参数如题图 8-10 所示，$\beta=30$，试求：

(1) 静态工作点；

(2) 如果换上一只 $\beta=60$ 的管子，估计放大电路能否工作在正常的状态；

(3) 估算该电路的电压放大倍数。

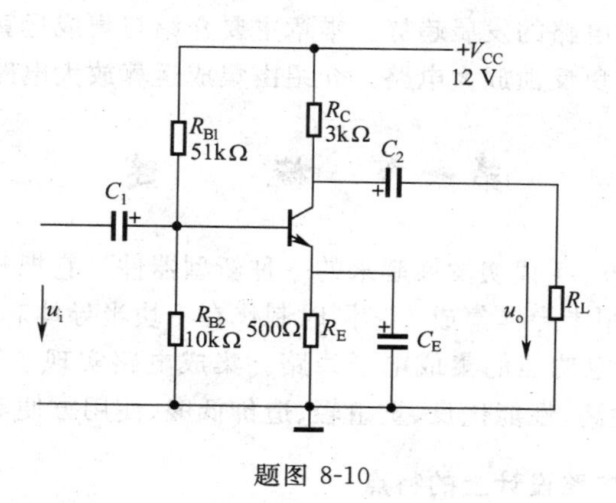

题图 8-10

10. 分压式射极偏置电路如题图 8-11 所示。已知：$V_{CC}=12$ V，$R_{B1}=51$ kΩ，$R_{B2}=10$ kΩ，$R_C=3$ kΩ，$R_E=1$ kΩ，$\beta=80$，三极管的发射结压降为 0.7 V，试计算：

(1) 放大电路的静态工作点 I_C 和 U_{CE} 的数值；

(2) 将三极管 V 替换为 $\beta=100$ 的三极管后，静态 I_C 和 U_{CE} 有何变化？

(3) 若要求 $I_C=1.8$ mA，应如何调整 R_{B1}。

11. 共集电极放大电路如题图 8-12 所示。图中 $\beta=50$，$R_B=100$ kΩ，$R_E=2$ kΩ，$R_L=2$ kΩ，$R_S=1$ kΩ，$V_{CC}=12$ V，$U_{BE}=0.7$ V，试求：

(1) 画出微变等效电路；

(2) 电压放大倍数和源电压放大倍数；

(3) 输入电阻和输出电阻。

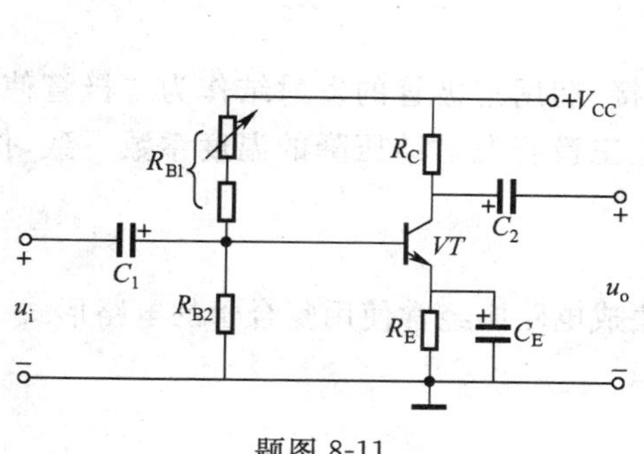

题图 8-11

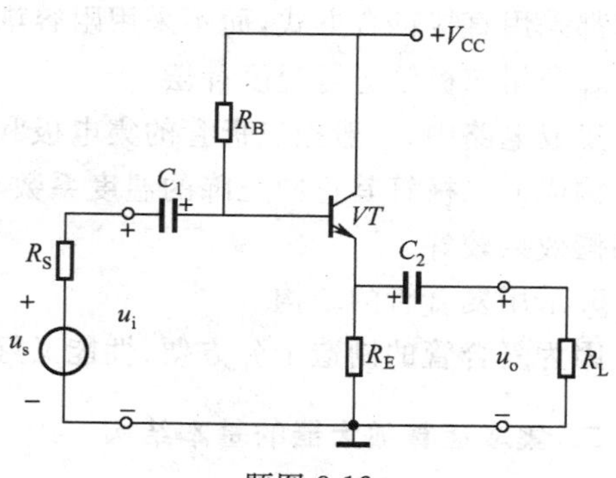

题图 8-12

第九章

集成运算放大电路

电路的集成化是未来电路的发展趋势。本章主要介绍与集成运算放大电路有关的基本知识,包括:差动放大电路和负反馈放大电路。介绍由集成运算放大电路构成的具体应用电路。

第一节　概　　述

集成电路是20世纪60年代初发展起来的一种新型器件。它把整个电路中的各个元器件以及器件之间的连线,采用半导体集成工艺同时制作在一块半导体芯片上,再将芯片封装并引出相应管脚,做成具有特定功能的集成电子线路。集成电路实现了器件、连线和系统的一体化,外接线少,具有可靠性高、性能优良、重量轻、造价低廉、使用方便等优点。

一、集成运算放大器电路设计上的特点

1.电路结构与元件参数具有对称性

由于集成电路芯片上的所有元件是在同一块硅片上用相同工艺过程制造的,因此参数具有相同偏差,温度特性一致,特别适用于制造对称性较高的电路,比如制造两个特性一致的晶体管和两个阻值相同的电阻。

2.采用有源电阻代替无源电阻

由于集成度的要求,由硅半导体体电阻构成的电阻阻值范围受到限制,一般只能在几十Ω到几十kΩ之间,不易制造过高或过低阻值的电阻,且阻值误差较大。所以,集成电路中一般采用晶体管恒流源来代替所需的高阻值电阻,也就是采用有源电阻形式。

3.采用直接耦合的级间连接方式

集成电路工艺不适于制造几十pF以上的电容,制造电感器件就更加困难。因此,集成电路大都采用直接耦合方式,而不采用阻容耦合或变压器耦合方式。

4.利用二极管进行温度补偿

集成电路中,一般把三极管的集电极和基极短接,利用三极管的发射结作为二极管使用。这样构成的二极管其正向压降的温度系数与同类型三极管发射结压降的温度系数一致,作温度补偿效果较好。

5.采用复合管的结构

因为复合管的制造十分方便,性能又好,所以集成电路中经常使用复合管的电路形式。

二、集成运算放大器的基本结构

各种集成运算放大器的基本结构相似,主要都是由输入级、中间级和输出级以及偏置电路

组成，如图 9-1-1 所示。输入级一般由可以抑制零点漂移的差动放大电路组成；中间级的作用是获得较大的电压放大倍数，可以由我们熟悉的共射极电路承担；输出级要求有较强的带负载能力，一般采用射极跟随器；偏置电路的作用是供给各级电路合理的偏置电流。

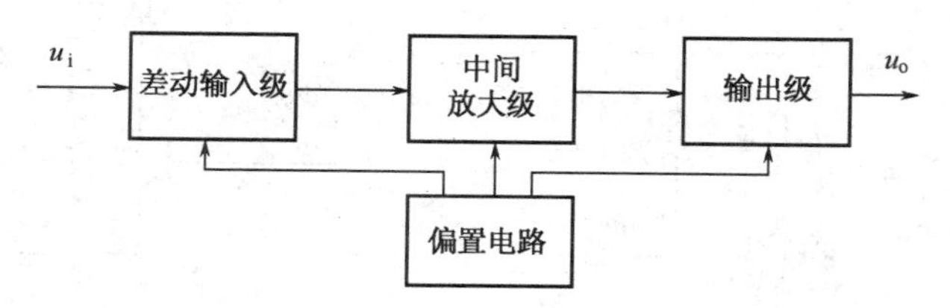

图 9-1-1　集成运算放大器的结构框图

第二节　差动放大电路

一、差动放大电路的基本知识

差动放大电路是一种具有两个输入端且电路结构对称的放大电路。其基本特点是：只有两个输入端的输入信号间有差值时才能进行放大，也就是说差动放大电路放大的是两个输入信号的差，所以称为差动放大电路。图 9-2-1 中的输出电压可以表示为：

$$u_o = A_{ud}(u_{i1} - u_{i2})$$

其中，A_{ud} 叫做差动放大电路的差模电压放大倍数。

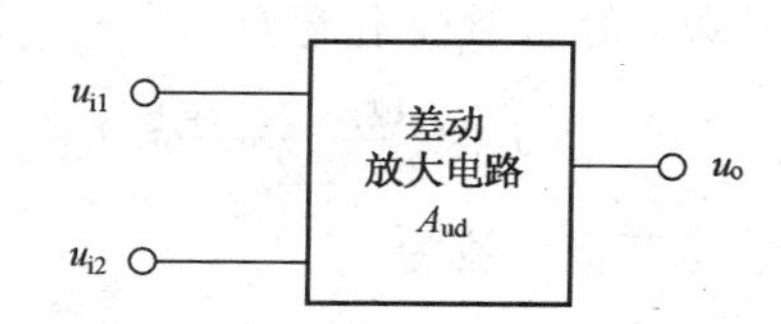

图 9-2-1　差动放大电路输出与输入的关系

选用电路结构对称的差动放大电路作为集成运算放大器的输入级主要是它能有效地抑制直接耦合电路中的零点漂移，又具有多种输入、输出方式，使用方便。而且制作对称电路也是集成电路的工艺优势。

集成电路级与级之间大多采用的是直接相连的耦合方式，这种方式使得放大电路前后级之间的静态工作点互相联系、互相影响。直接耦合多级电路必然会产生“零点漂移”的问题。

所谓零点漂移，就是放大电路在没有输入信号时，由于电源波动、温度变化等原因，使放大电路的工作点发生变化，这个变化量会被直接耦合放大电路逐级加以放大并传送到输出端，使输出电压偏离原来的起始点而上下漂动，导致“零入不零出”。放大器的级数越多，放大倍数越大，零点漂移的现象就越严重。

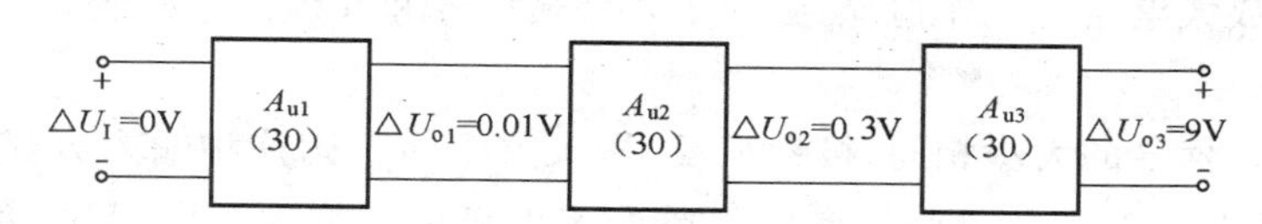

图 9-2-2　直接耦合放大电路的零点漂移

二、基本差动放大电路的分析

图 9-2-3 所示电路，是由两个三极管构成的最简单的差动放大电路。从图中可以看出：差动放大电路的基本结构具有完全对称的特点，并且是由我们非常熟悉的两个完全相同的共发射极放大电路构成，其中 VT_1、VT_2 两管特性相同。图 9-2-4 为典型的差动放大电路。下面我

们将对典型的差动放大电路进行静态和动态分析。

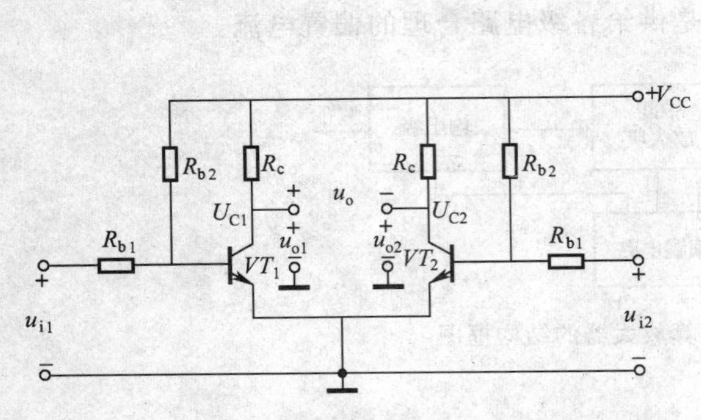

图 9-2-3 基本差动放大电路构成原理

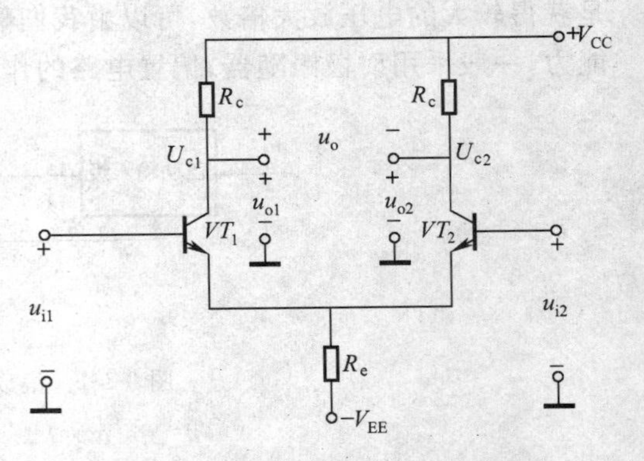

图 9-2-4 典型基本差动放大电路

1. 静态分析

当 $u_{i1}=u_{i2}=0$ 时，由于电路完全对称，因此电路对称两边的静态参数也应完全相同。以 VT_1 管为例，其静态基极回路由 $-V_{EE}$、U_{BE} 和 R_E 构成，但需要注意的是，流过 R_E 的电流是 VT_1、VT_2 两管发射极电流之和，如图 9-2-5 所示。则 VT_1 管的输入回路方程为：

$$V_{EE}=U_{BE}+2I_{E1}R_E$$

所以，静态射极电流为：

$$I_{E1}=\frac{U_{EE}-U_{BE}}{2R_E}\approx I_{C1}$$

静态基极电流为

$$I_{B1}=\frac{I_{C1}}{\beta}$$

静态 VT_1 管压降为

$$U_{CE1}=V_{CC}+U_{EE}-I_{C1}R_C-2I_{E1}R_E$$

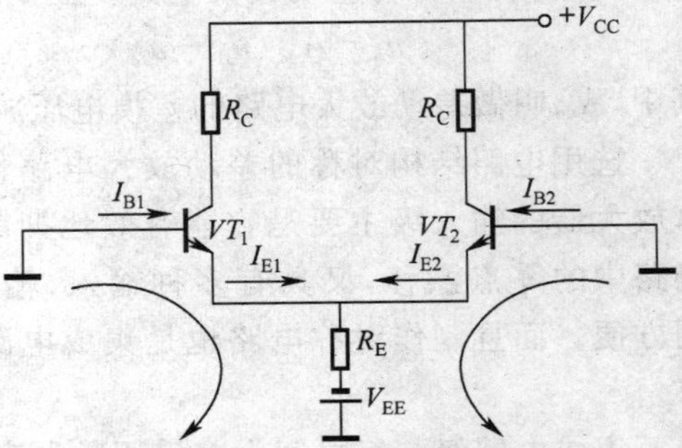

图 9-2-5 基本差动放大电路的直流通路

因为电路参数对称，故 VT_2 管的静态参数与 VT_1 管相同。静态时两管集电极对地电位 $U_{C1}=U_{C2}$（不为 0），而两集电极之间电位差为零，即输出电压 $u_o=U_{C1}-U_{C2}=0$。

2. 输入信号的分析

在实际使用中，加在差动放大电路两个输入端的输入信号 u_{i1} 和 u_{i2} 是任意的，要想分析有输入信号时差动放大电路的工作情况，必须了解差模信号和共模信号的概念。

(1)差模输入

如果两个输入信号的大小相同、极性相反，即 $u_{i1}=-u_{i2}$，则这种输入方式叫做差模输入。假设加在 VT_1 管的 u_{i1} 为正值，则 u_{i1} 使 VT_1 管的集电极电流增大 ΔI_{C1}，VT_1 的集电极电位因而降低了 ΔU_{C1}；和 VT_1 相反，在 u_{i2} 的作用下，VT_2 的集电极电位升高了 ΔU_{c2}。所以差模输入时，两管的集电极电位一增一减，变化的方向相反，变化的大小相同，两个集电极电位的差值就是输出电压 u_o，即：

$$u_o=\Delta U_{C1}-\Delta U_{C2}$$

(2)共模输入

如果两个输入信号的大小相同、极性也相同，即 $u_{i1}=u_{i2}$，这种输入方式叫做共模输入。对于完全对称的差动放大电路来说，共模输入时两管的集电极电位必然相同，因此有 $u_o=\Delta U_{C1}-\Delta U_{C2}=0$。所以在理想情况下，差动放大电路对共模信号没有放大能力。

实际上，我们说差动放大电路对零点漂移有抑制作用，就是对共模信号的抑制作用。因为引起零点漂移的温度等因素的变化对差动电路来说相当于输入了一对共模信号，所以差动放大电路对零点漂移的抑制就是对共模信号抑制的一种特例。

3. 动态分析

(1)差模特性动态分析

图 9-2-6 为差模输入时图 9-2-4 所示双入双出差动放大电路的交流通路。差模输入时，由于 $u_{i1}=-u_{i2}=\frac{1}{2}u_{id}$，则 VT_1 和 VT_2 两管的电流和电压变化量总是大小相等、方向相反的。流过射极电阻 R_E 的交流电流由两个大小相等、方向相反的交流电流 i_{e1} 和 i_{e2} 组成。在电路完全对称的情况下，这两个交流电流之和在 R_E 两端的产生的交流压降为零，因此，在图 9-2-6 的差模输入交流通路中，把射极电阻 R_E 短路。

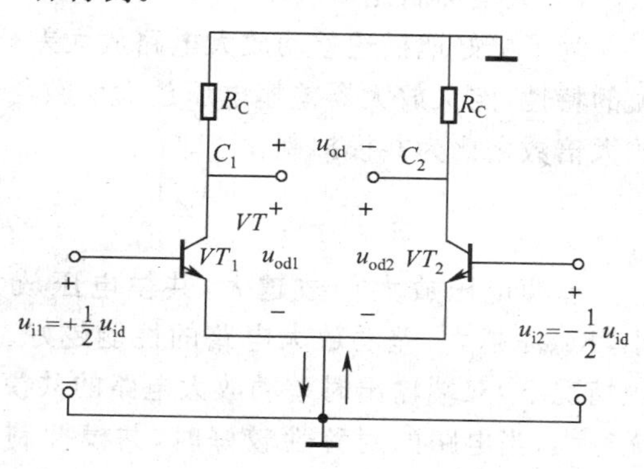

图 9-2-6 差模输入时基本差动放大电路的交流通路

①差模电压放大倍数 A_{ud}

差模电压放大倍数定义为差模输出电压 u_{od} 与差模输入信号 u_{id} 的比值。由图 9-2-6 可得

$$A_{ud}=\frac{u_{od}}{u_{id}}=\frac{u_{od1}-u_{od2}}{u_{i1}-u_{i2}}=\frac{2u_{od1}}{2u_{i1}}=\frac{u_{od1}}{u_{i1}}=-\beta\frac{R_C}{r_{be}}$$

结论：差动放大电路双端输出时的差模电压放大倍数和单边电路的电压放大倍数相同，差动放大电路为了实现同样的电压放大倍数，必须使用两倍于单边电路的元器件数，但是换来了对零点漂移，或者说共模信号的抑制能力。

②差模输入电阻 r_{id}

差模输入时从差动放大电路的两个输入端看进去的等效电阻定义为差模输入电阻 r_{id}，即：

$$r_{id}=2r_{be}$$

r_{be} 为三极管的等效输入电阻。

③差模输出电阻 r_{od}

差模输出电阻 r_{od} 定义为差模输入时从差动放大电路的两个输出端看进去的等效电阻，由图 9-2-6 可知

$$r_{od}=2R_C$$

(2)共模特性动态分析

输入共模信号时的交流通路如图 9-2-7 所示。当差动放大电路的输入信号为一对大小相等、方向也相同的共模信号时，由于 $u_{i1}=u_{i2}=u_{ic}$，图 9-2-7 中 VT_1 和 VT_2 的电流和电压变化量总是大小相等、方向相同的，流过射极电阻 R_E 的交流电流由两个大小相等、方向相同的交流电流 i_{e1} 和 i_{e2} 组成，流过 R_E 的交流电流为两倍的单管射极电流，所以共模输入时的射极电阻在交流通路中必须保留。

(1)共模电压放大倍数 A_{uc}

由于电路对称且输入相同，图 9-2-7 中两管的集电极电位始终相同，有 $u_{oc1}=u_{oc2}$。因此从两管的集电极之间取出的输出电压 $u_{oc}=u_{oc1}-u_{oc2}=0$。理想情况下双端输出时的共模电压放大倍数为 0，即：

$$A_{uc}=0$$

（2）共模抑制比 K_{CMRR}

为了更好地描述差动放大电路放大差模、抑制共模的特性，定义放大器差模电压放大倍数与共模电压放大倍数之比为共模抑制比，即：

$$K_{CMRR}=\left|\frac{A_{ud}}{A_{uc}}\right|$$

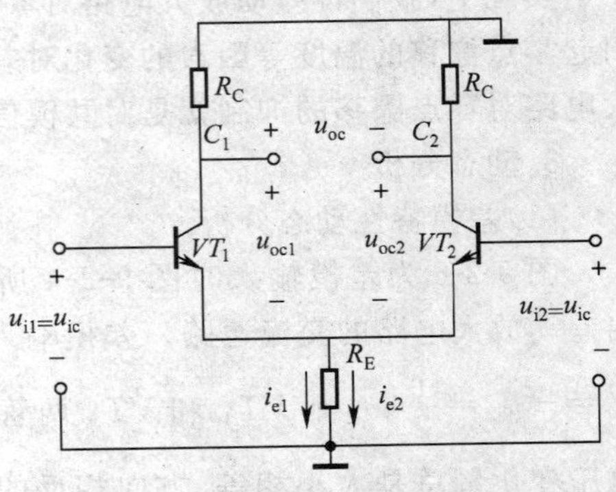

图 9-2-7　共模输入时基本差动放大电路的交流通路

差模电压放大倍数越大，共模电压放大倍数越小，K_{CMRR} 越大，差动放大电路的性能越好。显然，理想情况下，双端输出时差动放大电路的共模抑制比为无穷大，当电路的对称性较好时，共模抑制比将是一个很大的数值，为了方便，用分贝（dB）的形式表示共模抑制比为：

$$K_{CMR}=20\lg\left|\frac{A_{ud}}{A_{uc}}\right|$$

三、差动放大电路的输入、输出形式

根据差动放大电路输入输出形式的不同，差动放大电路分为双端输入、双端输出；双端输入、单端输出；单端输入、单端输出和单端输入、双端输出四种形式。

1. 单端输入：单端输入可以看成是双端输入的一种特例，即两个输入信号中的一个为 0。

2. 单端输出：单端输出的输出信号可以取自差放管 VT_1、VT_2 任意一管的集电极与地之间的信号电压。由于所取输出端的位置不同，输出信号与输入信号之间的相位关系也就不同，图9-2-8分别给出了同相和反相两种输出方式。

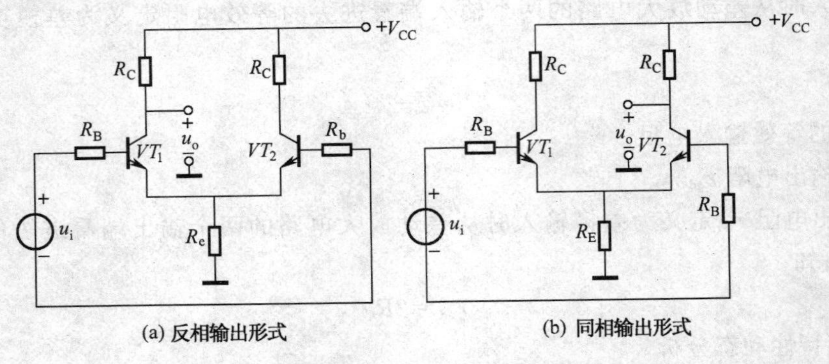

图 9-2-8　差动放大电路的两种单端输出形式

3. 单端输出时的差模电压放大倍数 A_{ud1}

因为单端输出时，差动放大电路中非输出管的输出电压未被利用，所以单端输出时的电压放大倍数只有双端输出时的一半。若带上负载，由于外接负载电阻 R_L 直接并联于输出管的集电极与地之间，因此交流等效负载电阻为 $R'_L=R_C/\!/R_L$，由此可得单端输出时的差模电压放大倍数为：

$$|A_{ud1}|=\frac{1}{2}\frac{\beta R'_{L}}{r_{be}}$$

根据单端输出位置的不同,差模电压放大倍数可正可负。

4.单端输出时的共模电压放大倍数 $\boldsymbol{A_{uc1}}$

因为单端输出时,仅取一管的集电极电压作为输出,使两管的零点漂移不能在输出端互相抵消,所以共模抑制比相对较低。但由于有 R_E 对共模信号的强烈抑制作用,因此其输出零漂比普通的单管放大电路还是小得多。单端输出时,射极电阻 R_E 上流过两倍的射极电流,根据带射极电阻的单管共发射极放大电路的电压放大倍数公式,可得单端输出时差动放大电路的共模电压放大倍数为:

$$A_{uc1}=-\frac{\beta R_C}{r_{be}+2(1+\beta)R_E}$$

5.单端输出时的共模抑制比

由差模电压放大倍数和共模电压放大倍数可得单端输出时的共模抑制比为:

$$K_{CMRR}\approx\beta\frac{R_E}{r_{be}}$$

6.单端输出时差动放大电路的输出电阻

由于仅从一管的集电极取输出信号,因此输出电阻是从一管的集电极和接地点之间看进去的等效电阻,它是双端输出时的一半,即:

$$R_{od}=R_C$$

综上所述,我们可以得到如下结论:

(1)差动放大电路具有放大差模信号、抑制共模信号的能力。因此,在普遍采用直接耦合的集成运算放大器中,广泛采用差动放大电路作为输入级,以起到抑制零点漂移的作用。

(2)差动放大电路的射极电阻不影响差模信号的放大,但射极电阻越大,抑制共模的能力就越强,一般采用恒流源电路来替代射极电阻,以获得较好的共模抑制能力。

(3)差动放大电路共有两种输入形式和两种输出形式,可以组合成四种典型电路,它们具有不同的特点,在实际应用中可根据需要选择合适的电路形式。

第三节　负反馈放大电路

在实际应用中,任何实用电路都要采用某种形式的负反馈。在放大电路中引用负反馈虽然降低了电压放大倍数,但可以改善放大电路的性能,本节先给出反馈的一些基本知识,随后介绍负反馈对放大电路性能的影响。

一、反馈的基本知识

所谓反馈是指将放大电路输出信号(电压或电流)的全部或一部分通过某一途径(称为反馈网络)回送到放大电路的输入端来影响输入信号。其结构方框图如图 9-3-1 所示,由方框图可以得出:反馈放大电路是由基本放大电路(常用 A 表示)和反馈电路(常用 F 表示)组成,它们构成了一个闭合的路径,所以反馈放大电路又称为

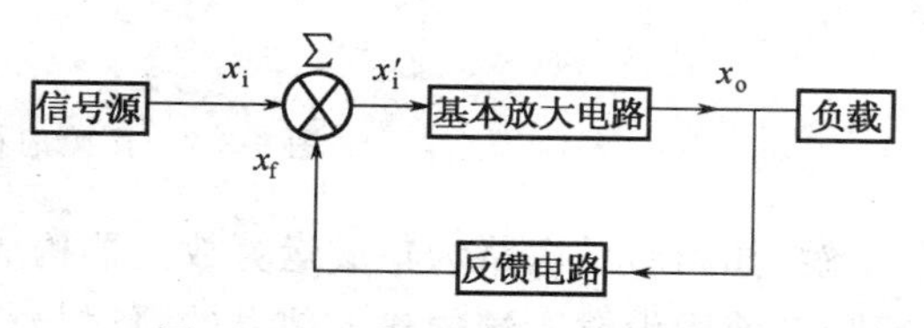

图 9-3-1　反馈放大电路的方框图

闭环放大电路，其放大倍数用 A_f 表示。不带反馈网络的放大电路则称为开环放大电路，其放大倍数用 A 表示。

x_i 为输入信号；x'_i 为净输入信号；x_o 为输出信号；x_f 为反馈信号；F 为反馈系数，即反馈网络的放大倍数，定义为：反馈信号 x_f 与输出信号 x_o 的比值。

反馈在电子技术中是普遍存在的，分压式电流负反馈偏置电路就是利用反馈控制原理组成的使静态工作点稳定的电路。在实际的电子电路中，不仅需要直流负反馈来稳定静态工作点，更需要引入交流负反馈实现对交流性能的改善。

二、反馈的分类

(一)反馈的分类

反馈可分为正反馈和负反馈，直流反馈和交流反馈，电压反馈和电流反馈，串联反馈和并联反馈。

判断反馈类型的关键是正确的确定反馈网络，反馈网络可以是电阻、电容、电感、变压器、二极管等单个元件及其组合，也可以是较为复杂的电路。既与输出回路相连又与输入回路相连的网络就是我们要找的反馈网络。

1. 正、负反馈及判断

(1)正、负反馈的概念

当反馈信号 x_f 使放大电路的净输入信号 x'_i 增强，从而使电路的电压放大倍数增大的反馈称为正反馈，即 $x'_i=x_i+x_f$。若反馈信号 x_f 使放大电路的净输入信号 x'_i 减弱，从而使电路的电压放大倍数减小的反馈称为负反馈，即 $x'_i=x_i-x_f$。正反馈常用在振荡电路和数字电路中。而在放大电路中几乎都用负反馈。

(2)正、负反馈的判断

正、负反馈的判断可采用瞬时极性法。即首先假定被加入反馈信号的放大电路的输入信号的瞬时极性为正(极性为正，用'＋'表示；极性为负，用'－'表示)；其次依据电路的规律，逐级推出放大电路各有关点的极性，最终推出输出信号的瞬时极性；然后通过反馈网络得出反馈信号的瞬时极性；最后判断反馈信号是增加还是减弱了放大电路的净输入信号，从而判断出反馈的正、负极性。

【例 9-3-1】 图 9-3-2 所示电路，用瞬时极性法判断正、负反馈。

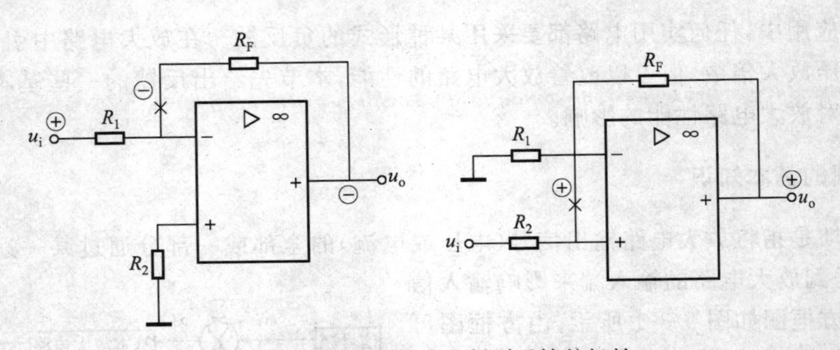

图 9-3-2　用瞬时极性法判别反馈的极性

解：如图所示电路为集成运算放大器构成的反馈电路(集成运算放大电路将在本章第四节论述)。前图设输入端的输入信号的瞬时极性为“＋”，由于输入信号在集成运放的反相输入端引入，则输出端引出信号的瞬时极性为“－”，由于反馈电阻不起倒相的作用，因此其将输出信号回送到输入端的瞬时极性仍为“－”，反馈信号与输入信号相作用使电路的净输入信号减小，因此该反馈为负反馈。后图设输入端的输入信号的瞬时极性为“＋”，由于输入信号在集成运放的同相输入端引入，则输出端引出信号的瞬时极性为“＋”，由于反馈电阻不起倒相的作用，因此其将输出信号回送到输入端的瞬时极性仍为“＋”，反馈信号与输入信号相作用使电路的净输入信号增加，因此该反馈为正反馈。

2. 直流反馈和交流反馈

(1)直流反馈和交流反馈的概念

反馈信号中只存在直流分量的反馈称为直流反馈；相应的反馈信号中只存在交流分量的反馈称为交流反馈；若反馈信号中既有直流分量又有交流分量，则称为交直流反馈。在放大电路中常利用直流负反馈来稳定静态工作点。例如分压式电流负反馈放大电路，利用发射极电阻 R_E 引入直流负反馈，起到了稳定静态工作点的作用。在放大电路中引入交流负反馈来改善放大电路的性能。本节主要论述交流反馈。

(2)直流反馈和交流反馈的判断

判断电路引入的是直流反馈还是交流反馈，只要画出直流等值通路和交流等值通路即可。若反馈环节在直流等值通路中出现，则为直流反馈；若反馈环节在交流等值通路中出现，则为交流反馈；若反馈环节既在直流又在交流等值通路中出现，则是交直流反馈。

图 9-3-3 给出了交流反馈和直流反馈的例子。图 9-3-3(a)为交流反馈，因为反馈电容 C_F 对直流信号相当于开路，所以不能反馈直流信号；图 9-3-3(b)为直流反馈，由于射极电容 C_e 对交流信号短路，所以在交流通路中，反馈支路 R_F 被短路，三极管的发射极相当于直接接地，交流反馈是不存在的；图 9-3-3(c)中的反馈电阻 R_F 可以同时反馈交流和直流信号，为交、直流反馈。

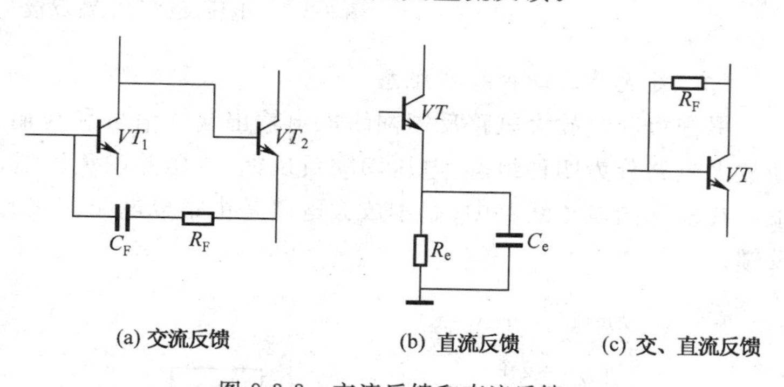

图 9-3-3　交流反馈和直流反馈

3. 串联反馈和并联反馈

(1)串联反馈

图 9-3-4(a)为串联反馈的方框图，由方框图可知，所谓串联反馈就是指反馈信号与输入信号相串联的反馈。在串联反馈中，反馈信号是以电压的形式出现在输入回路中。

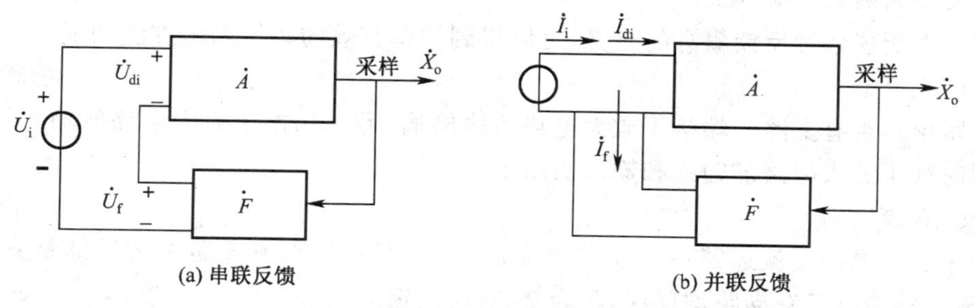

图 9-3-4　串联反馈和并联反馈

(2)并联反馈

图 9-3-4(b)为并联反馈的方框图,同样由方框图可知,并联反馈就是指反馈信号与输入信号并联的反馈。在并联反馈中,反馈信号是以电流的形式出现在输入回路中。

4.电压反馈和电流反馈

(1)电压反馈

图 9-3-5(a)为电压反馈的方框图。由方框图可知,如果反馈信号取自输出电压并与输出电压成正比,则该反馈即为电压反馈。

(2)电流反馈

图 9-3-5(b)为电流反馈的方框图。由方框图可知,如果反馈信号取自输出电流并与电流成正比,则该反馈称为电流反馈。

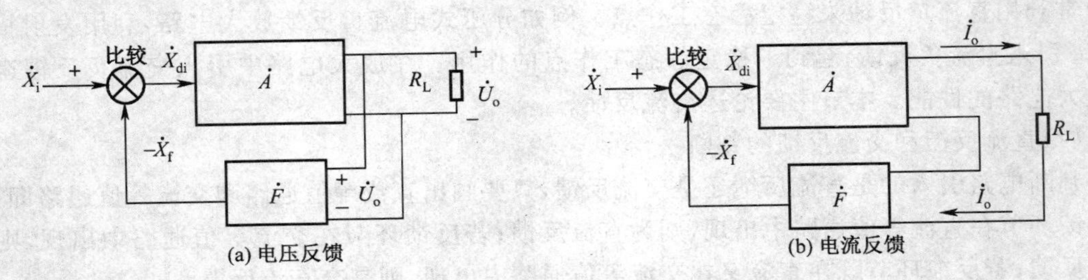

图 9-3-5 电压反馈和电流反馈

(二)负反馈的四种基本组态

根据负反馈放大电路反馈网络取自输出端的信号和与输入端的连接形式不同,可将负反馈放大电路分为四种组态:电压串联负反馈、电压并联负反馈、电流串联负反馈、电流并联负反馈。在实际的电子线路中,基本放大电路是由集成电路构成的,再根据具体的需要引入不同的反馈。

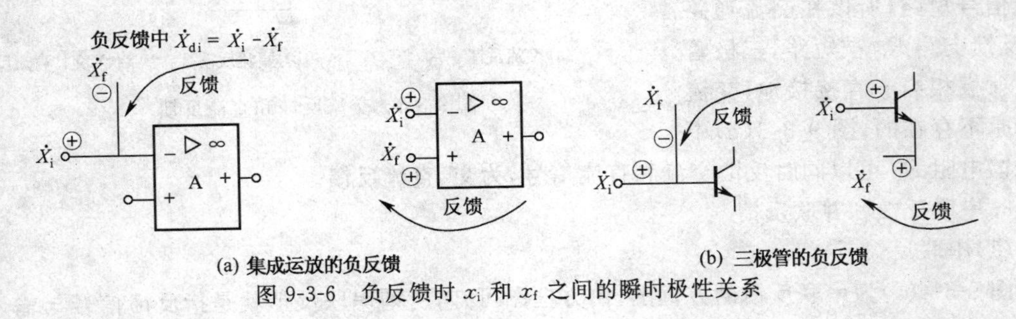

图 9-3-6 负反馈时 x_i 和 x_f 之间的瞬时极性关系

(三)反馈判别的一般方法

根据前文所述各种反馈概念的定义,可以得到简单有效的具体判别方法如下:

(1)有/无反馈

看电路中是否有支路一端接于放大电路的输出端、另一端接于放大电路的输入端或是否有支路同时处于放大电路的输入和输出回路中。

(2)交/直流反馈

存在于放大电路交流通路中的反馈是交流反馈,存在于直流通路中的反馈是直流反馈,若交、直流通路中该反馈支路均存在,则为交、直流反馈。

(3)正/负反馈

反馈极性的判别,通常采用瞬时极性法。

图 9-3-6 给出了在几种常见的负反馈中 x_i 和 x_f 之间的瞬时极性关系。

(4)电压/电流反馈

从采样方式的定义出发,可以得到"假定输出短路"的判断方法。当电压采样时,反馈信号与输出电压成比例关系,若将输出电压短路为零,则反馈网络的输入消失,反馈支路受到影响使反馈信号为零;反之,若反馈支路不受影响,反馈仍然存在,说明反馈网络是以输出电流为采样对象的,输出电压短路并不影响反馈的存在。

(5)串联/并联反馈

从图 9-3-5 反馈放大器的比较方式方框图可以看出,端口并联时,反馈信号与输入信号一定加于放大器的同一输入端,进行电流叠加;否则,端口串联时,反馈信号与输入信号一定是分别加于放大器件的两个输入端,进行电压的叠加。

【例 9-3-2】 图 9-3-7 所示电路是由 NPN 型三极管构成的集电极一基极偏置的反相电压放大电路,试分析该电路是否具有稳定静态工作点的作用,并判断该电路的交流反馈类型,标出反馈信号。

解:(1)静态时,输入电流为 0,所以静态电流为 $I_B=(U_{CE}-U_{BE})/R_F\approx U_{CE}/R_F$(一般有 $U_{CE}\gg U_{BE}$),当温度升高时,该电路稳定静态工作点的过程如下:

$$T\uparrow\rightarrow I_C\uparrow\rightarrow U_{CE}\downarrow\rightarrow I_B\downarrow\rightarrow I_C\downarrow$$

(2)瞬时极性标于图 9-3-7 中,当基极输入信号的瞬时极性为⊕时,经三极管反相,集电极电位为⊖,由反馈电阻 R_F 送回三极管的基极,根据瞬时极性判断为负反馈。假设输出电压短路,则反馈消失,采样方式为电压反馈;输出信号送回原输入端,比较方式为并联反馈,反馈电流使净输入电流减小。因此,该电路的交流反馈类型为电压并联负反馈,反馈电流为 R_F 上的电流,方向如图 9-3-7 中所示。

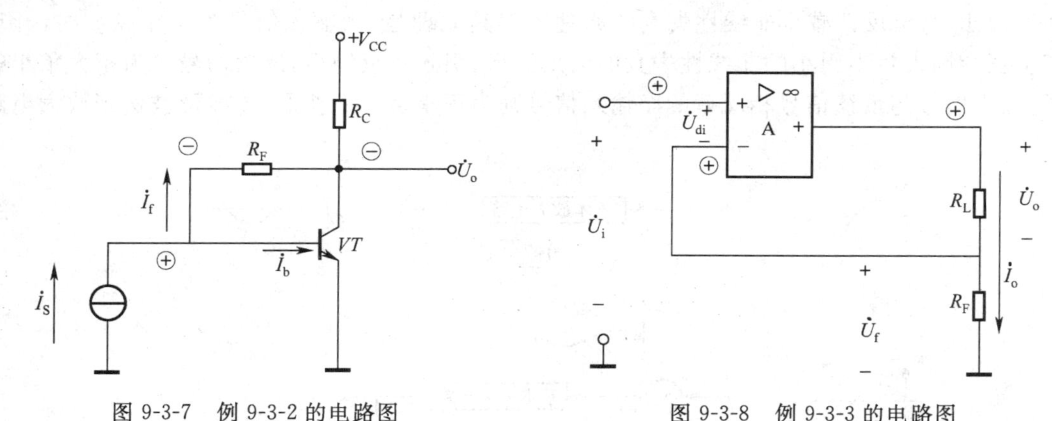

图 9-3-7　例 9-3-2 的电路图

图 9-3-8　例 9-3-3 的电路图

【例 9-3-3】 集成运算放大器电路如图 9-3-8 所示,判断该电路的交流反馈类型,并标出反馈信号。

解:瞬时极性标于图 9-3-8 中,输入信号从集成运放同相输入端输入,当输入信号的瞬时极性为⊕时,输出的瞬时极性也为⊕,经反馈电阻反馈回集成运放的反相输入端,和原输入信号在不同的输入端且瞬时极性相同,为负反馈。从图中可以看出,反馈电压削弱了原来的输入电压信号。

【例 9-3-4】 分析判断图 9-3-9 中两级放大电路的反馈类型和反馈极性。

解:图 9-3-9 两级放大电路的反馈网络由 R_F、R_{E1} 和 C_F 构成级间交流反馈。将瞬时极性标于图 9-3-9 中。由瞬时极性法可以看出,该反馈为负反馈。很明显,反馈信号采样于输出电压,由反馈网络送回输入端三极管 VT_1 的发射极,由于输入信号从三极管 VT_1 的基极加入,和反馈信号不在同一个输入端,因此构成了串联比较形式。由此可见,该电路为电压串联负反馈。

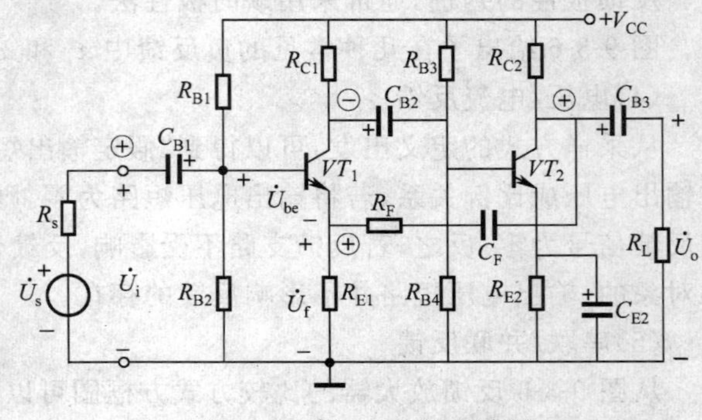

图 9-3-9 例 9-3-4 的电路图

三、负反馈对放大电路的影响

放大电路引入负反馈后,会使电压放大倍数降低,反馈深度越强,放大倍数下降的越大。但引入负反馈,可以改善放大电路的性能,即牺牲了电路的放大倍数,来换取了性能的改善。引入负反馈对放大电路的影响的具体表现在:

1. 提高了放大倍数的稳定性

放大电路的开环放大倍数受环境温度的变化、负载的变动、电源的波动以及其他因素的干扰变化很大很不稳定。引入负反馈后,由于它的自动调节作用,使输出信号的变化得到抑制,放大倍数趋于不变,放大倍数的稳定性得到提高。

2. 减小非线性失真和抑制干扰

在开环放大电路中,当输入信号较大时,会使输出信号产生正、负波形不对称的失真波形,如图 9-3-10(a)所示。这种失真波形的产生是由于电路中存在非线性元件三极管而形成的,我们称为非线性失真。为了减小由于元件的非线性所引起的失真,采取的措施是引入负反馈。图 9-3-10(b)为负反馈减小非线性失真的原理图。其原理是:当输入信号为一正弦波时,开环时产生正半周大负半周小的非线性失真的输出波形;引入负反馈后,反馈信号也为正大负小的波形;输入信号与反馈信号相减后的净输入信号则为正小负大的波形;该波形被送到放大电路

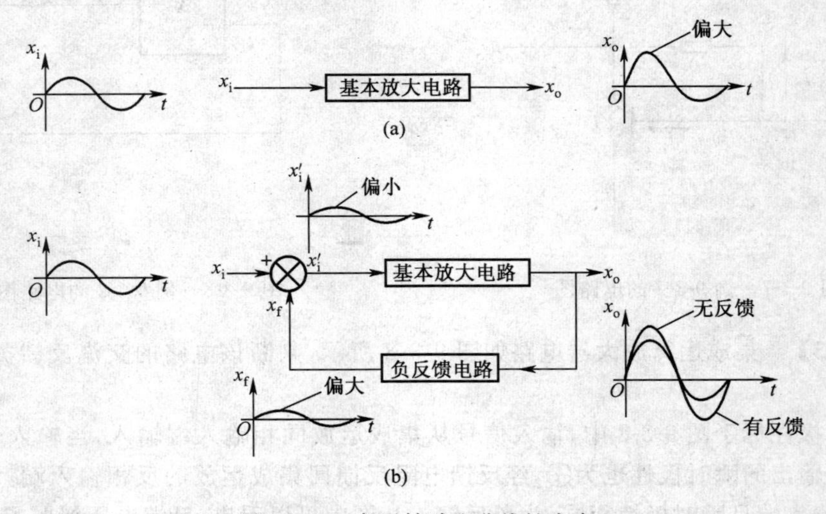

图 9-3-10 负反馈减少非线性失真

中放大就减小了非线性失真，使输出信号的波形近似为上下对称。

由此可见负反馈对闭环放大电路内部的干扰具有一定抑制的作用，但对于来自反馈外部的干扰以及混入信号内的噪声，负反馈是不能抑制的。

3. 改变输入电阻和输出电阻

(1)输入电阻

负反馈对输入电阻的改变只与反馈网络和放大电路输入端的连接方式有关，而与输出端的连接方式无关。与输入端有关的反馈种类是串联和并联。首先研究串联负反馈，输入电阻是指从放大电路的输入端向放大电路看进去的电阻。由于串联负反馈的反馈网络与输入端是以串联的方式连接的，很显然会使输入电阻增加。而并联负反馈的反馈网络与输入端是以并联的方式连接的，很显然会使输入电阻减小。

(2)输出电阻

负反馈对输出电阻的改变只与反馈网络和输出端的连接方式有关，而与输入端的连接方式无关。与输出端有关的反馈种类是电压和电流反馈。首先讨论电压负反馈，我们知道输出电阻是指将负载断开，从放大电路的输出端向放大电路看进去的电阻。由电压负反馈的方框可知，电压负反馈取样的是输出电压，它与输出端的连接方式是并联，因而使输出电阻减小。而由电流负反馈的方框图可知，电流负反馈取样的是输出电流，它与输出端的连接方式是串联，因而使输出电阻增大。

四、放大电路引入负反馈的原则

1. 电路要稳定直流量(如静态工作点)，应引入直流负反馈。

2. 电路要稳定交流性能，应引入交流负反馈。

3. 电路要稳定输出电压，应引入电压负反馈；稳定输出电流，应引入电流负反馈。

4. 电路要提高输入电阻，应引入串联负反馈；要降低输入电阻，应引入并联负反馈。电路要提高输出电阻，应引入电流负反馈；要降低输出电阻应引入电压负反馈。

第四节　常用的集成运算放大器简介

一、集成运算放大器的基本概念

1. 集成运算放大器的性质

集成运算放大器是一个多级直接耦合的高电压放大倍数的差动直流放大器，具有输入电阻高、输出电阻低的特点。在外加负反馈的控制下，集成运算放大器可以实现多种信号的运算功能，包括加法、减法、积分、微分、对数和指数等。由于集成运放成本低、性能优良、可靠性好、使用方便等优点，使用范围已远远不止简单的数学运算，几乎所有应用低频放大器的场合均可用集成运放来取代。集成运放也可以工作在开环或正反馈情况下，用来构成各种信号的处理电路、波形发生器等，现在已成为各种模拟信号处理和测试设备中的基本组件。

2. 集成运算放大器的电路符号

图 9-4-1 为集成运算放大器的电路符号。在这个符号中，A 代表集成运算放大器的电压放大倍数，∞表示该集成运放具有理想特性。由于集成运算放大器的输入级是差动输入，因此有两个输入端：用

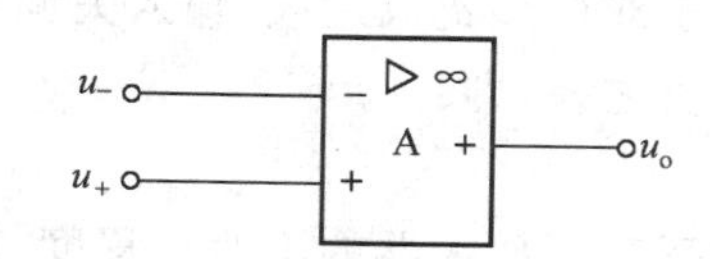

图 9-4-1　集成运算放大器的电路符号

“+”表示的同相输入端和用“−”表示的反相输入端，输出电压表示为 $u_o=A_{ud}(u_+-u_-)$。当从同相端输入电压信号且反相输入端接地时，输出电压信号与输入同相；当从反相端输入电压信号且同相输入端接地时，输出电压信号与输入反相。集成运放可以有同相输入、反相输入及差动输入三种输入方式。

3. 集成运算放大器的外形

集成电路常有三种外形，即双列直插式、扁平式和圆壳式，如图 9-4-2 所示。

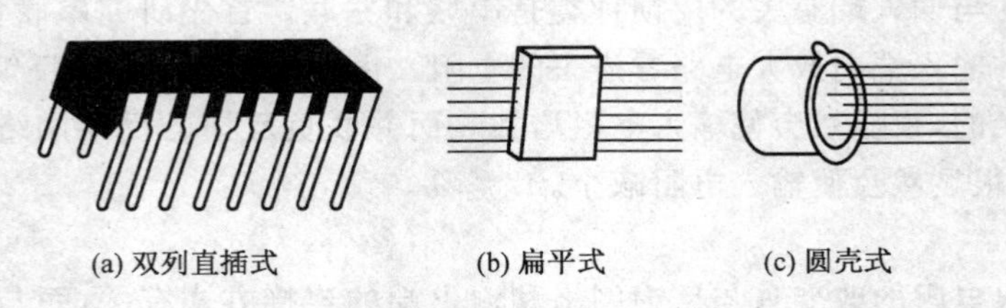

(a) 双列直插式　　(b) 扁平式　　(c) 圆壳式

图 9-4-2　常见集成运算放大器的外形

4. 理想集成运放的模型

目前，集成运放的应用极为广泛，已经可以作为晶体管一样的基本器件来使用。而且由于集成电路制造技术的发展，集成运算放大器性能越来越好，使用上越来越做到了模块化。尤其在一般场合，使用者完全可以将集成运算放大器当作理想器件来处理，而不会造成不可允许的误差。一般认为理想运放具有如下特点：

(1) 开环差模电压放大倍数趋近于无穷大，即 $A_{ud}=u_o/(u_+-u_-)\to\infty$；

(2) 差模输入电阻趋近于无穷大，即 $r_{id}\to\infty$；

(3) 输出电阻趋近于零，即 $r_o\to 0$；

二、集成运放的主要参数

1. 开环差模电压放大倍数 A_{ud}

开环差模电压放大倍数是指集成运放在开环(无反馈)情况下的直流差模电压放大倍数，即开环输出直流电压与差模输入电压之比，用 A_{ud} 表示。集成运放的开环差模电压放大倍数常很大，经常用 dB 表示。

2. 输入失调电压 U_{IO}

对于一个理想放大器来说，在不使用调零电阻时也应具有零入零出的特性，这主要取决于电路的对称性。因此，没有完全对称的电路，就没有完全的零入零出，集成运放在输入电压为 0 时，都存在着或多或少的输出电压。在室温 25℃及标准电源电压下，当输入电压为零时，为了使集成运放的输出电压为 0，在输入端所加的补偿电压叫做输入失调电压，记为 U_{IO}，U_{IO} 的大小实际上就是此时的输出电压折合到输入端的电压的负值。U_{IO}越小，表示集成运放的对称程度和电位匹配情况越好，其值一般为±(1～10 mV)。

3. 输入失调电流 I_{IO}

对于双极型集成运放，输入失调电流是指当输出电压为 0 时，流入放大器两输入端的静态基极电流之差，即：

$$I_{IO}=|I_{B2}-I_{B1}|$$

它反映了放大器的不对称程度，所以希望越小越好，其值约为 1 nA～0.1 μA。

4. 共模抑制比 K_{CMRR}

集成运放工作于线性区时，其差模电压放大倍数与共模电压放大倍数之比称为共模抑制比，即：

$$K_{CMRR}=\left|\frac{A_{ud}}{A_{uc}}\right|$$

5. 差模输入电阻 r_{id}

运算放大器开环时从两个差动输入端之间看进去的等效交流电阻，称为差模输入电阻，表示为 r_{id}，高质量运放的差模输入电阻可达几兆 Ω。

6. 输出电阻 r_{od}

从集成运放的输出端和地之间看进去的等效交流电阻，称为运放的输出电阻，记为 r_{od}。

7. 最大差模输入电压 U_{idmax}

集成运放两输入端之间能承受的最大电压差值叫做最大差模输入电压 U_{idmax}。超过这个电压，运放输入级某侧的三极管将会出现发射结的反向击穿，而使运放性能恶化或损坏。一般利用平面工艺制成的硅 NPN 管的 U_{idmax} 约为±5 V 左右，而横向三极管可达±30 V 以上。

8. 最大共模输入电压 U_{icmax}

最大共模输入电压是指运放所能承受的最大共模输入电压。超过这个数值，运放的共模抑制比将显著下降或出现永久性破坏，高质量的运放可达±13 V。

三、集成运放在电子技术中的应用

1. 各种信号运算电路

利用集成运算放大器在外加负反馈的控制下，可以实现反相比例运算、同相比例运算、加法、减法、对数、指数、积分、微分、乘除以及它们的复合运算。

2. 各种信号处理电路

在信号处理方面，集成运算放大器可以用来构成有源滤波器、采样保持电路、电压比较器等电路。

3. 各种波形产生电路

集成运算放大器作为波形发生器中的主要部件，用来产生各种所需要的波形信号，可以组成正弦波、矩形波、三角波、锯齿波等波形产生电路。

4. 其他应用

利用各种专用集成放大器实现对某些特殊输入信号的放大、运算和处理或产生某种专用的输出信号。

四、使用集成运算放大器应该注意的几个问题

1. 调零

由于集成运算放大器的内部电路参数不可能完全对称，因此当输入信号为零时，输出端会有一定的输出电压出现，使电路不能达到零入零出。通常的做法是外接调零电阻，图 9-4-3 所示为 μA741 的调零电路图，1 脚和 5 脚是差动输入级的外接调零电阻管脚，4 为负电源端。在输入信号为零也就是将两个输入端均接地时，调

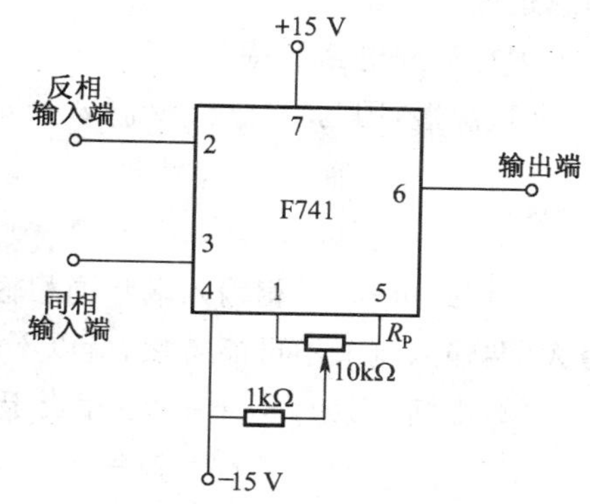

图 9-4-3 集成运放 μA741 的调零电路

节 R_P 可使输出电压为零。

2.保护

当集成运算放大器输入端的差模或共模输入电压信号过大时，会使输入级晶体管的 PN 结击穿。所以可在集成运放的两个输入端之间接入反向并联的二极管，如图 9-4-4 所示，将输入电压的最大值限制在二极管的正向压降以下，若想提高输入电压等级，在安全的情况下也可使用反向串联的稳压管。为防止将集成运算放大器的正负电源极性接反，使集成运放损坏，可利用图 9-4-5 所示的电路来保护，将两只二极管分别串于集成运算放大器的正负电源电路中，如果电源极性接错，二极管将处于截止状态将电源电压隔断，从而起到保护集成运放的作用。

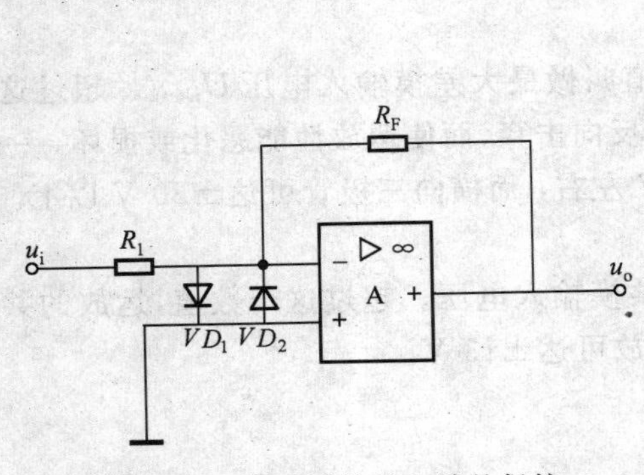

图 9-4-4 集成运放输入端的保护

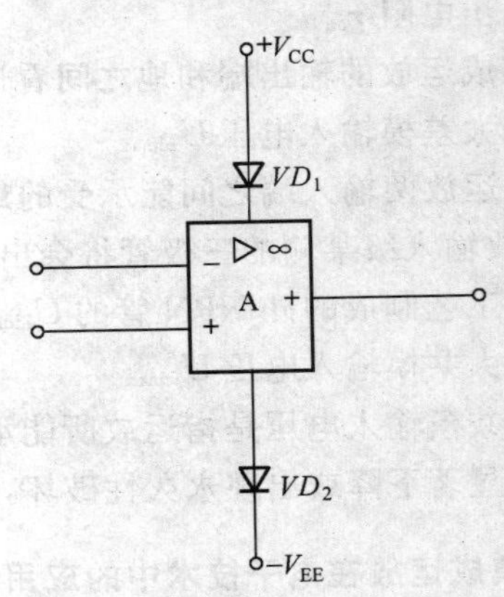

图 9-4-5 对电源极性接错时的保护

第五节 集成运放构成的运算电路

一、理想的运算放大器

运算放大器的理想化的条件。

1.开环电压放大倍数为无穷大，即： $A_0=\infty$

2.输入电阻为无穷大，即： $r_i=\infty$

3.输出电阻为零，即： $r_0=0$

实际运放工作在线性状态时，与理想运放相差并不大，为了分析方便，可将实际运放当作理想运放。

理想运放电路的特点。

(1)虚短：因为 $u_0=A_0(u_+-u_-)$，

而 $A_0=\infty$， u_0 为有限值，

所以 $(u_+-u_-)=0$ $u_+=u_-$

由该式可知：反相输入端和同相输入端电位相等，可视为短路。而实际上 A_0 不可能为无穷大，两输入端又不可能短接，所以不是真正的短路，而是虚假的短路，简称虚短。

(2)虚断：因为 $r_i=\infty$，相当于两输入端不取用电流，

即： $i_+=i_-=0$

实际上 r_i 不可能无穷大，i_i 只是近似为零，称为虚假断路，简称虚断。

二、运算放大器组成的基本放大电路

1. 比例运算电路

实际输出信号与输入信号按一定比例运算的电路称为比例运算电路。比例运算电路包括反相比例运算和同相比例运算电路。

(1)反相比例运算电路

图 9-5-1 为反相比例运算电路的电路图。由图可知，输入信号 u_i 经 R_1 电阻加到反相输入端，输出与输入信号的相位相反，因此该电路称为反相放大器。图中 R_2 是平衡电阻，取 $R_2=R_1/\!/R_F$。该电路输入与输出信号之间的关系为：

根据虚断的概念：$i_1=i_F$，

根据虚短的概念：$u_-=u_+=0$

所以

$$i_1=\frac{u_i}{R_1},\quad i_F=\frac{0-u_o}{R_F}$$

$$u_o=-\frac{R_F}{R_1}u_i$$

由推导可知：输入与输出之间为反相比例运算关系。若令 $R_1=R_F$，则 $u_o=-u_i$。此时的反相比例运算电路称为反相器，这种运算称为变号运算。

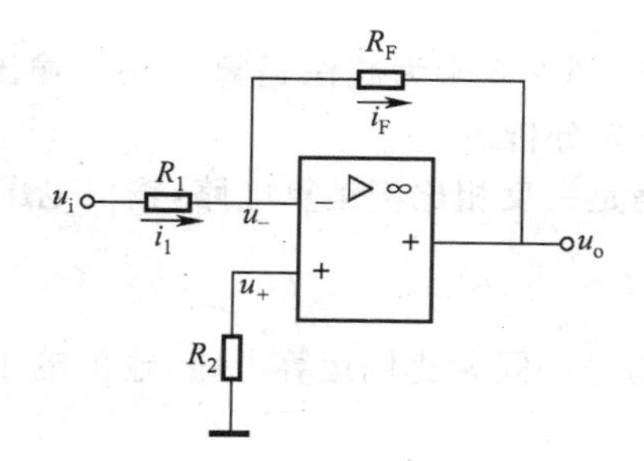

图 9-5-1　反相比例运算电路

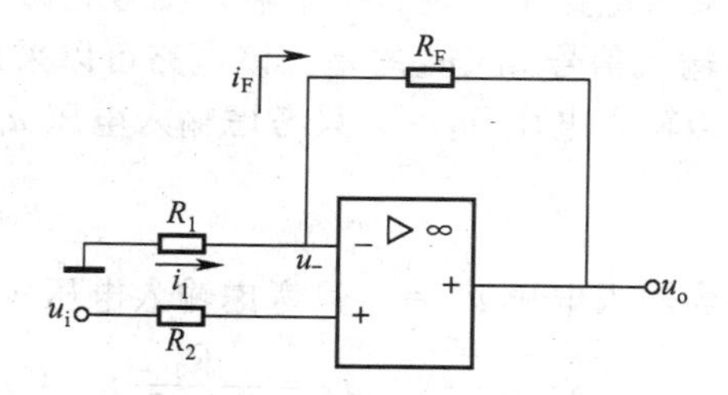

图 9-5-2　同相比例运算电路

(2)同相比例运算电路

图 9-5-2 为同相比例运算电路的电路图。由图可知，输入信号 u_i 经 R_2 电阻加到同相输入端，输出与输入信号的相位相同，因此该电路称为同相放大器。图中 R_1 为平衡电阻，取值为 $R_1=R_2/\!/R_F$。该电路的输入与输出信号的关系为：

根据虚断的概念：$i_1=i_F$，

根据虚短的概念：$u_-=u_+=u_i$

所以

$$\frac{u_i}{R_1}=\frac{u_o}{R_1+R_F}$$

$$u_o=\left(1+\frac{R_F}{R_1}\right)u_i$$

由推导可知：输入与输出之间为同相比例运算关系。当 $R_F=0$ 时，$u_o=u_i$，电路为电压跟随器，由集成运放组成的跟随器比分立元件的射极输出器的跟随精度更高。

2. 加法运算电路

加法运算电路是实现若干个输入信号求和功能的电路，在反相比例运算电路中增加若干个输入端，就构成了反相加法电路。图 9-5-3 为两个输入端的反相加法电路。图中 R_3 为平衡电阻，取值为：$R_3=R_1 /\!/ R_2 /\!/ R_F$。

输入与输出之间的关系为：根据虚短和虚断的概念整理得

$$i_F=i_1+i_2\approx\frac{u_{i1}}{R_1}+\frac{u_{i2}}{R_2}$$

$$u_o=-i_F R_F\approx-\left(\frac{R_F}{R_1}u_{i1}+\frac{R_F}{R_2}u_{i2}\right)$$

当 $R_1=R_2=R_F$ 时，则有：

$$u_o=-(u_{i1}+u_{i2})$$

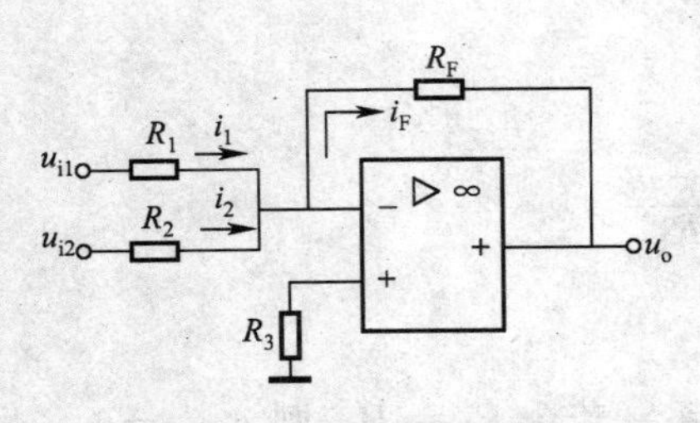

图 9-5-3　反相加法运算电路

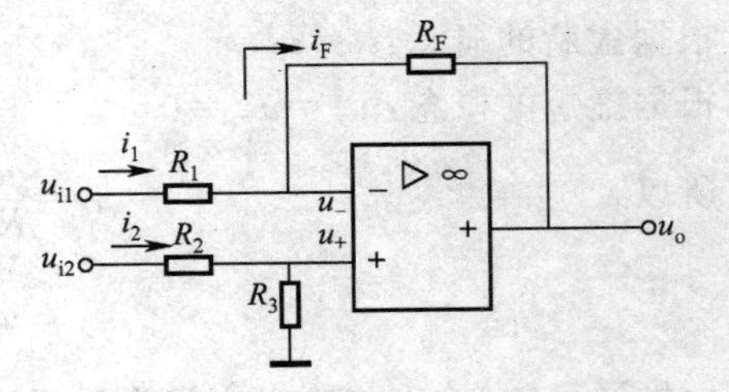

图 9-5-4　减法电路

3. 减法运算电路

减法电路是实现若干个输入信号相减功能的电路，图 9-5-4 为减法运算电路。输出信号 u_o 为输入信号 u_{i1}、u_{i2} 的差。该电路可以采用叠加原理来分析。

当输入电压 $u_{i2}=0$，只考虑输入电压 u_{i1} 时，此电路是一反相比例运算电路，输出电压为

$$u_{o1}=-\frac{R_F}{R_1}u_{i1}$$

当输入电压 $u_{i1}=0$，只考虑输入电压 u_{i2} 时，此电路是一同相比例运算电路，输出电压为

$$u_+=\frac{R_3}{R_2+R_3}u_{i2}$$

$$u_{o2}=\left(1+\frac{R_F}{R_1}\right)u_+=\left(1+\frac{R_F}{R_1}\right)\left(\frac{R_3}{R_2+R_3}\right)u_{i2}$$

当 u_{i1}、u_{i2} 同时作用时，输出电压为

$$u_o=u_{o1}+u_{o2}=\left(1+\frac{R_F}{R_1}\right)\left(\frac{R_3}{R_2+R_3}\right)u_{i2}-\frac{R_F}{R_1}u_{i1}$$

当 $R_1=R_2=R_3=R_F$ 时：

$$u_o=u_{i2}-u_{i1}$$

技能训练九　集成运算放大电路的应用电路

一、实训目的

1. 掌握集成运算放大电路的基本知识。
2. 熟悉集成运算放大电路组成的各种运算电路及其测试方法。

二、实训仪器仪表

低频信号发生器、示波器、电压表、稳压电源、电阻、电容等器件若干。

三、实训内容

1. 反向比例运算放大电路

(1)按技图 9-1 连接电路。

(2)由低频信号发生器提供电路幅值 0.5 V、频率 1 kHz 的交流电。

(3)用示波器观察输入和输出电压波形。同时观察输入和输出之间的相位关系。

(4)用电压表测出输出和输入电压的幅值,填入技表 9-1 中。

技表 9-1

信号频率	输入信号幅值	输出信号幅值	电压放大倍数	输入与输出间的相位关系	理论计算电压放大倍数
1 kHz	0.5 V				
1 kHz	1 V				

图中 R_1 的阻值为 10 kΩ,R_F 的阻值为 100 kΩ,R_2 的阻值为 10 kΩ。

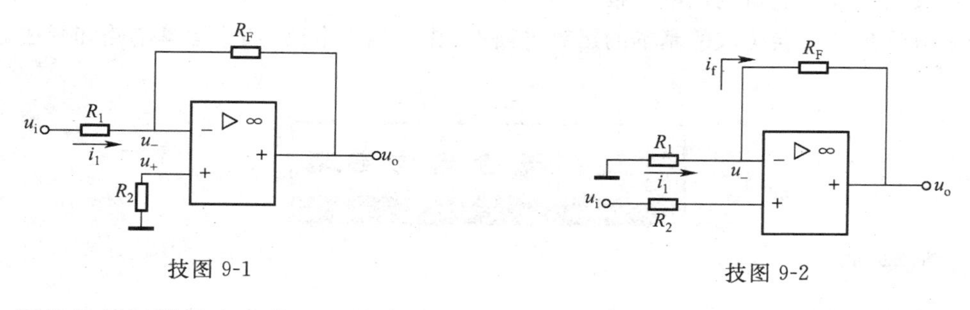

技图 9-1　　　　技图 9-2

2. 同相比例运算放大电路

(1)按技图 9-2 连接电路。

(2)由低频信号发生器提供电路幅值 0.5 V、频率 1 kHz 的交流电。

(3)用示波器观察输入和输出电压波形。同时观察输入和输出之间的相位关系。

(4)用电压表测出输出和输入电压的幅值,填入技表 9-2 中。

技表 9-2

信号频率	输入信号幅值	输出信号幅值	电压放大倍数	输入与输出间的相位关系	理论计算电压放大倍数
1 kHz	0.5 V				
1 kHz	1 V				

(5)设置电阻 R_F 开路,重复步骤(2)。实验结束后,将 R_F 恢复正常。

(6)设置电阻 R_1 开路,重复步骤(2)。实验结束后,将 R_1 恢复正常。

四、分析与思考

1. 同相比例运算放大电路中 R_F 开路后,输出波形有什么变化?输出电压有什么变化?为什么?

2. 同相比例运算放大电路中 R_1 开路后,输出波形有什么变化?输出电压有什么变化?为什么?

3. 设计一个加法电路，并用实验验证。

小　结

1. 集成运算放大电路一般由三部分构成：输入级、中间级和输出级。输入级由差动放大电路构成，目的是为了抑制零点漂移；中间级由多级放大电路构成，目的是为了提高电压放大倍数；输出级一般采用射极输出器或功率放大电路，目的是使负载获得足够大的功率。

2. 差动放大电路能够抑制零点漂移。零点漂移是指输入信号为零而输出信号不为零的现象，产生的原因主要是温度。差动放大电路由两个对称的共射极放大电路按照一定的连接方式构成的放大电路，拥有两个输入端和两个输出端，根据需要形成四种不同的电路。该电路对差模信号具有放大的作用，对共模信号具有抑制的作用。

3. 反馈是指将放大电路的输出信号通过某一环节回送到输入端的方式。按照反馈信号对输入信号的作用，可将反馈分为正反馈和负反馈。正反馈用于信号产生电路，负反馈用于放大电路。负反馈对放大电路的性能有很大的影响。

4. 集成运算放大器构成的基本的运算电路有：比例运算电路、加法运算电路和减法运算电路。

复习思考题与习题

一、是 非 题

1. 电压并联负反馈使放大电路输入电阻和输出电阻都减小。(　　)

2. 环境温度变化引起参数变化是放大电路产生零点漂移的主要原因。(　　)

3. 在由集成运放构成的信号运算应用电路中，运算放大器一般工作在非线性区。(　　)

4. 既然负反馈使放大电路的放大倍数降低，因此一般放大电路都不会引入负反馈。(　　)

5. 负反馈是指反馈信号与放大器原来的输入信号相位相反，会消弱原来的输入信号，在实际中应用较少。(　　)

6. 电压串联负反馈使放大电路的输入电阻增加，输出电阻减少。(　　)

7. 反相运算放大器属于电压并联负反馈电路。(　　)

8. 同相运算放大器属于电压串联负反馈电路。(　　)

9. 在放大电路中引入负反馈后，能使输出电阻降低的是电压反馈。(　　)

10. 在放大电路中引入负反馈后，能使输入电阻降低的是串联反馈。(　　)

11. 在放大电路中引入负反馈后，能稳定输出电流的是电流反馈。(　　)

二、思 考 题

1. 简述差动放大电路抑制零点漂移的原理。

2. 放大器采用分压式电流负反馈偏置电路，主要目的是为了什么？

3. 为什么说在电路中引入电流串联负反馈能使电路的输入电阻和输出电阻都发生改变？

4. 理想的集成运算放大电路的特性是什么？

5. 如果要求稳定输出电压，并提高输入电阻，应该对放大器施加什么类型的负反馈？如果对于输入为高内阻信号源的电流放大器，应引入什么类型的负反馈？

三、分析计算题

1. 基本差动放大电路如题图 9-1 所示。其中 $U_{BE1}=U_{BE2}=0.7\ V$，$\beta_1=\beta_2=50$，$R_B=200\ k\Omega$，$R_S=12\ k\Omega$，$r_{be1}=r_{be2}=2\ k\Omega$，$R_{C1}=R_{C2}=10\ k\Omega$，$u_{s1}=0.06\ V$，$u_{s2}=0.04\ V$。试求：

(1) 差动放大电路的差模电压放大倍数、共模电压放大倍数和共模抑制比；

(2) 若 $R_{C1}=10\ k\Omega$，$R_{C2}=9.9\ k\Omega$，在同样的 u_{s1} 和 u_{s2} 的作用下，放大器的共模输出电压为 $u_{oc}=0.02\ V$，再求差模电压放大倍数、共模电压放大倍数和共模抑制比。

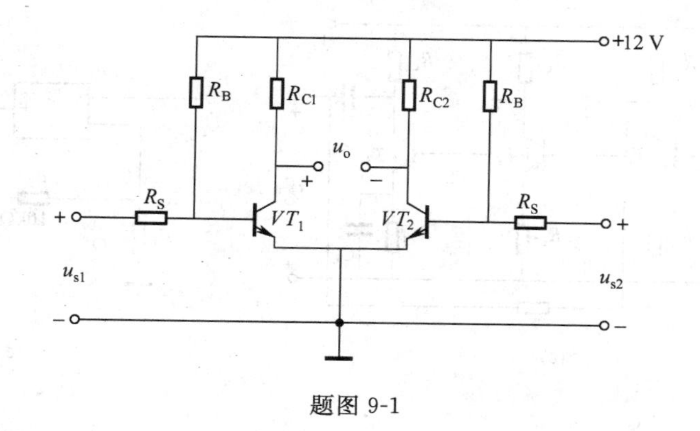

题图 9-1

2. 差动放大电路如题图 9-2 所示，$\beta_1=\beta_2=50$，发射结压降为 0.7 V。试计算：

(1) 静态时的 I_{E1}、I_{B1}、U_{C1}；

(2) 差模电压放大倍数和共模电压放大倍数；

(3) 差模输入电阻；

(4) 单端输出时的共模抑制比。

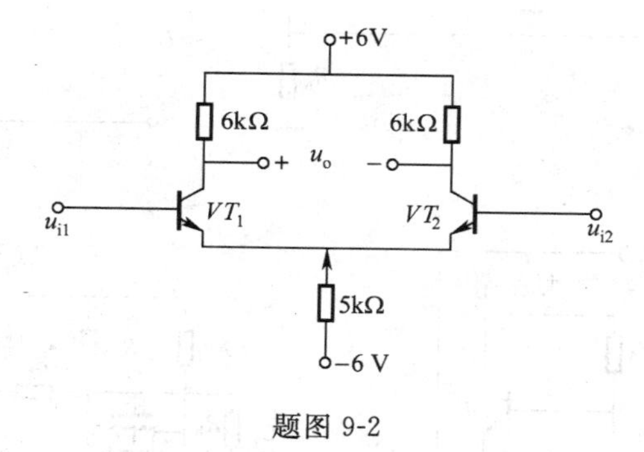

题图 9-2

3. 判断题图 9-3 所示各电路中有无反馈？是直流反馈还是交流反馈？哪些构成了级间反馈？哪些构成了本级反馈？

4. 指出题图 9-3 所示各电路中反馈的类型和极性，并在图中标出瞬时极性以及反馈电压或反馈电流。存在交流负反馈的电路中，哪些电路适用于高内阻信号源？哪些适用于低内阻信号源？哪些可以稳定输出电压？哪些可以稳定输出电流？

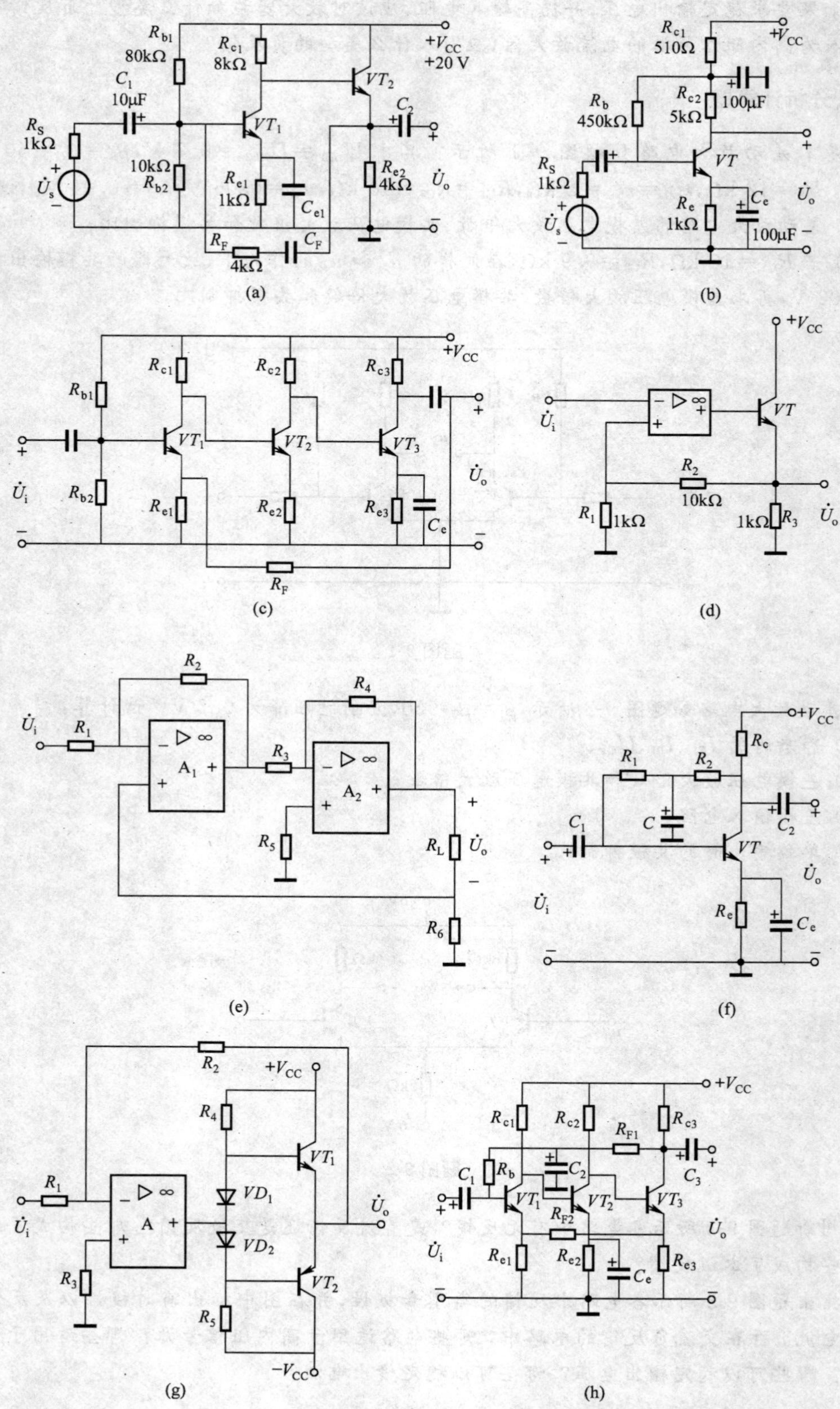
R_{b1}
80kΩ
R_{c1}
8kΩ
$+V_{CC}$
+20 V
VT_2
C_1
10μF
R_S
1kΩ
VT_1
C_2
10kΩ
R_{b2}
R_{e1}
1kΩ
C_{e1}
R_{e2}
4kΩ
$\dot{U}_s$
$\dot{U}_o$
R_F
4kΩ
C_F
(a)
R_{c1}
510Ω
$+V_{CC}$
R_b
450kΩ
R_{c2}
5kΩ
100μF
VT
R_e
1kΩ
C_e
100μF
(b)
R_{b1}
R_{b2}
R_{c1}
R_{c2}
R_{c3}
VT_1
VT_2
VT_3
R_{e1}
R_{e2}
R_{e3}
C_e
R_F
$\dot{U}_i$
(c)
R_1
1kΩ
R_2
10kΩ
1kΩ
R_3
(d)
R_1
R_2
R_3
R_4
R_5
R_6
R_L
A_1
A_2
(e)
R_c
C
C_1
C_2
R_e
C_e
(f)
R_4
R_5
VD_1
VD_2
A
$-V_{CC}$
(g)
R_{F1}
R_{F2}
C_3
(h)

题图 9-3

5. 用题图 9-4 所给的集成运算放大器 A、三极管 VT_1、VT_2 和反馈电阻 R_F 等元件和信号源一起构成反馈放大电路，要求分别实现：(1)电压串联负反馈；(2)电压并联负反；(3)电流串联负反馈；(4)电流并联负反馈。

6. 负反馈放大电路如题图 9-5 所示，判断电路的负反馈类型。若要求引入电流并联负反馈，应如何修改此电路？

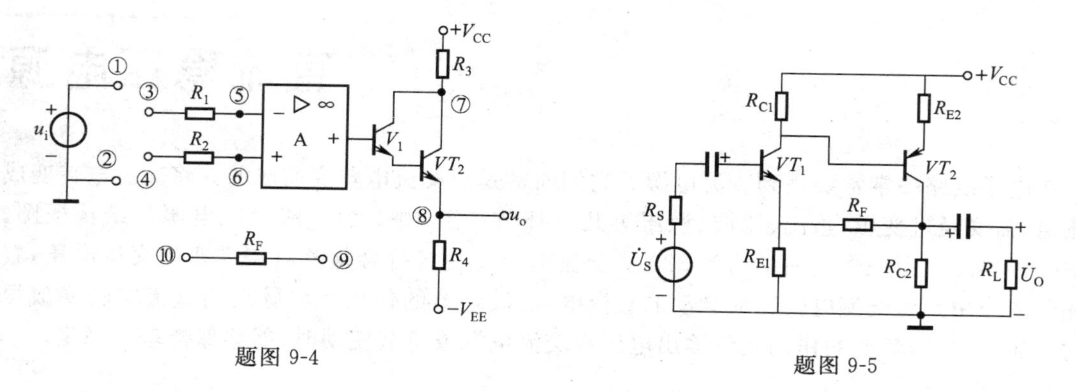

题图 9-4　　　　题图 9-5

7. 在题图 9-6 中，试求 u_o，u_{i1} 和 u_{i2} 的关系式。

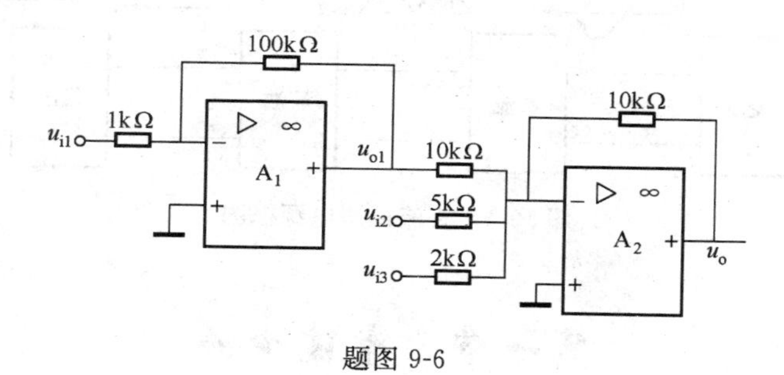

题图 9-6

8. 设 A_1、A_2 为理想运放，试写出题图 9-7 中 u_o 与 u_i 的关系式。

9. 在题图 9-9 中，$u_{i1}=0.5\ \text{V}$，$u_{i1}=0.1\ \text{V}$，$C=1\ \mu\text{F}$，$R_1=R_2=R_3=10\ \text{k}\Omega$，$R_4=R_5=20\ \text{k}\Omega$，器件所用电源为 $\pm 15\ \text{V}$。求 u_{i1}、u_{i2} 接入后，u_o 的值。

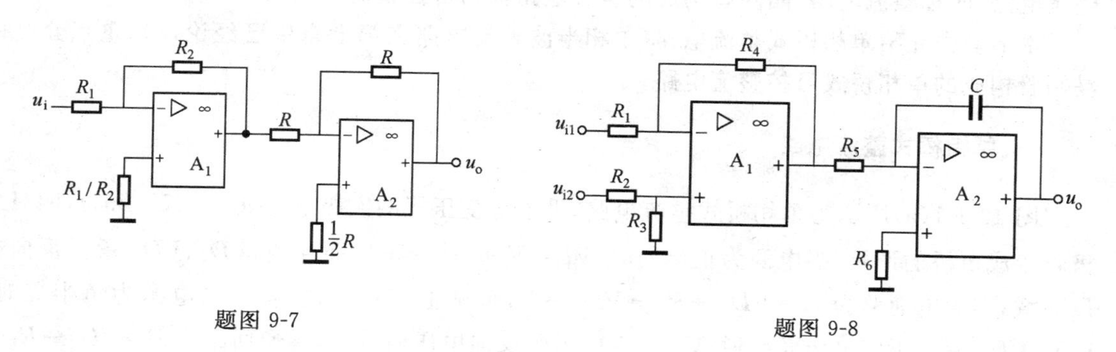

题图 9-7　　　　题图 9-8

第十章

直流稳压电源

在电子线路中常常要用到直流电源。它们通常是由交流电转变而成的。将交流电转变成直流电，需要经过变压、整流、滤波、稳压等几个环节。图 10-1 为直流稳压电源的结构框图。其中变压器的作用是将电网供给的 220 V 交流电压转变成符合整流电路需要的交流电压，整流环节的作用是将交流电转变成脉动的直流电，滤波环节的作用是将脉动的直流电转变成恒定的直流电，稳压环节的作用是使输出电压在交流电源或负载变动时，能够保持基本稳定。

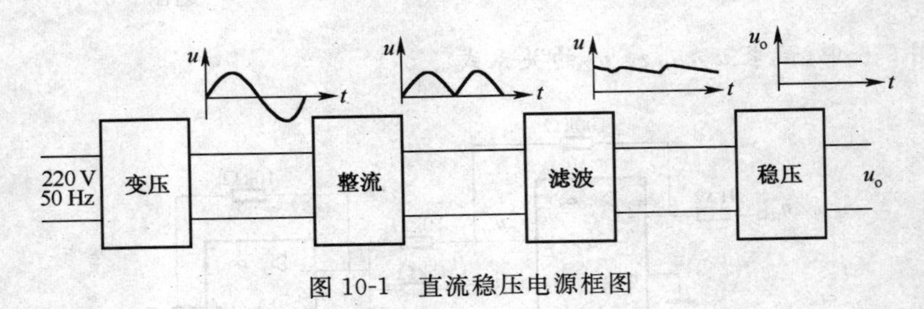

图 10-1　直流稳压电源框图

第一节　整流电路

整流电路是利用二极管和晶闸管的单向导电性，将交流电转变成单方向的脉动的直流电。根据输出电压的波形，整流可分为半波整流和全波整流。二极管构成的整流电路称为二极管整流电路，简称整流电路；晶闸管构成的整流电路称为可控整流电路。

本节首先介绍单相桥式整流电路(单相半波整流电路在第七章中已经论述)，重点介绍由晶闸管构成的单相桥式可控整流电路。

一、单相桥式整流电路

图 10-1-1(a)所示为单相桥式整流电路，设电源变压器的次级电压 $u_2=\sqrt{2}U_2\sin\omega t$，四只二极管接成电桥的形式，当电源为正半周时，$VD_1$、$VD_3$ 承受正压而导通，VD_2、VD_4 承受反向电压而截止，导电通路为 $A\rightarrow VD_1\rightarrow R_L\rightarrow VD_3\rightarrow B$，负载上流过电流 $i_{D1.3}$；当电源为负半周时，VD_2、VD_4 承受正向电压而导通，VD_1、VD_3 承受反向电压而截止，导通回路为 $B\rightarrow VD_2\rightarrow R_L\rightarrow VD_4\rightarrow A$，负载上流过电流 $i_{D2.4}$，即一个周期内负载上都有电流流过，且方向一致，u_L 为双半周波形。如图 10-1-1(b)所示。输出的平均电压和平均电流是：

$$U_L=\frac{1}{\pi}\int_0^{\pi}\sqrt{2}U_2\sin\omega t\mathrm{d}\ \omega \mathrm{t}=0.9U_2$$

$$I_L=\frac{U_L}{R_L}=0.9\frac{U_2}{R_L}$$

电路中每个二极管的平均电流和所承受的最大反向电压是：

$$I_{D1}=I_{D2}=\frac{1}{2}I_L=0.45\frac{U_2}{R_L}$$

$$U_{DRM}=\sqrt{2}U_2$$

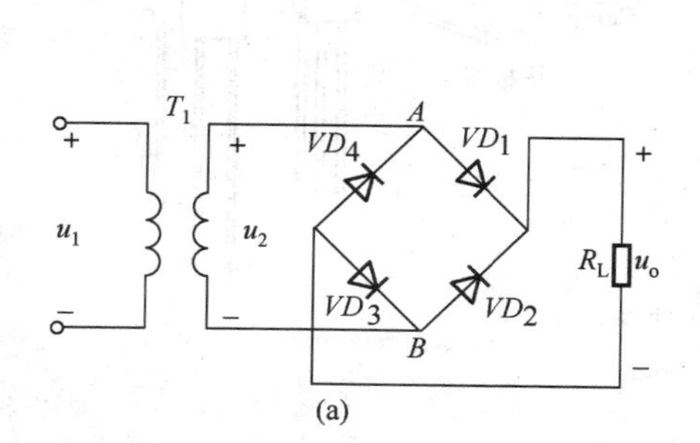

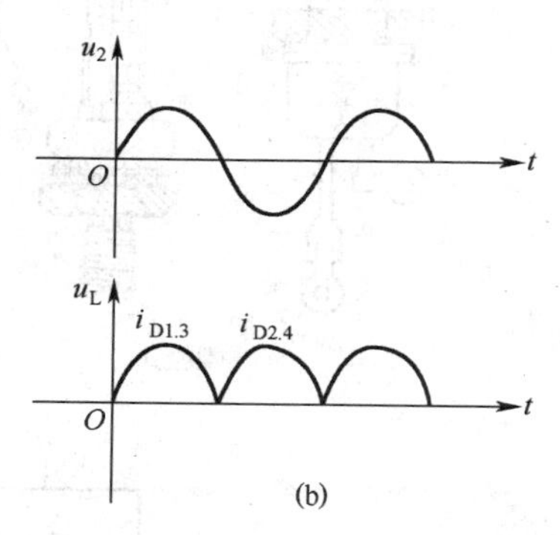

图 10-1-1　桥式整流电路

桥式整流电路的两个半周都有电流自上而下流过负载 R_L，从而使输出电压的直流成分提高，脉动减少，提高了电源利用率，是当前电子电路中应用较广泛的整流电路。

【例 10-1-1】　已知负载电阻 $R_L=80\ \Omega$，负载电压 $U_o=110$ V，现采用单相桥式整流电路，试求：(1)负载中的平均电流 I_L；(2)二极管的平均电流 I_D；(3)变压器副边电压有效值 U_2；(4)选用什么样的二极管。

解：

负载电流：　$I_L=U_L/R_L=110/80=1.4(\text{A})$

每个二极管流过的平均电流：　$I_D=0.5I_L=0.7(\text{A})$

变压器的副边电压有效值：　$U_2=U_L/0.9=122(\text{V})$

二极管承受的最大反向电压值：　$U_{DRM}=\sqrt{2}U_2=171(\text{V})$

选用二极管时，要考虑留一定的余量，二极管的反向工作峰值电压要比 U_{DRM} 大一倍左右，因此，根据计算的参数，可选用 2CZ11C 二极管，该管的最大电流是 1 A，最大反向工作电压为 300 V。

由二极管整流电路可以发现其最大的缺欠是：输出电压不可调。即该电路只能为额定电压满足其输出电压的负载提供直流电源。为了提高整流电路的利用率，提出了输出电压可在一定范围调整的整流电路——由晶闸管构成的可控整流电路。

二、单相可控整流电路

(一)晶闸管的基本知识

晶闸管是一种大功率半导体器件，主要用于大功率的交直流电能的相互转换和调压。晶闸管具有体积小、重量轻、效率高、动作迅速和操作维护方便等优点；缺点是过载能力差、控制复杂和抗干扰能力低等。主要用于整流、逆变、直流回路开关和调压、交流回路开关和调压等，其中可控整流应用最广。

1. 晶闸管的构成和符号

晶闸管是一个具有四层半导体、三个 PN 结、三个外引电极的器件,如图 10-1-2 所示。图中 A 是阳极、K 是阴极、G 是控制极(也称为门极)。

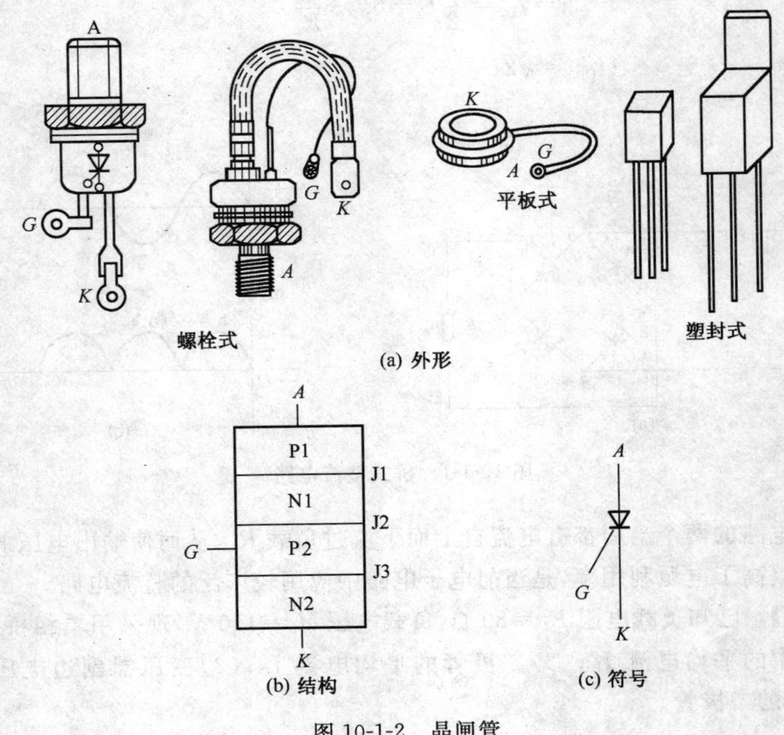

图 10-1-2 晶闸管

2. 晶闸管的工作原理

晶闸管可以理解为一个受控的二极管,它也具有单向导电性。与二极管工作原理的不同之处在于外加条件,除了应具有阳极和阴极之间加正向偏置电压外,还必须给控制极加一个足够大的控制电压。在这个控制电压的作用下,晶闸管就会像二极管一样导通了。一旦晶闸管导通,控制极电压即使取消,也不会影响其正向导通的工作状态。

晶闸管的工作原理可用图 10-1-3 所示实验电路验证。

(1)反向阻断性:图 10-1-3(a)所示电路,晶闸管所加外加电压为反向偏置电压(所谓反向偏置电压是指阴极的电位高于阳极的电位),此时无论控制极是否给出信号,灯泡都不发光,说明晶闸管不导通。晶闸管的这种工作状态称为反向阻断性。

(2)正向阻断性:图 10-1-3(b)所示电路,晶闸管所加外加电压为正向偏置电压(所谓正向偏置电压是指阳极的电位高于阴极的电位),控制极不加信号或加反向信号,此时灯泡仍不发光,说明晶闸管不导通。晶闸管的这种工作状态称为正向阻断性。

(3)导通性:图 10-1-3(c)所示电路,晶闸管所加外加电压为正向偏置电压,控制极加一个幅度和宽度都足够大的正电压,此时灯泡发光,说明晶闸管导通。晶闸管的这种工作状态称为正向导通性。晶闸管导通后,此时除去控制极上的信号,灯泡仍然发光,晶闸管仍然导通,如图 10-1-3(d)所示。由于控制极只起着控制晶闸管导通的作用,因此控制极的信号一般为脉冲信号。

(4)关断性:若使晶闸管关断有两种方法:一是除去所加的正向电压;二是给晶闸管加反向电压。

结论:晶闸管导通必须同时具备以下两个条件①阳极和阴极之间加正向电压;②控制极加正向触发电压。

晶闸管关断的条件是除去所加的正向电压或阳极和阴极之间加反向电压。

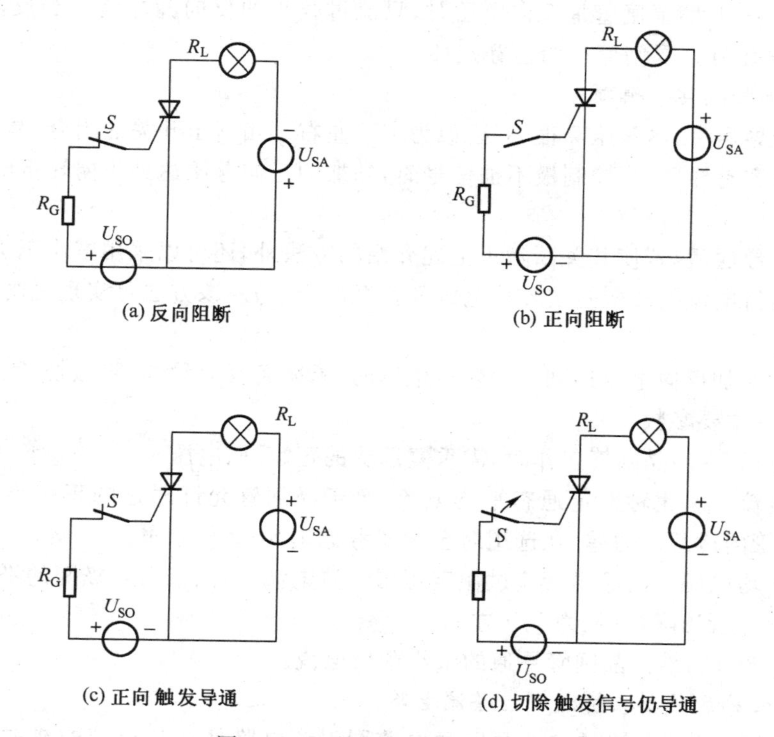

图 10-1-3　晶闸管导通实验电路

3. 晶闸管的伏安特性

(1)正向伏安特性:晶闸管的伏安特性是指阳极与阴极间的电压和流经晶闸管的电流之间的关系,伏安特性曲线如图 10-1-4 所示。曲线表明:当 $I_G=0$,即控制极不加电压时,晶闸管处

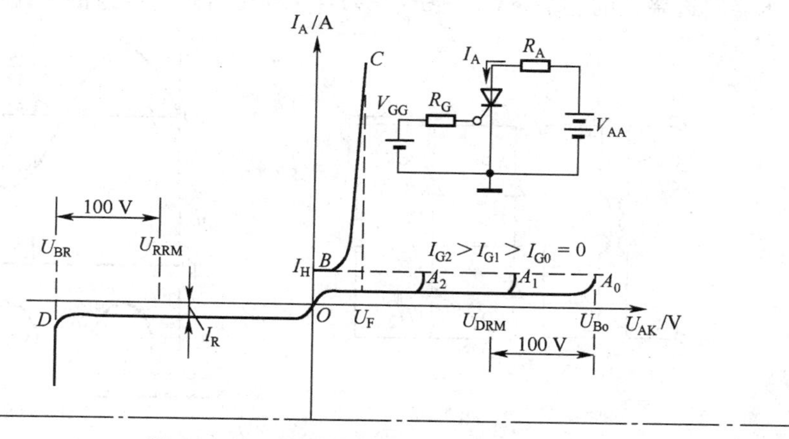

图 10-1-4　晶闸管的伏安特性

于正向阻断状态。随着正向阳极电压的增大，当U_A达到U_{BO}（正向转折电压）时，晶闸管突然从阻断状态转为导通状态。导通后的晶闸管，其特性与二极管正向特性相似。当门极电流I_G足够大时，只需很小的正向阳极电压就可使晶闸管从断态变为通态。晶闸管的这种导通称为触发导通。已经导通的晶闸管，如果将阳极电流减小到最小维持电流I_H时，晶闸管将从导通状态转为阻断状态。

(2)反向伏安特性：晶闸管加反向电压时，只流过很小的反向漏电流。当反向电压升高到BR（反向击穿电压）时，晶闸管反向击穿损坏。

4. 使用晶闸管的注意事项

(1)晶闸管导通后，本身压降很小（近似为 1 V 左右），相当于开关的闭合；晶闸管所加控制极信号越大，越容易导通；当控制极不加信号时，外加的正向电压达到正向转折电压，晶闸管仍然会导通。

(2)晶闸管导通后，若使其关断除了上述介绍的方法外，还可以采用减小阳极电流，使其低于维持电流（维持电流的改变是由外接电源和负载决定的）。该方法可实现晶闸管构成的自动控制系统。

(3)晶闸管所加反向电压达到反向转折电压时，晶闸管反向导通，将被烧毁。

5. 晶闸管的主要参数

(1)额定电压U_{TN}：晶闸管工作时，需重复承受的正、反向电压。

(2)额定电流I_T：也称额定通态平均电流，等于晶闸管允许通过的正弦半波电流的平均值。由于晶闸管的过载能力差，在选用时至少要考虑 1.5～2 倍余量。

(3)通态平均电压U_T：晶闸管流过额定正弦半波电流时，阳极与阴极间的平均电压称为通态平均电压，简称管压降，一般为 1 V 左右。

(4)维持电流I_H：维持晶闸管导通的最小阳极电流。

(二)晶闸管构成的单相桥式可控整流电路

图 10-1-5 所示为桥式半控整流电路的电路图。该电路是在二极管构成的桥式整流电路的基础上改进的，其中两个二极管用晶闸管代替，要注意的是：代替二极管的两个晶闸管，不能在同一组中工作。

当u_2为正半周时，VT_1和VD_2承受正向电压，这时，如果晶闸管有触发信号，则VT_1和VD_2导通，而VT_2和VD_1则因承受反压而截止，电流的导通通路是：

变压器副边绕组的上端→VT_1→R_L→VD_2→变压器副边绕组的下端→变压器副边绕组的

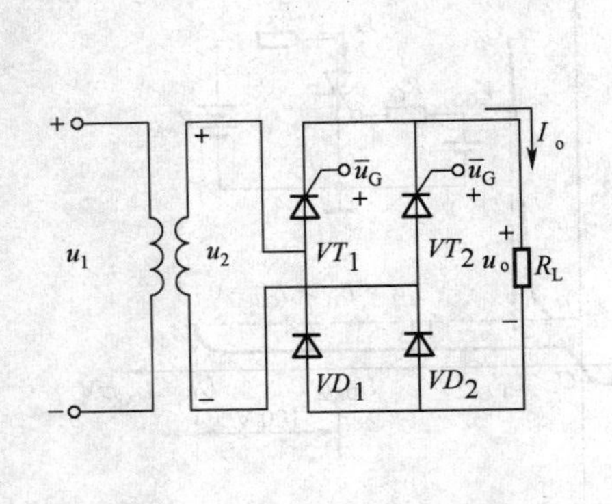

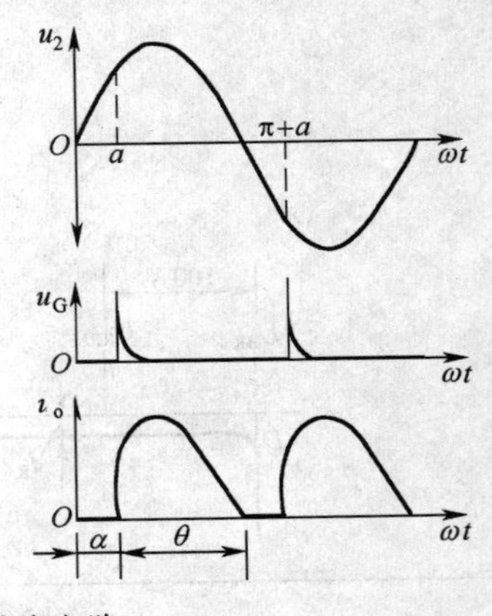

图 10-1-5　桥式可控整流电路

上端。

当 u_2 为负半周时，VT_2 和 VD_1 承受正向电压，这时，如果晶闸管有触发信号，则 VT_2 和 VD_1 导通，而 VT_1 和 VD_2 则因承受反压而截止，电流的导通通路是：

变压器副边绕组的下端→VT_2→R_L→VD_1→变压器副边绕组的上端→变压器副边绕组的下端。

电路中各处波形如图 10-1-5 所示，晶闸管控制极触发脉冲未到达之前的角度称为控制角，用 α 来表示；导通的范围称为导通角，用 θ 来表示。由波形图可知 α 越大，输出电压平均值越小，输出电压平均值为：

$$U_L = 0.9U_2\frac{1+\cos\alpha}{2}$$

输出电流的平均值为：

$$I_L = \frac{U_L}{R_L} = 0.9\frac{U_2}{R_L}\frac{1+\cos\alpha}{2}$$

晶闸管承受的正向最大电压为电源电压峰值。

(三)晶闸管构成的交流调压电路

图 10-1-6 为晶闸管构成的交流调压电路，它是利用两个晶闸管的反向并联组成。所谓交流调压是改变交流电压的有效值，不改变频率。利用交流调压技术，可以很方便地调节交流电动机的转速、灯光的亮度或进行温度控制。

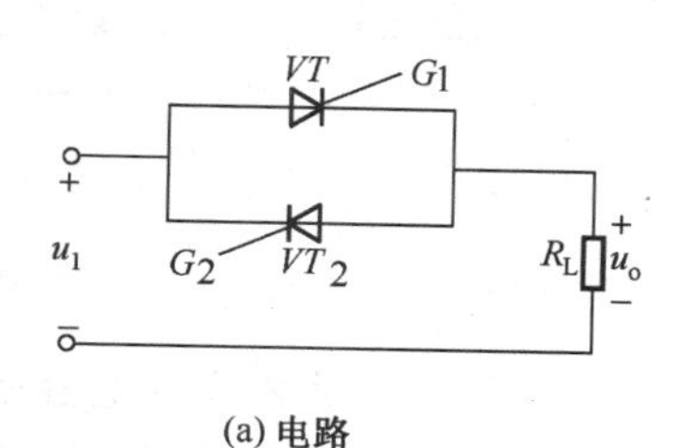

(a) 电路

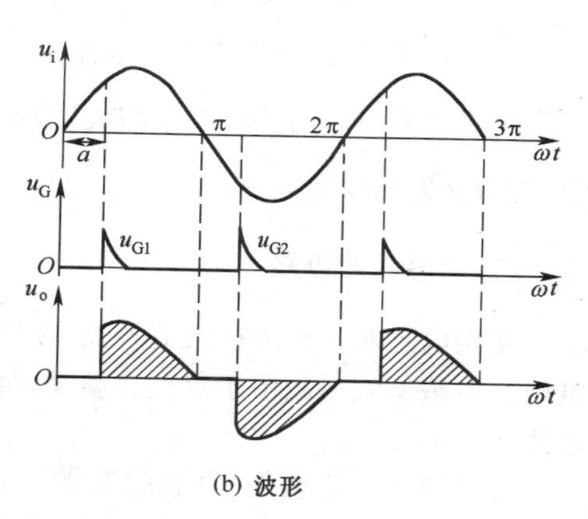

(b) 波形

图 10-1-6　交流调压电路

由图 10-1-6(b)交流调压波形可见，在输入电压的正、负半周，分别利用触发电路向晶闸管 VT_1 和 VT_2 发出触发脉冲，若晶闸管的控制角越大，其导通角就越小，输出电压的有效值也就越小，负载得到的电压也就越低。调节控制角的大小，可方便连续地调整输出电压的高低。

在实际应用中，可以用双向晶闸管代替两个反向并联的晶闸管。

第二节　滤波电路

交流电经整流后变成脉动直流电，在一些电子设备中，脉动的电压将引起干扰，这就需要在整流的基础上进行滤波，使输出波形变得平滑。常用的滤波电路有电容滤波、电感滤波和复式滤波等。

一、电容滤波电路

电容滤波电路简单，效果明显，适用于电流小且变化不大的负载。图 10-2-1(a)所示为桥式整流电容滤波电路。设电压初始值为 0，当 u_2 为正半周时，u_2 给电容充电，由于二极管的导通电阻很小，电容电压随 u_2 变化很快上升到$\sqrt{2}U_2$。其后，u_2 开始下降，当其值小于电容电压时，二极管因反偏而截止，电容通过 R_L 放电。若放电时间常数足够大，则放电过程很慢，u_C 按指数规律下降；在负半周，当 u_2 开始大于 u_C 时，电容再次被充电。如此循环往复，负载上便可得到比较平滑的直流电压，如图 10-2-1(b)所示。

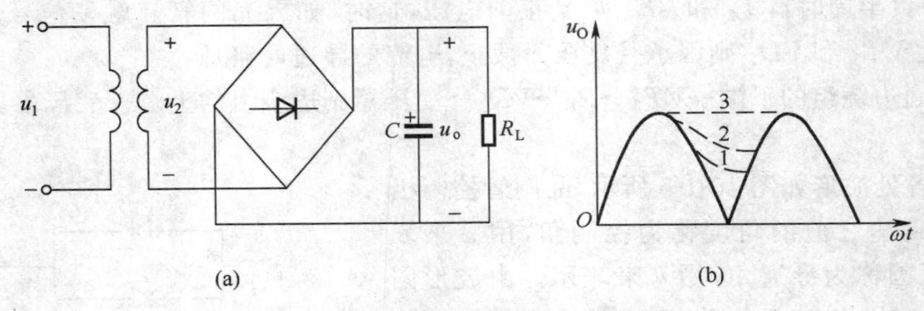

图 10-2-1　桥式整流电容滤波电路

一般情况下，半波整流带电容滤波负载时的输出电压为：　　$U_o = U_2$；

桥式整流带电容滤波有负载时的输出电压为：　　$U_o = 1.2U_2$；

桥式整流带电容滤波空载时的输出电压为：　　$U_o = 1.4U_2$。

从原理分析可知，R_L、C 乘积大(放电时间常数)，滤波效果好，一般选 $C \geqslant (5 \sim 10)\dfrac{T}{R_L}$，式中，$T$ 为交流电压的周期。

二、电感滤波电路

利用电感对交流阻抗大的特性，在整流电路与负载间串接电感，同样可以得到平滑的输出电压。电感滤波一般用于负载变动大，负载电流较大的场合。图 10-2-2 是桥式整流电感滤波电路。

电感滤波的原理是：电感线圈能阻碍通过它的电流变化，当电流上升时，L 阻止它上升；而当电流下降时，L 又阻止它下降，结果使电流变化较为平滑。理论上讲，滤波电感越大，效果越好，但 L 太大会增大成本，同时，电流损耗会增加，使输出电压和电流降低，一般 L 取几亨到几十亨。

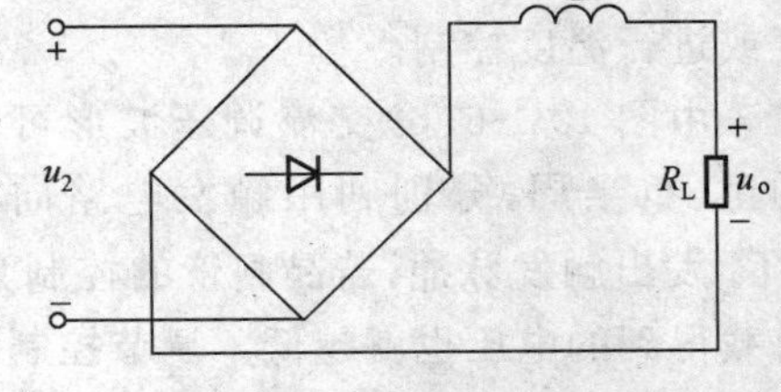

图 10-2-2　桥式整流电感滤波电路

三、复式滤波

1. RCπ 型滤波器

图 10-2-3 所示是 $RC\pi$ 型滤波器。图中 C_1 电容两端电压中的直流分量，有很小一部分降落在 R 上，其余部分加到了负载电阻 R_L 上；而电压中的交流脉动，大部分被滤波电容 C_2 衰减掉，只有很小的一部分加到负载电阻 R_L 上。此种电路的滤波效果虽好一些，但电阻上要消耗功率，所以只适用于负载电流较小的场合。

2. LCπ 型滤波器

图 10-2-4 所示是 LCπ 型滤波器。可见只是将 RCπ 型滤波器中的 R 用电感 L 做了替换。由于电感具有阻交流通直流的作用，因此在增加了电感滤波的基础上，此种电路的滤波效果更好，而且 L 上无直流功率损耗，所以一般用在负载电流较大和电源频率较高的场合。缺点是电感的体积大，使电路看起来笨重。

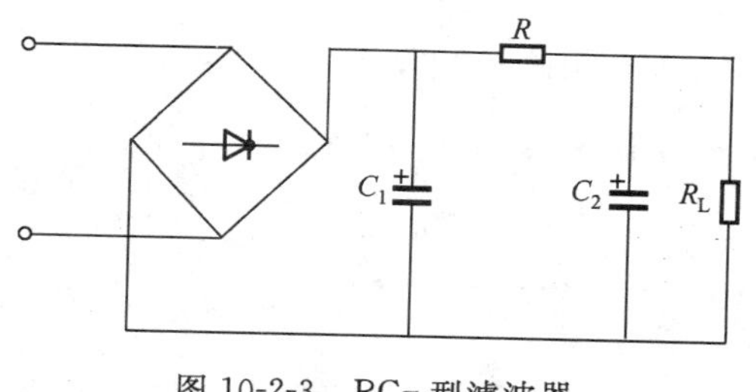

图 10-2-3　RCπ 型滤波器

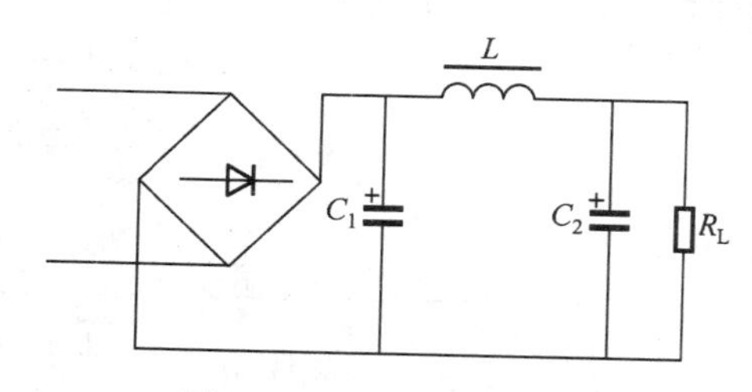

图 10-2-4　LCπ 型滤波器

第三节　稳　压　电　路

整流和滤波电路虽然可以把交流电转换成相对平滑的直流电，但对于要求比较高的电子设备，所获得的直流电并不能满足要求，还需要进行稳压以保持输出电压稳定。

由稳压二极管构成的稳压电路在第七章第四节已经论述。本节主要讲述由晶体管构成的稳压电路及集成稳压电路。

一、晶体管串联型稳压电路

图 10-3-1 为晶体管串联型稳压电路。三极管作为调整元件与负载串联。电阻 R 既是稳压二极管的限流电阻，又为三极管的基极电流提供通路，保证三极管工作在放大状态。

稳压管 VZ 工作在反向击穿区，其两端电压稳定，几乎不随外电路状态的变化而变化，可以认为是恒定在稳压值上。输入电压 U_I、三极管的集电极和发射极之间的电压 U_{CE} 与输出电压是串联关系。

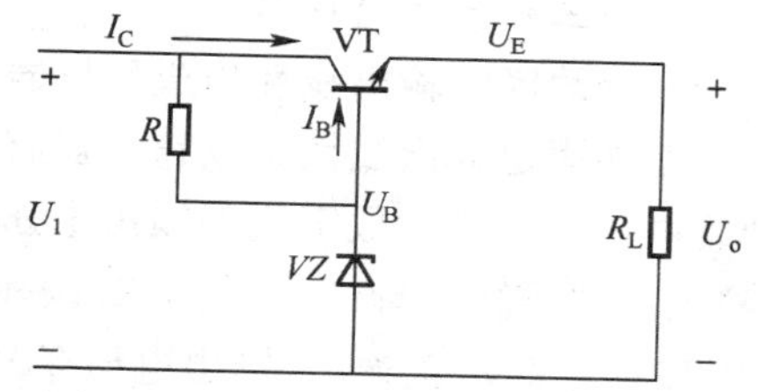

图 10-3-1　晶体管串连型稳压电路

当电源波动或负载发生变化引起输出电压变化时，串联型稳压电路的稳压过程为：

$$U_o\downarrow \to U_E\downarrow \to U_{BE}\uparrow (=U_B-U_E\downarrow) \to I_B\uparrow \to I_C\uparrow \to R_L I_C\uparrow \to U_o\uparrow$$

反之，若 U_o 有增加的趋势，经电路的调节作用，会使 U_o 减小，使输出电压保持近似不变。

二、串联反馈式稳压电路

图 10-3-2 为晶体管串联反馈式稳压电路。图中 VT_1 为调整元件，电阻 R_1 和 R_2 为取样电路，R_4 和 VD_Z 组成标准参考电压。VT_2 为比较放大元件，从反馈放大器的角度看，该电路属于电压串联负反馈电路，而且调整元件 VT_1 与负载电阻 R_L 串联，因此也称之为串联反馈式直流稳压电路。其稳压过程如下：

当负载电阻 R_L 不变时，电网电压波动，波动后的电压 U_i 上升会导致输出电压向上波动，同时取样电压的增加使 VT_2 的基极电位 U_{B2} 升高，造成 VT_2 管的基极电流 I_{B2} 和集电极电流 I_{C2} 增大，导致 VT_2 管的集电极 U_{C2} 也就是 VT_1 管的基极 U_{B1} 电位的下降，使 VT_1 管的基极电流 I_{B1} 和集电极电流 I_{C1} 下降，而管压降 U_{CE1} 增加。由于输出电压 U_o 等于输入电压 U_i 减 VT_1 管压降 U_{CE1}，因此抑制了输出电压的增加，起到了稳压作用。

电路中的电压和电流调整过程如下：

$$U_i\uparrow\rightarrow U_o\uparrow\rightarrow U_{B2}\uparrow\rightarrow I_{B2}\uparrow\rightarrow I_{C2}\uparrow\rightarrow U_{CE2}\uparrow\rightarrow U_{B1}\downarrow$$

$$\downarrow U_o\xleftarrow{U_o=U_i-U_{CE1}}\downarrow U_{CE1}\leftarrow\downarrow I_{C1}\leftarrow\downarrow I_{B1}\leftarrow\downarrow U_{BE1}$$

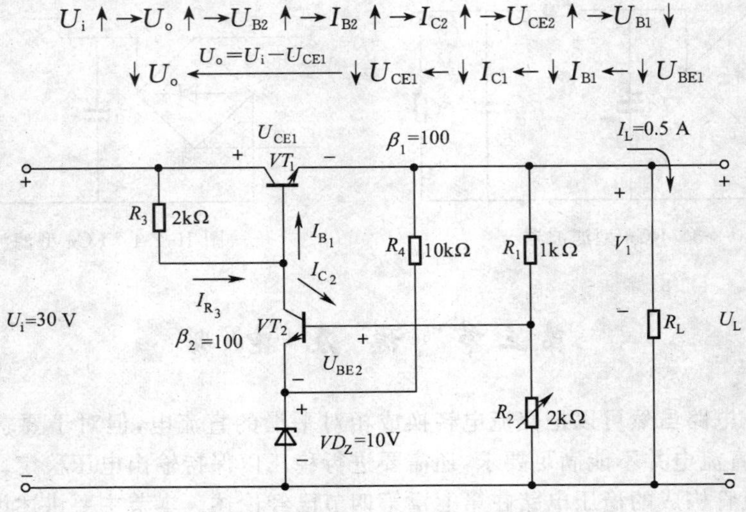

图 10-3-2　晶体管串联反馈式稳压电路

同理，当输入电压上下波动引起输出电压减小时，电路将产生与上述相反的稳压过程。

三、三端集成稳压器及其应用

（一）三端集成稳压器

1. 三端固定输出线性集成稳压器

三端固定输出线性集成稳压器有 CW78××（正输出）和 CW79××（负输出）系列。其型号后两位××所标数字代表输出电压值，有 5、6、8、12、15、18、24 V。其中额定电流以 78（或 79）后面的尾缀字母区分，其中 L 表示 0.1 A，M 表示 0.5 A，无尾缀字母表示 1.5 A 等。如 CW78M05 表示正输出、输出电压 5 V、输出电流 0.5 A。

2. 三端可调线性集成稳压器

三端可调线性集成稳压器除了具备三端固定集成稳压器的优点外，在性能方面也有进一步提高，特别是由于输出电压可调，应用更为灵活。目前，国产三端可调正输出集成稳压器系列有 CW117（军用）、CW217（工业用）、CW317（民品）；负输出集成稳压器系列有 CW137（军用）、CW237（工业用）、CW337（民用）等，几种三端集成稳压器外形及管脚排列如图 10-3-3 所示。

（二）三端集成稳压器的应用

1. **CW78××**器件的应用

图 10-3-4 为 CW78××、CW79××器件的应用电路原理图，为保证稳压器正常工作，其最小输入、输出电压差应为 2 V。

图中电容 C_1 可以减小输入电压的纹波，也可以抵消输入线产生的电感效应，以防止自激振荡。输出端电容 C_2 用以改善负载的瞬态响应和消除电路的高频噪声。

2. 三端可调输出集成稳压器的应用

如图 10-3-5 所示为输出可调的正电源，图中电容 C_1、C_2 的作用在前面的电路中讲过，电容 C_2 用于抑制调节电位器时产生的纹波干扰。二极管 VD_1、VD_2 为保护电路。VD_1 用于防止输入短路时，C_3 通过稳压器的放电而损坏稳压器；VD_2 用于防止输出短路时，C_2 通过调整端放电而损坏稳压器。在输出电压小于 7 V 时,也可不接。

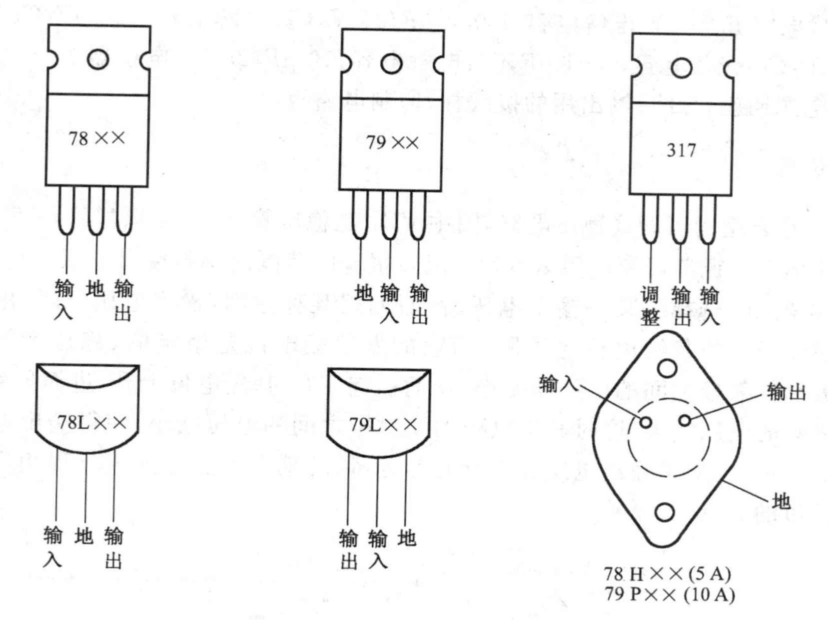

图 10-3-3 三端集成稳压器外形及管脚排列

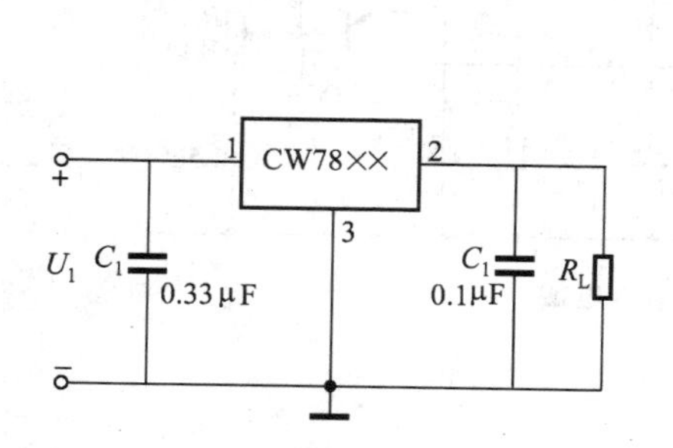

图 10-3-4 CW78××器件的应用电路原理图

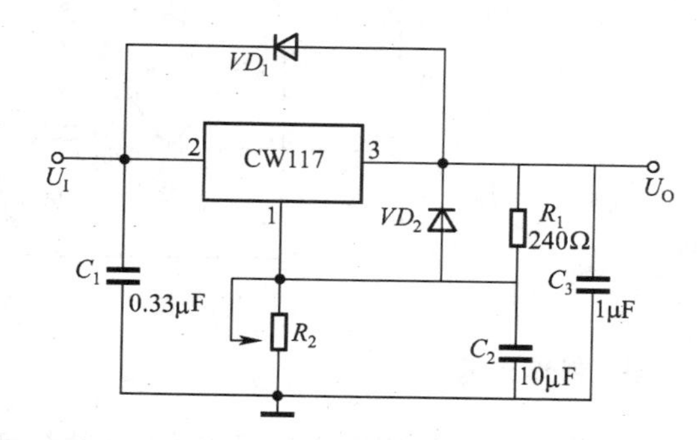

图 10-3-5 三端可调输出正电源

技能训练十 制作可调式直流稳压电源

一、实训目的

1. 熟悉直流稳压电源的基本组成。
2. 掌握焊接技术和制板技术。
3. 了解一般的调试技术。

二、实训工具和材料

电烙铁;手摇钻或电钻;镊子;螺丝刀;斜口钳;剪刀;万用表电源变压器(输出交流电压 15 V) 1 台;整流二极管 VD_1 ~ VD_4 (IN4001)四个;三极管 3 个(VT_1:3DG6,$\beta=50$,VT_2:3DG12,$\beta=50$,VT_3:3DG15,$\beta=50$,加入散热片);稳压管 1 个(VD_5:2CW10,稳压 2~3.5 V);碳膜电阻 6 个

(R_1:560 Ω/8 W,R_2:470 Ω/8 W,R_3:51 kΩ/8 W,R_4:510 Ω/8 W,R_5:470 Ω/8 W,R_6:1.5 kΩ/8 W);电容五个(C_1:电解电容,1 000 μF/25 V,C_2:电解电容,220 μF/25 V,C_3:瓷片电容,0.047 μF,C_4:瓷片电容,0.01 μF,C_5:电解电容,10 μF/25V),电位器1个(R_P:1 kΩ1W碳膜);开关;电源插座;导线;输出用的接线柱;印制电路板。

三、电路原理

技图10-1是典型的可调式稳压电路,图中VD_5是稳压管,VT_1是取样管,VT_2是放大管,VT_3是调整输出管。调节可变电阻R_P,就可以在很宽的范围内调整输出电压。它的稳压原理是这样的:当旋转R_P选择了某一输出电压后,假如因某种原因,输出电压下降,由于R_5、R_P、R_6的分压作用,VT_1的基极电位也下降,而它的发射极电位是稳定的(稳压管VD_5作用所致),这样基极和发射极之间的电压就变小,从而引起VT_2基极电位上升,进而导致VT_3的基极和发射极之间的电压增大,这时其集电极和发射极之间的电压减小,使得输出电压上升,达到稳压的目的。反之,如果输出电压有上升的趋势,情况就会产生与上述过程相反的变化,也能达到稳压的目的。

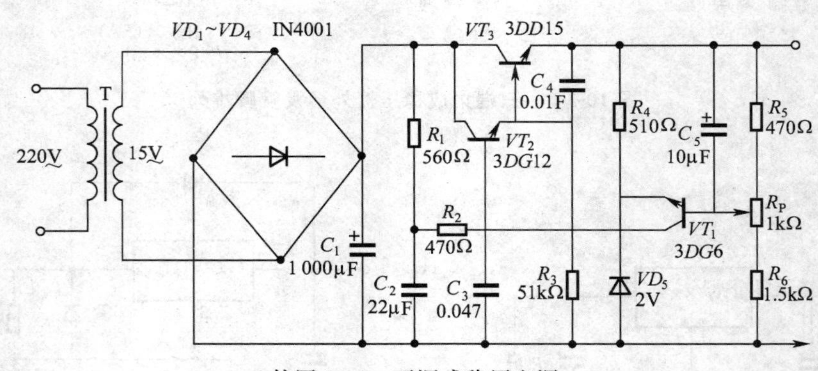

技图10-1 可调式稳压电源

四、制作过程

(1)将腐蚀好的印制电路板打孔,上助焊剂。

(2)将电阻R_1~R_6、R_P整形后焊在印制电路板上。

(3)将电容C_1~C_5整形后焊在印制电路板上。

(4)将三极管VT_1~VT_6整形后焊在印制电路板上。注意发射极、基极、集电极三个管脚不能搞错。

(5)由于输出电流较大,VT_3管要安装散热器板,将散热板固定在印制电路板上以后再将三个脚的导线焊在印制电路板上。

(6)将VD_1~VD_4、VD_5等元件焊在印制电路上,如技图10-2所示。

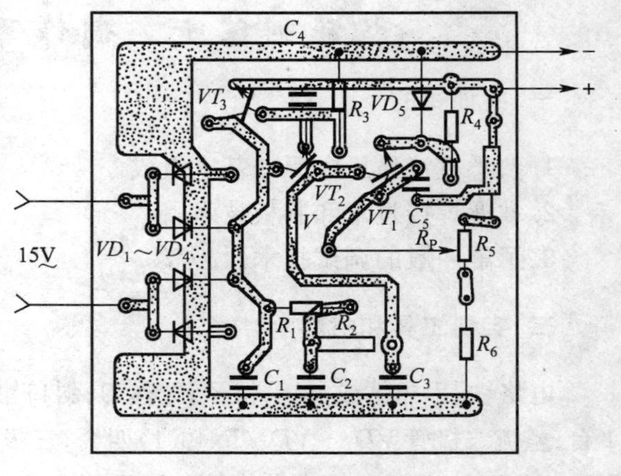

技图10-2 印制电路板

五、电路调试

(1)通电后,用万用表测 C_1 两端的电压应为 18～20 V,正常后测输出端电压,旋动 R_P,电压应有显著的变化。如 C_1 两端电压大大低于 18 V,应着重检查 $VD_1 \sim VD_4$、C_1 等元件,如输出端电压不可调,仔细检查 VT_1、VT_2、VT_3、VD_5 等元件,特别注意它们的脚位是否搞错,一一排除故障。

(2)调整可调电源的输出范围。可调稳压电源的最小输出电压由 VD_5 决定,一般来说最低输出电压等于 VD_1 的稳压值加上 0.7 V,本稳压器的最低输出电压是 3 V,那么稳压管的稳压值为 3－0.6＝2.4 V。可调稳压器的最高输出电压由 R_5 决定。旋转 R_P,使输出电压最高,再微调 R_5,使最高输出电压为 15 V。当然,最高输出电压也受到变压器次级电压的制约,其最高值不可能高于变压器次级电压。

(3)调试稳压电源的负载特性。稳压电源的好坏,可通过测量空载与满载时输出电压有没有显著变化来鉴定。调试的方法为:在空载时将输出电压调整为 12 V,接上 24 Ω/10 W 的负载,观察此时的输出电压是否下跌,跌幅越小,稳压电源的稳压特性越高,如下跌的电压大于 1 V,要考虑增大 C_1 的容量,加大电源变压器的容量。

六、说　明

(1)技图 10-2 所示稳压电源的全称为串联型可调式稳压电源。

(2)由于低压稳压管较难购买,可以用发光二极管来代替。发光二极管正常工作时,正向压降为 2 V,工作电流约为 20～50 mA,可用它来代替稳压二极管。但在具体使用时,要注意它的接法正好与稳压二极管相反。

(3)用发光二极管代替稳压二极管的另一个优点是可以利用发光二极管来指示电路的工作情况。

小　结

1. 直流稳压电源是由四部分组成:变压、整流、滤波和稳压。其作用是将交流电转变成恒定的直流电。变压环节是由变压器构成,目的是将 220 V 交流电压转变成符合整流电路需求的电压;整流电路是由二极管或晶闸管构成,目的是将交流电转变成脉动的直流电;滤波环节是由电容、电感构成,目的是将脉动的直流电转变成恒定的直流电;稳压环节是由稳压二极管和晶体管构成,目的是保证输出电压的稳定。

2. 晶闸管又叫可控硅,是由四层半导体、三个 PN 结构成;它具有可控的单向导电性,实现该特性的外加条件是:阳极和阴极之间加正向电压,控制极加正向脉冲信号。

3. 晶闸管的应用电路常用的有:单向桥式可控整流电路和调压电路。分析可控整流电路的工作原理应与二极管构成的整流电路联系一起,找出它们的共性。

4. 滤波电路和稳压电路是构成直流稳压电源的重要电路。常用的滤波元件有:电感和电容。常用的滤波电路有:电感滤波电路和电容滤波电路。常用的稳压电路是由稳压管构成的串联型稳压电路和串联反馈型稳压电路。

5. 集成稳压器是目前应用最广泛的稳压环节,常用的有:CW78××(正输出)和 CW79××(负输出)系列;三端可调正输出集成稳压器系列有 CW117(军用)、CW217(工业用)、CW317(民用);负输出集成稳压器系列有 CW137(军用)、CW237(工业用)、CW337(民用)。

复习思考题与习题

一、是 非 题

1. 晶闸管只要加上正向电压就导通,加上反向电压就关断,所以它具有单向导电性。(　　)

2. 晶闸管导通后,若阳极电流小于维持电流,晶闸管必然关断。(　　)

3. 为了使晶闸管可靠的触发,触发信号越大越好。(　　)

4. 晶闸管导通后,通过晶闸管的电流取决于电路的负载。(　　)

5. 交流电通过整流电路后,所得到的输出电压为稳定的直流电压。(　　)

6. 晶闸管整流电路输出电压的改变是通过调节触发电压实现的。(　　)

7. 电容滤波是利用电容的"通直隔交"的特性实现的。(　　)

8. 电感滤波是利用电感的"通交隔直"的特性实现的。(　　)

9. 由稳压管构成的串联型稳压电路中的限流电阻 R,因为其在电路中的作用是限流,所以当输入小电流时,R 可以除去。(　　)

10. 晶闸管整流电路输出电压的改变是通过调节触发脉冲的相位来实现的。(　　)

二、思 考 题

1. 比较半波整流与桥式整流电路的优缺点。

2. 单相桥式整流电容滤波电路,若某二极管短路,会出现什么问题?若某二极管断路,会出现什么问题?若某二极管反接,会出现什么问题?

三、分析计算题

1. 在题图 10-1 所示电路中,已知输入电压 u_i 为正弦波,试分析哪些电路可以作为整流电路?哪些不能,为什么?应如何改正?

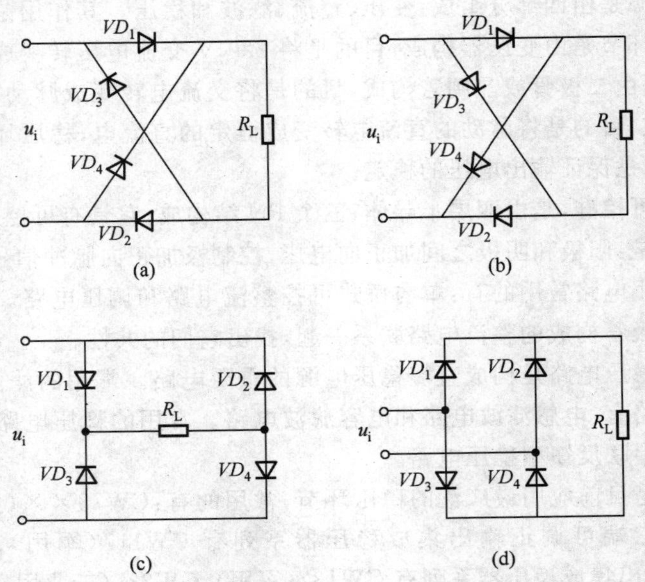

题图 10-1

2. 在桥式整流电容滤波电路中，已知 $C=1\,000\ \mu F$，$R_L=40\ \Omega$。若用交流电压表测得变压器次级电压为 20 V，再用直流电压表测得 R_L 两端电压为下列几种情况，试分析哪些是合理的？哪些表明出了故障？并说明原因。(1) $U_o=9$ V；(2)$U_o=18$ V；(3) $U_o=28$ V；(4)$U_o=24$ V。

3. 已知桥式整流电路，负载 $R_L=20\ \Omega$，需要直流电压 $U_o=36$ V。试求变压器次级电压、电流及流过整流二极管的平均电流。

4. 如题图 10-2 所示，已知稳压管的稳定电压 $U_Z=12$ V，硅稳压管稳压电路输出电压 U_o 为多少？R 值如果太大时能否稳压？R 值太小又如何？

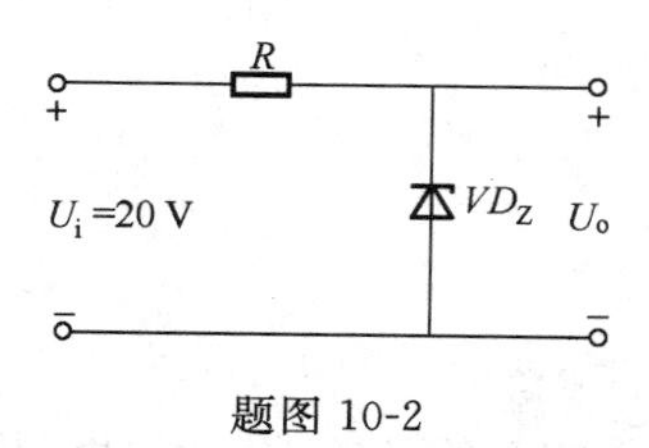

题图 10-2

5. 在下面几种情况中，可选用什么型号的三端集成稳压器？

(1) $U_o=+12$ V，R_L 最小值为 15 Ω；

(2) $U_o=+6$ V，最大负载电流 I_{Lmax} 为 300 mA；

(3) $U_o=-15$ V，输出电流范围 I_o 为 10～80 mA。

6. 某一单相桥式可控硅整流电路，电阻性负载，$R_L=5\ \Omega$，电源电压 $U_2=220$ V，晶闸管的控制角 $\alpha=60$。试求：(1)输出直流电压；(2)选择整流二极管和晶闸管。

第三篇　数字电子技术

第十一章　数字电路基础

本章主要介绍了数字信号和数字电路的特点;数字电路的常用分析方法;数制与码制的概念及其相互转换;数字电路的基本逻辑关系,基本数字逻辑的功能和逻辑符号,逻辑代数的基本公式和定理,逻辑函数的表示与逻辑函数的化简。

第一节　数制与编码

一、数　　制

1. 十进制数

数制就是计数的方法。日常生活中采用十进制,它有 10 个数码,即 0、1、2、3、4、5、6、7、8、9,用来组成不同的数,其进借位规则是:逢十进一、借一当十。在数字电路中一般采用二进制数。有时也采用八进制数和十六进制数。对于任何一个数,可以用不同的数制来表示。

一种数制所具有的数码个数称为该数制的基数,该数制数中不同位置上数码的单位数值称为该数制的位权或权。十进制的基数为 10,十进制整数中从个位起各位的权分别为 10^0、10^1、10^2、…。基数和权是数制的两个基本要素。利用基数和权,可以将任何一个数表示成多项式的形式。例如十进制的整数 234 可以表示成:

$$(234)_{10}=2\times10^2+3\times10^1+4\times10^0$$

2. 二进制数

二进制的基数为 2,只有 0、1 两个数码,进借位规则是:逢二进一、借一当二,即 1+1=10。二进制整数中从个位起各位的权分别为 2^0、2^1、2^2、2^3、…。例如将二进制数 $(110111)_2$ 转换为十进制数可以表示成:

$$(110111)_2=1\times2^5+1\times2^4+0\times2^3+1\times2^2+1\times2^1+1\times2^0=(55)_{10}$$

这样可把任意一个二进制数转换为十进制数。

将十进制数转换成二进制数。方法是:它是分两部分进行的,即整数部分和小数部分。整数部分:除基数取余数;小数部分:乘以基数取整数。

【例 11-1-1】　将十进制数 $(53.125)_{10}$ 转换成二进制数,即 $(53.125)_{10}=(?)_2$

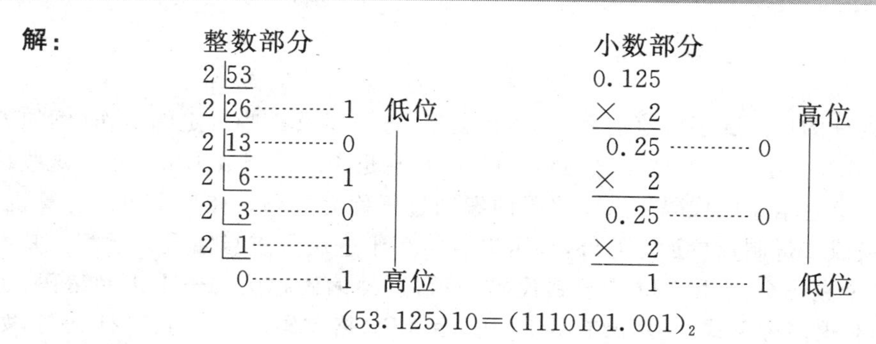

$$(53.125)10=(1110101.001)_2$$

3. 十六进制数

十六进制的基数为 16，采用的 16 个数码为 0、1、2、3、4、5、6、7、8、9、A、B、C、D、E、F，其中字母 A、B、C、D、E、F 分别代表 10、11、12、13、14、15，进位规则是：逢十六进一，借一当十六。十六进制整数中从个位起各位的权分别为 16^0、16^1、16^2…。同样，将任何一个十六进制整数按基数和权表示为多项式然后求和，即可转换为十进制数。例如：将十六进制数 $(2D)_{16}$ 转换为十进制数可以表示成：

$$(2D)_{16}=2\times16^1+13\times16^0=(45)_{10}$$

每一个十六进制数码可以用 4 位二进制数表示。如：$(0101)_2$ 表示十六进制的 5，$(1101)_2$ 表示十六进制的 D。表 11-1-1 列出了十进制、二进制、八进制、十六进制数之间的对应关系。将二进制整数转换为十六进制数，从低位开始，每 4 位为一组转换为相应的十六进制数即可。例如：将二进制数 $(11\ 0100\ 1011)_2$ 转换为十六进制数可以表示成：

$$(11\ 0100\ 1011)_2=(34B)_{16}$$

将十进制数转换为十六进制数，可先转化为二进制数再由二进制数转为十六进制数。例如：将十进制数 $(45)_{10}$ 转换为十六进制数可以表示成：

$$(45)_{10}=(10\ 1101)_2=(2D)_{16}$$

表 11-1-1　几种进制数之间的对应关系

十进制数	二进制数	八进制	十六进制数
0	0000	0	0
1	0001	1	1
2	0010	2	2
3	0011	3	3
4	0100	4	4
5	0101	5	5
6	0110	6	6
7	0111	7	7
8	1000	10	8
9	1001	11	9
10	1010	12	A
11	1011	13	B
12	1100	14	C
13	1101	15	D
14	1110	16	E
15	1111	17	F

表 11-1-2　常用 BCD 码

十进制	8421 码	2421 码	5421 码	余 3 码	格雷码
0	0000	0000	0000	0011	0000
1	0001	0001	0001	0100	0001
2	0010	0010	0010	0101	0011
3	0011	0011	0011	0110	0010
4	0100	0100	0100	0111	0110
5	0101	1011	1000	1000	0111
6	0110	1100	1001	1001	0101
7	0111	1101	1010	1010	0100
8	1000	1110	1011	1011	1100
9	1001	1111	1100	1100	1101
权	8421	2421	5421	无	无

二、编　码

数字电路中处理的信息除了数值信息外，还有文字、符号以及一些特定的操作(例如表示确认的回车操作)等。为了处理这些信息，必须将这些信息也用二进制数码来表示。这些特定的二进制数码称为这些信息的代码。这些代码的编制过程称为编码。在数字电子计算机中，十进制数除了转换成二进制数参加运算外，还可以直接用十进制数进行输入和运算。其方法是将十进制的10个数码分别用4位二进制代码表示，这种编码称为二—十进制编码，也称BCD码。BCD码有很多种形式，常用的有8421码、余3码、格雷码、2421码、5421码等，如表11-1-2所示。

在8421码中，10个十进制数码与自然二进制数一一对应，即用二进制数的0000～1001来分别表示十进制数的0～9。8421码是一种有权码，各位的权从左到右分别为8、4、2、1，所以根据代码的组成便可知道代码所代表的十进制数的值。设8421码的各位分别为W_3、W_2、W_1、W_0，则它所代表的十进制数的值为：$N=8W_3+4W_2+2W_1+1W_0$

8421码与十进制数之间的转换只要直接按位转换即可。例如：

$$(853)_{10}=(1000\ 0101\ 0011)_{8421}$$

$$(0111\ 0100\ 1001)_{8421}=(749)_{10}$$

8421码只利用了4位二进制数的16种组合0000～1111中的前10种组合0000～1001，其余6种组合1010～1111是无效的。从16种组合中选取10种不同的组合方式，可以得到其他二—十进制码，如2421码、5421码等。余3码由8421码加3(0011)得来的，这是一种无权码。

格雷码的特点是从一个代码变为相邻的另一个代码时只有一位发生变化。这是考虑到信息在传输过程中可能出错，为了减少错误而研究出的一种编码形式。例如：当将代码0100误传为1100，格雷码只不过是十进制数7和8之差，二进制数码则是十进制数4和12之差。格雷码的缺点是与十进制数之间不存在规律性的对应关系，不够直观。

第二节　基本逻辑门电路及应用

门电路是一种具有一定逻辑关系的开关电路。当它的输入信号满足某种条件时，才有信号输出，否则就没有信号输出。如果把输入信号看作条件，把输出信号看作结果，那么当条件具备时，结果就会发生。也就是说在门电路的输入信号与输出信号之间存在着一定的因果关系，即逻辑关系。基本逻辑关系有3种，分别为：与逻辑、或逻辑和非逻辑。实现这些逻辑关系的电路分别称为：与门、或门和非门。由这3种基本门电路还可以组成其它多种复合门电路。门电路是数字电路的基本逻辑单元。可以用二极管、三极管等分立元件组成，目前广泛使用的是集成门电路。

一、与逻辑及与门电路

当决定某事件的全部条件同时具备时，事件才会发生，这种因果关系叫做与逻辑。实现与逻辑关系的电路称为与门。由二极管构成的双输入与门电路及其逻辑符号如图11-2-1所示。

图中A、B为输入信号，F为输出信号。设输入信号高电平为3 V，低电平为0 V，并忽略二极管的正向压降。

(1)$U_A=U_B=0$ V 时，二极管 VD_1、VD_2 都处于正向导通状态，所以 $U_F=0$ V。

(2)$U_A=0$ V、$U_B=3$ V 时，电源将经电阻 R 向处于 0 V 电位的 A 端流通电流，VD_1 优先导通。VD_1 导通后，$U_F=0$ V，将 F 点电位钳制在 0 V，使 VD_2 受反向电压而截止。

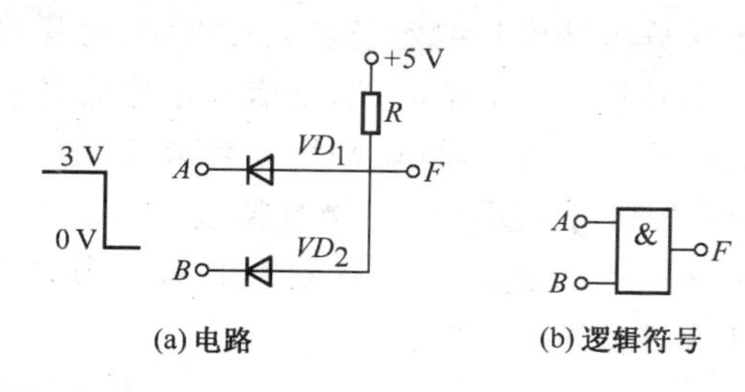

(a) 电路　　(b) 逻辑符号

图 11-2-1　二极管构成的双输入与门电路及其逻辑符号

(3)$U_A=3$ V、$U_B=0$ V 时，VD_2 优先导通，使 F 点电位钳制在 0 V，此时，VD_1 受反向电压而截止，$U_F=0$ V。

(4)$U_A=U_B=3$ V 时，VD_1、VD_2 都导通，$U_F=3$ V。

把上述分析结果归纳列于表 11-2-1 中，可见图 11-2-1 所示的电路满足与逻辑关系：只有所有输入信号都是高电平时，输出信号才是高电平，否则输出信号为低电平，所以这是一种与门。把高电平用 1 表示，低电平用 0 表示，U_A、U_B 用 A、B 表示。U_F 用 F 表示，代入表 11-2-1 中，则得到表 11-2-2 所示的逻辑真值表。由表 11-2-2 可知，F 与 A、B 之间的关系是：只有当 A、B 都是 1 时，F 才为 1，否则 F 为 0，满足与逻辑关系，可用逻辑表达式表示为：

$$F=A\cdot B \tag{11-2-1}$$

表 11-2-1　双输入与门的输入与输出的电平关系

输入		输出
U_A	U_B	U_F
0	0	0
0	3	0
3	0	0
3	3	3

表 11-2-2　双输入与门的逻辑真值表

输入		输出
A	B	F
0	0	0
0	1	0
1	0	0
1	1	1

式中小圆点"·"表示 A、B 的与运算，与运算又叫逻辑乘，通常与运算"·"可以省略。由与运算逻辑表达式 $F=A\cdot B$ 或表 11-2-2 所示的真值表，可知与运算规则为：

$$0\cdot 0=0 \quad 0\cdot 1=0 \quad 1\cdot 0=0 \quad 1\cdot 1=1 \tag{11-2-2}$$

二、或逻辑和或门电路

在决定某事件的条件中，只要任一条件具备，事件就会发生，这种因果关系叫做或逻辑。实现或逻辑关系的电路称为或门。由二极管构成的双输入或门电路及其逻辑符号如图 11-2-2 所示。图中 A、B 为输入信号，F 为输出信号。设输入信号高电平为 3 V，低电平为 0 V，并忽略二极管的正向压降。

(1)$U_A=U_B=0$ V 时，二极管 VD_1、VD_2 都处于正向截止状态，所以 $U_F=0$ V。

(2)$U_A=0$ V、$U_B=3$ V 时，VD_2 导通。VD_2 导通后，$U_F=U_B=3$ V，使 F 点电位的处于高电位，VD_1 受反向电压而截止。

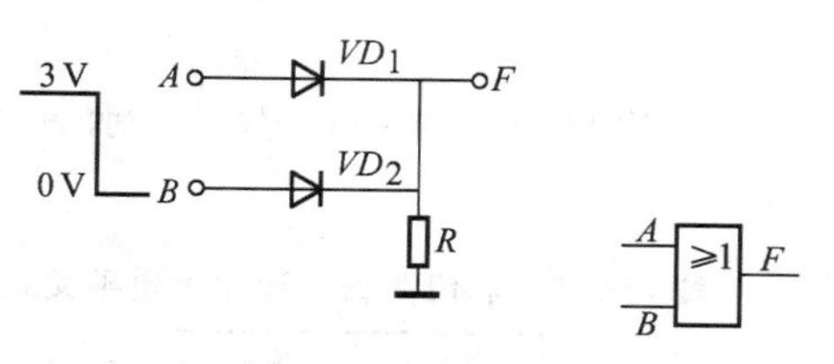

(a) 电路　　(b) 逻辑符号

图 11-2-2　二极管构成的以输入或门电路及其逻辑符号

(3)$U_A=3$ V、$U_B=0$ V 时，VD_1 导通，VD_2 受反

向电压而截止，$U_F=3$ V。

(4)$U_A=U_B=3$ V时，VD_1、VD_2 都导通，$U_F=3$ V。

把上述分析结果归纳列于表 11-2-3 中，可见图 11-2-2 所示的电路满足或逻辑关系：只有所有输入信号都是低电平时，输出信号才是低电平，否则输出信号为高电平，所以这是一种或门。把高电平用 1 表示，低电平用 0 表示，U_A、U_B 用 A、B 表示。U_F 用 F 表示，代入表 11-2-3 中，则得到表 11-2-4 所示的逻辑真值表。由真值表可知，F 与 A、B 之间的关系是：A、B 中只要有一个或一个以上是 1 时，F 就为 1，只有当 A、B 全为 0 时 F 才为 0，满足或逻辑关系，可用逻辑表达式表示为：

$$F=A+B \tag{11-2-3}$$

式中符号"+"表示 A、B 的或运算，或运算又叫逻辑加。由或运算的逻辑表达式 $F=A+B$ 或表 11-2-4 所示的真值表，可知或运算规则为：

$$0+0=0 \qquad 0+1=1 \qquad 1+0=1 \qquad 1+1=1 \tag{11-2-4}$$

表 11-2-3　双输入与门的输入与输出的电平关系

输入		输出
U_A	U_B	U_F
0	0	0
0	3	3
3	0	3
3	3	3

表 11-2-4　双输入与门的逻辑真值表

输入		输出
A	B	F
0	0	0
0	1	1
1	0	1
1	1	1

三、非逻辑和非门电路

决定某事件的条件只有一个，当条件出现时事件不发生，而条件不出现时事件发生，这种因果关系叫做非逻辑。实现非逻辑关系的电路称为非门，也称反相器。图 11-2-3 所示是双极型三极管非门的原理电路及其逻辑符号。

设输入信号高电平为 3 V，低电平为 0 V，并忽略三极管的饱和压降 U_{CES}，则 $U_A=0$ V 时，三极管截止，输出电压 $U_F=V_{CC}=3$ V；$U_A=3$ V 时，三极管饱和导通，输出电压 $U_F=U_{CES}=0$ V。输入和输出的电平关系及真值表分别如表 11-2-5 和表 11-2-6 所示。

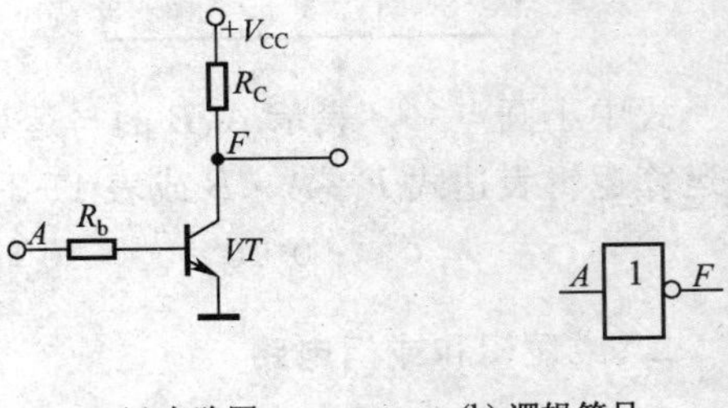

(a) 电路图　　(b) 逻辑符号

图 11-2-3　所示是双极型三极管非门的原理电路及其逻辑

由表 11-2-6 可知，F 与 A 之间的关系是：$A=0$ 时，$F=1$；$A=1$ 时 $F=0$，满足非逻辑关系。逻辑表达式为：

$$F=\overline{A} \tag{11-2-5}$$

式中字母 A 上方的符号"-"表示 A 的非运算或者反运算。显然，非运算规则为：

$$\overline{0}=1 \qquad \overline{1}=0 \tag{11-2-6}$$

表 11-2-5　非门的输入和输出电平关系

输入	输出
U_A	U_F
0	3
3	0

表 11-2-6　非门的逻辑真值表

输入	输出
A	B
0	1
1	0

四、复合门电路

将与门、或门、非门 3 种基本门电路组合起来，可以构成多种复合门电路。图 11-2-4(a)所示为由与门和非门连接起来构成的与非门，图 11-2-4(b)所示为与非门的逻辑符号。

由图 11-2-4(a)可得与非门逻辑表达式表示为：

$$F=\overline{AB} \tag{11-2-7}$$

与非门的真值表如表 11-2-7 所示。由表 11-2-7 可知与非门逻辑功能是：输入有 0 时输出为 1，输入全 1 时输出为 0。

图 11-2-5(a)所示为由或门和非门连接起来构成的或非门，图 11-2-5(b)所示为或非门的逻辑符号。

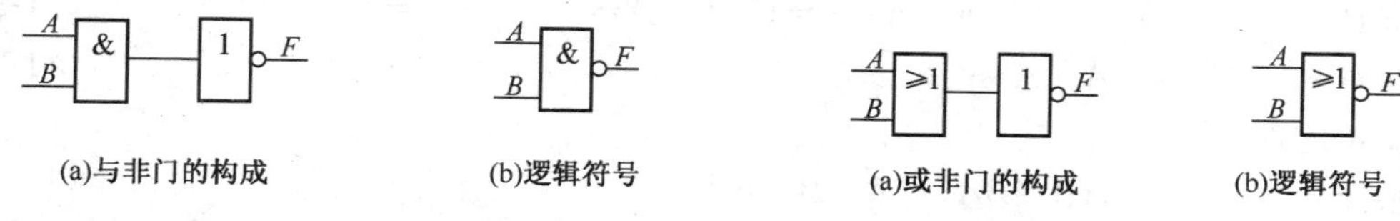

(a)与非门的构成　(b)逻辑符号

图 11-2-4　由与门和非门连接起来构成的与非门

(a)或非门的构成　(b)逻辑符号

图 11-2-5　与非门的逻辑符号

由图 11-2-5(a)可得或非门的逻辑表达式表示为：

$$F=\overline{A+B} \tag{11-2-8}$$

或非门的真值表如表 11-2-8 所示。由表 11-2-8 可知或非门逻辑功能是：输入有 1 时输出为 0，输入全 0 时输出为 1。

表 12-2-7　双输入与非门的真值表

A	B	F
0	0	1
0	1	1
1	0	1
1	1	0

表 12-2-8　双输入或非门的真值表

A	B	F
0	0	1
0	1	0
1	0	0
1	1	0

表 12-2-9　异或逻辑的真值表

输入		输出
A	B	F
0	0	0
0	1	1
1	0	1
1	1	0

表 12-2-10　同或逻辑的真值表

输入		输出
A	B	F
0	0	1
0	1	0
1	0	0
1	1	1

有时我们还会用到“异或”逻辑和“同或”逻辑，它们都是两变量的逻辑函数：

①异或逻辑指输入的二变量不同时输出为“1”，相同时输出为“0”。它的逻辑表达式为：

$$F=A\overline{B}+\overline{A}B=A\oplus B \tag{11-2-9}$$

逻辑符号为：

A—
=1 —F
B—

②同或逻辑指输入二变量相同时输出为“1”，不同时输出为“0”。它的逻辑表达式为：

$$F=AB+\overline{A}\overline{B}=A\odot B \tag{11-2-10}$$

逻辑符号为：

A—
=1 ○—F
B—

异或逻辑同或逻辑的真值表如表 11-2-9 和表 11-2-10 所示。

第三节 逻辑函数的化简

一、逻辑函数的基本知识

将门电路按照一定规律连接起来，可以组成具有各种逻辑功能的逻辑电路。分析和设计逻辑电路的数学工具是逻辑代数(又叫布尔代数或开关代数)。逻辑代数具有3种基本运算：与运算(逻辑乘)、或运算(逻辑加)和非运算(逻辑非)。根据逻辑变量的取值只有0和1，以及逻辑变量的与、或、非3种运算法则，可推导出逻辑运算的基本公式和定理。

1. 基本运算

与运算： $A\cdot 0=0\quad A\cdot 1=A\quad A\cdot A=A\quad A\cdot\overline{A}=0$ (11-3-1)

或运算： $A+0=A\quad A+1=1\quad A+A=A\quad A+\overline{A}=1$ (11-3-2)

非运算： $\overline{\overline{A}}=A$ (11-3-3)

2. 基本定理

交换律： $AB=BA,\quad A+B=B+A$ (11-3-4)

结合律： $(AB)C=A(BC),\quad (A+B)+C=A+(B+C)$ (11-3-5)

分配律： $A(B+C)=AB+AC,\quad A+BC=(A+B)(A+C)$ (11-3-6)

吸收律： $AB+A\overline{B}=A,\quad (A+B)(A+\overline{B})=A$ (11-3-7)

$A+AB=A,\quad A(A+B)=A$

$A(\overline{A}+B)=AB,\quad A+\overline{A}B=A+B$

反演律(摩根定律) $\overline{AB}=\overline{A}+\overline{B},\quad \overline{A+B}=\overline{A}\cdot\overline{B}$ (11-3-8)

3. 逻辑函数的三项规则

(1) 代入规则

在任一逻辑等式中，如果将等式两边所出现的某一变量都代之以一个逻辑函数，则此等式仍然成立。

例如：将函数 $F=BC$ 代入等式 $\overline{AF}=\overline{A}+\overline{F}$ 中的 F，证明等式仍然成立。

证明： 左式 $=\overline{AF}=\overline{A(BC)}=\overline{A}+\overline{BC}=\overline{A}+\overline{B}+\overline{C}$

右式 $=\overline{A}+\overline{F}=\overline{A}+\overline{BC}=\overline{A}+\overline{B}+\overline{C}$

所以：等式成立。

(2) 反演规则

已知一逻辑函数 F，求其反函数 $\overline{F}$ 时，只要将所有的原变量变为反变量，反变量变为原变量；“·”变为“+”，“+”变为“·”；“0”变为“1”，“1”变为“0”，就得 $\overline{F}$。

变换过程中应注意：两个以上变量的公用非号应保持不变；运算的优先顺序：先括号，然后算逻辑与，最后算逻辑或。

【例 11-3-1】 求 $F=A+\overline{B+\overline{C}+\overline{\overline{D+\overline{E}}}}+GH$ 的反函数。

解：$\overline{F}=\overline{A}\,\overline{\overline{B}C\,\overline{\overline{DE}}}(\overline{G}+\overline{H})$

(3)对偶规则

将任意逻辑函数 F 中所有的“·”变为“+”，“+”变为“·”；“0”变为“1”，“1”变为“0”；而变量保持不变，则得到一个新的逻辑函数 F'，则为原函数的对偶函数。

【例 11-3-2】 求 $F=A+\overline{B+\overline{C}+\overline{\overline{D+\overline{E}}}}+GH$ 的对偶式。

解：$F'=A\overline{B\,\overline{C}\,\overline{D\,\overline{E}}}(G+H)$

4. 逻辑函数的卡诺图

卡诺图是用图表表示逻辑函数的一种方法。在这种图形中，输入逻辑变量分为两组标注在图形的两侧。第一组变量的所有取值组合安排在图形的最左侧，第二组变量的所有取值组合安排在图形的最上边，由行和列两组变量取值组合所构成的每一个小方格，代表了逻辑函数的一个最小项。下面介绍卡诺图的构成方法和如何用卡诺图来表示逻辑函数。

(1)卡诺图的结构

卡诺图的结构特点是保证在逻辑上相邻的最小项，在图形的几何位置上也相邻。为保证上述的相邻关系，相邻方格的变量组合之间只允许一个变量取值不同。为此，卡诺图的变量标注均采用循环码。如图 11-3-1(a) 一变量、(b) 二变量、(c) 三变量、(d) 四变量、(e)五变量的卡诺图。由此可见，随着逻辑变量个数的增加，图形变得十分复杂，相邻关系难于寻找，所以卡诺图一般多用于五变量以内。由图可见，卡诺图具有以下特点：

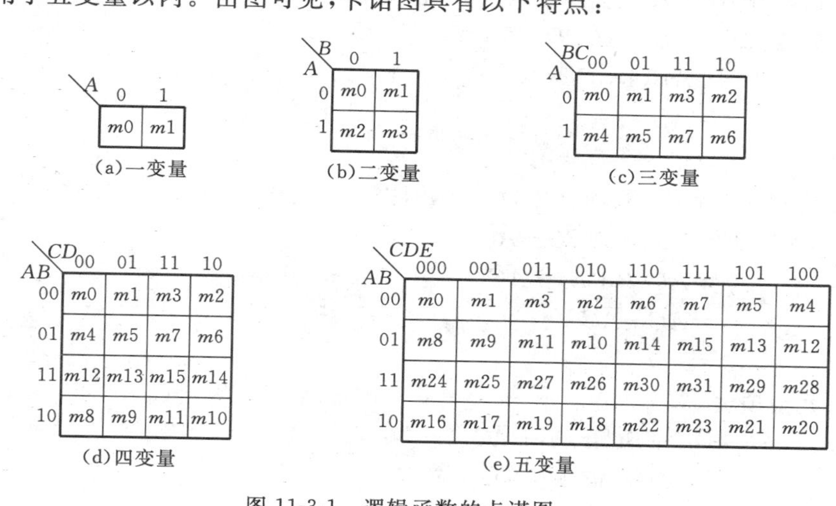

A	0	1
	$m0$	$m1$

(a)一变量

A \ B	0	1
0	$m0$	$m1$
1	$m2$	$m3$

(b)二变量

A \ BC	00	01	11	10
0	$m0$	$m1$	$m3$	$m2$
1	$m4$	$m5$	$m7$	$m6$

(c)三变量

AB \ CD	00	01	11	10
00	$m0$	$m1$	$m3$	$m2$
01	$m4$	$m5$	$m7$	$m6$
11	$m12$	$m13$	$m15$	$m14$
10	$m8$	$m9$	$m11$	$m10$

(d)四变量

AB \ CDE	000	001	011	010	110	111	101	100
00	$m0$	$m1$	$m3$	$m2$	$m6$	$m7$	$m5$	$m4$
01	$m8$	$m9$	$m11$	$m10$	$m14$	$m15$	$m13$	$m12$
11	$m24$	$m25$	$m27$	$m26$	$m30$	$m31$	$m29$	$m28$
10	$m16$	$m17$	$m19$	$m18$	$m22$	$m23$	$m21$	$m20$

(e)五变量

图 11-3-1 逻辑函数的卡诺图

①图中小方格数为 2^n，其中 n 为变量个数。

②图形两侧标注了变量的取值，它们的数值大小就是相应方格所表示的最小项的编号。

③由于变量取值顺序按循环码排列，使具有逻辑相邻的最小项，在几何位置上也相邻。

几何(位置)相邻，分为以下几种：

①有公共边的最小项集合相邻。

②对折重合的小方格相邻。

③循环相邻。

(2) 用卡诺图表示逻辑函数

用卡诺图表示与或表达式，利用 n 变量最小项的卡诺图，可以表示任何一个逻辑函数，其方法是先把逻辑函数化成最小项之和的形式，再根据逻辑函数所包含的变量数画出相应的最小项卡诺图，然后在对应小方格中填入 1，其余的小方格中填入 0，这样就得到了逻辑函数的卡诺图；图 11-3-2 是逻辑函数 $F(A、B、C、D)=\sum m(0,2,4,5,6,7,8,10,12,14)$的卡诺图。

AB \ CD	00	01	11	10
00	1	0	0	1
01	1	1	1	1
11	1	0	0	1
10	1	0	0	1

图 11-3-2

二、逻辑函数的化简

根据逻辑表达式，可以画出相应的逻辑图。但是直接根据逻辑要求而归纳起来的逻辑表达式及其对应的逻辑电路，往往不是简单的形式，这就需要对逻辑表达式进行化简。用化简后的逻辑表达式构成逻辑电路，所需门电路的数目最少，而且每个门电路的输入端数目也最少。逻辑函数的化简一般有两种方法：①公式法；②卡诺图法。

(一)公式法化简

公式法化简是利用逻辑函数的基本公式、定律、常用公式来化简函数，消去函数中的乘积项和每个乘积项中的多余因子。使之成为最简“与或”式。公式法化简过程中常用以下几种方法。

1. 吸收法

利用公式：$A+AB=A$ 消去多余的乘积项 AB。

【例 11-3-3】 $F=AB+ABCD$

$$=AB(1+CD)$$
$$=AB$$

2. 并项法

利用公式：$A+\overline{A}=1$ 将两项合并为一项，消去一个变量。

【例 11-3-4】 $F=ABC+A\overline{B}C+\overline{AC}$

$$=AC(B+\overline{B})+\overline{AC}$$
$$=AC+\overline{AC}$$
$$=1$$

3. 消去冗余项法

利用公式：$AB+\overline{A}C+BC=AB+\overline{A}C$。

【例 11-3-5】 $F=A\overline{B}+\overline{A}C+\overline{B}CD$

$$=A\overline{B}+\overline{A}C+\overline{B}C+\overline{B}CD$$
$$=A\overline{B}+\overline{A}C+\overline{B}C(1+D)$$
$$=A\overline{B}+\overline{A}C$$

4. 配项法

利用公式：$A+\overline{A}=1$ 某项乘以等于 1 的项，配上所缺的因子，便于化简。

利用公式：$A+A=A$ 为使某项能合并。

【例 11-3-6】 $F=A\overline{B}+B\overline{C}+\overline{B}C+\overline{A}B$

$$=A\overline{B}+B\overline{C}+\overline{B}C(A+\overline{A})+\overline{A}B(C+\overline{C})$$
$$=A\overline{B}+B\overline{C}+A\overline{B}C+\overline{A}\,\overline{B}C+\overline{A}BC+\overline{A}B\overline{C}$$
$$=A\overline{B}(1+C)+B\overline{C}(1+\overline{A})+\overline{A}C(B+\overline{B})$$
$$=A\overline{B}+B\overline{C}+\overline{A}C$$

化简函数时，应将上述的公式灵活应用，以得到较好的结果，这不仅要熟悉公式、定理，还要有一定的运算技巧，而且难于判断所得的结果是否为最简，因而在化简复杂的函数时，更多的采用卡诺图法化简。

(二)卡诺图法化简

利用卡诺图能够直观地将逻辑相邻中不同的因子，利用公式 $AB+A\overline{B}=A$，将其合并，消去不同的因子，保留相同的因子，从而化简函数。

具体方法：

①将卡诺图中 2 个填入 1 的相邻最小项合并为一项，消去 1 个变量；如图 11-3-3 所示。

②将卡诺图中 4 个填入 1 的相邻最小项合并为一项，消去 2 个变量；如图 11-3-4 所示。

③将卡诺图中 8 个填入 1 的相邻最小项合并为一项，消去 3 个变量；如图 11-3-5 所示。

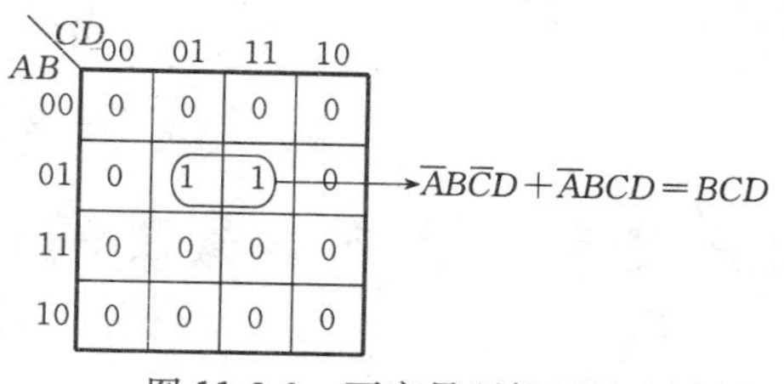

图 11-3-3　两变量逻辑函数卡诺图

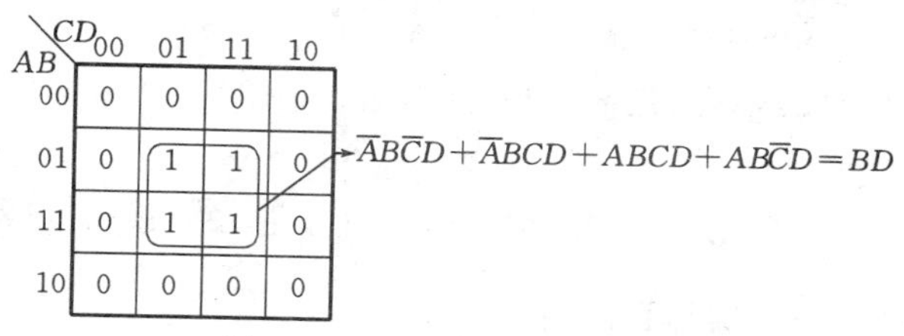

图 11-3-4　三变量逻辑函数卡诺图

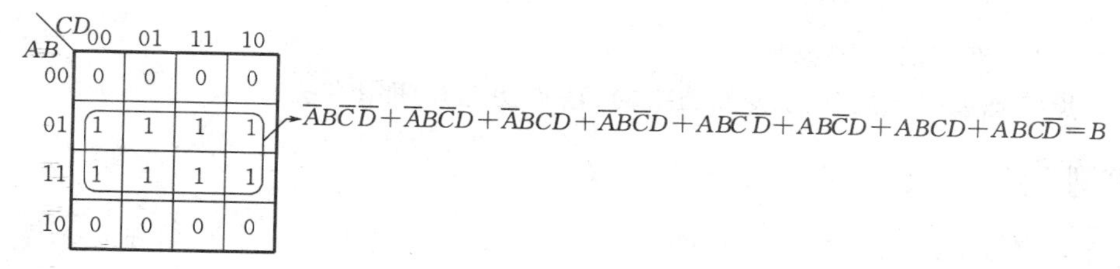

图 11-3-5　四变量逻辑函数卡诺图

综合以上的方法，用卡诺图化简逻辑函数步骤如下：

①画卡诺图：根据函数中变量的个数，画出对应的函数卡诺图。

②填最小项值：将函数中包含的变量取值组合填入相应的最小项方格中。

③画圈合并最小项：按照逻辑相邻性将可以合并的最小项圈起来，消去不同的因子，保留相同因子。

④写逻辑函数表达式：由画圈合并后的结果写出逻辑函数表达式，每个圈是一个乘积项。

利用卡诺图化合并最小项时应注意以下几个问题：

①圈画的越大越好。圈中包含的最小项越多，消去的变量就越多。

②必须按 $2n$ 个最小项画圈。

③每个圈中至少包含一个新的最小项。

④必须把组成函数的所有最小项圈完。

(三)具有约束项的逻辑函数化简

1. 约束项与任意项

以上我们讨论的逻辑函数，对于变量的各种取值组合，都有一个确定的函数值 0 或 1 与之对应，而在实际的数字系统中，往往出现输入变量的某些取值组合与输出函数无关，电路正常工作时，它们不可能出现。这些不会出现的变量取值的组合所对应的最小项称为约束项。而在另外一些逻辑函数中某些变量的取值组合可以是任意的，既可以是 0，也可以是 1。具体取何值，应根据

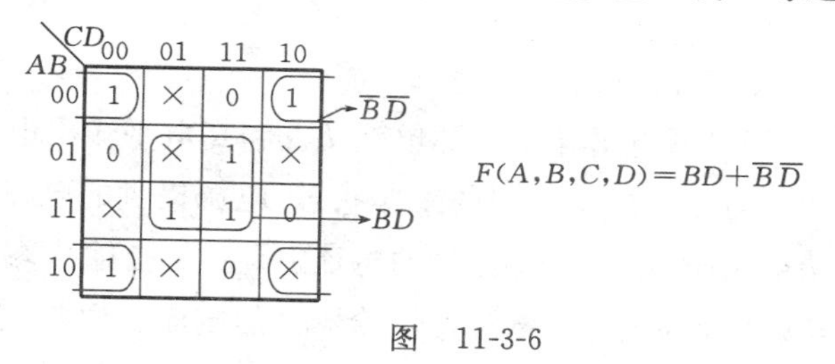

图　11-3-6

使逻辑函数尽量便于化简来确定，这样的最小项称为任意项，约束项和任意项统称为无关项，在函数中的取值可以是0，也可以是1。这个特殊的函数值在卡诺图上通常用×或Φ来表示，填入相应的方格中。

2.化简带有无关项的逻辑函数，应该充分利用无关项可以去0或1的特点，灵活扩大卡诺图的圈，尽量消除变量个数和最小项的个数。但是不需要的无关项，可以认为是0。

【例11-3-7】 化简逻辑函数 $F(A,B,C,D)=\sum m(0,2,7,8,13,15)+\sum d(1,5,6,9,10,12)$，写出最简与或式，如图11-3-6所示。

技能训练十一 TTL集成逻辑门的逻辑功能与参数测试

一、实训目的

1.掌握TTL集成与非门的逻辑功能和主要参数的测试方法。

2.掌握TTL器件的使用规则。

3.进一步熟悉数字电路实验装置的结构、基本功能和使用方法。

二、实训原理

本实验采用四输入双与非门74LS20，即在一块集成块内含有两个互相独立的与非门，每个与非门有四个输入端。其逻辑框图、符号及引脚排列如技图11-1 (a)、(b)、(c)所示。

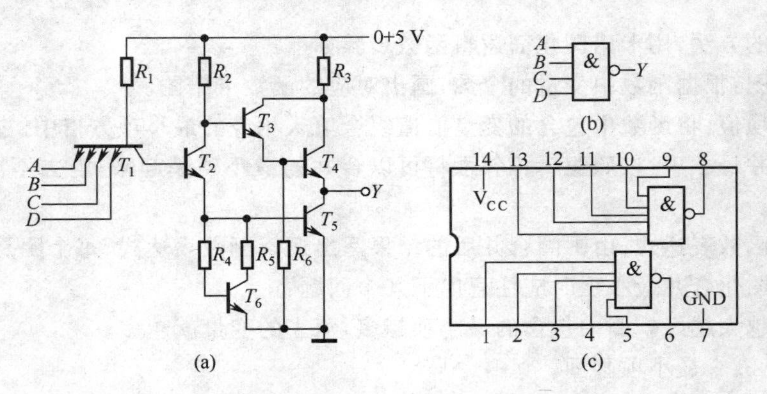

技图11-1 74LS20逻辑框图、逻辑符号及引脚排列

1.与非门的逻辑功能

与非门的逻辑功能是：当输入端中有一个或一个以上是低电平时，输出端为高电平；只有当输入端全部为高电平时，输出端才是低电平(即有“0”得“1”，全“1”得“0”。)其逻辑表达式为

$$Y=\overline{ABCD}$$

2. TTL与非门的主要参数

(1)低电平输出电源电流 I_{CCL} 和高电平输出电源电流 I_{CCH}

与非门处于不同的工作状态，电源提供的电流是不同的。I_{CCL} 是指所有输入端悬空，输出端空载时，电源提供器件的电流。I_{CCH} 是指输出端空载，每个门各有一个以上的输入端接地，其余输入端悬空，电源提供给器件的电流。通常 $I_{CCL}>I_{CCH}$，它们的大小标志着器件静态功耗的大小。器件的最大功耗为 $P_{CCL}=V_{CC}I_{CCL}$。手册中提供的电源电流和功耗值是指整个器件

总的电源电流和总的功耗。I_{CCL}和I_{CCH}测试电路如技图11-2(a)、(b)所示。

需要注意的是：TTL电路对电源电压要求较严，电源电压V_{CC}只允许在$+5(1\pm10\%)$V的范围内工作，超过5.5 V将损坏器件，低于4.5 V器件的逻辑功能将不正常。

(2)低电平输入电流I_{iL}和高电平输入电流I_{iH}

I_{iL}是指被测输入端接地，其余输入端悬空，输出端空载时，由被测输入端流出的电流值。在多级门电路中，I_{iL}相当于前级门输出低电平时，后级向前级门灌入的电流，因此它关系到前级门的灌电流负载能力，即直接影响前级门电路带负载的个数，因此希望I_{iL}小些。

I_{iH}是指被测输入端接高电平，其余输入端接地，输出端空载时，流入被测输入端的电流值。在多级门电路中，它相当于前级门输出高电平时，前级门的拉电流负载，其大小关系到前级门的拉电流负载能力，希望I_{iH}小些。由于I_{iH}较小，难以测量，一般免于测试。I_{iL}与I_{iH}的测试电路如技图11-2(c)、(d)所示。

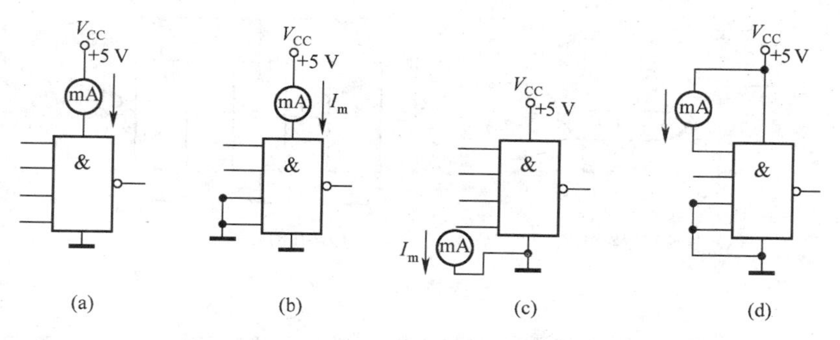

技图11-2　TTL与非门静态参数测试电路图

(3)扇出系数N_O

扇出系数N_O是指门电路能驱动同类门的个数，它是衡量门电路带负载能力的一个参数，TTL与非门有两种不同性质的负载，即灌电流负载和拉电流负载，因此有两种扇出系数，即低电平扇出系数N_{OL}和高电平扇出系数N_{OH}。通常$I_{iH}<I_{iL}$，则$N_{OH}>N_{OL}$，故常以N_{OL}作为门的扇出系数。

N_{OL}的测试电路如技图11-3所示，门的输入端全部悬空，输出端接灌电流。

负载R_L，调节R_L使I_{OL}增大，V_{OL}随之增高，当V_{OL}达到V_{OLm}(手册中规定低电平规范值0.4 V)时的I_{OL}就是允许灌入的最大负载电流，则

$$N_{OL}=\frac{I_{OL}}{I_{iL}}\quad 通常\ N_{OL}\geqslant 8$$

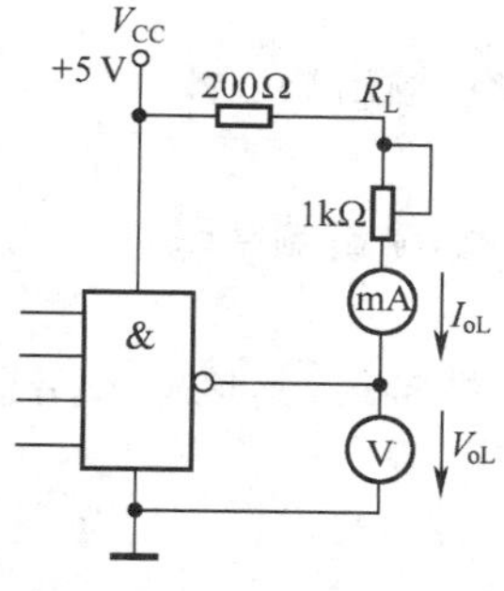

技图11-3　扇出系数试测

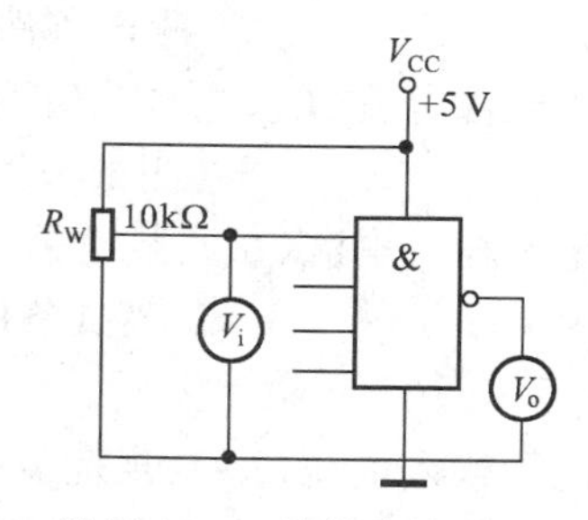

技图11-4　传输特性测试

(4)电压传输特性

门的输出电压 V_o 随输入电压 V_i 而变化的曲线 $V_o=f(V_i)$ 称为门的电压传输特性，通过它可读得门电路的一些重要参数，如输出高电平 V_{OH}、输出低电平 V_{OL}、关门电平 V_{OFF}、开门电平 V_{ON}、阈值电平 V_T 及抗干扰容限测试法，即调节 R_W，逐点测得 V_i 及 V_o，后绘成曲线。

(5)平均传输延迟时间 t_{pd}

t_{pd} 是衡量门电路开关速度的参数，它是指输出波形边沿的 0.5 V_m 至输入波形对应边沿 0.5 V_m 点的时间间隔，如技图 11-5 所示。技图 11-5(a)中的 t_{pdL} 为导通延迟时间，t_{pdH} 为截止延迟时间，均传输延迟时间为

$$t_{pd}=\frac{1}{2}(t_{pdL}+t_{pdH})$$

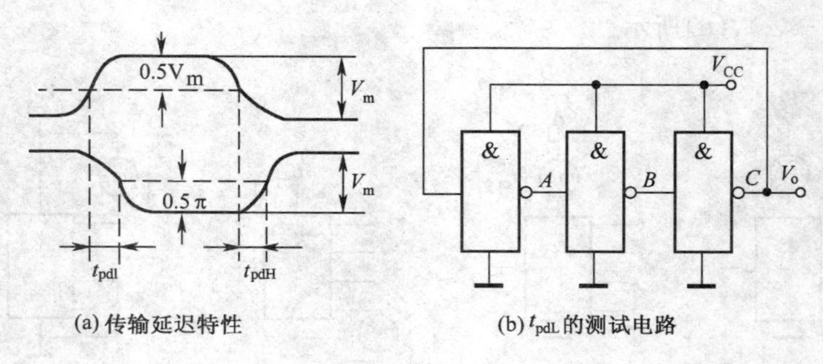

(a) 传输延迟特性　　(b) t_{pdL} 的测试电路

技图 11-5

t_{pd} 的测试电路如技图 11-5(b)所示，由于 TTL 门电路的延迟时间较小，直接测量时对信号发生器和示波器的性能要求较高，故实验采用测量由奇数个与非门组成的环形振荡器的振荡周期 T 来求得。

其工作原理是：假设电路在接通电源后某一瞬间，电路中的 A 点为逻辑“1”，经过三级门的延迟后，使 A 点由原来的逻辑“1”变为逻辑“0”；再经过三级门的延迟后，A 点电平又重新回到逻辑“1”。电路中其他各点电平也跟随变化。说明使 A 点发生一个周期的振荡，必须经过 6 级门的延迟时间。因此平均传输延迟时间为

$$t_{pd}=\frac{T}{6}$$

TTL 电路的 t_{pd} 一般在 10～40 ns 之间。

74LS20 主要电参数规范及测试条件：

直流参数：

1. 通导电源电流(I_{CCL})：规范值<14 mA

测试条件：$V_{CC}=5$ V，输入端悬空，输出端空载。

2. 截止电源电流(I_{CCH})：规范值<7 mA

测试条件：$V_{CC}=5$ V，输入端接地，输出端空载。

3. 低电平输入电流(I_{iL})：规范值≤1.4 mA

测试条件：$V_{CC}=5$ V，被测输入端接地，其他输入端悬空，输出端空载。

4. 高电平输入电流(I_{iH})：规范值<50 μA 和规范值<1 mA

当规范值<50 μA 时的测试条件为：$V_{CC}=5$ V，被测输入端 $V_{in}=2.4$ V，其他输入端接

地，输出端空载。

当规范值<1 mA时的测试条件为：V_{CC}=5 V，被测输入端V_{in}=5 V，其他输入端接地，输出端空载。

5. 输出高电平(V_{OH})：规范值≥3.4 V

测试条件：V_{CC}=5 V，被测输入端V_{in}=0.8 V，其他输入端悬空，I_{OH}=400 μA。

6. 输出低电平(V_{OL})：规范值<0.3 V

测试条件：V_{CC}=5 V，输入端V_{in}=2.0 V，I_{OL}=12.8 mA。

7. 扇出系数(N_o)：规范值4～8 V

测试条件：同V_{OH}和V_{OL}

交流参数：

8. 平均传输延迟时间(t_{pd})：规范值≤20 ns

测试条件：V_{CC}=5 V，被测输入端输入信号；V_{in}=3.0 V，f=2 MHz

三、实训设备与器件

+5 V直流电源；逻辑电平开关；逻辑电平显示器；直流数字电压表；直流毫安表；直流微安表；74LS20×2、1 k、10 k电位器和200 Ω电阻器(0.5 W)。

四、实训内容

在合适的位置选取一个14 P插座，按定位标记插好74LS20集成块。

1. 验证TTL集成与非门74LS20的逻辑功能

按技图11-6接线，门的四个输入端接逻辑开关输出插口，以提供“0”与“1”电平信号，开关向上，输出逻辑“1”，向下为逻辑“0”。门的输出端接由LED发光二极管组成的逻辑电平显示器(又称0—1指示器)的显示插口，LED亮为逻辑“1”，不亮为逻辑“0”。按技表11-1的真值表逐个测试集成块中两个与非门的逻辑功能。74LS20有4个输入端，有16个最小项，在实际测试时，只要通过对输入1111、0111、1011、1101、1110五项进行检测就可判断其逻辑功能是否正常。

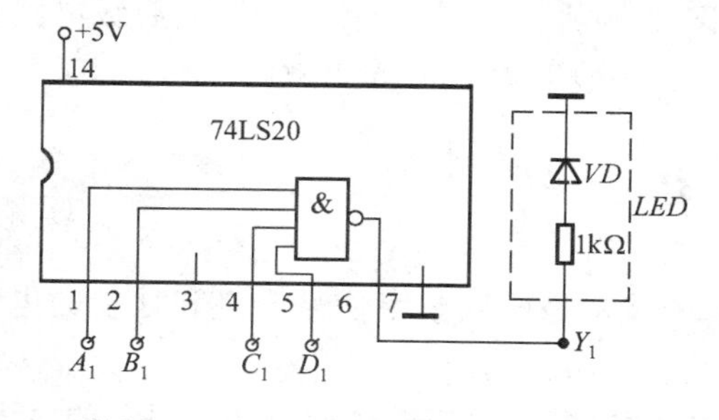

技图11-6　与非门逻辑功能测试电路

技表11-1

输入				输出	
A_n	B_n	C_n	D_n	Y_1	Y_2
1	1	1	1		
0	1	1	1		
1	0	1	1		
1	1	0	1		
1	1	1	0		

2. 74LS20主要参数的测试

(1)分别按技图11-2、3、5(b)接线并进行测试，将测试结果记入技表11-2中。

(2)按技图11-4接线，调节电位器R_W，使V_i从0(V)向高电平变化，逐点测量V_i和V_O的对应值，记入技表 11-3 中。

技表 11-2

I_{CCL}/mA	I_{CCH}/mA	I_{iL}/mA	I_{OL}/mA	$N_{OL}=\frac{I_{OL}}{I_{iL}}$	$t_{pd}=T/6$ /ns

技表 11-3

V_i/V	0	0.2	0.4	0.6	0.8	1.0	1.5	2.0	2.5	3.0	3.5	4.0
V_o/V												

五、注意事项

1. 接插集成块时，要认清定位标记，不得插反。

2. 电源电压使用范围为＋4.5 V～＋5.5 V 之间，实验中要求使用 V_{CC}＝＋5 V。电源极性绝对不允许接错。

3. 闲置输入端处理方法

(1) 悬空，相当于正逻辑“1”，对于一般小规模集成电路的数据输入端，实验时允许悬空处理。但易受外界干扰，导致电路的逻辑功能不正常。因此，对于接有长线的输入端、中规模以上的集成电路和使用集成电路较多的复杂电路，所有控制输入端必须按逻辑要求接入电路，不允许悬空。

(2) 直接接电源电压 V_{CC}（也可以串入一只 1～10 kΩ 的固定电阻）或接至某一固定电压（2.4 V≤V≤4.5 V）的电源上，或与输入端为接地的多余与非门的输出端相接。

(3) 若前级驱动能力允许，可以与使用的输入端并联。

4. 输入端通过电阻接地，电阻值的大小将直接影响电路所处的状态。当 R≤680 Ω 时，输入端相当于逻辑“0”；当 R≥4.7 kΩ 时，输入端相当于逻辑“1”。对于不同系列的器件，要求的阻值不同。

5. 输出端不允许并联使用（集电极开路门（OC）和三态输出门电路（3S）除外）。否则不仅会使电路逻辑功能混乱，并会导致器件损坏。

6. 输出端不允许直接接地或直接接＋5 V 电源，否则将损坏器件，有时为了使后级电路获得较高的输出电平，允许输出端通过电阻 R 接至 V_{CC}，一般取 R＝3～5.1 kΩ。

小　　结

1. 数字信号具有时间和幅值的离散性，数字电子技术是研究数字信号产生和处理的电子技术。半导体二极管和三极管的开关特性是构成数字电路的基础。

2. 数制和码制是数字电路中表征数字信号的基本体制，必须正确理解数制和码制的概念，并熟练掌握十进制、二进制、十六进制间的转换方法；掌握常用编码 8421BCD 码、5421BCD 码、余 3 BCD 码的表示形式；格雷码和奇偶校验码的特点和表示形式。

3. 事物的“因”“果”控制关系称为逻辑关系。最基本的逻辑关系有“与”、“或”、“非”三种，用来实现三种基本逻辑关系的电路分别称为与门、或门和非门；由它们可以组成常用的复合逻辑门。

4. 逻辑关系可用真值表、逻辑表达式、卡诺图、逻辑电路图和时序波形图等方式表达，它们之间可以相互转换。真值表是描述逻辑关系的常用方法，它以表格的形式表示逻辑函数和输入逻辑变量之间的取值关系，优点是具有惟一性、直观、明显。但当变量多时，稍显繁琐。

5. 常用的逻辑函数化简有两种方法：公式法和卡诺图法。化简时先判断有无约束条件，有约束条件时一般用卡诺图法较方便；若无约束条件可根据具体情况分别用公式法或卡诺图法，也可两种方法并用。公式法化简的优点是不受任何条件的限制，但必须建立在熟练掌握逻辑代数基本公式和定律的基础上，需要一定灵活运用的技巧，难度较高。卡诺图是逻图函数最小项的方格图表示法。由于卡诺图中最小项的几何相邻对应其逻辑相邻的特性，因此持别适合于逻辑函数的化简。卡诺图化简的优点是简单、直观、易于掌握。

一、是 非 题

1. 数字电路是处理数字信号的电路。(　　)

2. 二进制数的进位关系是：逢二进一。所以 1+1=10。(　　)

3. 用四位二进制数表示一位十进制数的编码称为 BCD 码。(　　)

4. 在数字电路中，高电平和低电平指的是一定的电压范围，而不是一个固定的数值。(　　)

5. 8421 码属于 BCD 码。(　　)

6. 三种基本逻辑门是与门、或门和非门。(　　)

7. 由三个开关并联起来控制一个电灯，电灯的亮暗与开关的闭合和断开之间的对应的逻辑关系属于与逻辑关系。(　　)

8. 与非门和或非门都是复合门。(　　)

9. 与非门的逻辑功能是：输入有 0，输出为 1；输入全 1，输出为 0。(　　)

10. 与非门实现与非运算的顺序是：先与运算，后将与运算之积求反。(　　)

11. 用两个与非门不可能实现与运算。(　　)

12. 逻辑门在任意时刻的输出只取决于该时刻的这个门的输入信号。(　　)

二、思 考 题

1. 二极管门电路中，二极管起的什么作用？

2. 三极管门电路中，三极管工作在什么状态？如何保证？

3. 逻辑函数式的化简有何意义？

4. 什么是最简逻辑函数？什么是最小项？它具有什么性质？

5. 卡诺图化简的依据是什么？卡诺图化简的原则是什么？

6. 什么是无关项？如何利用无关项化简逻辑函数？

三、分析计算题

1. 把下列二进制转换为十进制：

(1) $(10101011)_2$，　(2) $(11011101)_2$

2.把下列十进制转换为二进制：

(1) $(12)_{10}$，　(2) $(32)_{10}$，　(3) $(56)_{10}$，　(4) $(0.125)_{10}$

3.把下列十进制转换为八进制和十六进制：

(1) $(96)_{10}$，　(2) $(65)_{10}$，　(3) $(37)_{10}$

4.把下列十六进制转换为二进制：

(1) $(3E)_{16}$，　(2) $(7C0)_{16}$，　(3) $(1AB)_{16}$

5.写出下列十进制的8421BCD码：

(1) $(210)_{10}$，　(2) $(12)_{10}$，　(3) $(196)_{10}$

6.用代数法化简下列各式：

(1) $F1=\overline{A}B\overline{C}+A\overline{C}+\overline{B}\,\overline{C}$　(2) $F2=\overline{A}(B+C)\cdot AB\overline{C}$

7.写出题图 11-1 中电路图的逻辑函数表达式。

8.画出下列逻辑函数的卡诺图：

(1) $F1=AB+BC+AC$　(3) $F=\sum m(0,2,5,7,8,10,13,15)$

(2) $F2=ABC+BCD+\overline{AB}CD$　(4) $F=\sum m(2,3,4,5,9)+\sum d(10,11,12,13)$

9.写出题图 11-2 中各卡诺图的逻辑函数。

10.化简逻辑函数：

(1) $F=\sum m(0,1,2,8,9,10)$　(4) $F=\sum m(0,4,5,6,7,8,9,10)$

(2) $F=\sum m(0,1,2,4,5,6)$　(5) $F=\sum m(2,3,4,5,9)+\sum d(10,11,12,13)$

(3) $F=\sum m(0,2,5,7,8,10,13,15)$　(6) $F=\sum m(1,4)+\sum d(3,5,6,7)$

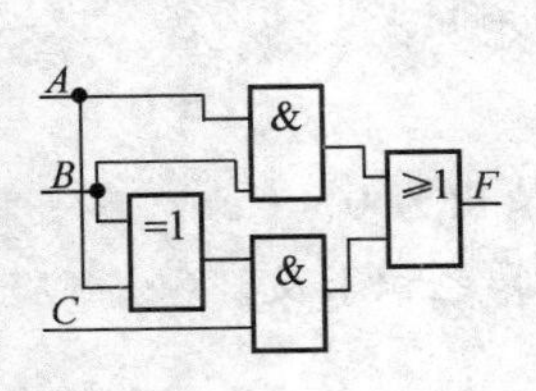

题图 11-1

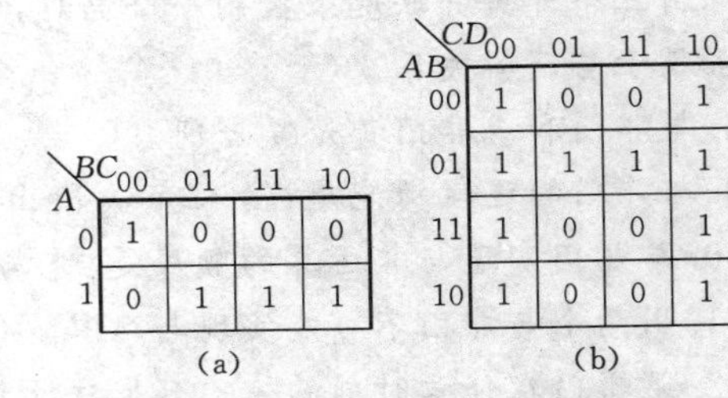

题图 11-2

第十二章

组合逻辑电路与时序逻辑电路

本章主要学习和掌握组合逻辑电路与时序逻辑电路的分析和设计方法;熟练掌握组合逻辑部件的逻辑符号、功能;掌握用数据选择器和译码器构成组合逻辑电路的方法;熟练掌握各类触发器的逻辑功能;掌握数据寄存器、移位寄存器的功能;了解计数器在分频、测量及控制方面的应用等。培养数字电路的读图和电路搭接能力。

第一节　组合逻辑电路

一、组合逻辑电路的分析

对某个给定的逻辑电路进行分析,目的是为了了解电路的工作性能、逻辑功能、设计思想,或为了评价电路的技术经济指标等。组合逻辑电路的分析可以按以下步骤进行。

(1) 根据给定的逻辑电路图,写出各输出端的逻辑表达式。

(2) 将得到的逻辑表达式化简。

(3) 由简化的逻辑表达式列出真值表。

(4) 根据真值表和逻辑表达式对逻辑电路进行分析,判断该电路所能完成的逻辑功能,作出简要的文字描述,或进行改进设计。

【例 12-1-1】　试分析图 12-1-1 所示组合逻辑电路的逻辑功能。

(1)由逻辑图写出逻辑表达式。由逻辑图写逻辑表达式的方法:是由输入到输出逐级写出各个门电路的输出表达式,再写出总的逻辑表达式并化简函数。

(2)化简逻辑函数。

(3)列真值表,如表 12-1-1 所示。

(4)确定逻辑功能。

表 12-1-1　真值表

A	B	C	F
0	0	0	0
0	0	1	0
0	1	0	0
0	1	1	1
1	0	0	0
1	0	1	1
1	1	0	1
1	1	1	1

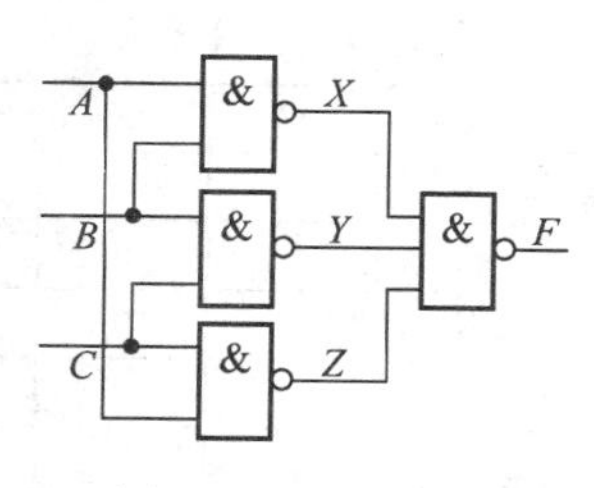

图 12-1-1　电路图

$X=\overline{AB}$

$Y=\overline{BC}$

$Z=\overline{AC}$

$F=\overline{XYZ}=\overline{\overline{AB}\,\overline{BC}\,\overline{AC}}=AB+AC+BC$

电路逻辑功能的描述：由表 12-1-1 可知，当输入 A、B、C 中有 2 个或 3 个为 1 时，输出 F 为 1，否则输出 F 为 0。所以这个电路实际上是一种 3 人表决用的组合逻辑电路：即只要有 2 票或 3 票同意，表决就通过。

二、组合逻辑电路的设计

组合逻辑电路的设计过程正好与分析过程相反，它是根据给定的逻辑功能要求，找出用最少的逻辑门来实现该逻辑功能的电路。组合逻辑电路的设计一般可按以下步骤进行：

(1) 分析给定的实际逻辑问题，根据设计的逻辑要求列出真值表。

(2) 根据真值表写出组合逻辑电路的逻辑函数表达式并化简。

(3) 根据门电路或集成芯片的类型变换逻辑函数表达式并画出逻辑电路图。

这 3 个设计步骤中，最关键的是第一步，即：根据逻辑要求列真值表。任何逻辑问题，只要能列出它的真值表，就能把逻辑电路设计出来。实际逻辑问题往往是用文字描述的，设计者必须对问题的文字描述进行全面的分析，弄清楚什么作为输入变量，什么作为输出函数，以及它们之间的关系，才能对每一种可能的情况都能做出正确的判断。然后采用穷举法，列出变量可能出现的所有情况，并进行状态赋值，即：用 0、1 表示输入变量和输出函数的相应状态，从而列出所需的真值表。

【例 12-1-2】 设 A、B、C 为某保密锁的 3 个按键，当 A 键单独按下时锁既不打开也不报警；只有当 A、B、C 或者 A、B 或者 A、C 分别同时按下是锁才能打开，当不符合上述组合状态时，将发出报警信息，试用与非门设计此保密锁的逻辑电路。

解：(1)进行逻辑规定。设 A,B,C 为三个按键，按下为 1，不按为 0。设 F 和 G 分别为开锁信号和报警信号，开锁为 1，不开锁为 0，报警为 1，不报警为 0。

(2)列真值表。如表 12-1-2，根据逻辑规定列真值表。

(3)求最简逻辑表达式。由真值表画出 F 和 G 的卡诺图经化简得 F 和 G 的表达式分别为：

$$F=AB+AC$$
$$G=\overline{A}B+\overline{A}C$$

画逻辑图，如图 12-1-2。将上式进行变换得：

$$F=\overline{\overline{AB+AC}}=\overline{\overline{AB}+\overline{AC}}$$
$$G=\overline{\overline{\overline{A}B+\overline{A}C}}=\overline{\overline{\overline{A}B}\cdot\overline{\overline{A}C}}$$

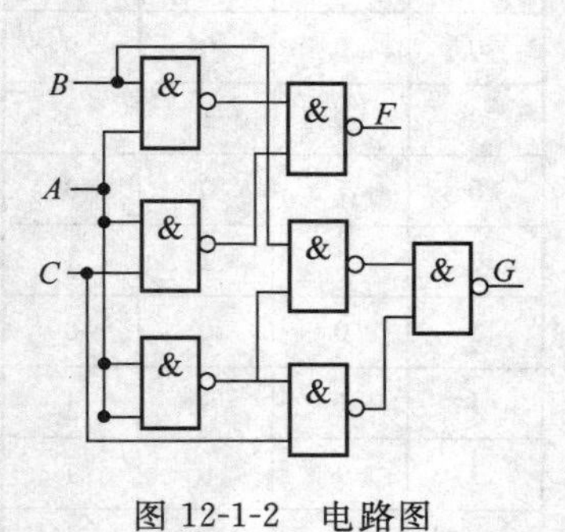

图 12-1-2 电路图

表 12-1-2 真值表

A	B	C	F	G
0	0	0	0	0
0	0	1	0	1
0	1	0	0	1
0	1	1	0	1
1	0	0	0	0
1	0	1	1	0
1	1	0	1	0
1	1	1	1	0

三、组合逻辑部件

组合逻辑部件是指具有某种逻辑功能的中规模集成组合逻辑电路芯片。常用的组合逻辑部件有加法器、编码器、译码器、数据选择器和数据分配器等。

(一)加 法 器

能实现二进制加法运算的逻辑电路称为加法器。

1. 半加器

能对两个 1 位二进制数相加而求得和及进位的逻辑电路称为半加器。设两个加数分别用 A、B 表示，和用 S 表示，向高位的进位用 C 表示，根据半加器的功能及二进制加法运算规则，可以列出半加器的真值表，如表 12-1-3 所示。由真值表可得半加器的逻辑表达式为：

$$S=\overline{A}B+A\overline{B}=A\oplus B$$

$$C=AB$$

图 12-1-3 是半加器的电路图和逻辑符号。

表 12-1-3　真值表

输入		输出	
A	B	S	C
0	0	0	0
0	1	1	0
1	0	1	0
1	1	0	1

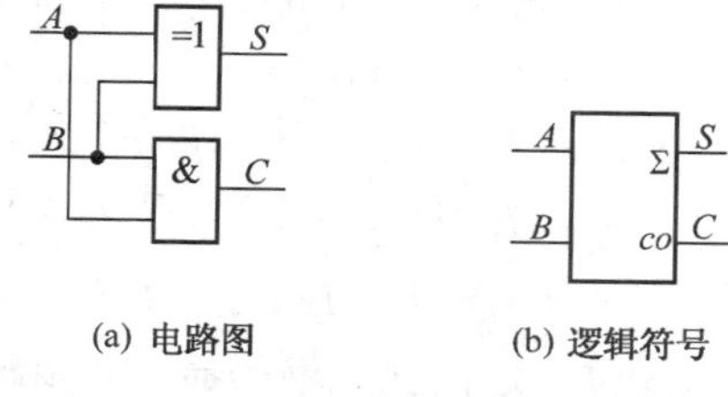

(a) 电路图　(b) 逻辑符号

图 12-1-3　半加器的电路图和逻辑符号

2. 全加器

能对两个 1 位二进制数相加并考虑低位的进位，即：相当于 3 个 1 位二进制数相加，求得和及进位的逻辑电路称为全加器。设两个加数分别用 A_i、B_i 表示，低位来的进位用 C_{i-1} 表示，和用 S_i 表示，向高位的进位用 C_i 表示，根据全加器的逻辑功能及二进制加法运算规则，可以列出全加器的真值表，如表 12-1-4 所示。由真值表可得 S_i 和 C_i 的逻辑表达式为：

$$S_i=\overline{A}_i\overline{B}_iC_{i-1}+\overline{A}_iB_i\overline{C_{i-1}}+A_1B_iC_{i+1}=A_i\oplus B_i\oplus C_{i-1}$$

$$C_i=\overline{A_i}B_iC_{i-1}+A_i\overline{B_i}C_{i-1}+A_iB_i=(A_i\oplus B_i)C_{i-1}+A_iB_i$$

不直接写出 C_i 的最简与或表达式，是为了得到 $A_i\oplus B_i$ 项，从而使整个电路更加简单。图 12-1-4 是全加器的逻辑图和逻辑符号。

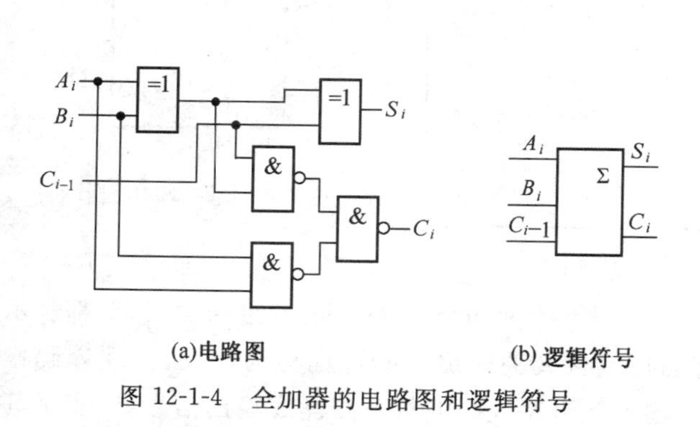

(a)电路图　(b)逻辑符号

图 12-1-4　全加器的电路图和逻辑符号

表 12-1-4　全加器的真值表

输　入			输　出	
A_i	B_i	C_{i-1}	S_i	C_i
0	0	0	0	0
0	0	1	1	0
0	1	0	1	0
0	1	1	0	1
1	0	0	1	0
1	0	1	0	1
1	1	0	0	1
1	1	1	1	1

(二)编 码 器

实现编码操作的电路称为编码器。

编码器分为普通编码器和优先编码器。普通编码器在任何时刻都只能对一个输入信号进行编码,即不允许有两个或两个以上输入信号同时存在的情况出现,因而使用受到限制,优先编码器不受这个限制,使用较为广泛。

优先编码器中允许几个信号同时输入,但是电路只对其中优先级别最高的进行编码,不理睬级别低的信号,或者说级别低的信号不起作用,这样的电路叫做优先编码器。

也就是说,在优先编码器中是优先级别高的信号排斥级别低的。至于优先级别的高低,则完全是由设计者根据各个输入信号的轻重缓急情况决定的。一般有大数优先和小数优先两种。

3 位二进制优先编码器的输入是 8 个要进行优先编码的信号 $I_0 \sim I_7$,采用大数优先原则,即 I_7 的优先级别最高,I_6 次之,依此类推,I_0 最低,并分别用 000、001、……、111 表示 I_0、I_1、I_2、I_3、I_4、I_5、I_6、I_7。根据优先级别高的信号排斥级别的低的特点,即可列出优先编码器的简化真值表,即优先编码表,如表 12-1-5 所示。表中的“×”表示变量的取值可以任意,既可为 0,也可为 1。由表 12-1-5 可得:

$$F_2 = I_7 + \overline{I}_7 I_6 + \overline{I}_7 I_6 I_5 + \overline{I}_7 \overline{I}_6 \overline{I}_5 I_4 = I_7 + I_6 + I_5 + I_4$$

$$F_1 = I_7 + \overline{I}_7 I_6 + \overline{I}_7 \overline{I}_6 \overline{I}_5 \overline{I}_4 I_3 + \overline{I}_7 \overline{I}_6 \overline{I}_5 \overline{I}_4 \overline{I}_3 I_2 = I_7 + I_6 + \overline{I}_5 \overline{I}_4 I_3 + \overline{I}_5 \overline{I}_4 I_2$$

$$F_0 = I_7 + \overline{I}_7 \overline{I}_6 I_5 + \overline{I}_7 \overline{I}_6 \overline{I}_5 \overline{I}_4 I_3 + \overline{I}_7 \overline{I}_6 \overline{I}_5 \overline{I}_4 \overline{I}_3 \overline{I}_2 I_1 = I_7 + \overline{I}_6 I_5 + \overline{I}_6 \overline{I}_4 I_3 + \overline{I}_6 \overline{I}_4 \overline{I}_2 I_1$$

因为 3 位二进制优先编码器有 8 根输入编码信号线、3 根输出代码信号线,所以又叫做 8 线-3 线优先编码器。如果要求输出、输入均为反变量,即为低电平有效,则只要每一个输出端和输入端都加上反相器就可以了。图 12-1-5 所示是 TTL 集成 8 线-3 线优先编码器 74LS148 的逻辑符号,其输出、输入均为低电平有效。

优先编码器,在数字设备中,常用于优先中断电路及键盘编码电路。

表 12-1-5 8 线-3 线优先编码器的真值表

输入								输出		
I_7	I_6	I_5	I_4	I_3	I_2	I_1	I_0	F_2	F_1	F_0
1	×	×	×	×	×	×	×	1	1	1
0	1	×	×	×	×	×	×	1	1	0
0	0	1	×	×	×	×	×	1	0	1
0	0	0	1	×	×	×	×	1	0	0
0	0	0	0	1	×	×	×	0	1	1
0	0	0	0	0	1	×	×	0	1	0
0	0	0	0	0	0	1	×	0	0	1
0	0	0	0	0	0	0	1	0	0	0

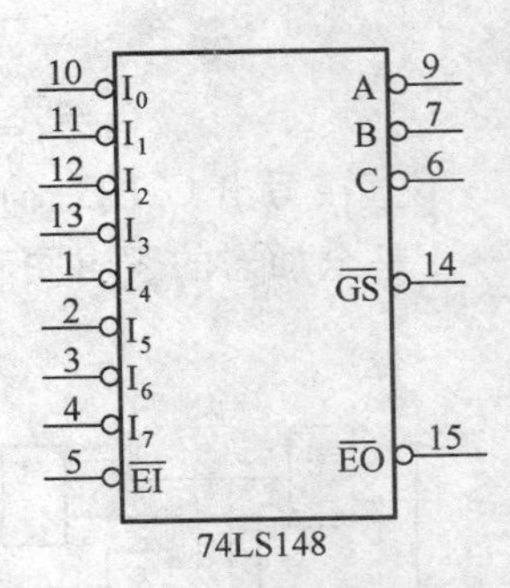

图 12-1-5 74LS148 逻辑符

(三)译 码 器

译码是编码的逆过程。在编码时,每一种二进制代码状态都赋予了特定的含义,即都表示了一个确定的信号或者对象。把代码状态的特定含义翻译出来的过程称为译码,实现译码操作的电路称为译码器。或者说,译码器是将输入二进制代码的状态翻译成输出信号,以表示其原来含义的电路。实际上,译码器就是把一种代码转换为另一种代码的电路。

译码器的种类很多，但各种译码器的工作原理类似，设计方法也相联系。

1. 二进制译码器

把二进制代码的各种状态，按照其原意翻译成对应输出信号的电路，称为二进制译码器。显然，若二进制译码器输入端为 n 个，则输出端为 $N=2^n$，且对应于输入代码的每一种状态，2^n 个输出中只有一个为 1(或为 0)，其余全为 0(或为 1)。因为二进制译码器可以译出输入变量的全部状态，故又称为变量译码器。设输入的是 3 位二进制代码 $A_2A_1A_0$，由于 $n=3$，而 3 位二进制代码可表示 8 种不同的状态，所以输出的必须是 8 个译码信号，设 8 个输出分别为 Y_0、Y_1、…、Y_7。根据二进制译码器的功能，可列出 3 位二进制译码器的真值表，如表 12-1-6 所示。

从真值表可知，对应于一组变量输入，在 8 个输出中只有 1 个为 1，其余 7 个为 0。因为输入端 3 个，输出端 8 个，故又称之为 3 线-8 线译码器，也称为 3 变量译码器。由真值表可直接写出各输出信号的逻辑表达式：

$$Y_0=\overline{A}_2\overline{A}_1\overline{A}_0 \quad Y_1=\overline{A}_2\overline{A}_1A_0 \quad Y_2=\overline{A}_2A_1\overline{A}_0 \quad Y_3=\overline{A}_2A_1A_0$$

$$Y_4=A_2\overline{A}_1\overline{A}_0 \quad Y_5=A_2\overline{A}_1A_0 \quad Y_6=A_2A_1\overline{A}_0 \quad Y_7=A_2A_1A_0$$

表 12-1-6　3 线-8 线译码器的真值表

输入			输出							
A_2	A_1	A_0	Y_0	Y_1	Y_2	Y_3	Y_4	Y_5	Y_6	Y_7
0	0	0	1	0	0	0	0	0	0	0
0	0	1	0	1	0	0	0	0	0	0
0	1	0	0	0	1	0	0	0	0	0
0	1	1	0	0	0	1	0	0	0	0
1	0	0	0	0	0	0	1	0	0	0
1	0	1	0	0	0	0	0	1	0	0
1	1	0	0	0	0	0	0	0	1	0
1	1	1	0	0	0	0	0	0	0	1

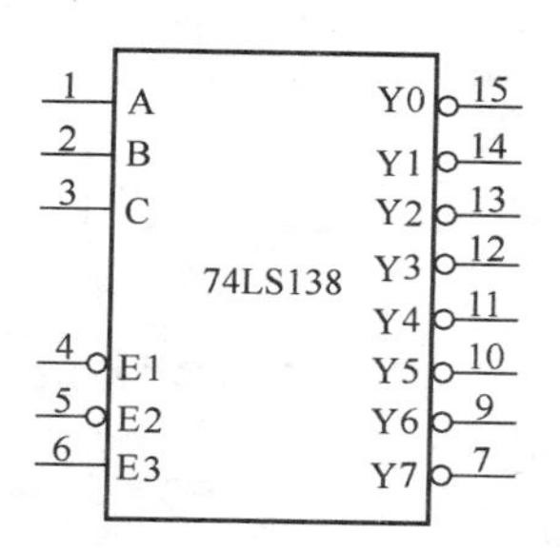

图 12-1-6　74LS138 逻辑符号

2. 通用译码集成电路

译码器的中规模集成电路品种很多，有 2 线-4 线译码器、3 线-8 线译码器、4 线-10 线译码器及 4 线-16 线译码器等。

通用 3 线-8 线译码器，其型号为 74LS138。74LS138 是一种应用广泛的译码器，其逻辑符号如图 12-1-6，由图可见，74LS138 属于输出为低电平有效的 3 线-8 线译码器，输入 A、B、C 为高电平有效，电路中有 3 个使能端 E_3、E_2、E_1，当 $E_2+E_1=0$，并且 $E_3=1$ 时，译码器才能正常工作，否则译码器处于禁止状态，所有输出端为高电平。

3. 显示译码器

在各种数字设备中，经常需要将数字、文字和符号直观地显示出来，供人们直接读取结果，或用以监视数字系统的工作情况。因此，显示电路是许多数字设备中必不可少的部分。用来驱动各种显示器件，从而将用二进制代码表示的数字、文字、符号翻译成人们习惯的形式直观地显示出来的电路，称为显示译码器。

显示器件的种类很多，在数字电路中最常用的显示器是半导体显示器(又称为发光二极管显示器，LED)和液晶显示器(LCD)。LED 主要用于显示数字和字母，LCD 可以显示数字、字母、文字和图形等。

7 段 LED 数码显示器俗称数码管，其工作原理是将要显示的十进制数码分成 7 段，每段为一个发光二极管，利用不同发光段组合来显示不同的数字。图 12-1-7(a)所示为数码管的外形结构。数码管中的 7 个发光二极管，有共阴极和共阳极两种接法，如图 12-1-7(b)、(c)所示，图中的发光二极管 a～g 用于显示十进制的 10 个数字 0～9，dp 用于显示小数点。从图中可以看出，对于共阴极的显示器，某一段接高电平时发光；对于共阳极的显示器，某一段接低电平时发光，使用时每个二极管要串联一个约 100 Ω 的限流电阻。前已述及，7 段数码管是利用不同发光段组合来显示不同的数字。以共阴极显示器为例，若 a、b、g、e、d 各段接高电平，则对应的各段发光，显示出十进制数字 2；若 b、c、f、g 各段接高电平，则显示十进制数字 4。LED 显示器的特点是清晰悦目、工作电压低(1.5～3 V)、体积小、寿命长(大于 1 000 h)、响应速度快(1～100 ns)、颜色丰富(有红、绿、黄等色)、工作可靠。

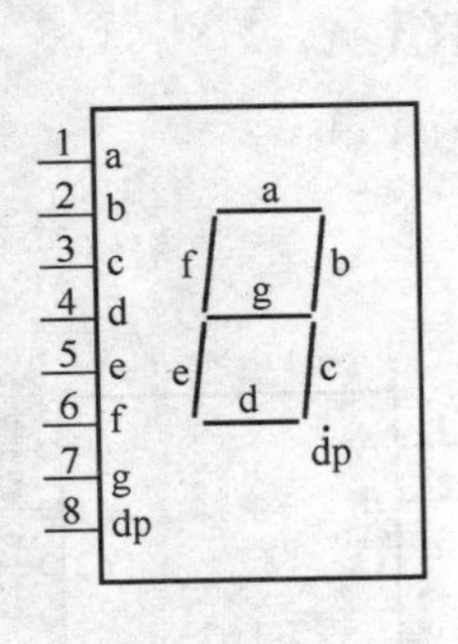

(a)数码管的外形结构

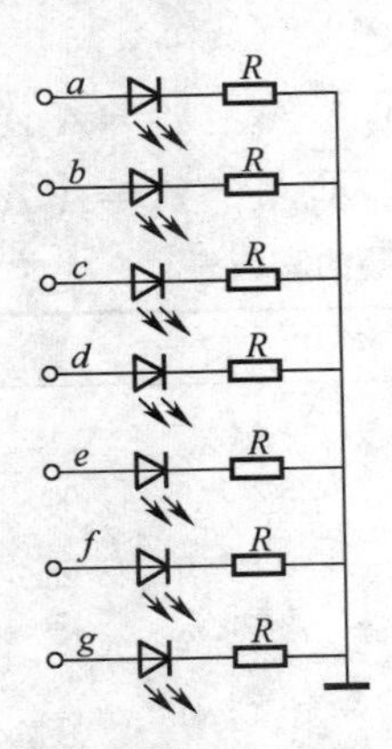

(b)发光二极管共阴极接法

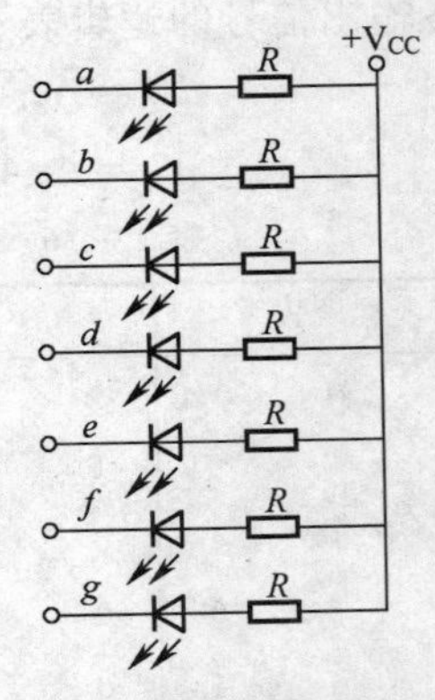

(c) 发光二极管共阳极接法

图　12-1-7

设计显示译码器首先要考虑显示器的字形。如果设计驱动共阴极的 7 段发光二极管的二—十进制译码器，设 4 个输入 A_3、A_2、A_1、A_0 采用 8421 码，根据数码管的显示原理，可列出如表 12-1-7 所示的真值表。输出 a～g 是驱动 7 段数码管相应显示段的信号，由于驱动共阴极数码管，故应为高电平有效，即高电平时显示极数码管亮。如果设计驱动共阳极的 7 段发光二极管的二—十进制译码器，则输出状态为低电平有效。

表 12-1-7　7 段数码译码器显示器的真值表

输入				输出							显示十进制
A_3	A_2	A_1	A_0	a	b	c	d	e	f	g	
0	0	0	0	1	1	1	1	1	1	0	0
0	0	0	1	0	1	1	0	0	0	0	1
0	0	1	0	1	1	0	1	1	0	1	2
0	0	1	1	1	1	1	1	0	0	1	3
0	1	0	0	0	1	1	0	0	1	1	4
0	1	0	1	1	0	1	1	0	1	1	5
0	1	1	0	1	0	1	1	1	1	1	6
0	1	1	1	1	1	1	0	0	0	0	7
1	0	0	0	1	1	1	1	1	1	1	8
1	0	0	1	1	1	1	1	0	1	1	9

由表可写出 a、b、…、g 的表达式：

$$a=\sum m(0,2,3,5,6,7,8,9) \qquad b=\sum m(0,1,2,3,4,7,8,9)$$

$$c=\sum m(0,1,3,4,5,6,7,8,9) \qquad d=\sum m(0,2,3,5,6,8,9)$$

$$e=\sum m(0,2,6,8) \qquad f=\sum m(0,4,5,6,8,9)$$

$$g=\sum m(2,3,4,5,6,8,9)$$

（四）数据选择器

数据选择器又叫多选择器或多路开关，它是多输入单输出的组合逻辑电路。数据选择器能够从来自不同地址的多路数据中任意选出所需要的一路数据作为输出，至于选择哪一路数据输出，则完全由当时的选择控制信号决定。

4 选 1 数据选择器有 4 个输入数 D_3、D_2、D_1、D_0，两个选择控制信号 A_1、A_0，一个输出信号 Y。设 A_1、A_0 取值分别为 00、01、10、11 时，分别选择数据 D_0、D_1、D_2、D_3 输出。由此可列出 4 选 1 数据选择器的真值表，如表 12-1-8 所示。图 12-1-8 中的 A_1、A_0 也称为地址码或地址控制信号。

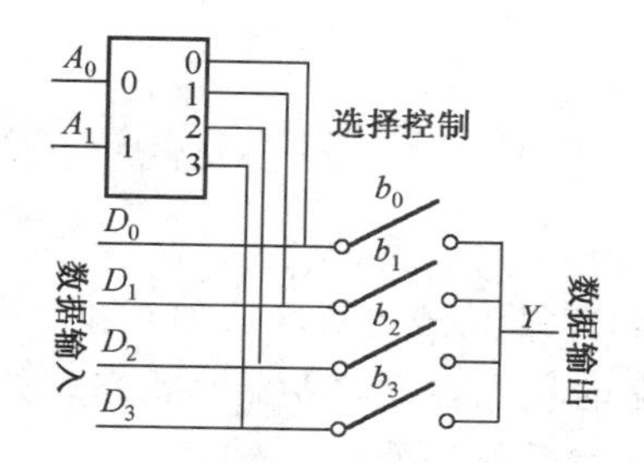

图 12-1-8　4 选 1 数据选择器的原理图

表 12-1-8　4 选 1 数据选择器的真值表

A_1	A_0	Y
0	0	D_0
0	1	D_1
1	0	D_2
1	1	D_3

根据真值表很容易得到输出 Y 的逻辑表达式为：

$$Y=\overline{A}_1\overline{A}_0D_0+\overline{A}_1A_0D_1+A_1\overline{A}_0D_1+A_1A_0D_1=m_0D_0+m_1D_1+m_2D_2+m_3D_3$$

中规模集成 8 选 1 数据选择器有 74LS151、74HC151 等。数据选择器的应用一般有两个方面，一是逻辑功能的扩展；二是实现逻辑函数。

（五）数据分配器

数据分配器又叫多路分配器。数据分配器的逻辑功能是将 1 个输入数据传送到多个输出端中的 1 个输出端，具体传送到哪一个输出端，也是由一组选择控制信号确定。通常数据分配器有 1 根输入线，n 根选择控制线和 2^n 根输出线，称为 1 路-2^n 数据分配器。1 路-4 路数据分配器有 1 路输入数据，用 D 表示；2 个输入选择控制信号，用 A_1、A_0 表示；4 个数据输出端，用 Y_0、Y_1、Y_2、Y_3 表示。设 $A_1A_0=00$ 时选中输出端 Y_0，即 $Y_0=D$；$A_1A_0=01$ 时选中输出端 Y_1，即 $Y_1=D$；$A_1A_0=10$ 时选中输出端 Y_2，即 $Y_2=D$；$A_1A_0=11$ 时选中输出端 Y_3，即 $Y_3=D$。则 1 路-4 路数据分配器的真值表如表 12-1-9 所示。

由表 12-1-9 可直接写出各输出函数逻辑表达式：

$$Y_0=\overline{A}_1\overline{A}_0D=m_0D \quad Y_1=A_1A_0D=m_1D$$

$$Y_2=A_1A_0D=m_1D \quad Y_3=A_1A_0D=m_3D$$

中规模集成 1 路-4 路数据分配器有 74LS139、74HC139 等。

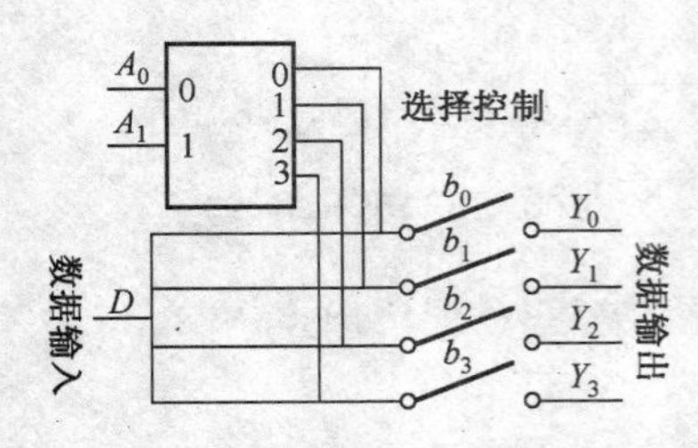

图 12-1-9　1 选 4 数据分配器的原理图

表 12-1-9　1 选 4 数据分配器的真值表

输　　入			输　出
	A_1	A_0	Y_i
D	0	0	$Y_0=D$
	0	1	$Y_1=D$
	1	0	$Y_2=D$
	1	1	$Y_3=D$

第二节　触　发　器

在数字系统中不仅要对数字信号进行运算，而且要将运算的结果予以保存。这样，电路中就需要具有记忆功能的逻辑电路，触发器是具有记忆功能、存储数字信息的最常用的一种基本单元电路。

一、基本触发器

1. 触发器的性质

能够记忆一位二值量信息的基本逻辑单元电路通常称为触发器，其特点是：

(1)它具有两个稳定的状态，分别用来表示逻辑 0 和逻辑 1，或二进制数的 0 和 1。

(2)它具有两个互补的输出端 Q 和 $\overline{Q}$，通常以 Q 端的状态表示触发器的状态。如果 $Q=0$，则 $\overline{Q}=1$，触发器处于 0 态；反之，若 $Q=1$，则 $\overline{Q}=0$，触发器便是处于 1 态。

(3)在适当的输入信号作用下，触发器可以从一种稳定的状态翻转到另外一种稳定状态；在输入信号消失后，能将获得的新状态保存下来。

触发器可以由门电路组成，随着半导体工艺的发展，已经可以把一个或几个触发器集成在一片芯片中，构成集成触发器。对于使用者来说，应着重了解各种触发器的基本工作原理以及它们的逻辑功能，以便正确的使用它们，对其内部结构和电路不必深究。

2. 基本 RS 触发器的电路形式

基本 RS 触发器的电路和逻辑符号如图 12-2-1(a)所示；图中，Q、$\overline{Q}$ 为触发器的输出端，$\overline{R}$、$\overline{S}$ 为触发器的输入端。当 $\overline{S}=0$ 时，$Q=1$，所以 $\overline{S}$ 称为直接置 1 端(或置位端)；当 $\overline{R}=0$ 时，$Q=0$，所以 $\overline{R}$ 称为直接置 0 端(或复位端)。在图中 $\overline{R}$、$\overline{S}$ 上面的非号及逻辑符号上输入端的小圆圈表示输入信号低电平有效，即仅当低电平有效作用于适当的输入端，触发器才会翻转。

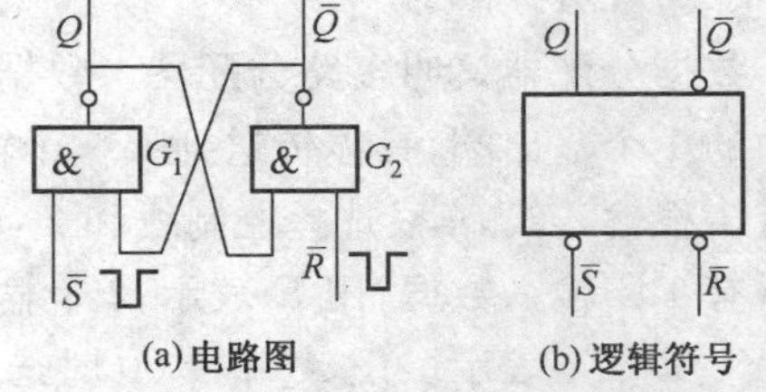

图 12-2-1　与非门构成的电路及逻辑符号

3. 基本 RS 触发器的逻辑功能

(1)与非门组成的基本 RS 触发器的逻辑功能

为了分析触发器的逻辑功能，我们规定，触发器在接收信号之前的状态称为现态，用 Q^n 表示，触发器在接收信号之后所建立的新的稳定状态称为次态，用 Q^{n+1} 表示，触发器的次态 Q^{n+1} 是由输入信号的取值和触发器的现态 Q^n 共同决定的。

下面分析与非门组成的基本 RS 触发器的逻辑功能。

根据与非门的逻辑功能，触发器输出逻辑表达式为：

$$Q^{n+1}=\overline{\overline{S}\,\overline{Q^n}}$$
$$\overline{Q}^{n+1}=\overline{\overline{R}Q^n}$$

(2)当 $\overline{R}=1$,$\overline{S}=0$ 时，由电路图可知，由于 $\overline{S}=0$,不论 $\overline{Q}^n$ 为何种状态，都有 $Q^{n+1}=1$;由上式得 $\overline{Q}^{n+1}=0$。

(3)当 $\overline{R}=0$,$S=1$ 时，得 $Q^{n+1}=0$;由上式得 $\overline{Q}^{n+1}=1$。

(4)当 $\overline{R}=\overline{S}=1$ 时，如果 $Q^n=0$，$\overline{Q}^n=1$，由上式得 $Q^{n+1}=0$;由上式得 $\overline{Q}^{n+1}=1$;如果 $Q^n=1$，$\overline{Q}^n=0$，可得 $Q^{n+1}=1$;由上式得 $\overline{Q}^{n+1}=0$。上述分析表明，当 $\overline{R}=\overline{S}=1$ 时，触发器将保持原态不变，体现了触发器具有记忆功能。

(5)当 $\overline{R}=\overline{S}=0$ 时，是禁止态(或不确定状态)。显然，在这种状态下，$Q^{n+1}=\overline{Q}^{n+1}=1$，不互补，破坏了触发器的逻辑关系。在两个输入端的 0 信号同时撤消后，由于两个与非门的延迟时间不同，所以不能确定触发器是处于 1 态还是 0 态。这种状态是不确定状态，因此正常工作时不允许 $\overline{R}$、$\overline{S}$ 端同时为 0，要求遵守 $\overline{R}+\overline{S}=1$ 的约束条件。

根据上述 4 种分析结果，可列出用与非门组成的基本 RS 触发器的真值表如表 12-2-1 所示，由表可知触发器的现态 Q^n 属于输入逻辑变量，这是因为触发器的次态 Q^{n+1} 是由输入信号 $\overline{R}$、$\overline{S}$ 和现态 Q^n 共同决定的，具有时序逻辑电路的特征。

表 12-2-1　基本 RS 触发器的真值表

$\overline{R}$	$\overline{S}$	Q^n	Q^{n+1}
0	0	0	1*
0	0	1	1*
0	1	0	0
0	1	1	0
1	0	0	1
1	0	1	1
1	1	0	0
1	1	1	1

二、其他触发器及触发器的触发方式

对于基本 RS 触发器，当输入的置 0、置 1 的信号一出现，其输出端的状态就发生变化。在有些状态下需要这样的工作方式：当输入的置 0、置 1 的信号已经出现，输出的状态也不发生变化，只有在一个时钟信号到来后，触发器输出端的状态才发生变化。这样的触发器就按一定的时间节拍而动作，这种触发器称为时钟触发器或同步触发器，它有两种输入信号：时钟输入和数据输入。前者决定触发器的动作时刻，后者决定触发器的转换方向。

按逻辑功能分，同步触发器有同步 RS 触发器、同步 JK 触发器、同步 D 触发器、同步 T 触发器等 4 种。下面讨论同步式结构的 RS、JK、D、T 等 4 种同步触发器的逻辑功能。

(一)同步 RS 触发器

1. 电路的组成及逻辑符号如图 12-2-2(a)所示，其中：

$\overline{S}_D$:异步置位端(置 1)。$\overline{S}_D=0$ 时 $Q=1$ 触发器正常工作时置高电平。

$\overline{R}_D$:异步复位端(置 0)。$\overline{R}_D=0$ 时 $Q=0$ 触发器正常工作时置低电平。

S:置位输入端(置 1)。

R:复位输入端(置 0)。

CP:时钟控制脉冲输入端。

2. 逻辑功能分析

为了分析时钟触发器的逻辑功能，我们规定 Q^n(现态)为时钟脉冲 CP 作用之前的触发器状态，Q^{n+1}(次态)为时钟脉冲 CP 作用之后的触发器状态。

①电路特点：

由图 12-2-2 可知：$CP=0$ 时，由于 $\overline{R}=\overline{S}=1$，所以触发器的状态不变；当 $CP=1$ 时，门 G_1、G_2 打开，触发器的输出状态取决于 R、S 的状态。

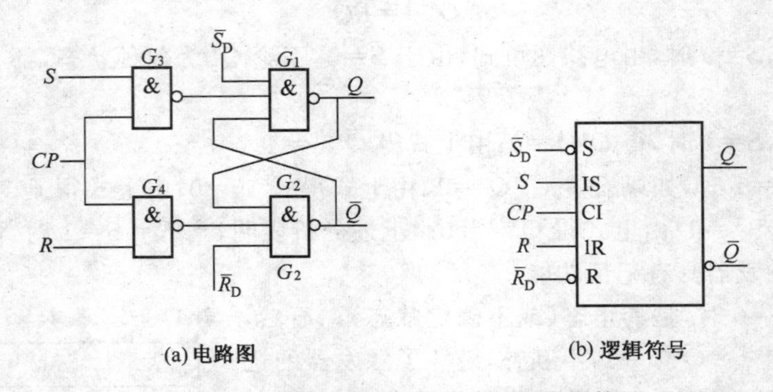

图 12-2-2　同步 RS 触发器电路图及逻辑符号

②真值表

真值表如表 12-2-2 可由基本 RS 触发器的真值表导出

③次态卡诺图、状态转换图和特性方程：

次态 Q^{n+1} 不仅与 R、S 有关，而且还与初态 Q^n 有关，因此如果把 Q^{n+1} 作为因变量。则 R、S、Q^n 均属于自变量，因此可写出同步式 RS 触发器的状态转换真值表，如表 12-2-2 所示，由真值表可知 R、S 高电平有效。由状态转换真值表画出 Q^{n+1} 的次态卡诺图如图 12-2-3 所示，经化简得同步 RS 触发器的特性方程为：

$$Q^{n+1}=S+\overline{R}Q^n$$

$$SR=0 \quad \text{约束条件}$$

约束条件就是保证在任何情况下输入信号 R、S 不得同时为 1，避免出现不定状态。

表 12-2-2　同步 RS 触发器的真值表

CP	R	S	Q^n	Q^{n+1}	说　明
0	×	×	0	1	保持 $Q^{n+1}=Q^n$
0	×	×	0	0	
1	0	0	0	0	保持 $Q^{n+1}=Q^n$
1	0	0	1	1	
1	0	1	0	0	置 0 $Q^{n+1}=0$
1	0	1	1	0	
1	1	0	0	1	置 1 $Q^{n+1}=1$
1	1	0	1	1	
1	1	1	1	×	CP 回到低电 后状态不定
1	1	1	1	×	

S \ RQ^n	00	01	11	10
0	1	1	0	0
1	1	1	X	X

图 12-2-3　Q^{n+1} 的次态卡诺图

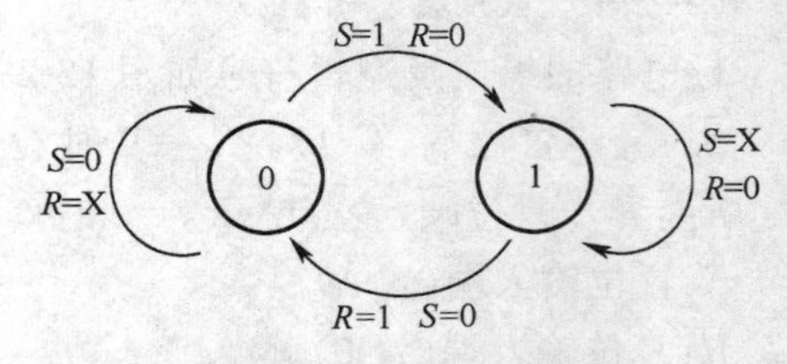

图 12-2-4　状态转换图

④状态转换图

状态转换图标明了触发器状态转换的方向及条件，同步 RS 触发器的状态转换图如图 12-2-4所示，触发器的两个状态用两个圆圈表示，箭头表明从现态 Q^n 到次态 Q^{n+1} 的方向，旁边的文字及数字表明转换需要的条件。状态转换图可以从真值表及特性方程得出，是分析、设计时序电路的重要工具。

⑤电压波形图

如果已知 CP、R、S 的电压波形，可画出触发器的电压波形如图 12-2-5 所示。

由上述分析可知：描述触发器逻辑功能的方法有 4 种，即状态转换真值表、特性方程、状态转换图和波形图。应当特别指出，今后我们在提到 RS 触发器时，一般是指具有 CP 控制的钟控 RS 触发器，而不是指基本 RS 触发器，由于基本 RS 触发器不受时钟脉冲控制，因而是异步触发器，很少单独使用，仅是其他各种触发器的一个组成部分而已。

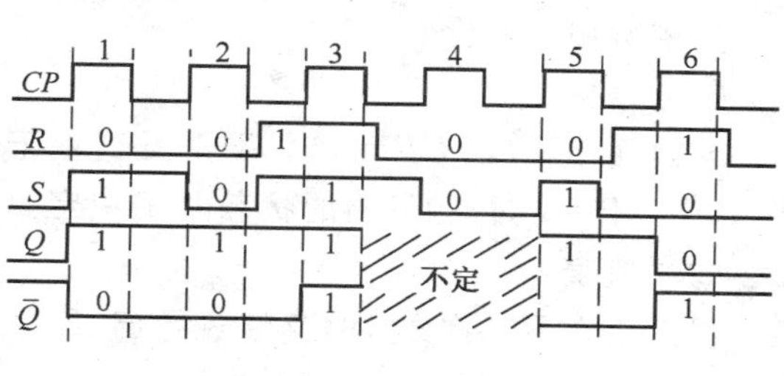

图 12-2-5　电压波形图

(二)同步 D 触发器

1. 电路组成及逻辑符号

把同步式 RS 触发器的 R、S 输入端用反向器连接起来，如图 12-2-6(a)，就构成了同步式 D 触发器，这样使 $R=\overline{D}$、$S=D$，避免了 RS 触发器输出的不确定状态。

2. 逻辑功能分析

①电路特点

由上图可知：当 $CP=0$，触发器处于保持状态；当 $CP=1$ 时，触发器的次态 Q^{n+1} 由 D 决定。

②真值表

可由基本 RS 触发器的真值表导出完整的真值表如表 12-2-3 所示。

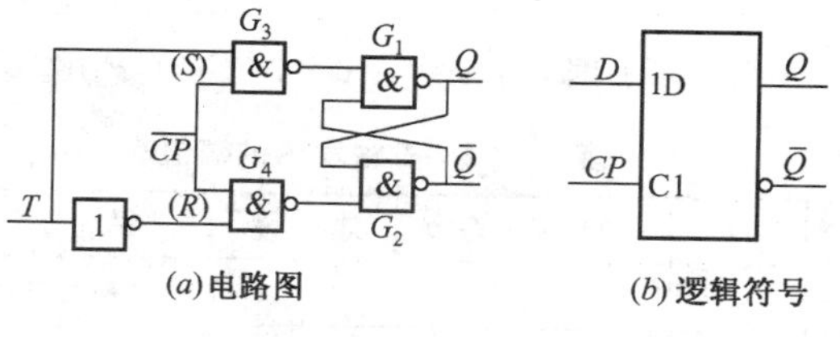

图 12-2-6　电路图及逻辑符号

③状态转换图和特性方程

由 D 触发器的真值表画出 D 触发器的状态转换图如图 12-2-7，由真值表可得特性方程：

$$Q^{n+1}=D$$

在 $CP=1$ 时，D 触发器可将输入数据送入触发器，使 $Q^{n+1}=D$，$CP=0$ 时，$Q^{n+1}=D$(不变)，故常作为锁存器使用，所以 D 触发器又称 D 锁存器。

表 12-2-3　同步 D 触发器的真值表

CP	D	Q^n	Q^{n+1}	说明
0	×	0	0	保持 $Q^{n+1}=Q^n$
0	×	1	1	
1	0	0	0	置 0 $Q^{n+1}=0$
1	0	1	0	
1	1	0	1	置 1 $Q^{n+1}=1$
1	1	1	1	

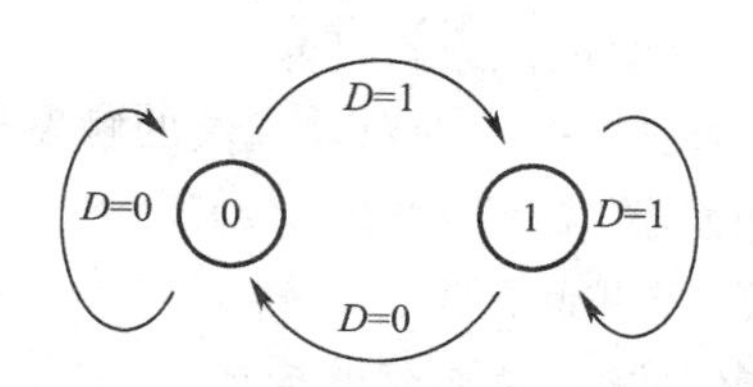

图 12-2-7　状态转换图

(三)T 触发器

在实际应用中，常常要求每来一个 CP 信号，触发器就翻转一次，即：原态为 0 则反转为 1；原态为 1 则反转为 0。这种触发器称为 T 触发器。

1.电路组成及逻辑符号

为了保证每来一个 CP 脉冲，触发器必须翻转一次，在电路上应加反馈线，以记住原来的状态，并且导致翻转。在 RS 触发器的基础上得到 T 触发器，如图 12-2-8(a)所示，它加了反馈线 a、b，由 $\overline{Q}$、Q 接至 R、S 端。

2.逻辑功能分析

①电路特点

与前面相同，当 $CP=0$ 时，T 触发器处于保持状态；当 $CP=1$ 时，触发器的状态由 T 决定。

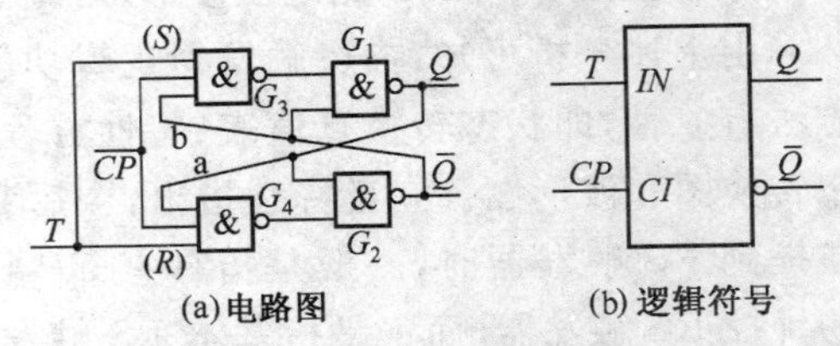

图 12-2-8　电路图及逻辑符号

②真值表

仍由基本 RS 触发器的真值表导出：$\overline{R}=\overline{TQ^n}$，$\overline{S}=\overline{T\overline{Q^n}}$。

所以，当 $T=0$ 时，$\overline{R}=\overline{S}=1$，触发器处于保持状态；

当 $T=1$ 时，$\overline{R}=\overline{Q^n}$，$\overline{S}=Q^n$。$Q^n=0$，则 $\overline{R}=1$，$\overline{S}=0$，$Q^{n+1}=1$(置 1)；$Q^n=1$，则 $\overline{R}=0$，$\overline{S}=1$，$Q^{n+1}=0$(置 0)。由此可得 T 触发器的真值表如表 12-2-4 所示。

③状态转换图和特性方程

根据 T 触发器的真值表化出 T 触发器状态转换图如图 12-2-9，由真值表可得特性方程：

$$Q^{n+1}=T\overline{Q^n}+\overline{T}Q^n=T\oplus Q^n$$

当 $T=1$ 时，每来一个时钟脉冲 CP 触发器就翻转一次。其特性方程为：$Q^{n+1}=\overline{Q^n}$

表 12-2-4　T 触发器的真值表

CP	T	Q^n	Q^{n+1}	说　明
0	×	0	0	保持
0	×	1	1	$Q^{n+1}=Q^n$
1	0	0	0	保持
1	0	1	1	$Q^{n+1}=Q^n$
1	1	0	1	状态翻转
1	1	1	0	$Q^{n+1}=\overline{Q^n}$

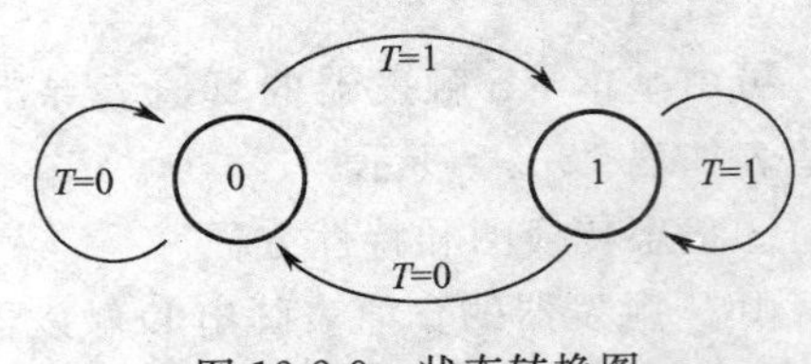

图 12-2-9　状态转换图

(四) JK 触发器

JK 触发器是一种多功能的触发器。它集 RS 触发器和 T 触发器的功能于一身，因而集成触发器产品主要是 JK 触发器和 D 触发器。

1.电路组成及逻辑符号

JK 触发器是一种双输入端的触发器，将 T 触发器的 T 端断开，分别作为 J、K 输入端，即为 JK 触发器，如图 12-2-10(a)所示。

2.逻辑功能分析

①电路特点及功能的描述

与前面相同，当 $CP=0$ 时，门 G_3、G_4 被封死，J、K 变化对 G_3、G_4 输出无影响，基本 RS 触发器的 $\overline{R}=\overline{S}=1$，触发器处于保持状态。

当 $CP=1$ 时，其功能描述由真值表描述如表 12-2-5 所示。当 J、K 为前三种组合时，即 00、01、10 是 RS 触发器的功能($J=S$，$K=R$)；当 $J=K=1$ 时，则为 T 触发器的功能。

②真值表如表 12-2-5 所示。

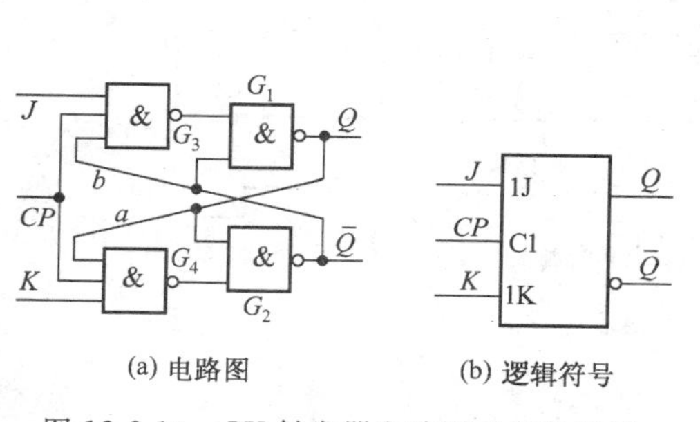

(a) 电路图　　(b) 逻辑符号

图 12-2-10　JK 触发器电路图及逻辑符号

表 12-2-5　JK 触发器的真值表

CP	J	K	Q^n	Q^{n+1}	说　明
0	×	×	0	0	保持 $Q^{n+1}=Q^n$
0	×	×	0	1	
1	0	0	0	0	保持 $Q^{n+1}=Q^n$
1	0	0	1	1	
1	0	1	0	0	置 0 $Q^{n+1}=0$
1	0	1	1	0	
1	1	0	0	1	置 1 $Q^{n+1}=1$
1	1	0	1	1	
1	1	1	0	1	状态翻转 $Q^{n+1}=\overline{Q^n}$
1	1	1	1	0	

③状态转换图、次态卡诺图和特性方程。根据 JK 触发器的真值表画出 JK 触发器的次态卡诺图和状态转换图如图 12-2-11、图 12-2-12 所示，由次态卡诺图导出特性方程

$$Q^{n+1}=J\,\overline{Q^n}+\overline{K}Q^n$$

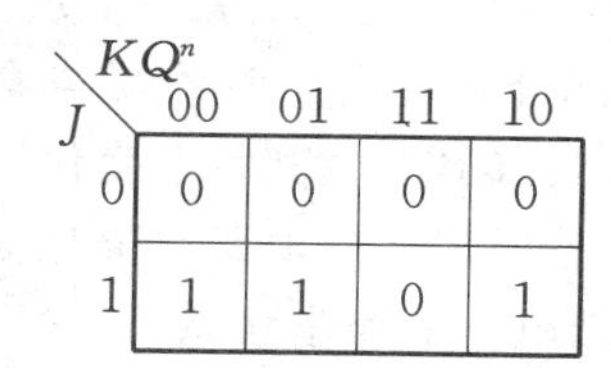

图 12-2-11　Q^{n+1} 的次态卡诺图

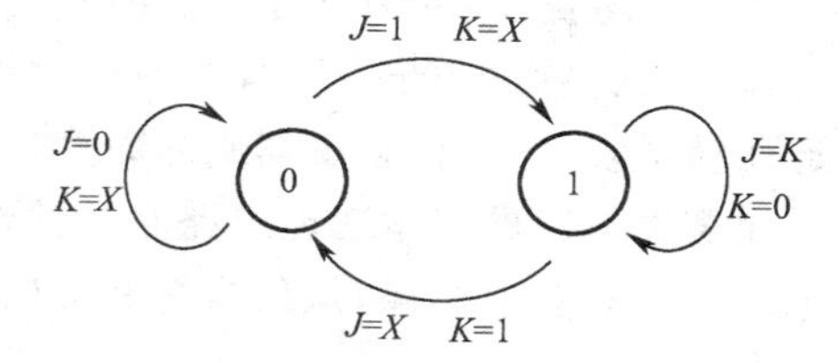

图 12-2-12　状态转换图

（五）同步式触发器的空翻现象

同步式 RS 触发器由于在电路结构上存在问题，使触发器有空翻现象。因而失去了应有的逻辑功能。所谓“空翻”就是在 $CP=1$ 期间，触发器发生了多次翻转。对触发器来说，空翻就意味着失控，也就是说触发器的状态改变已经不能严格地按照时钟脉冲的节拍进行了。例如 RS 触发器，在 $CP=1$ 期间，R、S 端的输入信号都能通过控制门加到基本 RS 触发器的输入端，因此在 $CP=1$ 期间，R、S 端状态的变化将会引起触发器状态的改变。为了保证触发器可靠地工作，必须限制输入端 R、S 信号在 $CP=1$ 期间不发生变化。同理，对于反馈型(JK，T)触发器，即使输入控制信号不发生变化，若 CP 脉冲较宽，也将会发生连续翻转而失去其原功能。总之，由于同步式触发器存在着空翻，因而没有实用价值。向读者介绍同步式触发器的目的，是想通过结构较为简单的触发器来掌握触发器的逻辑功能及其表示方法。虽然同步式触发器因为空翻而没有实用价值，但其逻辑功能及表示方法对于其他结构具有实用价值的集成触发器都是相同的。

（六）触发器的触发方式

所谓触发器的触发方式是指在时钟脉冲 CP 的什么时刻可以使触发器的状态发生变化，称为触发方式。由于 CP 是脉冲信号，所以触发器的触发方式一般可分为：电平触发和边沿触发。电平触发有高电平触发和低电平触发两种，而边沿触发有上升沿触发和下降沿触发两种。为了识别触发器的触发方式，在触发器逻辑符号图的 CP 端注有不同的标记，如

图 12-2-13 所示。

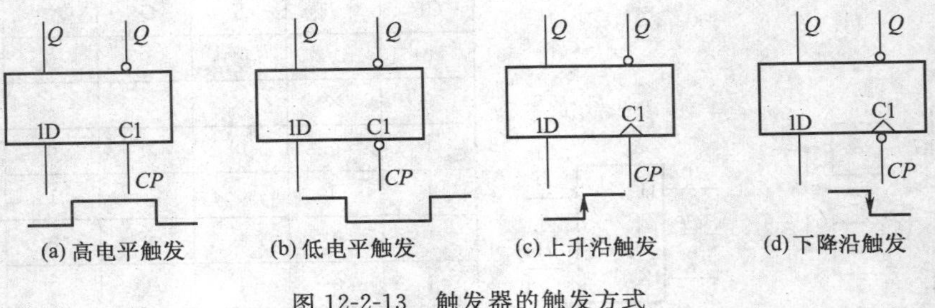

图 12-2-13 触发器的触发方式

第三节 时序逻辑电路及应用

本节主要介绍常用集成时序逻辑器件的工作原理、逻辑功能和使用方法。

一、时序逻辑电路概述

时序逻辑电路按其触发器翻转的次序可分为同步时序逻辑电路和异步时序逻辑电路。在同步时序逻辑电路中，所有触发器的时钟端均连在一起由同一个时钟脉冲触发，使之状态的变化都与输入时钟脉冲同步。在异步时序逻辑电路中，只有部分触发器的时钟端与输入时钟脉冲相连而被触发，而其他触发器则靠时序电路内部产生的脉冲触发，故其状态变化不同步。

时序逻辑电路的基本功能电路是计数器和寄存器。讨论时序逻辑电路主要是根据逻辑图得出电路的状态转换规律，从而掌握其逻辑功能。时序逻辑电路的输出状态可通过状态表、状态图及时序图来表示。

二、寄 存 器

寄存器是数字系统中常见的主要部件，寄存器是用来存入二进制数码或信息的电路，它由两个部分组成，一个部分为具有记忆功能的触发器，另一个部分是由门电路组成的控制电路。按照功能的不同，可将寄存器分为数码寄存器和移位寄存器两大类。数码寄存器只能并行送入数据，需要时也只能并行输出。移位寄存器中的数据可以在移位脉冲作用下依次逐位右移或左移，数据既可以并行输入、并行输出，也可以串行输入、串行输出，还可以并行输入、串行输出，串行输入、并行输出，十分灵活，用途也很广。

寄存器是利用触发器置 0、置 1 和不变的功能，把 0 和 1 数码存入触发器中，以 Q 端的状态代表存入的数码，例如：存入 1，$Q=1$；存入 0，$Q=0$。每个触发器能存放一位二进制数码。若存放 N 位数码，就应具有 N 个触发器。控制电路的作用是保证寄存器能正常存放数码。

1. 数码寄存器

如图 12-3-1 所示是由 4 个上升沿触发的 D 触发器构成的 4 位数码寄存器。4 个触发器的时钟脉冲输入端 CP 接在一起作为送数脉冲端。无论寄存器中原来的内容是什么，只要送数控制时钟脉冲 CP 上升沿

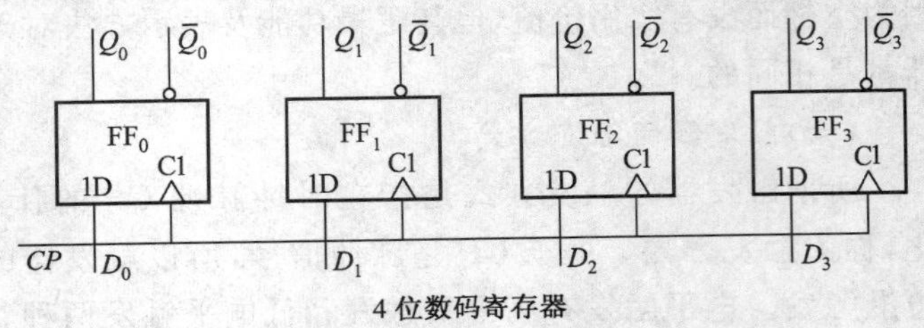

图 12-3-1 4 位数码寄存器

到来，加在数据输入端的 4 个数据 $D_0 \sim D_3$ 就立即被送入寄存器中。此后只要不出现 CP 上升沿，寄存器内容将保持不变，即各个触发器输出端 Q、$\overline{Q}$ 的状态与 D 无关，都将保持不变。

2. 移位寄存器

移位寄存器除了具有存储数据的功能外，还可将所存储的数据逐位（由低位向高位或由高位向低位）移动。按照在移位控制时钟脉冲 CP 作用下移位情况的不同，移位寄存器又分为单向移位寄存器和双向移位寄存器两大类。

图 12-3-2 所示是用 4 个 D 触发器构成的 4 位右移移位寄存器，4 位待存的数码（设为 1011）需要用 4 个移位脉冲作用才能全部存入。当出现第 1 个移位脉冲时，待存数码的最高位 1 和 4 个触发器的数码同时右移 1 位，即待存数码的最高位存入 Q_0，而寄存器原来所存数码的最高位从 Q_3 输出；出现第 2 个移位脉冲时，待存数码的次高位 0 和寄存器中的 4 位数码又同时右移 1 位；依此类推，在 4 个移位脉冲时，待存数码的次高位 0 和寄存器中的 4 位数码又同时右移 1 位；依此类推，在 4 个移位脉冲作用下，寄存器中的 4 位数码同时右移 4 次，待存的 4 位数码便可存入寄存器。

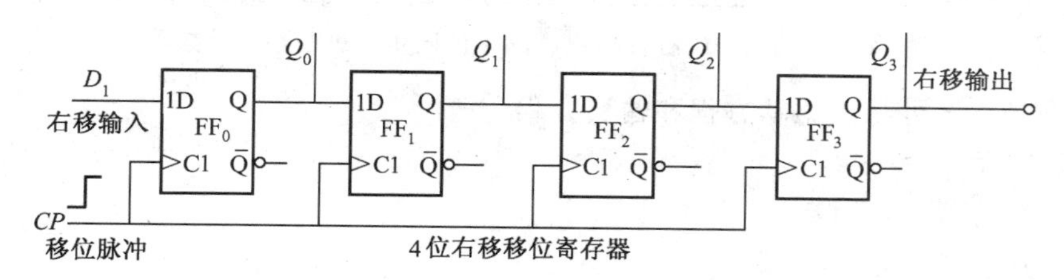

图 12-3-2　4 位右移移位寄存器

表 12-3-1 所示状态表具体地描述了右移位过程。当连续输入 4 个 1 时，D_i 经 FF_0 在 CP 上升沿操作下，依次被移入寄存器中，经过 4 个 CP 脉冲，寄存器就变成全 1 状态，即 4 个 1 右移输入完毕。再连续输入 4 个 0，4 个 CP 脉冲之后，寄存器变成全 0 状态。

集成移位寄存器产品较多。如 4 位双向移位寄存器 74LS194、74HC194 等。

表 12-3-1　4 位右移移位寄存器真值表

输　入		现　态				次　态				说明
D_i	CP	Q_0^n	Q_1^n	Q_2^n	Q_3^n	Q_0^{n+1}	Q_1^{n+1}	Q_2^{n+1}	Q_3^{n+1}	
1	↑	0	0	0	0	1	0	0	0	连续输入4个1
1	↑	1	0	0	0	1	1	0	0	
1	↑	1	1	0	0	1	1	1	0	
1	↑	1	1	1	0	1	1	1	1	
0	↑	1	1	1	1	0	1	1	1	连续输入4个0
0	↑	0	1	1	1	0	0	1	1	
0	↑	0	0	1	1	0	0	0	0	
0	↑	0	0	0	1	0	0	0	0	

三、计 数 器

在数字电路中，能够记忆输入脉冲个数的电路称为计数器。计数器是一种应用十分广泛的时序逻辑电路，除用于计数、分频外，还广泛用于数字测量、运算和控制。从小型数字仪表到大型计算机，几乎无所不在，是任何现代数字系统中不可缺少的组成部分。

1. 同步二进制加法计数器

为了提高计数速度，将计数脉冲同时加到各个触发器的时钟端。在计数脉冲作用下，所有应该翻转的触发器可以同时翻转，这种结构的计数器称为同步计数器，如图 12-3-3 所示。

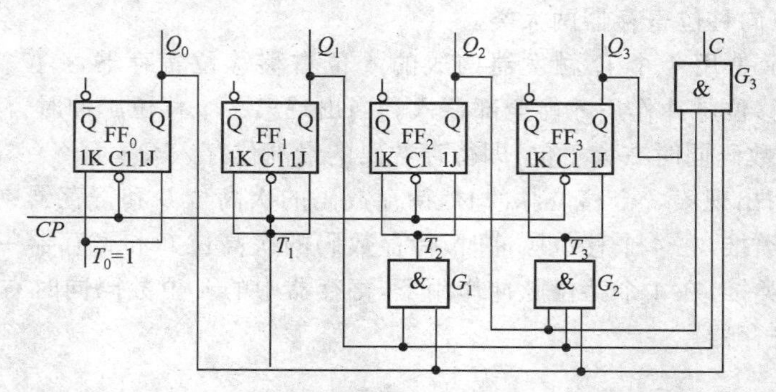

图 12-3-3　4 个 JK 触发器组成的 4 位同步二进制加法计数器

(1)由图 12-3-3 可写出驱动方程和输出方程。

驱动方程：$T_0=1$、　$T_1=Q_0^n$、

$T_2=Q_1^nQ_0^n$、　$T_3=Q_2^nQ_1^nQ_0^n$

(2)输出方程：$C=Q_3^nQ_2^nQ_1^nQ_0^n$

(3)将上述驱动方程代入 T 触发器的特性方程 $Q_0^{n+1}=T\oplus Q^n$ 得：

状态方程：

$Q_0^{n+1}=\overline{Q^n}$、　　$Q_1^{n+1}=Q_1^n\oplus Q_0^n$

$Q_2^{n+1}=Q_2^n\oplus(Q_1^nQ_0^n)$、　　$Q_3^{n+1}=Q_3^n\oplus(Q_2^nQ_1^nQ_0^n)$

(4)根据上述的状态和输出方程，列出四位二进制加法计数器状态转换真值表，如表 12-3-2所示。

(5)根据状态转换真值表可得到该时序电路的状态转换图，如图 12-3-4 所示。

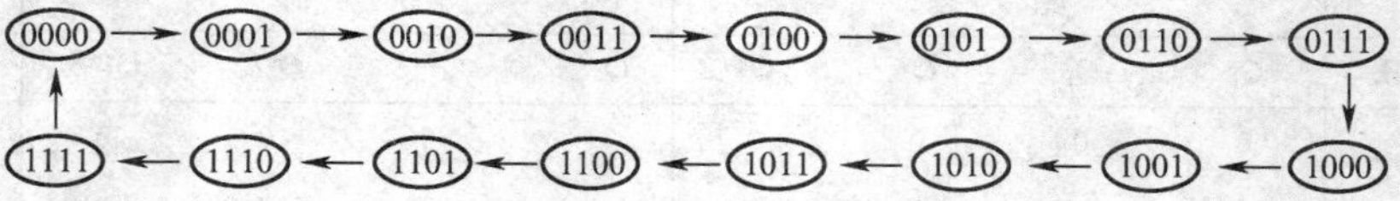

0000 → 0001 → 0010 → 0011 → 0100 → 0101 → 0110 → 0111
↑　　　　　　　　　　　　　　　　　　　　　　　　↓
1111 ← 1110 ← 1101 ← 1100 ← 1011 ← 1010 ← 1001 ← 1000

图 12-3-4　状态转换图

(6)作出时序图(波形图)，时序图是指时序电路从某一个初始状态起，对应某一给定的输入序列的响应，如图 12-3-5 所示。

集成 4 位同步二进制计数器 74LS161N 进制计数器。利用集成计数器可以很方便地构成 N 进制计数器。由于集成计数器是厂家生产的定型产品，其函数关系已经固定了，状态分配即编码不能改变，而且多为纯自然态序编码，因此，在用集成计数器构成 N 进制计数器时，需要利用清零或置数端，让电路跳过某些状态来获得 N 进制计数器。

2. 集成计数器

(1)集成异步计数器

常用的集成异步计数器芯片如表 12-3-3 所示。

表 12-3-2　状态转换真值表

Q_3^n	Q_2^n	Q_1^n	Q_0^n	Q_3^{n+1}	Q_2^{n+1}	Q_1^{n+1}	Q_0^{n+1}	C
0	0	0	0	0	0	0	1	0
0	0	0	1	0	0	1	0	0
0	0	1	0	0	0	1	1	0
0	0	1	1	0	1	0	0	0
0	1	0	0	0	1	0	1	0
0	1	0	1	0	1	1	0	0
0	1	1	0	0	1	1	1	0
0	1	1	1	1	0	0	0	0
1	0	0	0	1	0	0	1	0
1	0	0	1	1	0	1	0	0
1	0	1	0	1	0	1	1	0
1	0	1	1	1	1	0	0	0
1	1	0	0	1	1	0	1	0
1	1	0	1	1	1	1	0	0
1	1	1	0	1	1	1	1	0
1	1	1	1	0	0	0	0	1

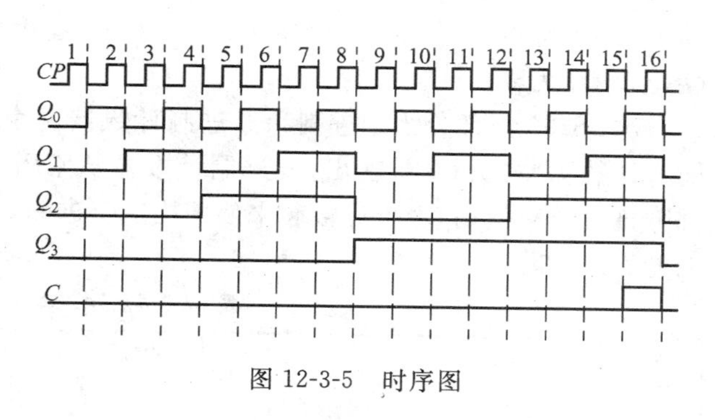

图 12-3-5　时序图

表 12-3-3　异步计数器芯片

型　号	功　　能
74LS290	二-五-十进制异步计数器
74LS293	4 位二进制异步计数器
74LS390	双二-五-十进制异步计数器
74LS393	双 4 位二进制异步计数器

下面以二-五-十进制异步计数器(74LS290)为例作介绍。74LS290 也称集成十进制异步计数器,如图 12-3-6 所示。它由 4 个负边沿 JK 触发器组成,2 个与非门作置 0 和置 9 控制门。

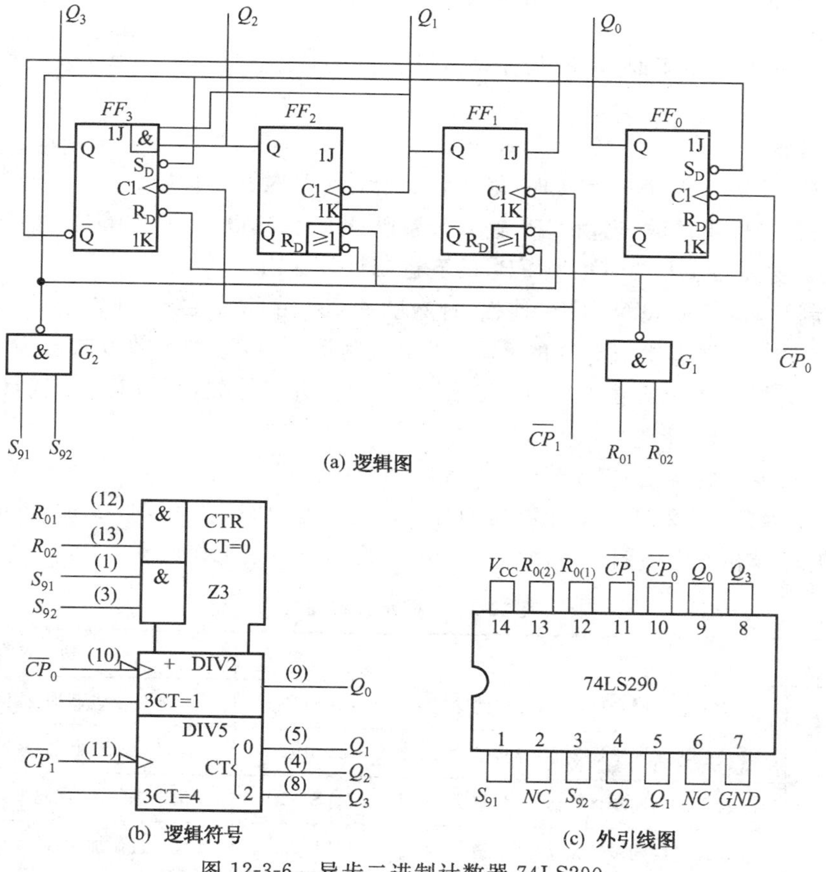

图 12-3-6　异步二进制计数器 74LS290

其中,S_{91}、S_{92}称为直接置 9 端,R_{01}、R_{02}称为直接置 0 端,CP_0、CP_1为计数脉冲输入端,$Q_3Q_2Q_1Q_0$为输出端。

74LS290 内部分为二进制和五进制计数器两个独立的部分。其中二进制计数器从 CP_0 输入计数脉冲,从 Q_0 端输出;五进制计数器从 CP_1 输入计数脉冲,从 $Q_3Q_2Q_1$ 端输出。这两部分既可单独使用,也可连接起来使用构成十进制计数器,所以称"二-五-十进制计数器",其功能见表 12-3-4。

表 12-3-4　74LS290 的功能表

$S_{9(1)}$	$S_{9(2)}$	$R_{0(1)}$	$R_{0(2)}$	$\overline{CP}_0$	$\overline{CP}_1$	Q_3	Q_2	Q_1	Q_0
H	H	×	×	×	×	1	0	0	1
L	×	H	H	×	×	0	0	0	0
×	L	H	H	×	×	0	0	0	0
$S_{91}\cdot S_{92}=0$ $R_{01}\cdot R_{02}=0$				CP 0 CP Q_3	0 CP Q_0 CP	二进制 五进制 8421 十进制 5421 十进制			

①异步清零

当 R_{01}、R_{02}全为高电平,S_{91}、S_{92}中至少有一个低电平时,不论其它输入状态如何,计数器输出 $Q_3Q_2Q_1Q_0=0000$,故又称异步清零功能或复位功能。

②异步置 9

当 S_{91}、S_{92}全为高电平时,不论其他输入状态如何,$Q_3Q_2Q_1Q_0=1001$,故又称异步置 9 功能。

③计数功能

当 R_{01}、R_{02}及 S_{91}、S_{92}不全为 1 时,输入计数脉冲 CP 时开始计数。

①二进制、五进制计数:当由 CP_0 输入计数脉冲 CP 时,Q_0 为 CP_0 的二进制计数输出;当由 CP_1 输入计数脉冲 CP 时,Q_3 为 CP_1 的五进制计数输出。

②十进制计数:若将 Q_0 与 CP_1 连接,计数脉冲 CP 由 CP_0 输入,则先进行二进制计数,再进行五进制计数,这样即组成标准的 8421 码十进制计数器,这种计数方式最为常用;若将 Q_3 与 CP_0 连接,计数脉冲 CP 由 CP_1 输入,则先进行五进制计数,再进行二进制计数,即组成 5421 码十进制计数器。

(2)集成同步计数器

表 12-3-5 为 74LS 系列同步计数器型号和功能。图 12-3-7 为 74LS161 同步计数器的逻辑电路、逻辑符号和外引线图。下面以 74LS161 为例介绍其工作原理。

表 12-3-5　同步计数器芯片

型　号	功　　能	型　号	功　　能
74LS160	4 位十进制同步计数器(异步清除)	74LS190	4 位十进制加/减同步计数器
74LS161	4 位二进制同步计数器(异步清除)	74LS191	4 位二进制加/减同步计数器
74LS162	4 位十进制同步计数器(同步清除)	74LS192	4 位十进制加/减同步计数器(双时钟)
74LS163	4 位二进制同步计数器(同步清除)	74LS193	4 位二进制加/减同步计数器(双时钟)

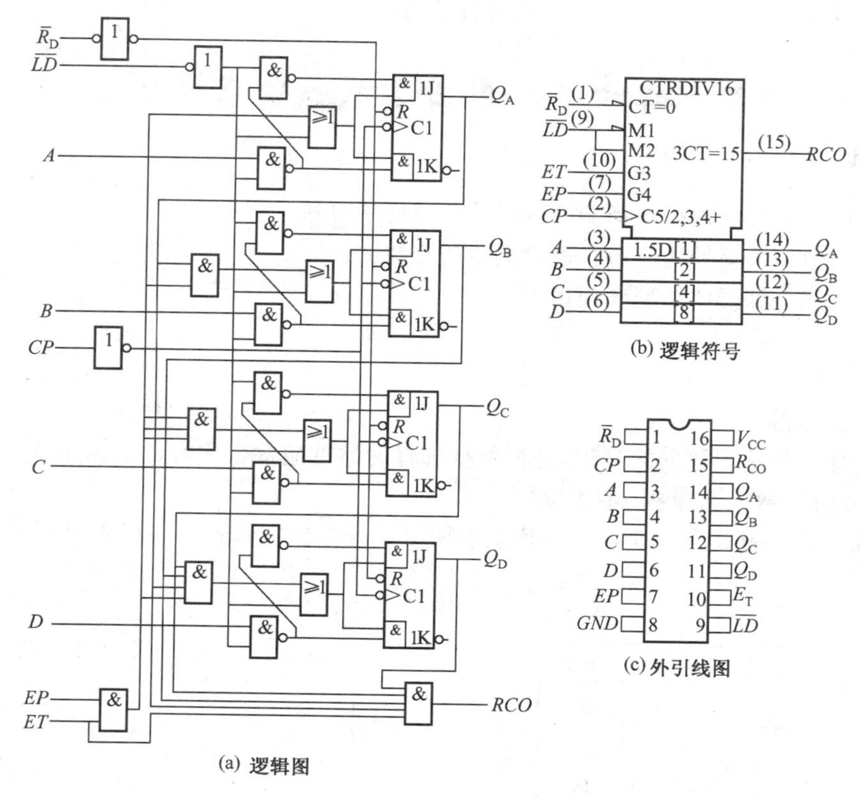

(a) 逻辑图　(b) 逻辑符号　(c) 外引线图

图 12-3-7　同步二进制计数器 74LS161

①异步清零

当 $R_D=0$ 时，无论其他输入端如何，均可实现 4 个触发器全部清零。清零后，R_D 端应接高电平，以不妨碍计数器正常计数工作。

②同步并行置数

74LS161 具有并行输入数据功能，这项功能是由 LD 端控制的。当 $LD=0$ 时，在 CP 上升沿的作用下，4 个触发器同时接收并行数据输入信号，使 $Q_DQ_CQ_BQ_A=DCBA$，计数器置入初始数值，此项操作必须有 CP 上升沿配合，并与 CP 上升沿同步，所以称为同步置数功能。

表 12-3-6　74LS161 的功能表

输入					输出
CP	$\overline{LD}$	$\overline{R}_D$	EP	ET	Q
×	×	L	×	×	全“L”
↑	L	H	×	×	预置数据
↑	H	H	H	H	计　数
×	H	H	L	×	保　持
×	H	H	×	L	保　持

③同步二进制加法计数

在 $R_D=LD=1$ 状态下，若计数控制端 $EP=ET=1$，则在 CP 上升沿的作用下，计数器实现同步 4 位二进制加法计数。若初始状态为 0000，则在此基础上加法计数到 1111 状态；若已置数 $DCBA$，则在置数基础上加法计数到 1111 状态。

④保持

在 $R_D=LD=1$ 状态下，若 EP 与 ET 中有一个为 0，则计数器处于保持状态。

此外，74LS161 有超前进位功能。其进位输出端 $RCO=ET\cdot Q_DQ_CQ_BQ_A$，即当计数器状态达到最高 1111，并且计数控制端 $ET=1$ 时，$RCO=1$，发出进位信号。综上所述，74LS161

是有异步清零、同步置数的4位同步二进制计数器。

技能训练十二　常用集成组合逻辑电路

一、实训目的

1. 掌握中规模集成数据选择器的逻辑功能及使用方法。
2. 学会用数据选择器构成组合逻辑电路的方法。
3. 熟悉集成全加器的功能和使用方法。

二、工作原理

1. 数据选择器

数据选择器是选择数据的过程，进行数据选择的器件通常也称为数据选择器。

(1)双4选1数据选择器74LS153

所谓双4选1就是在一块集成芯片上有两个4选1数据选择器。引脚排列如技图12-1，功能如技表12-1。

技表12-1

输入			输出
$\overline{S}$	A_1	A_0	Q
1	×	×	0
0	0	0	D_0
0	0	1	D_1
0	1	0	D_2
0	1	1	D_3

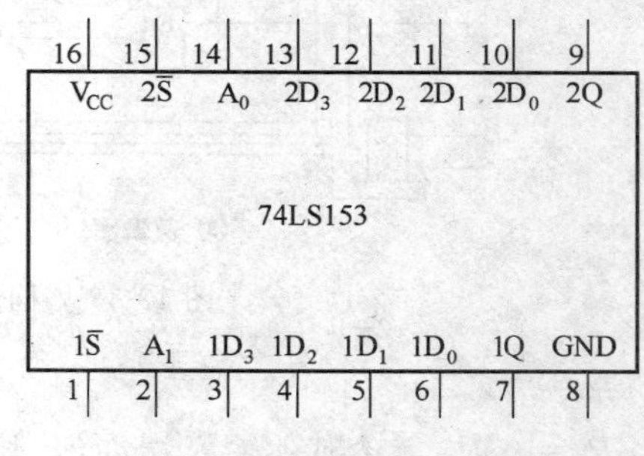

技图12-1　74LS153引脚图

$1S$、$2S$为两个独立的使能端；A_1、A_0为公用的地址输入端；$1D_0 \sim 1D_3$和$2D_0 \sim 2D_3$分别为两个4选1数据选择器的数据输入端；Q_1、Q_2为两个输出端。

①当使能端$1\overline{S}(2\overline{S})=1$时，多路开关被禁止，无输出，$Q=0$。

②当使能端$1\overline{S}(2\overline{S})=0$时，多路开关正常工作，根据地址码$A_1$、$A_0$的状态，将相应的数据$D_0 \sim D_3$送到输出端$Q$。如：$A_1A_0=00$则选择$D_0$数据到输出端，即：$Q=D_0$。$A_1A_0=01$则选择$D_1$数据到输出端，即：$Q=D_1$，其余类推。数据选择器的用途很多，例如：多通道传输，数码比较，并行码变串行码，以及实现逻辑函数等。

(2)八选一数据选择器74LS151

74LS151为互补输出的8选1数据选择器，引脚排列如技图12-2，功能如技表12-2。选择控制端(地址端)为$A_2 \sim A_0$，按二进制译码，从8个输入数据$D_0 \sim D_7$中，选择一个需要的数据送到输出端Q，$\overline{S}$为使能端，低电平有效。

①使能端$\overline{S}=1$时，不论$A_2 \sim A_0$状态如何，均无输出($Q=0$，$\overline{Q}=1$)，多路开关被禁止。

②使能端$\overline{S}=0$时，多路开关正常工作，根据地址码A_2、A_1、A_0的状态选择$D_0 \sim D_7$中某一个通道的数据输送到输出端Q。

如：$A_2A_1A_0=000$，则选择D_0数据到输出端，即$Q=D_0$。

如：$A_2A_1A_0=001$，则选择D_1数据到输出端，即$Q=D_1$，其余类推。

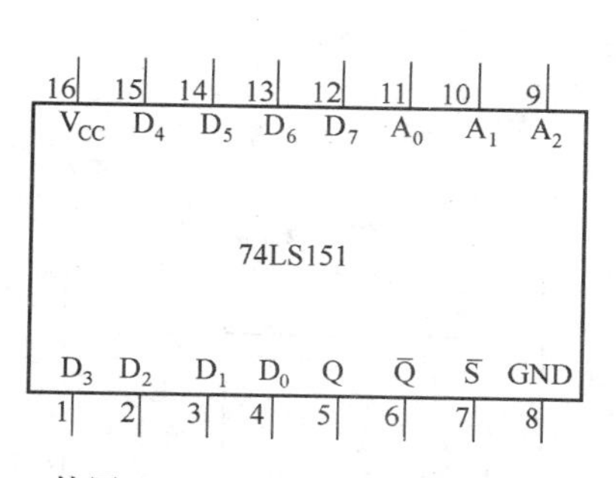

技图 12-2　74LS151 引脚排列图

技表 12-2

输	入			输	出
$\overline{S}$	A_2	A_1	A_0	Q	$\overline{Q}$
1	×	×	×	0	1
0	0	0	0	D_0	$\overline{D_0}$
0	0	0	1	D_1	$\overline{D_1}$
0	0	1	0	D_2	$\overline{D_2}$
0	0	1	1	D_3	$\overline{D_3}$
0	1	0	0	D_4	$\overline{D_4}$
0	1	0	1	D_5	$\overline{D_5}$
0	1	1	0	D_6	$\overline{D_6}$
0	1	1	1	D_7	$\overline{D_7}$

(3)数据选择器的应用—实现逻辑函数

【例 1】 用 8 选 1 数据选择器 74LS151 实现函数 $F=A\overline{B}+\overline{A}C+B\overline{C}$

采用 8 选 1 数据选择器 74LS151 可实现任意三输入变量的组合逻辑函数。作出函数 F 的功能表，如技表 12-3 所示，将函数 F 功能表与 8 选 1 数据选择器的功能表相比较，可知：

①将输入变量 C、B、A 作为 8 选 1 数据选择器的地址码 A_2、A_1、A_0。

②使 8 选 1 数据选择器的各数据输入 $D_0\sim D_7$ 分别与函数 F 的输出值一一相对应。

即：$A_2A_1A_0=CBA$，

$D_0=D_7=0$

$D_1=D_2=D_3=D_4=D_5=D_6=1$

则 8 选 1 数据选择器的输出 Q 便实现了函数 $F=A\overline{B}+\overline{A}C+B\overline{C}$ 的功能。

实现 8 选 1 数据选择器接线图如技图 12-3 所示。

显然，采用具有 n 个地址端的数据选择实现 n 变量的逻辑函数时，应将函数的输入变量加到数据选择器的地址端(A)，选择器的数据输入端(D)按次序以函数 F 输出值来赋值。

技表 12-3

输	入		输出
C	B	A	F
0	0	0	0
0	0	1	1
0	1	0	1
0	1	1	1
1	0	0	1
1	0	1	1
1	1	0	1
1	1	1	0

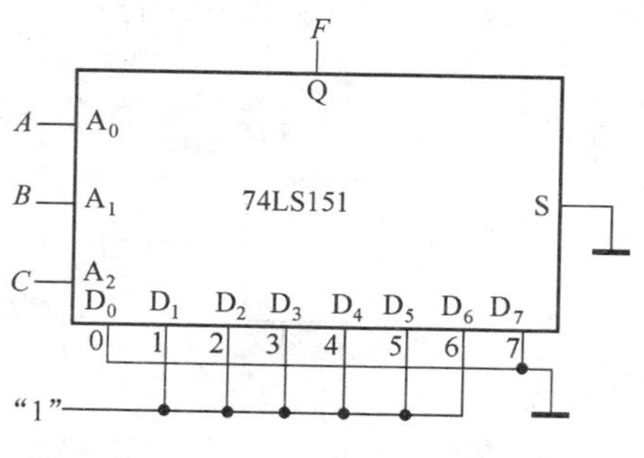

技图 12-3　用 8 选 1 数据选择器实现

【例 2】 用 8 选 1 数据选择器 74LS151 实现函数 $F=A\overline{B}+\overline{A}B$

①列出函数 F 的功能表如技表 12-4 所示。

②将 A、B 加到地址端 A_1、A_0，而 A_2 接地，由技表 12-4 可见，将 D_1、D_2 接"1"及 D_0、D_3 接

地，其余数据输入端 $D_4 \sim D_7$ 都接地，则 8 选 1 数据选择器的输出 Q，便实现了函数 $F=A\overline{B}+\overline{A}B$ 的功能。

实现 $F=A\overline{B}+\overline{A}B$ 函数的接线图如技图 12-4 所示。

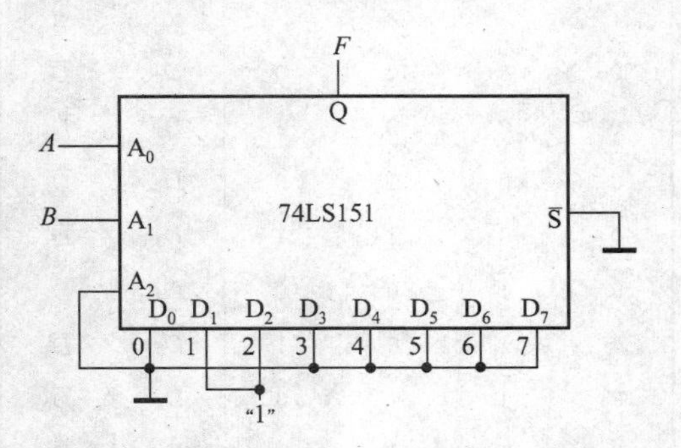

技图 12-4　8 选 1 数据选择器实现 $F=A\overline{B}+\overline{A}B$ 的接线图

技表 12-4

A	B	F
0	0	0
0	1	1
1	0	1
1	1	0

显然，当函数输入变量数小于数据选择器的地址端(A)时，应将不用的地址端及不用的数据输入端(D)都接地。

2. 集成全加器 74LS283

74LS283 是四位二进制全加法器，每一位都有和(Σ)输入，第四位为总进位(C_4)。并对内部 4 位进行全超前进位。其引脚排列如技图 12-5，电路图如技图 12-6，逻辑电路图如技图12-7所示。

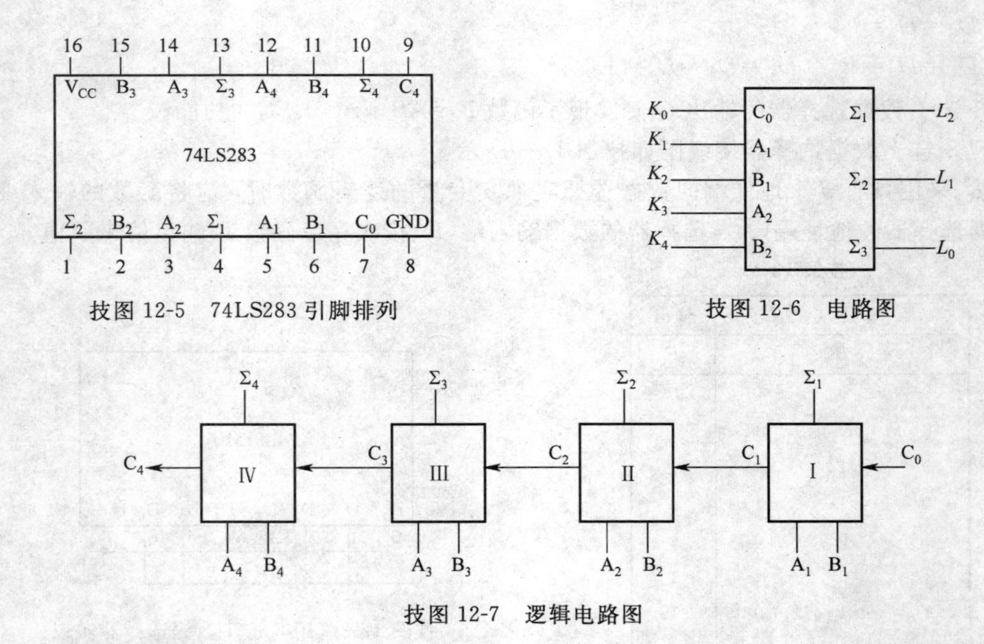

技图 12-5　74LS283 引脚排列

技图 12-6　电路图

技图 12-7　逻辑电路图

三、实训设备与器件

1. +5 V 直流电源。
2. 逻辑电平开关。
3. 逻辑电平显示器。

4. 74LS151(或 CC4512)、74LS153(或 CC4539)和 74LS283。

四、实训内容与步骤

1. 测试数据选择器 74LS151 的逻辑功能

按技图 12-8 接线，地址端 A_2、A_1、A_0、数据端 D_0～D_7、使能端 S 接逻辑开关，输出端 Q 接逻辑电平显示器，按 74LS151 功能表逐项进行测试，记录测试结果。

2. 测试 74LS153 的逻辑功能测试方法及步骤同上，记录之。

3. 用 8 选 1 数据选择器

74LS151 设计三输入多数表决电路。

设计步骤如下：

(1) 写出设计过程；

(2) 画出接线图；

(3) 验证逻辑功能。

4. 用 8 选 1 数据选择器实现逻辑函数。设计步骤如下：

(1) 写出设计过程；

(2) 画出接线图；

(3) 验证逻辑功能。

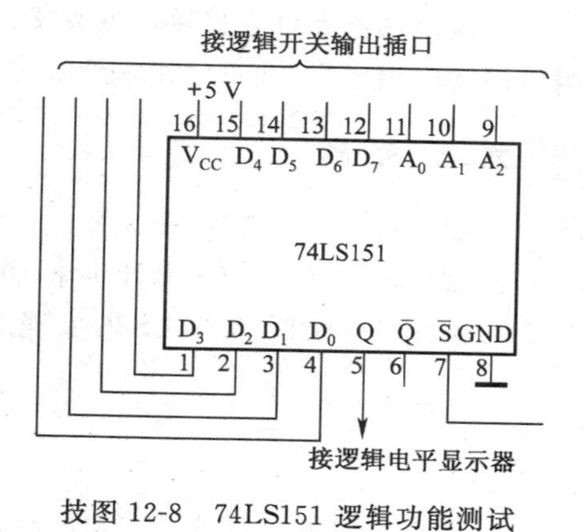

技图 12-8　74LS151 逻辑功能测试

5. 用双 4 选 1 数据选择器 74LS153 实现全加器。设计步骤如下：

(1) 写出设计过程；

(2) 画出接线图；

(3) 验证逻辑功能。

6. 用 74LS283 实现两位二进制全加法器。

按技图 12-7 接好电路，验证技表 12-7、12-8 的内容。

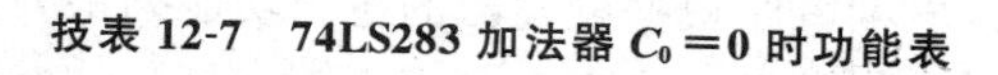

技表 12-7　74LS283 加法器 $C_0=0$ 时功能表

输入				实测输出			理论输出		
A_1	B_1	A_2	B_2	$\Sigma1$	$\Sigma2$	$\Sigma3$	$\Sigma1$	$\Sigma2$	$\Sigma3$
0	0	0	0				0	0	0
1	0	0	0				1	0	0
0	1	0	0				1	0	0
1	1	0	0				0	1	0
0	0	1	0				0	1	0
1	0	1	0				1	1	0
0	1	1	0				1	1	0
1	1	1	0				0	0	1
0	0	0	1				0	1	0
1	0	0	1				1	1	0
0	1	0	1				1	1	0
1	1	0	1				0	0	1
0	0	1	1				0	0	1
1	0	1	1				1	0	1
0	1	1	1				1	0	1
1	1	1	1				0	1	1

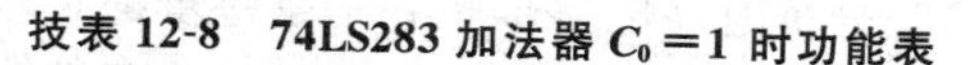

技表 12-8　74LS283 加法器 $C_0=1$ 时功能表

输入				实测输出			理论输出		
A_1	B_1	A_2	B_2	$\Sigma1$	$\Sigma2$	$\Sigma3$	$\Sigma1$	$\Sigma2$	$\Sigma3$
0	0	0	0				1	0	0
1	0	0	0				0	1	0
0	1	0	0				0	1	0
1	1	0	0				1	1	0
0	0	1	0				1	1	0
1	0	1	0				0	0	1
0	1	1	0				0	0	1
1	1	1	0				1	0	1
0	0	0	1				1	1	0
1	0	0	1				0	0	1
0	1	0	1				0	0	1
1	1	0	1				1	0	1
0	0	1	1				1	0	1
1	0	1	1				0	1	1
0	1	1	1				0	1	1
1	1	1	1				1	1	1

五、注意事项

1. 接插集成块时，要认清定位标记，不得插反。

2. 电源电压使用范围为＋4.5 V～＋5.5 V之间，实验中要求使用V_{CC}＝＋5 V。电源极性绝对不允许接错。

3. 输出端不允许并联使用(集电极开路门(OC)和三态输出门电路(3S)除外)。否则不仅会使电路逻辑功能混乱，并会导致器件损坏。

4. 输出端不允许直接接地或直接接＋5 V电源，否则将损坏器件，有时为了使后级电路获得较高的输出电平，允许输出端通过电阻R接至V_{CC}，一般取$R=3\sim5.1\ \text{k}\Omega$。

六、思 考 题

1. 如何将74LS153扩展为8选一数据选择器?

2. 试用半片74LS153设计1个1010～1111代码检测电路，并实验验证之。

3. 试用74LS283和74LS86实现二进制数相减。

小　　结

1. 组合逻辑电路设计是否正确的关键，是正确列出真值表，只有对命题分析的清楚，才能准确列出真值表。设计电路时，要有全局观点，同时也要考虑一些实际要求。组合逻辑电路类型较多，本章仅介绍了一些常用的组合逻辑单元电路，要正确使用这些单元电路，首先就要清楚、准确地掌握它们的基本概念，其次要熟悉它们的功能特点。

2. 触发器是数字电路中的一个基本逻辑单元电路，具有两个稳定状态。在一定外信号作用(触发)下，可从一个稳态反转为另一个稳定状态，无外界信号可维持原稳定，故具有记忆存储功能。

3. 分析时序电路步骤并不是每步都必须经过。有的电路根据触发器的逻辑功能列出驱动方程后，可以直接画出时序波形图，其逻辑功能就能明显的示意出来。

4. 寄存器能暂存数据，它是由触发器组成的，根据需要确定位数。移位寄存器不仅能暂存数据，而且还能使数据移位。

5. 计数器的种类很多，应用广泛，本章只介绍了典型类型，借以了解其工作原理及分析方法。

一、是 非 题

1. 基本的RS触发器在触发信号同时作用期间，其输出状态不定。(　　)

2. 所谓脉冲的上升沿触发，是指触发器的输出状态变化是发生在$CP=1$期间。(　　)

3. D触发器的输出状态取决于$CP=1$期间输入D的状态。(　　)

4. 构成计数器电路的器件必须具有记忆功能。(　　)

5. 8421码十进制加法计数器处于1001状态时，应准备向高位发进位信号。(　　)

6. 基本 RS 触发器电路中，触发脉冲消失后，其输出状态为 0 状态。(　　)

7. 与非门构成的主从 RS 触发器，输出状态取决于 CP 从 0 变为 1 时触发信号的状态。(　　)

8. LED 显示器和 LCD 显示器相比 LCD 显示器的功耗较小。(　　)

二、思 考 题

1. 时序电路的特点是什么？它与组合电路有什么本质不同？

2. 描述时序电路的逻辑功能有哪几种常用方法？

3. 试述同步时序电路的基本分析方法及步骤。

4. 分析异步时序电路的方法与分析同步时序电路相比，其主要区别是什么？

5. 什么叫移位寄存器？用基本 RS、同步 RS 触发器和 D 触发器可以构成移位寄存器吗？为什么？

三、分析计算题

1. 由与非门构成的逻辑电路如题图 12-1 所示，A、B、C、D 变量输入为二进制的数，试分析该逻辑电路的功能。

2. 由与非门和异或门构成的组合逻辑电路如题图 12-2 所示，试写出 F_1、F_2 逻辑式。

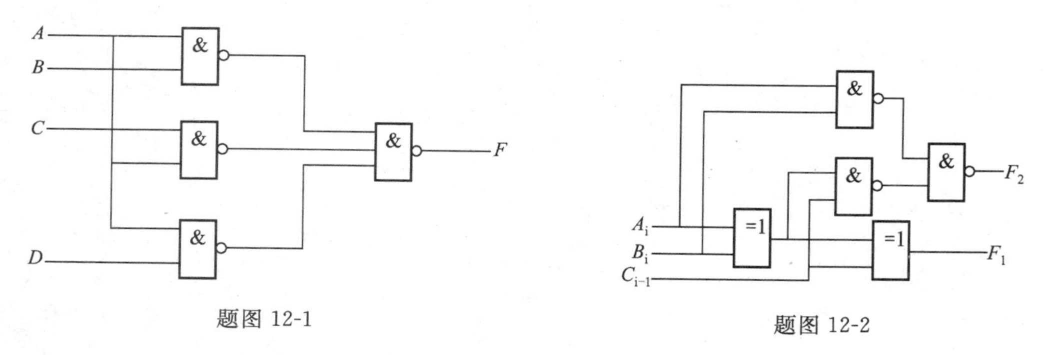

题图 12-1　　　　题图 12-2

3. 试述题图 12-3 所示电路为几进制计数器？并说明各与非门的作用。

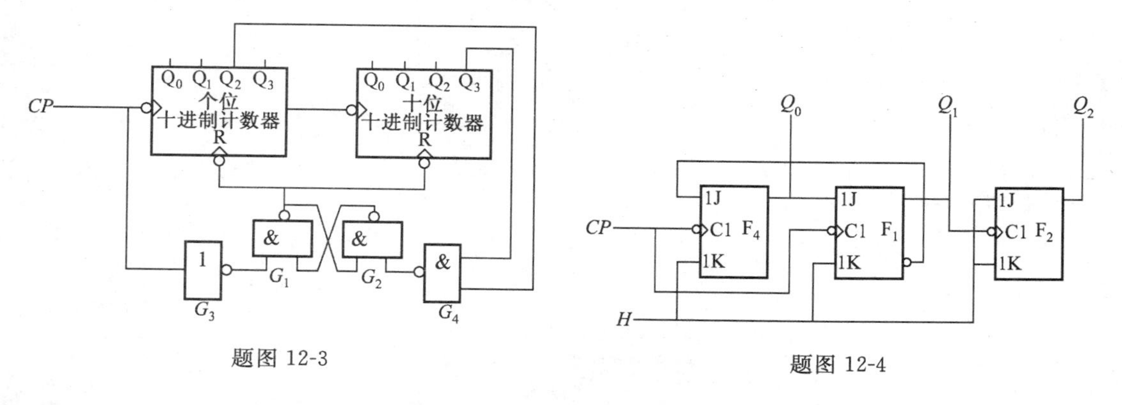

题图 12-3　　　　题图 12-4

4. 电路如题图 12-4 所示，设初态 $Q_2Q_1Q_0$ 为 000。

(1)若不考虑触发器 F_2，试分析 F_0 和 F_1 构成几进制计数器。

(2)列出状态转换顺序表，说明整个电路为几进制计数器。

5. 主从JK触发器的J,K,CP端的电压波形如题图12-5所示,试画出Q,$\overline{Q}$端所对应的电压波形。假定触发器的初始状态为0($Q=0$)。

6. 试分析题图12-6电路的逻辑功能,写出电路的驱动方程、状态方程、输出方程,列出状态转换真值表,画出电路的状态转换图。

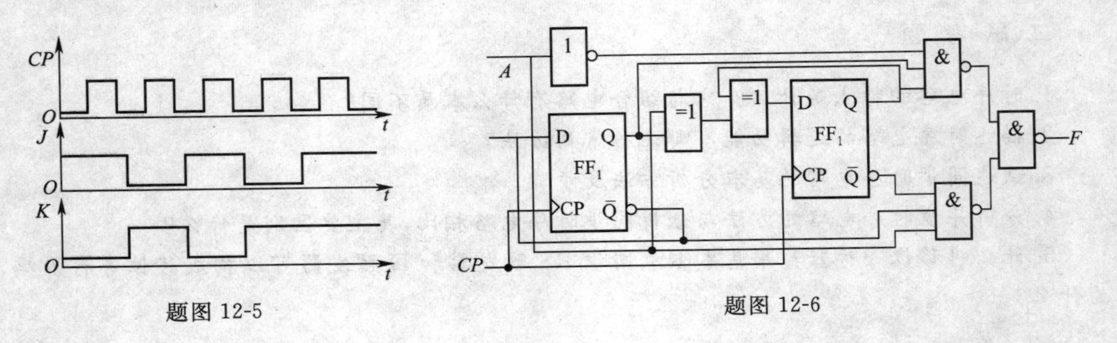

题图12-5　　题图12-6

第十三章

脉冲波形的产生与整形

在数字系统中，经常用到各种宽度、幅值且边沿陡峭的脉冲信号，如同步时序电路中控制和协调数个系统工作的时钟信号、生产控制过程中的定时信号等。这些脉冲信号通常是利用脉冲振荡器直接产生，或者通过整形电路把已有信号波形变换成系统需要的脉冲信号。

本章主要讨论脉冲波形的产生、整形变换的基本单元电路，即由555定时器和集成门构成的单稳态触发器，多谐振荡器和施密特触发器。通过讨论，了解电路的形式、功能、特点、波形分析和主要应用。

第一节　555定时器及其基本应用

555定时器是一种将模拟功能与逻辑功能巧妙的结合在一起的中规模集成电路，电路功能灵活，应用范围广，只要外接少量元件，就可以构成多谐振荡器、单稳态触发器或施密特触发器等电路，因而在定时、检测、控制、报警等方面都有广泛的应用。

一、555定时器的结构和工作原理

555定时器的内部结构和引脚排列如图13-1-1、图13-1-2所示。555定时器内部含有一个基本RS触发器、两个电压比较器A_1、A_2，一个放电晶体管VT和一个由3个5 kΩ的电阻组成的分压器。比较器A_1的参考电压为$2V_{CC}/3$，加在同相输入端；A_2的参考电压为$1V_{CC}/3$加在反相输入端，两者均由分压器上取得。

555定时器各引线端的用途如下：

①端GND为接地端。

②端TR为低电平触发端，也称为触发输入端，由此输入触发脉冲。当2端的输入电压高于$V_{CC}/3$时，A_2的输出为1；当输入电压低于1 $V_{CC}/3$时，A_2的输出为0，使基本RS触发器置1，即$Q=1$、$\overline{Q}=0$。这时定时器输出$V_o=1$。

③端V_o为输出端，输出电流可达200 mA，因此可直接驱动继电器、发光二极管、扬声器、指示灯等。输出高电压约低于电源电压1～3 V。

④端$\overline{R}$是复位端，当$\overline{R}=0$时，基本RS触发器直接置0，使$Q=0$、$\overline{Q}=1$。

⑤端V_{CO}为电压控制器，如果在V_{CO}端另加控制电压，则可改变A_1、A_2的参考电压。工作中不使用V_{CO}端时，一般都通过一个0.01 uF的电容接地，以旁路高频干扰。

⑥端TH为高电压触发端，又叫做阈值输入端，由此输入触发脉冲。当输入电压低于2 $V_{CC}/3$时，A_1的输出为1；当输入电压高于2 $V_{CC}/3$时，A_1的输出为0，使基本RS触发器置0，即$Q=0$、$\overline{Q}=1$。这时定时器输出$V_o=0$。

⑦端 V'。为放电端。当基本 RS 触发器的 $Q=1$ 时，放电晶体管 VT 导通，外接电容元件通过 VT 放电。555 定时器在使用中大多与电容器的充放电有关，为了使充放电能够反复进行，电路特别设计了一个放电端。

⑧端 V_{CC} 为电源端，可在 4.5～16 V 范围内使用，若为 CMOS 电路，则 $V_{CC}=3\sim18$ V。

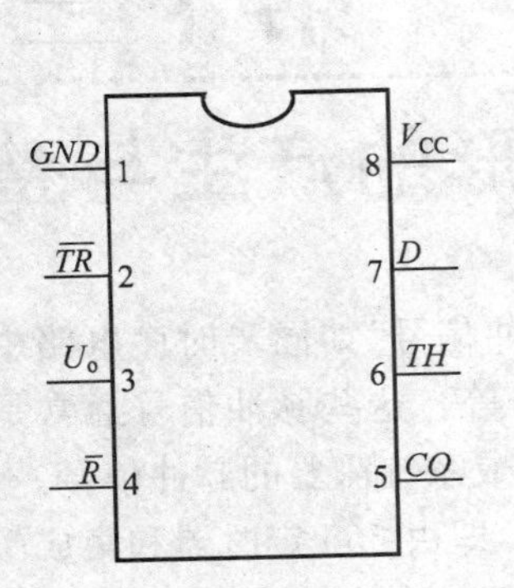

图 13-1-1　555 定时器的引脚排列

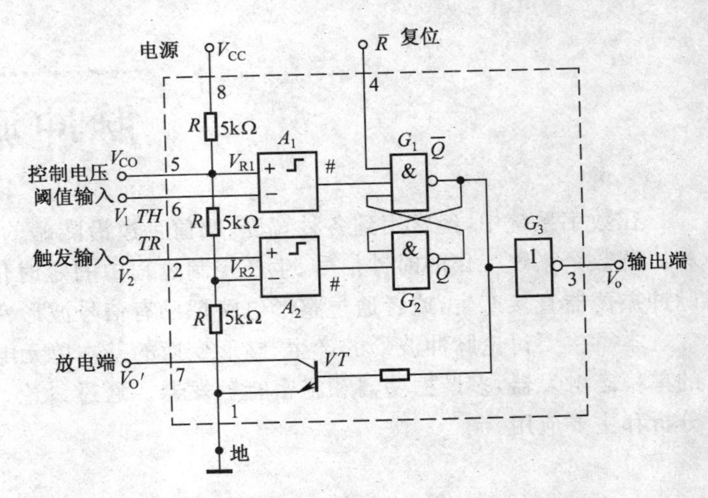

555 定时器功能表

输入			输出	
阈值输入 V_1	触发输入 V_2	复位 $\overline{R}$	泄放管 VT	输出 V_o
×	×	0	导通	0
$<\frac{2}{3}V_{CC}$	$<\frac{1}{3}V_{CC}$	1	截止	1
$>\frac{2}{3}V_{CC}$	$>\frac{1}{3}V_{CC}$	1	导通	0
$<\frac{2}{3}V_{CC}$	$>\frac{1}{3}V_{CC}$	1	不变	不变

图 13-1-2　555 定时器的内部结构及功能表

二、555 定时器的应用

1. 单稳态触发器

单稳态触发器在数字电路中一般用于定时（产生一定宽度的矩形波）、整形（把不规则的波形转换成宽度、幅度都相等的波形）以及延时（把输入信号延迟一定时间后输出）等。

单稳态触发器具有下列特点：

①电路有一个稳态和一个暂稳态。

②在外来触发脉冲作用下，电路由稳态翻转到暂稳态。

暂稳态是一个不能长久保待的状态，经过一段时间后，电路会自动返回到稳态。暂稳态的持续时间与触发脉冲无关，仅决定于电路本身的参数。图 13-1-3 所示是用 555 定时器构成的单稳态触发器电路及其工作波形。R、C 是外接定时元件；U_i 是输入触发信号，下降沿有效。接通电源 V_{CC} 后瞬间，电路有一个稳定的过程，即：电源 V_{CC} 通过电阻 R 对电容 C 充电，当 U_C 上升到 $2V_{CC}/3$ 时，比较器 A_1 的输出为 0，将基本 RS 触发器置 0，电路输出 $U_o=0$。这时基本 RS 触发器的 $\overline{Q}=1$，使放电管 VT 导通，电容 C 通过 VT 放电，电路进入稳定状态。当触发信

号 U_i 到来时，因为 U_i 的幅度低于 $V_{CC}/3$，比较器 A_2 的输出为 0，将基本 RS 触发器置 1，U_o 又由 0 变为 1。电路进入暂稳态。由于此时基本 RS 触发器的 $\overline{Q}=0$，放电管 VT 截止，V_{CC} 经电阻 R 对电容 C 充电。虽然此时触发脉冲已经消失，比较器 A_2 的输出变为 1，但充电继续进行，直到 U_C 上升到 $2V_{CC}/3$ 时，比较器 A_1 的输出为 0，将基本 RS 触发器置 0，电路输出 $U_o=0$，VT 导通，电容 C 放电，电路恢复到稳定状态。

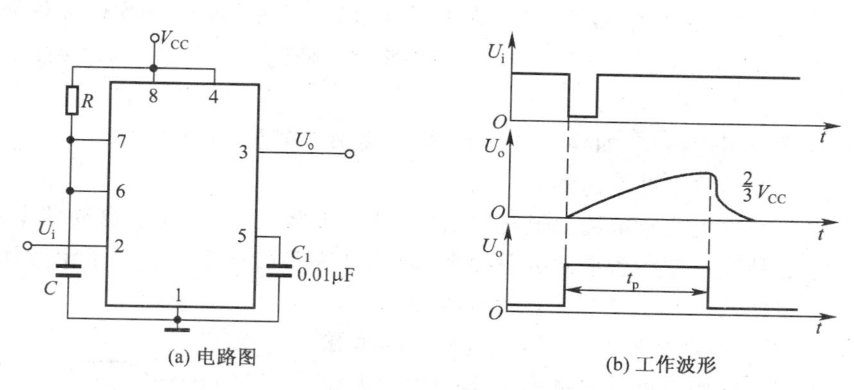

图 13-1-3　555 定时器构成的单稳态触发器及其波形图

忽略放电管 VT 的饱和压降，则 U_C 从 0 充电上升到 $2V_{CC}/3$ 所需的时间，即为 U_o 的输出脉冲宽度 t_w。

$$t_w=RC\ln\frac{V_{CC}}{V_{CC}-\frac{2}{3}V_{CC}}=RC\ln 3\approx 1.1RC$$

单稳态触发器应用很广，如延时与定时、波形整形等。

2. 施密特触发器

施密特触发器一个最重要的特点，就是能够把变化非常缓慢的输入脉冲波形整形成为适合于数字电路需要的矩形脉冲，而且由于具有滞回特性，所以抗干扰能力也很强。施密特触发器在脉冲的产生和整形电路中应用很广。

将 555 定时器的 TH 端和 $\overline{TR}$ 端连接起来作为信号 U_i 的输入端，便构成了施密特触发器，如图 13-1-4 所示。555 定时器中放电晶体管 VT 的集电极引出端通过电阻 R 接电源 V_{CC}，也为输出端 U_{o1}，其高电平可通过改变 V_{CC} 进行调节；U_o 是 555 定时器的信号输出端。

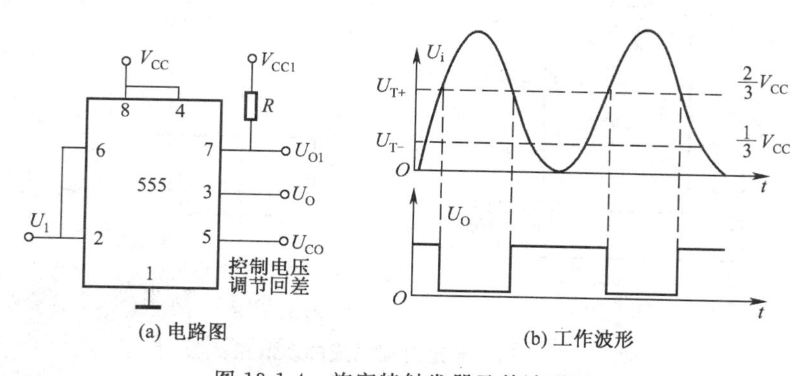

图 13-1-4　施密特触发器及其波形图

①当 $U_i=0$ 时，由于比较器 A_1 输出为 1，A_2 输出为 0，基本 RS 触发器置 1，即 $Q=1$、$\overline{Q}=0$、$U_{o1}=1$、$U_o=1$，U_i 升高时，在未到达 $2\ V_{CC}/3$ 以前，$U_{o1}=1$、$U_o=1$ 的状态不会改变。

②U_i 升高到 $2\ V_{CC}/3$ 时，比较器 A_1 输出跳变为 0、A_2 输出为 1，基本 RS 触发器置 0，即跳变到 $Q=0$、$\overline{Q}=1$、U_{o1}、U_o 也随之跳变到 0。此后，U_i 继续上升到最大值，然后再降低，但在未降低到 $V_{CC}/3$ 以前，$U_{o1}=0$、$U_o=0$ 的状态不会改变。

③U_i 下降到 $V_{CC}/3$ 时，比较器 A_1 输出为 1、A_2 输出跳变为 0，基本 RS 触发器置 1，即跳变到 $Q=1$、$\overline{Q}=0$，U_{o1}、U_o 也随之跳变到 1。此后，U_i 继续下降到 0，但 $U_{o1}=1$、$U_o=1$ 的状态不会改变。

施密特触发器的用途很广，如接口与整形，幅度鉴别和多谐振荡器。

3. 用 555 定时器构成多谐振荡器

多谐振荡器是一种无稳态电路。通电以后，无须外加触发信号，就能自动地不断翻转，产生矩形波。由于这种矩形波中含谐波分量很多，因此称为多谐振荡器。为了定量地描述矩形脉冲的特性。经常使用图 13-1-5 所示的几个参数指标。

脉冲周期 T 周期性重复的脉冲序列中，相邻两个脉冲之间的时间间隔。T 的倒数称重复频率 f，即 $f=1/T$ 。

脉冲幅度 V_m：脉冲电压的最大变化幅度。

脉冲宽度 t_w：脉冲电压上升到 $0.5\ V_m$ 到脉冲电压下降到 $0.5\ V_m$ 的时间间隔。

上升时间 t_r：脉冲电压的上升沿从 $0.1\ V_m$ 上升到 $0.9\ V_m$ 所需的时间。

下降时间 t_f：脉冲电压的下降沿从 $0.9\ V_m$ 下降到 $0.1\ V_m$ 所需的时间。

图 13-1-5　矩形脉冲的主要参数

占空比 q ：脉冲宽度 t_w 与脉冲周期 T 的比值。

对于有特殊要求的波形，可增加相应的参数来描述。

①电路组成。图 13-1-6 (a) 是用 555 定时器构成的多谐振荡器。其工作波形如图 13-1-6 (b) 所示。图 13-1-6 中 $\overline{R}$ 端 4 接高电平，阀值输入端 6 与触发输入端 2 短接，R_1、R_2 和 C 是外接定时元件。0.01 μF 电容是滤波电容。

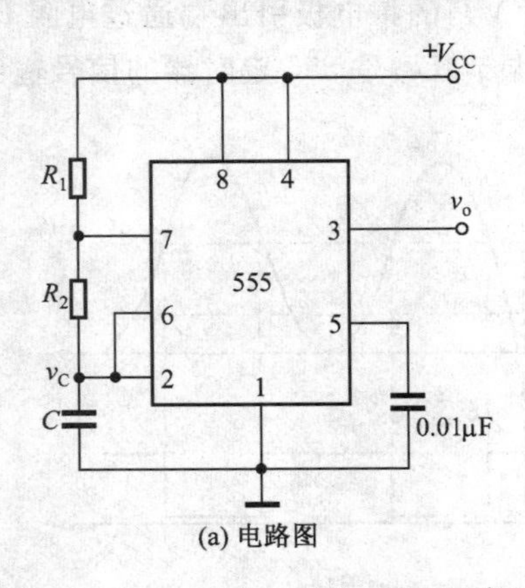

(a) 电路图

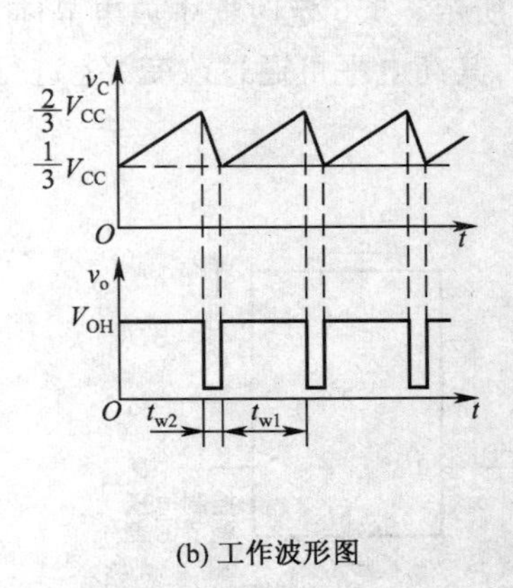

(b) 工作波形图

图 13-1-6　用 555 定时器构成的多谐振荡器

②工作原理。接通电源后，V_{CC} 通过 R_1、R_2 给 C 充电，v_c 逐渐上升。当 v_c 升到 $2\ V_{CC}/3$

时，比较器 A_1 输出低电平，555 内部 RS 触发器被复位，VT 导通，输出 $v_0=0$，之后电容 C 通过 R_2 和 VT 放电. 使 v_c 下降。当 v_c 下降到 $1\ V_{CC}/3$ 时，比较器 A_2 输出低电平，555 内 RS 触发器又被置位，输出 $v_o=1$ 变为高电平。这时 VT 截止，电容 C 再次充电。如此周而复始，在输出端得到一个周期性的矩形脉冲。

由上述分析可知，电容 C 充电时，v_c 从 $V_{CC}/3$ 充电到 $2\ V_{CC}/3$，暂稳态持续时间为

$$t_{w1}=(R_1+R_2)C\ln\frac{V_{CC}-\frac{1}{3}V_{CC}}{V_{CC}-\frac{2}{3}V_{CC}}=0.7(R_1+R_2)C$$

电容 C 放电时，v_c 从 $2\ V_{CC}/3$ 降到 $V_{CC}/3$，暂稳态持续的时间为：

$$t_{w2}=R_2C\ln\frac{\frac{2}{3}V_{CC}}{\frac{1}{3}V_{CC}}=0.7\ R_2C$$

因此求得输出矩形脉冲的周期 T、重复频率 f、占空比 q 分别为

$$T=t_{w1}+t_{w2}=0.7(R_1+2R_2)C$$

$$f=\frac{1}{T}=\frac{1.43}{(R_1+2R_2)C}$$

$$q=\frac{t_{w1}}{T}=\frac{R_1+R_2}{R_1+2R_2}$$

由 q 可知，该多谐振荡器产生的矩形脉冲，其占空比大于 50% 。

如果将电路改成如图 13-1-7 所示，利用 VD_1，VD_2 将电容 C 充放电回路分开，再加上电位器调节，就构成了占空比可调的多谐振荡器。图 13-1-7 中 V_{CC} 通过 R_A，VD_1 向电容 C 充电，其充电时间为 $t_{w1}=0.7\ R_AC$ 。电容 C 通过 R_B，VD_2 及 V_1 放电，放电时间为 $t_{w2}=0.7\ R_BC$。则输出矩形脉冲的周期、重复频率及占空比为：

$$T=0.7(R_1+R_2)C$$

$$T=\frac{1}{T}=\frac{1.43}{(R_A+R_B)C}$$

$$q=\frac{R_A}{R_A+R_B}$$

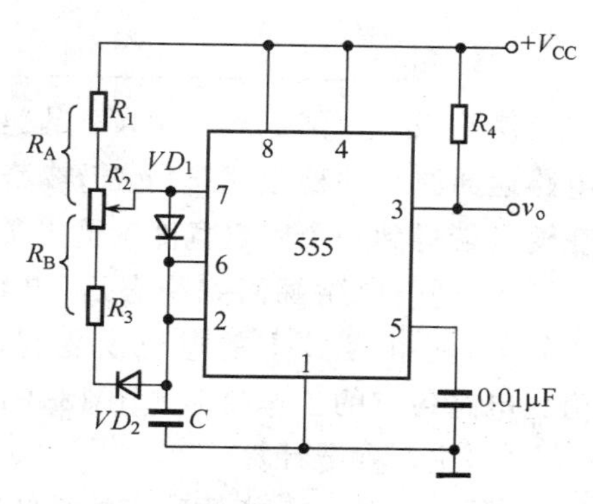

图 13-1-7 占空比可调的方波发生器

第二节 集成门构成的脉冲单元电路

一、单稳态触发器

1. 微分型单稳态触发器

用集成门构成的单稳态触发器，分为积分型和微分型两大类，二者的区别在于 RC 定时电路的连接方式不同。现以微分型单稳态触发器为例分析讨论。

(1)电路组成

微分型单稳态触发器可由与非门(或非门)组成。图 13-2-1(a)所示电路是由 TTL 与非门构成的微分型单稳态触发器。其中 G_1 和 G_2 是 TTL 与非门。从 G_1 到 G_2 用 RC 微分电路耦

合，从 G_2 到 G_1 为直接耦合。R_d，C_d 构成输入微分电路，其作用为将宽脉冲变为双尖脉冲。

(2)工作原理

①稳态：输入端无信号触发，或触发输入 v_i 为高电平。为保证微分型单稳态触发器的正常工作，需合理选择 R_d 和 R 值，使 $R_d > R_{on}$（开门电阻），$R < R_{off}$（关门电阻）。因此 $v_{o1}=0$，$v_{o2}=1$，触发器处于稳定状态. 此时 v_d 被箝位在 1.4(V)。

②触发翻转：v_i 下跳变时，经 R_d、C_d 微分，v_d 产生负尖峰脉冲，v_{o1} 正跳变为高电压。由于电容 C 两端的电压不能突变，v_R 也正跳变为高电平（v_R 正跳变的幅值近于 v_{o1} 正跳变的幅值），使 v_{o2} 输出低电平，电路进入暂稳态。v_{o2} 反馈到 G_1 输入端（此时 v_d 被箝位在 0.3 V），使 v_i 信号撤除后，仍维持 $v_{o1}=1$，$v_{o2}=0$ 不变。

③自动返回：暂稳态期间，电源经电阻只和 G_1 门的输出电阻 R_o（约 100 Ω）给 C 充电，随着充电时间的增加，电容 C 的电荷逐渐增多，v_R 指数规律下降。当 v_R 降到阀值（门坎）电平 V_T 时，电路发生正反馈（此时触发脉冲已撤除）：

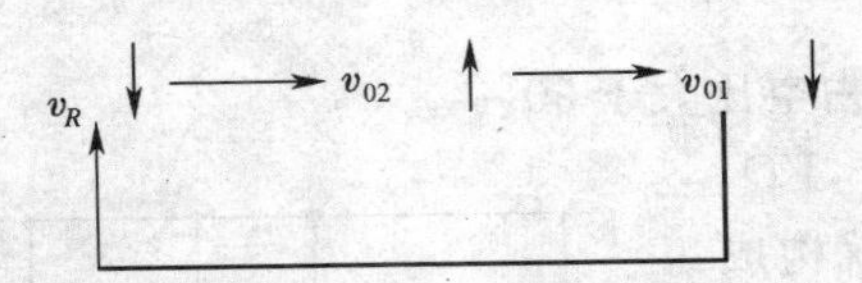

使 G_1 迅速导通，$v_{o1}=0$；G_2 迅速截止，$v_{o2}=1$。电路返回原来的稳定状态（v_d 仍被箝位在 1.4 V）；在输出端得到一个固定宽度的输出负脉冲。

④恢复：电路翻回到稳态后，电容 C 通过电阻 R 放电，使电容 C 上的电压恢复到稳态时的初始值。电路各点的工作波形如图 13-2-1(b)所示。

(a) 电路图

(b) 工作波形

图 13-2-1　TTL 与非门构成的微分型单稳态触发器

(3)主要参数计算

①脉冲宽度 t_w：指暂稳态的维持时间. 可根据电容 C 在充电过程中 v_R 的波形进行估算。代入电路中给定参数值可得

$$t_w=\tau_1 \ln \frac{v_R(\infty)-v_R(0_+)}{v_R(\infty)-v_R(t_w)}$$

$$=(R+R_o)C \ln\left(\frac{R}{R+R_o}\cdot\frac{V_{oH}}{V_T}\right)\approx 0.7(R+R_o)C$$

②恢复时间 t_{re}：指暂稳态结束后，电容 C 开始放电至电路恢复到初始状态的时间，一般需要经过(3-5)τ_2 的时间，取 $t_{re}=3\tau_2$。

③分辨时间 t_d：是在保证电路正常工作的前提下，允许两个相邻触发脉冲间的最小时间间隔，即 $t_d=t_w+t_{re}$。因此，可得电路的最高重复频率 f_{max} 为

$$f_{max}=\frac{1}{t_d}=\frac{1}{t_w+t_{re}}$$

2.集成单稳态触发器

由于单稳态触发器在数字系统中的应用日益广泛，在 TTL 和 CMOS 集成电路产品中都产生了单片集成的单稳态触发器。因为电路单元都做在同一芯片上，故温度漂移小，稳定性高，外接元件少，功能灵活，抗干扰能力强。常用的 TTL 集成单稳态触发器有非重复触发的 74121，74221，74LS221 和可重复触发的 74123，74LS123，74122，74LS122 等。CMOS 集成单稳态触发器有非重复触发的 74HC123 和可重复触发的 14528 等。

下面介绍 74121 集成单稳态触发器。

(1)电路组成

74121 集成单稳态触发器内部电路如图 13-2-2 所示。主要由触发输入、窄脉冲形成、基本单稳态触发器和输出电路四部分组成，其中 G_1 和 G_2 构成触发输入，实现上升沿或下降沿触发控制。G_3 和 G_4 构成 RS 触发器，当电路有触发输入时，使 G_5 输出一个很窄的正脉冲。G_6，G_7 和 RC 构成微分型单稳态触发电路。G_8 和 G_9 构成输出级。

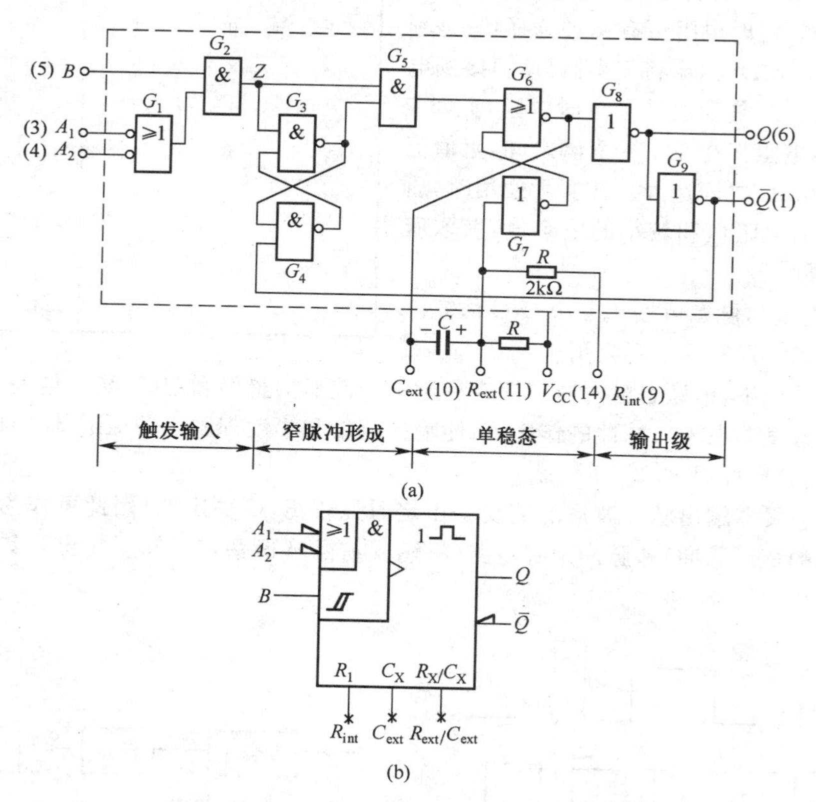

图 13-2-2　74121 集成单稳态触发器

(2)工作原理

无触发输入时，电路处于稳定状态，$Q=0$，$\overline{Q}=1$。若因各种随机因素，使电路输出 $Q=1$，则由于电路内部反馈，迅速使 Q 回复到 $Q=0$ 的稳态。因为，若 $Q=1$，$\overline{Q}=0$，则 RS 触发器的 G_4 输出为 1，此时无论 Z 点为高电平还是低电平，G_5 输出必定为 0。又 G_7 的输入经 R 接 V_{CC}，使 G_7 输出为 0 。由 G_6 两个输入端均为 0，使 G_6 输出为 1，因此电路回复到 $Q=0$ 的稳定状态。

当电路由于外触发使 Z 点产生由 0 到 1 的正跳变时，G_5 输出也产生正跳变，使单稳态触发器翻转为$Q=1$,$\overline{Q}=0$,电路进入暂稳态。$\overline{Q}=0$又使RS触发器的G_3输出为0,从而使G_5输出一个窄脉冲。所以RS触发器称为窄脉冲形成电路。

此后,经过电容的充放电,电路又自动返回到稳定状态,$Q=0$,$\overline{Q}=1$。

(3)触发与定时

①触发方式:74121集成单稳态触发器共有三个触发输入端,在下述两种情况下电路可由稳态翻转到暂稳态。

若两个A输入中有一个或两个为低电平,则B发生由0到1的正跳变;

若A,B全为高电平,则A输入中有一个或两个产生由1到0的负跳变。

74121的功能表如表13-1所示。

表 13-1

输入			输出	
A_1	A_2	B	Q	$\overline{Q}$
0	×	1	0	1
×	0	1	0	1
×	×	0	0	1
1	1	×	0	1
1	↓	1	⊓	⊔
↓	1	3	⊓	⊔
↓	↓	1	⊓	⊔
0	×	↑	⊓	⊔
×	0	↑	⊓	⊔

②定时:单稳态触发器的定时,由定时元件R,C的数值决定。其中定时电容(外接)连接在芯片的10和11引脚之间(用电解电容时注意图中极性)。定时电阻可有两种选择:一是利用内部电阻(2 kΩ),只需将9引脚(R_{int})接到电源V_{CC}(14脚);二是采用外接定时电阻,此时9引脚应悬空,电阻接在11,14引脚之间,阻值范围在1.4~30 kΩ之间选择。在实际使用时,通常选取较大的电阻值和较小的电容值,获取所需的时间常数。

74121的输出脉宽可按$t_w=0.7RC$估算。

3.单稳态触发器的主要应用

在数字系统中,单稳态触发器广泛应用于脉冲波形的整形和定时、延时电路。

单稳态触发器在输入脉冲的作用下,能输出宽度和幅度都固定的矩形脉冲,因此可用于脉冲的整形,其波形如图13-2-3所示。

单稳态触发器输出脉冲波形的宽度是由定时元件R,C决定的,因此可作为定时电路(产生一定宽度的矩形脉冲)和脉冲延时电路(将输入信号延迟一定时间后输出),其波形如图13-2-4所示。

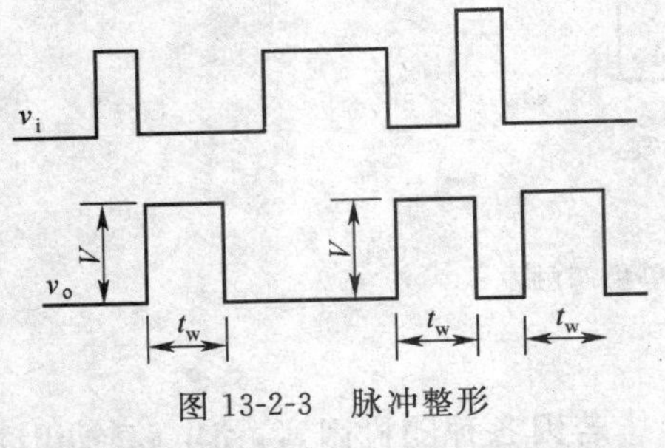

图 13-2-3 脉冲整形

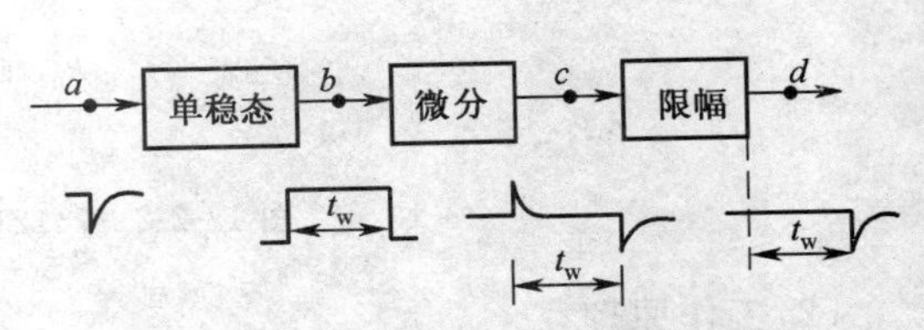

图 13-2-4 单稳态触发器用于定时延时

此外,利用单稳态触发器还可以构成脉宽鉴别电路和方波产生电路等。

二、多谐振荡器

1.自激多谐振荡器

由CMOS反相器构成的自激多谐振荡器如图13-2-5(a)所示。由单稳触发器的分析过程可知，电路由暂稳态返回到稳态，是由电容 C 充放电来实现的。多谐振荡器的两种状态都是不稳定的，是暂稳态。可见，控制多谐振荡器状态翻转的仍然是电容 C 的充放电作用。因此，在分析多谐振荡器工作过程中，要特别注意 v_i 的电位变化。图 13-2-5(b)为电路的工作波形图。

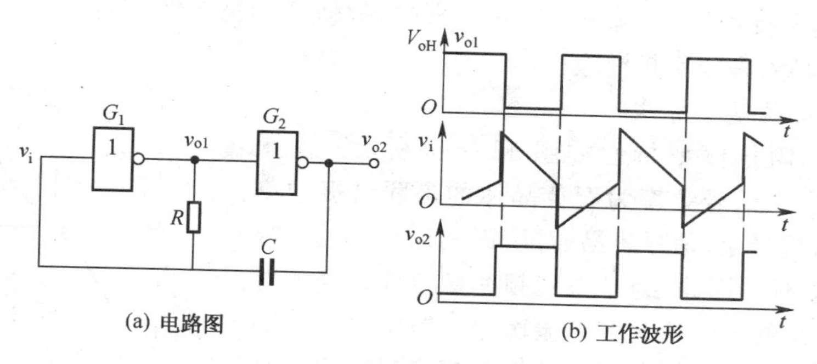

图 13-2-5　多谐振荡器

(1)工作原理

①第一暂稳态及自动翻转。接通电源后，电路处于何种状态是随机的。假设电路处于 $v_{o1}=1, v_{o2}=0$ 的状态，则称为第一暂稳态。此时电源 V_{DD} 经 G_1 的导通管(P 管)、R 和 G_2 的导通管(N 管)给电容 C 充电，如图 13-2-6 所示。随着充电的进行，v_i 上升。当 v_i 上升到 V_{th} 时，电路发生正反馈过程：

$$v_i\uparrow \longrightarrow v_{o1}\downarrow \longrightarrow v_{o2}\uparrow$$

结果使 G_1 迅速导通，G_2 迅速截止，电路进入第二暂稳态，即 $v_{o1}=1, v_{o2}=0$ 。

②第二暂稳态及自动翻转。电路进入第二暂稳态瞬间，v_{o2} 由 0 上跳到 $V_{DD}+V_{th}$。又由于保护二极管的箝位作用，使 v_i 略高于 V_{DD}。此后，电容 C 通过 G_2 的导退管(P 管)、G_1 的导通管(N 管)和电阻 R 放电。随着 C 放电，v_i 下降，当 v_i 下降到 V_{th} 时，电路又发生正反馈过程：

$$v_i\downarrow \longrightarrow v_{o1}\uparrow \longrightarrow v_{o2}\downarrow$$

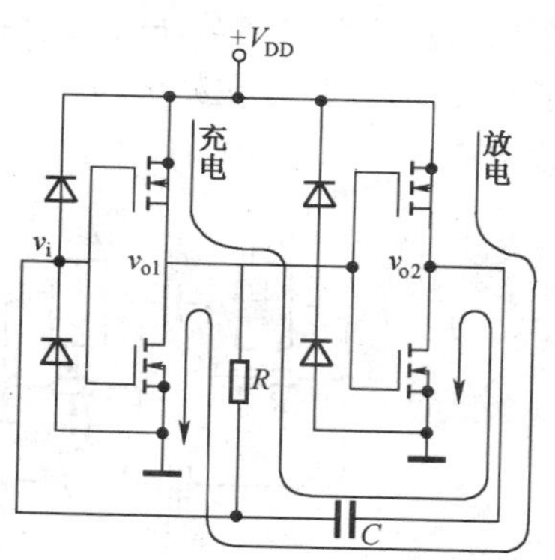

图 13-2-6　振荡器充放电原理

结果又使 G_1 迅速截止，G_2 迅速导通，电路又返回到第一暂稳态，即 $v_{o1}=1, v_{o2}=0$。此后，电路又重复第一暂稳态过程，如此周而复始，电路不断地自动翻转形成振荡，输出周期性方波。

(2)振荡周期

由上述分析可知，振荡过程中电路状态的改变主要取决于电容 C 的充放电，转换时间取决于 v_i 的数值。因此可根据 v_i 的几个特征值，估算 t_{w1}，t_{w2}。

①t_{w1} 的估算 。对应第一暂稳态：

$$t_{w1}\approx 0.7\ RC$$

②t_{w2} 的估算。对应第一暂稳态：

$$t_{w2}\approx 0.7\ RC$$

电路的振荡周期

$$T=t_{w1}+t_{w2}\approx 1.4\ RC$$

2. 石英晶体多谐振荡器

在许多应用场合，对多谐振荡器频率的稳定性和精度有比较严格的要求，如多谐振荡器作为数字钟的脉冲源使用时，就要求频率十分稳定。用一般门电路或定时器构成的多谐振荡器，其频率稳定性较差，因为这些振荡器的振荡频率不仅取决于时间常数 RC，还与阀值电压有关。由于 VT 容易受温度、电源电压变化的影响，致使频率稳定性不高，因此在要求频率稳定性较高的场合，必须采取稳频措施。

(1)石英晶体的基本特性

石英晶体的阻抗频率特性如图 13-2-7 所示。由图 13-2-7可见，只有当信号频率为石英晶体的串联谐振频率 f_s 时，其等效阻抗最小，信号容易通过，而其他频率的信号都会被晶体所衰减。因此，为了得到频率稳定性很高的时钟脉冲，普遍采用的方法是在多谐振荡器电路中接入石英晶体，组成石英晶体多谐振荡器。其振荡频率只决定于晶体本身的串联谐振频率 f_s，而与 RC 数值无关。

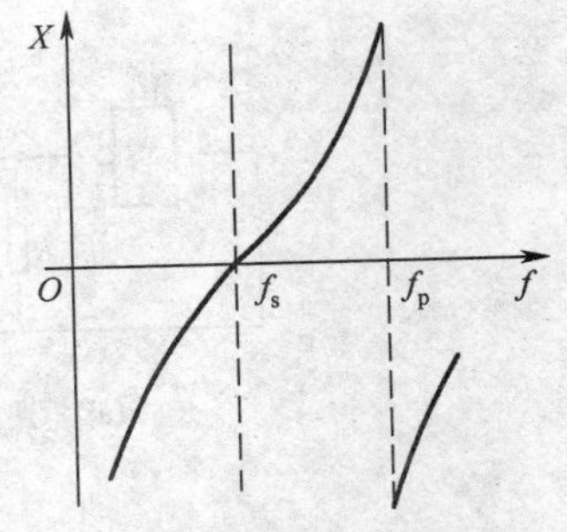

图 13-2-7　石英晶体阻抗频率特

(2)石英晶体多谐振荡器

图 13-2-8 电路是一种用石英晶体稳频的 TTL 多谐振荡器。图中在两个反相器 G_1 和 G_2 的输入、输出间并联电阻 R，其作用是使反相器工作在线性放大区。对 TTL 门，R 的阻值通常在 0.7～2 kΩ 之间选用；对 CMOS 门，R 的阻值常在 10～100 MΩ 之间选取。电容 C_1 用于两个反相器的级间耦合，电容 C_2 用于抑制高次谐波。由于在两级正反馈电路的耦合支路中串入了石英晶体，只有在频率为 f_s 时满足起振条件，使振荡器振荡，输出矩形脉冲，这种振荡器的频率稳定性可达 10^{-7} 以上。

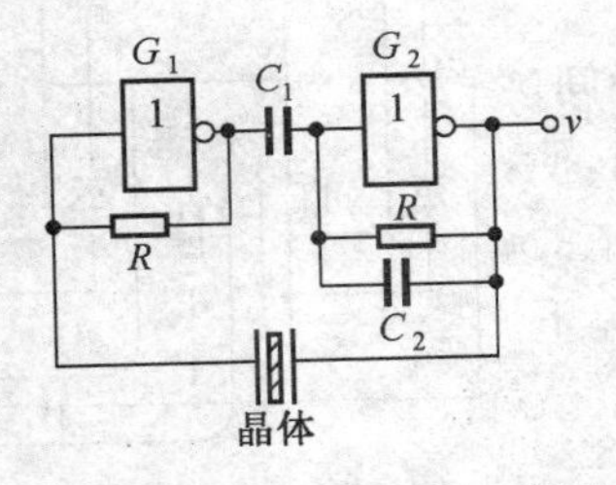

图 13-2-8　石英晶体多谐振

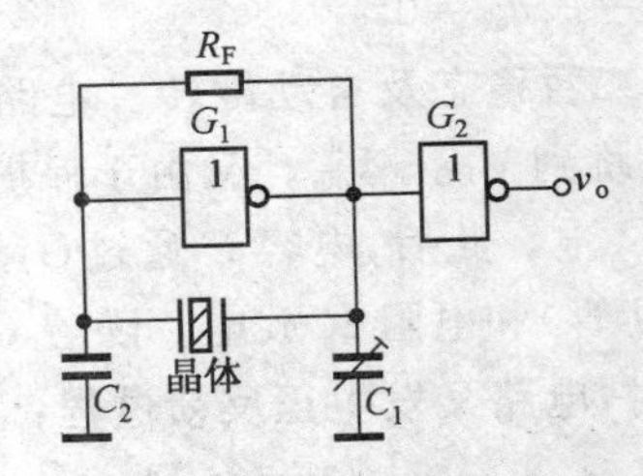

图 13-2-9　CMOS 石英晶体多谐振荡

在实际应用中，为了改善输出波形和增加带负载的能力，通常在输出端再加一级反相器。

图 13-2-9 电路是 CMOS 石英晶体多谐振荡器。其特点和 TTL 石英晶体振荡器相同，振荡频率基本上决定于石英晶体的谐振频率。其中 G_1 用于振荡，G_2 用于缓冲整形。R_F 为反馈电阻(10～100 MΩ)，使 G_1 处于放大状态。C_1 是频率微调电容，取 5～35 pF。C_2 是温度特性校正电容，可取 20～40 pF，C_1，C_2 与晶体共构成 π 型网络，完成对振荡器的控制，并提供必要的 180°相移。

由于石英晶体振荡器有很高的频率稳定度，因此常用于电子手表、电子钟及其他要求准确的定时设备中。

三、施密特触发器

施密待触发器可以用门电路构成，也可以做成单片集成电路产品。

1. 门电路施密特触发器和集成施密特触发器

(1)用两级 CMOS 反相器构成的施密特触发器如图 13-2-10(a)所示，图中 v_i 通过 R_1，R_2 的分压来控制门的状态。

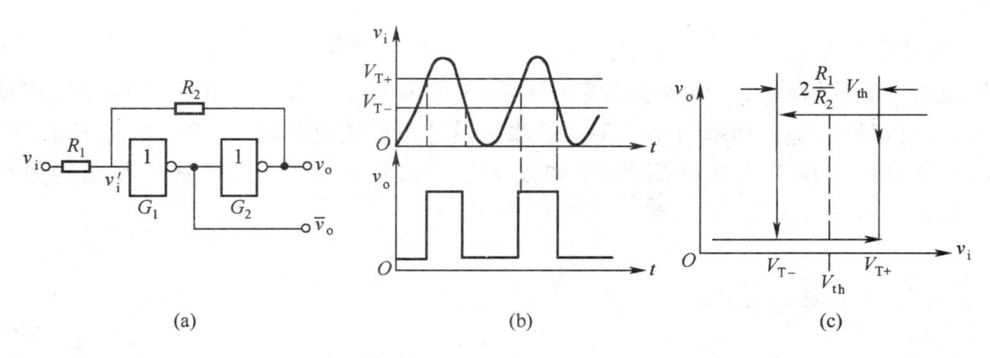

图 13-2-10　CMOS 施密特触发器

(a)电路图(b)工作波形(c)电压传输特性

当 $v_i=0$ 时，G_1 截止，$\overline{v}_o=V_{DD}$，G_2 导通，$v_o=0$ 。

当 v_i 逐渐上升时，v'_i 也逐渐上升，只要 $v'_i<V_{th}$，电路维持 $v_o=0$ 的稳定状态。

当 v_i 逐渐上升到使 $v'_i\geqslant V_{th}$时，G_1 导通，$v_o=0$，G_2 截止，触发器状态反转，输出 $v_o=V_{DD}$，此时的 v_i 值即为施密特触发器的上限阀值电压 V_{T+}，其值为：

$$V_{T+}=\left(1+\frac{R_1}{R_2}\right)V_{th}$$

当 v_i 由最大值逐渐下降时，只要 $v'_i>V_{th}$，电路就维持 $v_o=V_{DD}$的稳定状态不变。

当 v_i 下降到使 $v'_i\leqslant V_{th}$时，则 G_1 截止，G_2 导通，电路再次翻转，输出 $v_o=0$ 。此时的 v_i 值即为施密特触发器的下限阀值电压 V_{T-}，其值为：

$$V_{T-}=\frac{R_1+R_2}{R_2}V_{th}-\frac{R_1}{R_2}V_{DD}$$

在 CMOS 电路中，一般满足 $V_{th}\approx\frac{1}{2}V_{DD}$所以回差电压为：

$$\Delta V_T=V_{T+}-V_{T-}=2\cdot\frac{R_1}{R_2}V_{m}$$

可见 ΔV_T 与 R_1/R_2 成正比，改变 R_1、R_2的数值可调整回差电压大小。

若 v_i 为正弦波，则输出为矩形波。工作波形如图 13-2-10(b)所示。电压传输特性如图 13-2-10(c)所示。从图中可见，特性曲线的滞回区以 $V_{th}\approx\frac{1}{2}V_{DD}$为中点，向两侧各延伸$\frac{R_1}{R_2}V_{th}$。

(2)出于集成施密特触发器性能良好，触发阀值稳定，因此得到广泛应用，集成施密特触发器有 TTL 六施密特反相器 7414、74LS14 和施密特二输入四与非门 CCl4093 等。

2. 施密特触发器的主要应用

(1)脉冲波形变换

利用施密持触发器，可以把边沿变化缓馒的周期性信号变换为矩形脉冲。如可将正弦波、三角波变换为矩形波。

(2)脉冲波形整形

由于施密特触发器具有回差特性，因此无论输入什么样的电压波形，只要输入信号幅度满

足 V_{T+}、V_{T-} 的要求，其输出总是矩形波。即施密特触发器能够把一些不规则的输入电压波形整形为数字系统所需要的脉冲波形，如图 13-2-11 所示。但回差电压必须选择适当，否则不仅不能达到整形的目的，还会增加顶部干扰。在很多情况下，施密特触发器可以作为数字系统的接口电路使用。

(3)脉冲幅度鉴别

当施密特触发器输入一串幅度不等的脉冲时，只有幅度大于 V_{T+} 的脉冲能使施密持触发器翻转，输出矩形脉冲。而幅值小于 V_{T+} 的输入脉冲不能使电路动作，输出状态不变.可见，施密特触发器可用于阈值电压探测器，把幅度大于 V_{T+} 的脉冲选出，有脉冲鉴幅能力。如图 13-2-12所示。

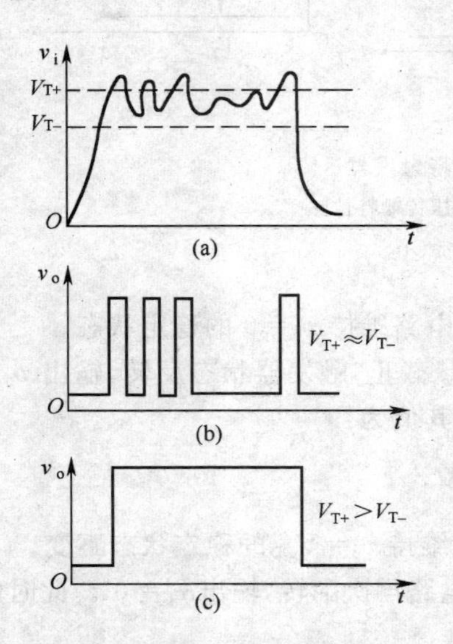

图 13-2-11　施密特触发器整形作用

(a)具有顶部干扰的输入信号　(b)回差近似为零的输出波形

(c)回差电压大于顶部干扰时的输出波形

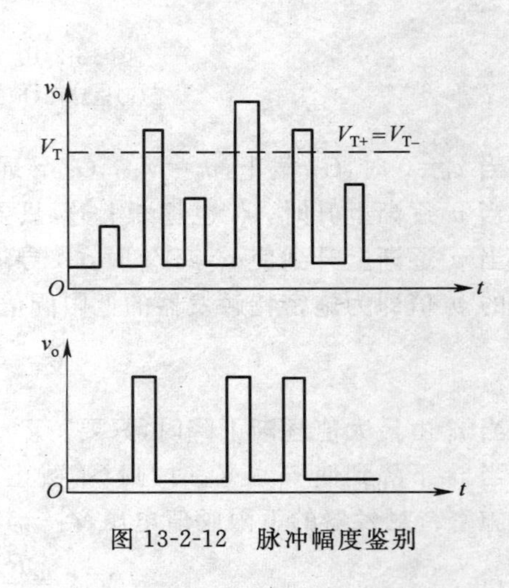

图 13-2-12　脉冲幅度鉴别

此外，采用施密特触发器外接定时元件时还可以构成单稳态触发器和多谐振荡器。

技能训练十三　555 时基电路及其应用

一、实训目的

1. 熟悉 555 型集成时基电路结构、工作原理及其特点。
2. 掌握 555 型集成时基电路的基本应用。

二、工作原理

集成时基电路又称为集成定时器或 555 电路，是一种数字、模拟混合型的中规模集成电路，应用十分广泛。它是一种产生时间延迟和多种脉冲信号的电路，由于内部电压标准使用了三个 5 kΩ 电阻，故取名 555 电路。其电路类型有双极型和 CMOS 型两大类，二者的结构与工作原理类似。几乎所有的双极型产品型号最后的三位数码都是 555 或 556；所有的 CMOS 产品型号最后四位数码都是 7555 或 7556，二者的逻辑功能和引脚排列完全相同，易于互换。

555 和 7555 是单定时器。556 和 7556 是双定时器。双极型的电源电压 $V_{CC}=+5\sim+15$ V，输出的最大电流可达 200 mA，CMOS 型的电源电压为 $+3\sim+18$ V。

1. 555 电路的工作原理

555 电路的内部电路方框图如技图 13-1 所示。它含有两个电压比较器，一个基本 RS 触发器，一个放电开关管 VT，比较器的参考电压由三只 5 kΩ 的电阻器构成的分压器提供。它们分别使高电平比较器 A_1 的同相输入端和低电平比较器 A_2 的反相输入端的参考电平为 $2V_{CC}/3$ 和 $V_{CC}/3$。A_1 与 A_2 的输出端控制 RS 触发器状态和放电管开关状态。当输入信号自 6 脚，即高电平触发输入并超过参考电平 $2V_{CC}/3$ 时，触发器复位，555 的输出端 3 脚输出低电平，同时放电开关管导通；当输入信号自 2 脚输入并低于 $V_{CC}/3$ 时，触发器置位，555 的 3 脚输出高电平，同时放电开关管截止。

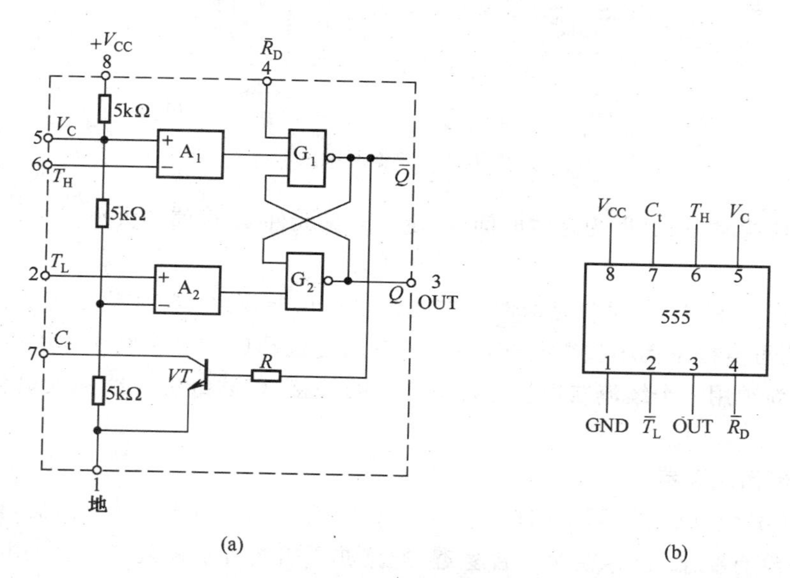

技图 13-1　555 定时器内部框图及引脚排列

$\overline{R}_D$ 是复位端(4 脚)，当 $\overline{R}_D=0$，555 输出低电平。平时 $\overline{R}_D$ 端开路或接 V_{CC}。

V_C 是控制电压端(5 脚)，平时输出 $2V_{CC}/3$ 作为比较器 A_1 的参考电平，当 5 脚外接一个输入电压，即改变了比较器的参考电平，从而实现对输出的另一种控制，在不接外加电压时，通常接一个 0.01 μF 的电容器到地，起滤波作用，以消除外来的干扰，以确保参考电平的稳定。

VT 为放电管，当 VT 导通时，将给接于脚 7 的电容器提供低阻放电通路。

555 定时器主要是与电阻、电容构成充放电电路，并由两个比较器来检测电容器上的电压，以确定输出电平的高低和放电开关管的通断。这就很方便地构成从微秒到数十分钟的延时电路，可方便地构成单稳态触发器，多谐振荡器，施密特触发器等脉冲产生或波形变换电路。

2. 555 定时器的典型应用

(1) 构成单稳态触发器

技图 13-2(a)为由 555 定时器和外接定时元件 R、C 构成的单稳态触发器。触发电路由 C_1、R_1、D 构成，其中 D 为钳位二极管，稳态时 555 电路输入端处于电源电平，内部放电开关管 VT 导通，输出端 F 输出低电平，当有一个外部负脉冲触发信号经 C_1 加到 2 端。并使 2 端电位瞬时低于 $V_{CC}/3$，低电平比较器动作，单稳态电路即开始一个暂态过程，电容 C 开始充电，

V_C 按指数规律增长。当 V_C 充电到 $2V_{CC}/3$ 时，高电平比较器动作，比较器 A_1 翻转，输出 V_o 从高电平返回低电平，放电开关管 T 重新导通，电容 C 上的电荷很快经放电开关管放电，暂态结束，恢复稳态，为下个触发脉冲的来到作好准备，波形图如技图 13-2(b)所示。

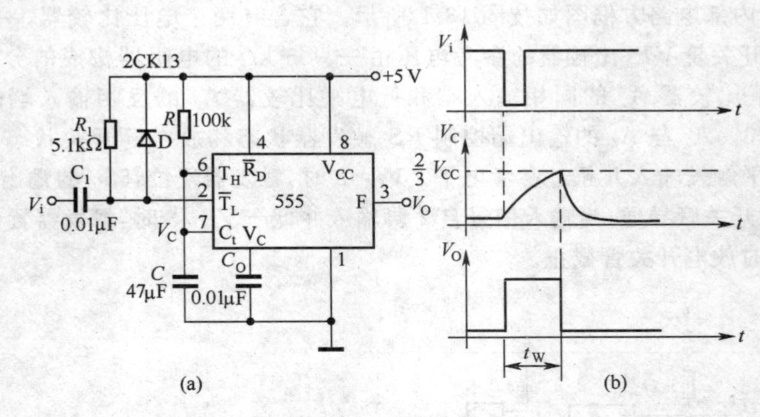

技图 13-2　单稳态触发器

暂稳态的持续时间 t_w（即为延时时间）决定于外接元件 R、C 值的大小。

$$t_w = 1.1\,RC$$

通过改变 R、C 的大小，可使延时时间在几微秒到几十分钟之间变化。当这种单稳态电路作为计时器时，可直接驱动小型继电器，并可以使用复位端（4 脚）接地的方法来中止暂态，重新计时。此外尚须用一个续流二极管与继电器线圈并接，以防继电器线圈反电势损坏内部功率管。

(2) 构成多谐振荡器

如技图 13-3(a)所示，由 555 定时器和外接元件 R_1、R_2、C 构成多谐振荡器，脚 2 与脚 6 直接相连。电路没有稳态，仅存在两个暂稳态，电路亦不需要外加触发信号，利用电源通过 R_1、R_2 向 C 充电，以及 C 通过 R_2 向放电端 C_t 放电，使电路产生振荡。电容 C 在 $V_{CC}/3$ 和 $2V_{CC}/3$ 之间充电和放电，其波形如技图 13-3 (b)所示。输出信号的时间参数是

$$T = t_{w1} + t_{w2}, \quad t_{w1} = 0.7(R_1 + R_2)C, \quad t_{w2} = 0.7\,R_2C$$

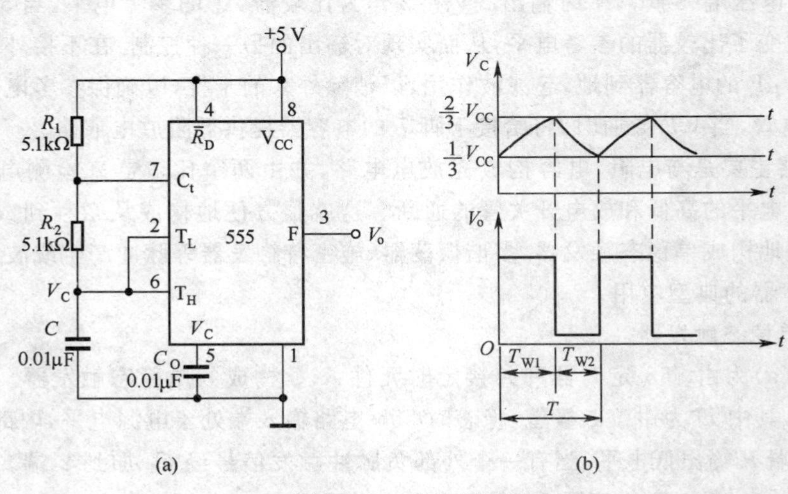

技图 13-3　多谐振荡器

555 电路要求 R_1 与 R_2 均应大于或等于 1 kΩ，但 R_1+R_2 应小于或等于 3.3 MΩ。

外部元件的稳定性决定了多谐振荡器的稳定性，555 定时器配以少量的元件即可获得较高精度的振荡频率和具有较强的功率输出能力。因此这种形式的多谐振荡器应用很广。

(3) 组成占空比可调的多谐振荡器

电路如技图 13-4 所示，它比技图 13-3 所示电路增加了一个电位器和两个导引二极管。VD_1、VD_2 用来决定电容充、放电电流流经电阻的途径（充电时 VD_1 导通，VD_2 截止；放电时 VD_2 导通，VD_1 截止）。

$$\text{占空比}\quad q=\frac{t_{w1}}{t_{w1}+t_{w2}}\approx\frac{0.7\,R_A C}{0.7C(R_A+R_B)}=\frac{R_A}{R_A+R_B}$$

可见，若取 $R_A=R_B$ 电路即可输出占空比为 50% 的方波信号。

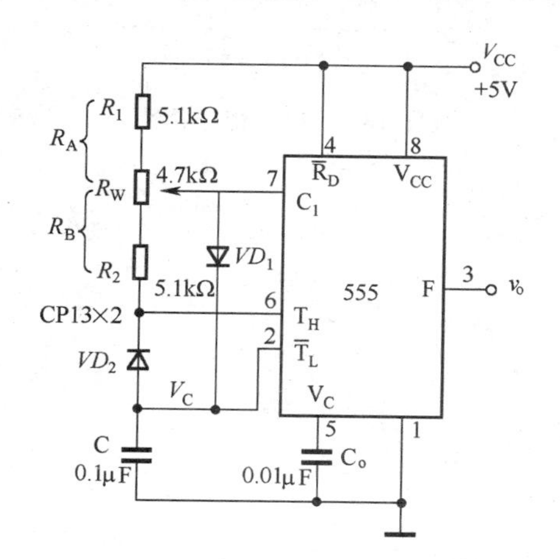

技图 13-4　占空比可调的多谐振荡器

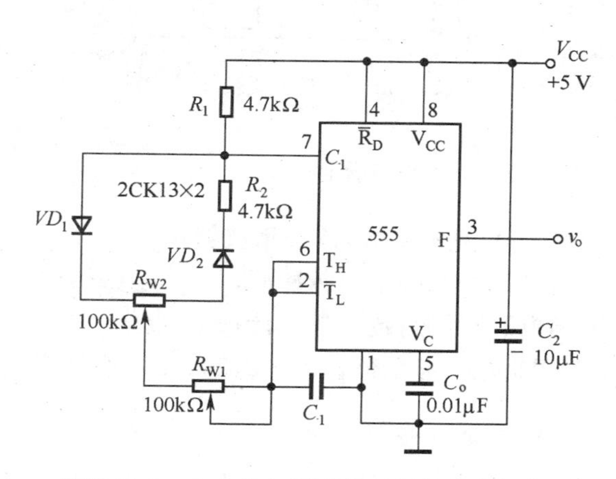

技图 13-5　占空比与频率均可调的多谐振荡器

(4) 组成占空比连续可调并能调节振荡频率的多谐振荡器

电路如技图 13-5 所示。对 C_1 充电时，充电电流通过 R_1、VD_1、R_{W2} 和 R_{W1}；放电时通过 R_{W1}、R_{W2}、VD_2、R_2。当 $R_1=R_2$、R_{W2} 调至中心点，因充放电时间基本相等，其占空比约为 50%，此时调节 R_{W1} 仅改变频率，占空比不变。如 R_{W2} 调至偏离中心点，再调节 R_{W1}，不仅振荡频率改变，而且对占空比也有影响。R_{W1} 不变，调节 R_{W2}，仅改变占空比，对频率无影响。因此，当接通电源后，应首先调节 R_{W1} 使频率至规定值，再调节 R_{W2}，以获得需要的占空比。

若频率调节的范围比较大，还可以用波段开关改变 C_1 的值。

(5) 组成施密特触发器

电路如技图 13-6 所示，只要将脚 2、6 连在一起作为信号输入端，即得到施密特触发器。技图 13-7 示出了 v_S，v_i 和 v_o 的波形图。

设被整形变换的电压为正弦波 v_s，其正半波通过二极管 VD 同时加到 555 定时器的 2 脚和 6 脚，得 v_i 为半波整流波形。当 v_i 上升到 $2\,V_{CC}/3$ 时，v_o 从高电平翻转为低电平；当 v_i 下降到 $V_{CC}/3$ 时，v_o 又从低电平翻转为高电平。

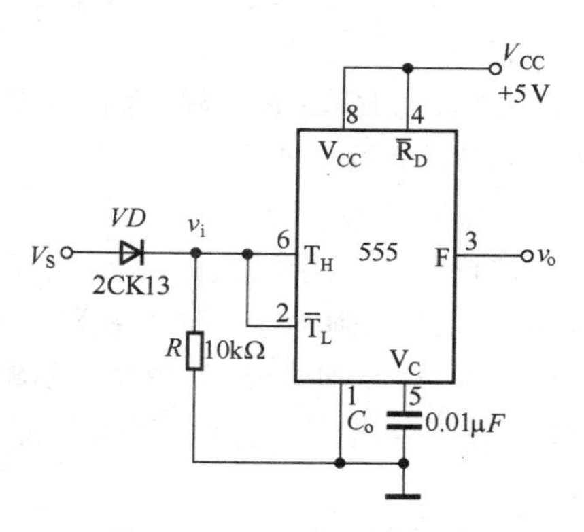

技图 13-6　施密特触发器

电路的电压传输特性曲线如技图 13-8 所示。

回差电压 $\Delta V = 2\,V_{CC}/3 - V_{CC}/3 = V_{CC}/3$

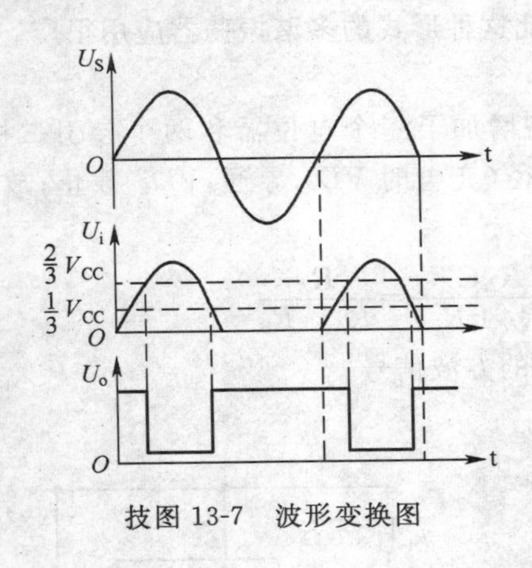

技图 13-7 波形变换图

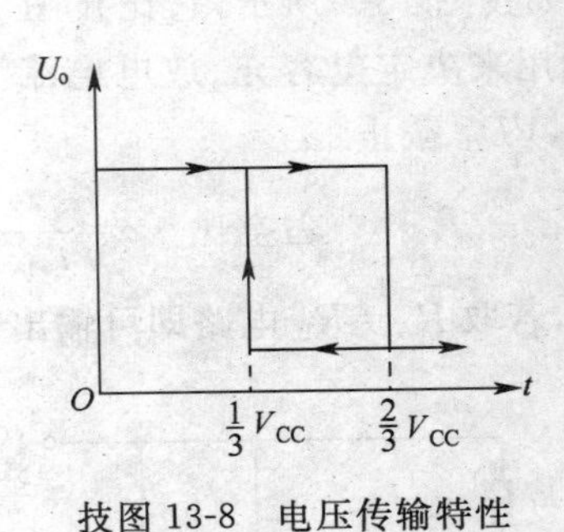

技图 13-8 电压传输特性

三、实训设备与器件

+5 V 直流电源；双踪示波器；

连续脉冲源；单次脉冲源；

音频信号源；数字频率计；

逻辑电平显示器；555×2、2CK13×2、电位器、电阻和电容若干。

四、实训内容与步骤

1. 单稳态触发器

(1) 按技图 13-2 连线，取 R=100 kΩ，C=47 μF，输入信号 v_i 由单次脉冲源提供，用双踪示波器观测 v_i，v_c，v_o 波形，测定幅度与暂稳时间。

(2) 将 R 改为 1 kΩ，C 改为 0.1 μF，输入端加 1 kHz 的连续脉冲，观测波形 v_i，v_c，v_o，测定幅度及暂稳时间。

2. 多谐振荡器

(1) 按技图 13-3 接线，用双踪示波器观测 v_c 与 v_o 的波形，测定频率。

(2) 按技图 13-4 接线，组成占空比为 50% 的方波信号发生器。观测 v_c，v_o 波形，测定波形参数。

(3) 按技图 13-5 接线，通过调节 R_{W1} 和 R_{W2} 来观测输出波形。

3. 施密特触发器

按技图 13-6 接线，输入信号由音频信号源提供，预先调好 v_S 的频率为 1 kHz，接通电源，逐渐加大 v_S 的幅度，观测输出波形，测绘电压传输特性，算出回差电压 ΔU。

4. 模拟声响电路

按技图 13-9 接线，组成两个多谐振荡

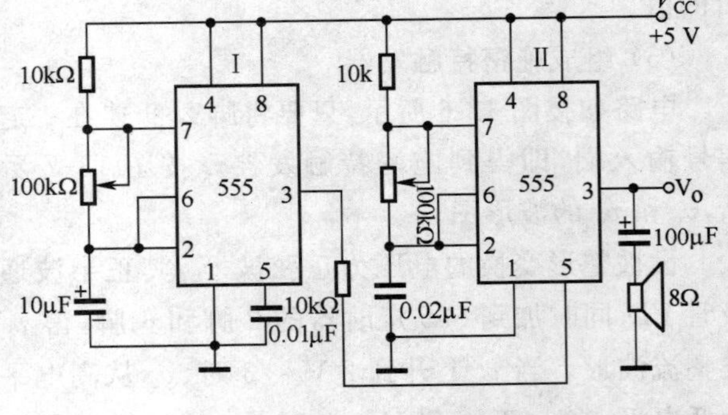

技图 13-9 模拟声响电路

器，调节定时元件，使Ⅰ输出较低频率，Ⅱ输出较高频率，连好线，接通电源，试听音响效果。调换外接阻容元件，再试听音响效果。

五、注意事项

1. 接插集成块时，要认清定位标记，不得插反。

2. 电源电压使用范围为＋4.5～＋5.5 V之间，实验中要求使用V_{CC}＝＋5 V。电源极性绝对不允许接错。

3. 输出端不允许并联使用(集电极开路门(OC)和三态输出门电路(3S)除外)。否则不仅会使电路逻辑功能混乱，并会导致器件损坏。

4. 输出端不允许直接接地或直接接＋5 V电源，否则将损坏器件，有时为了使后级电路获得较高的输出电平，允许输出端通过电阻R接至V_{CC}，一般取R＝3～5.1 kΩ。

5. 单稳态触发器的输入信号频率控制在500 Hz左右。

6. 施密特触发器的输入信号v_S的有效值为5 V左右。

六、思 考 题

1. 在555定时器构成的多谐振荡器中，其振荡周期和占空比的改变与哪些参数有关？若只需改变周期，而不改变占空比应调整哪个元件参数？

2. 555定时器构成的单稳态触发器的输出脉宽和周期由什么决定？

3. 为什么单稳态触发器要求输入触发信号的负脉冲宽度一定要小于输出信号的脉冲宽度？若输入触发信号的负脉冲宽度大于输出信号的脉冲宽度，该如何解决？

小 结

1. 本章主要介绍了单稳态触发器、多谐振荡器和施密特触发器等脉冲单元电路，它们可以用555定时器构成，也可以用集成门构成。

2. 用来产生矩形脉冲的多谐振荡器，无须外加输入信号，只要接近直流电源，就可自动产生矩形脉冲。在频率稳定性要求比较高的场合，需要采取稳频措施，一般在振荡电路中串入石英晶体，构成石英晶体多谐振荡器。其振荡频率只取决于晶体的谐振频率f_s，而与RC数值无关。

3. 单稳态触发器和施密持触发器是脉冲整形电路。它们虽然不能自动产生脉冲信号，但却能把其他形状的周期性信号变换成短形波，起到整形作用，为数字系统提供所需的矩形脉冲信号。集成单稳态触发器分为非重复触发和可重复触发两大类。在暂稳态期间，触发信号对非重复触发单稳态电路不起作用，而对可重复触发单稳态电路可连续触发。施密特触发器是电平触发的双稳态电路，实质上是具有滞后特性的逻辑门。

4. 脉冲部分的重要组成部分是RC电路，分析脉冲电路过渡过程的方法是波形分析法。关键在于根据电路的工作原理，正确画出电容充放电等效电路的各点的电压波形。

复习思考题与习题

1. 试用 555 定时器设计一个单稳态触发器，要求输出脉冲宽度在 1～10 s 的范围内连续可调。

2. 在题图 13-1 所示的电路中，若 $R_1=R_2=5.1\ \text{k}\Omega$，$C=0.01\ \mu\text{F}$，$C_1=12\ \text{V}$，试计算电路的振荡频率。

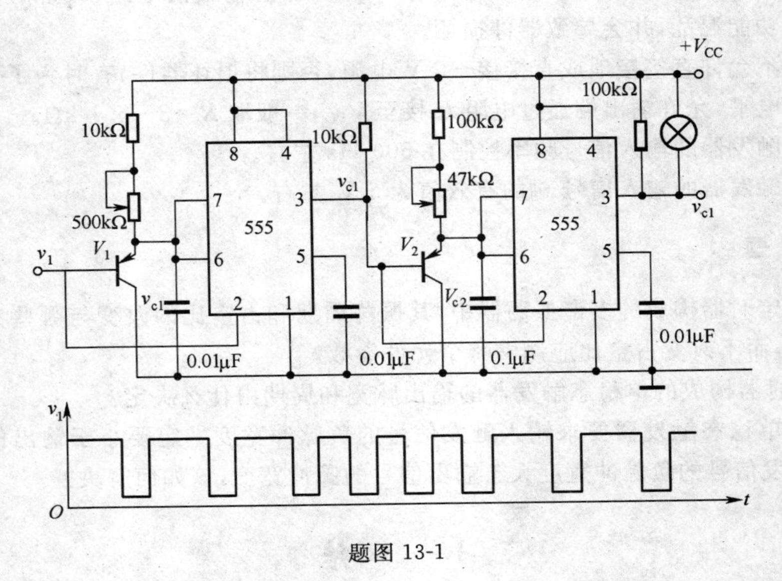

题图 13-1

3. 试用 555 定时器设计一个多谐振荡器，要求输出脉冲的振荡频率为 20 kHz、占空比等于 25%。

4. 在题图 13-2 由 555 定时器接成的施密特触发电路中，试问：

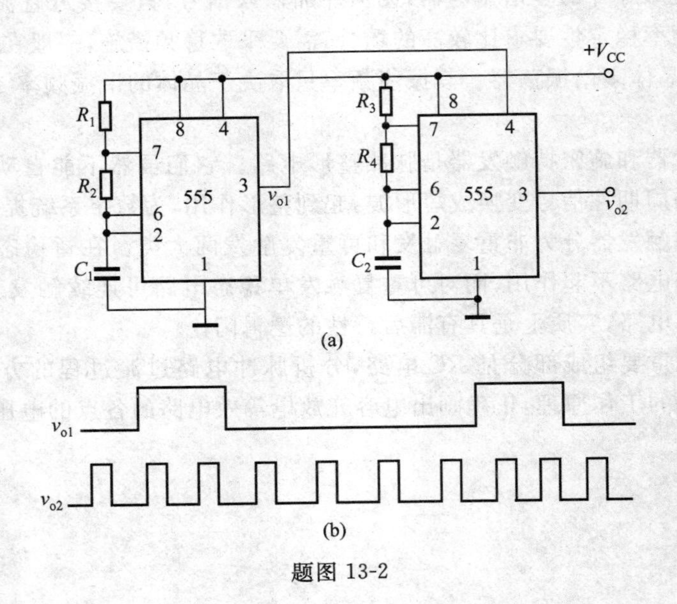

题图 13-2

(1)当 $V_{CC}=12$ V 而且没有外接控制电压时，V_{T+}，V_{T-} 及 ΔV_T 各为多少伏？

(2)当 $V_{CC}=9$ V，控制电压 $V_{CO}=5$ V 时，V_{T+}，V_{T-} 及 ΔV_T 各为多少伏？

5. 用两级失落脉冲检出电路串接起来，如题图 13-3 所示。设初始状态 v_{o1}，v_{o2} 为高电平，$v_{C1}=v_{C2}=0$ 在图示 v_i 波形作用下，试画出 v_{o1}，v_{C1}，v_{o2}，v_{C2} 的波形，并说明它对于超过一定速度的 v_i 能进行报警。(提示：设第一级失落脉冲检出电路的充电时间常数比第二级小。)

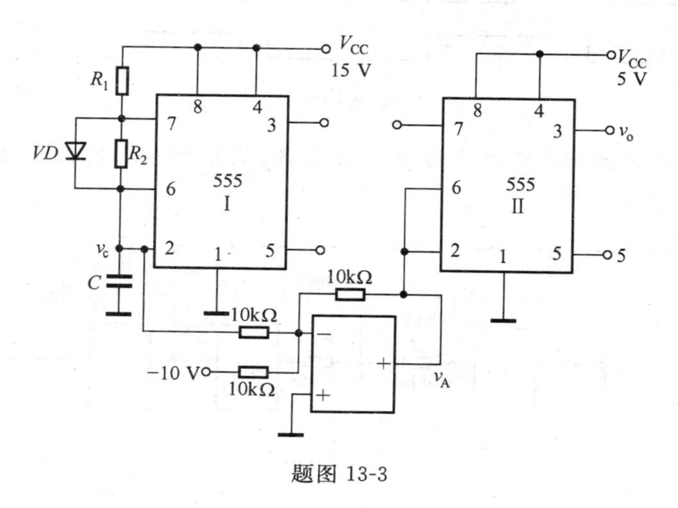

题图 13-3

6. 题图 13-4 为积分型单稳电路，其中 $t_{w1}=5$ μs. $R=300$ Ω，$C=1\ 000$ pF。试画出 v_i，v_{o1}，v_C，v_{o2}，v_o 的波形。

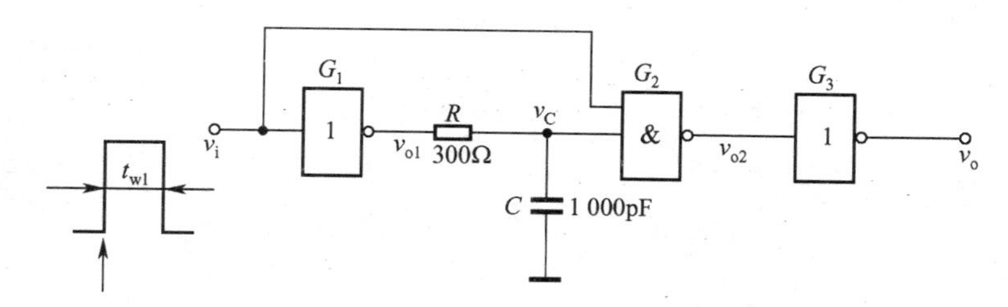

题图 13-4

7. 已知用 CMOS 或非门组成的单稳态触发器电路及输入信号的波形如题图 13-5 所示。试画出门 G_2 的输入端 v_{i2} 及输出端 v_o 的电压波形。假定输入端部分电路 R_d，C_d 的时间常数比微分耦合电路 R，C 的时间常数小得多。

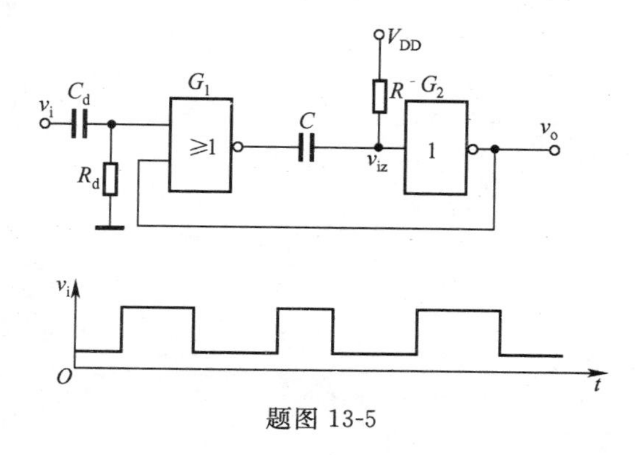

题图 13-5

8. 若集成单稳 74121 的输入信号 A_1, A_2, B 的波形如题图 13-6 所示时，是对应画出 $Q, \overline{Q}$ 的波形图。

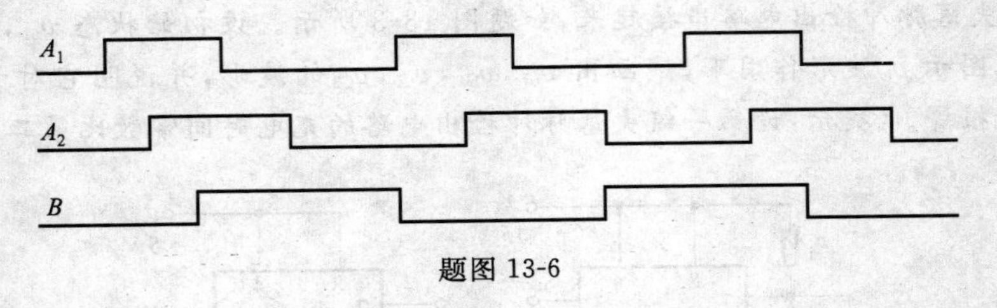

题图 13-6

9. 如题图 13-7 所示为 RC 环形多谐振荡器电路，试分析电路的振荡过程，画出 $v_R, v_{o1}, v_{o2}, v_{o3}, v_o$ 的波形。

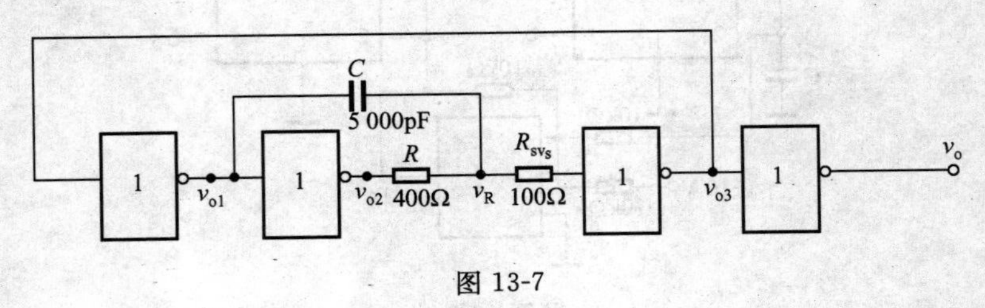

图 13-7

参 考 文 献

[1] 马祥兴,张红,王彦,电子技术与应用.北京:中国铁道出版社,2006.
[2] 杜德昌,许传清.电工电子技术及应用.北京:高等教育出版社,2002.
[3] 丘关源.电路.北京:高等教育出版社,2000.
[4] 徐旻.电子基础与技能.北京:电子工业出版社,2006.
[5] 程周.电工与电子技术.北京:高等教育出版社,2002.
[6] 秦曾煌.电工学.北京:高等教育出版社,2003.
[7] 董传岱.电工与电子基础.北京:机械工业出版社,2002.
[8] 周筱龙.电子技术基础.北京:电子工业出版社,2005.